NCS를 기반으로 한

직무 기초수학

이광연, 조성훈, 최상일 지음

한빛아카데미
Hanbit Academy, Inc.

지은이 **이광연** gylee@hanseo.ac.kr

성균관대학교 수학과를 졸업한 후 동대학원에서 석사, 박사 학위를 취득하였다. 미국 와이오밍 주립대학교에서 박사후 과정을 마친 후 아이오와 주립대학교에서 방문연구교수를 지냈다. 현재 한서대학교 자유전공학부 교수로 재직 중이다. 주요 연구 분야는 조합적 행렬론(Combinatorial Matrices Theory)이며, 특히 조합적 헤아림 수(Combinatorial Counting Numbers)에 대하여 연구하고 있다. 2007, 2009, 2022 개정 교육과정 중·고등학교 수학 교과서 집필에 참여했다. 저서로는 『선형대수학과 응용』(경문사, 1998), 『알기 쉬운 선형대수학』(경문사, 2004), 『수학, 인문으로 수를 읽다』(한국문학사, 2014), 『기초 선형대수학(2판)』(한빛아카데미, 2021), 『피타고라스 생각 수업』(유노라이프, 2023), 『MATLAB으로 배우는 선형대수학(2판)』(한빛아카데미, 2024) 등이 있다.

지은이 **조성훈** shcho@hanseo.ac.kr

명지대학교에서 박사 학위를 취득하였고, 현재 한서대학교 수학과 교수로 재직 중이다. 주요 연구 분야는 고정점 이론(Fixed Point Theory)이며, 특히 메트릭 고정점 이론(Metric Fixed Point Theory)에 대하여 연구하고 있다.

지은이 **최상일** schoi@hanseo.ac.kr

고려대학교 수학과를 졸업한 뒤 동대학원에서 석사 학위를 받고, 미국 노스캐롤라이나 주립대학교에서 박사 학위를 취득하였다. 현재 한서대학교 수학과 교수로 재직 중이다. 주요 연구 분야는 확률론(Probability Theory)이며, 특히 분광분포(Spectral Distribution)에 대하여 연구하고 있다.

[집필 담당 부분] 1~2장 : 조성훈 3장, 전체 감수 : 이광연 4~5장 : 최상일

NCS를 기반으로 한 직무 기초수학

초판발행 2018년 10월 5일
2쇄 발행 2025년 3월 26일

지은이 이광연, 조성훈, 최상일 / **펴낸이** 전태호
펴낸곳 한빛아카데미(주) / **주소** 서울시 서대문구 연희로2길 62 한빛아카데미(주) 2층
전화 02-336-7112 / **팩스** 02-336-7199
등록 2013년 1월 14일 제2017-000063호 / **ISBN** 979-11-5664-400-2 93410

총괄 · 책임편집 김은정 / **기획** 고지연 / **편집** 김은정 / **교정** 박한솔 / **진행** 윤세은
디자인 박정화 / **전산편집** 백지선 / **제작** 박성우, 김정우
영업 김호철, 김태진, 김성삼, 이정훈, 임현기, 이성훈, 김주성, 심지연

이 책에 대한 의견이나 오탈자 및 잘못된 내용은 출판사 홈페이지나 아래 이메일로 알려주십시오.
파본은 구매처에서 교환하실 수 있습니다. 책값은 뒤표지에 표시되어 있습니다.

홈페이지 www.hanbit.co.kr / 이메일 question@hanbit.co.kr

NCS의 수리능력을 자기주도적으로 기르자!

우리는 일반적으로 사회생활을 하면서 직업을 갖게 되고, 그 직업 활동을 즐겁게 영위하기 위해서는 주어진 직무를 성공적으로 수행할 수 있는 전문적인 능력이 있어야 한다. 이러한 직업에 종사하는 사람들이 갖추어야 하는 능력을 규정하기 위해 '직업기초능력'이 정의되었다. 직업기초능력이란 취업 후 직무를 성공적으로 수행하기 위해 갖추어야 할 기본적인 역량으로서 대부분의 직업에서 공통적으로 요구하는 능력을 말한다.

직업기초능력에는 개인적이며 인문적인 관점, 산업적이며 실용적인 관점, 사회적이며 민주적인 관점의 세 가지가 있다.

- 개인적이며 인문적인 관점은 개인의 직업 생활뿐만 아니라 일상적 행복까지를 포함하는 총체적인 의미이다.
- 산업적이며 실용적인 관점은 현재 자신이 임하고 있는 산업현장에서 업무를 수행하는 데 필요한 지식, 기술 등을 개발하는 측면을 의미한다.
- 사회적이며 민주적인 관점은 오늘날 급변하는 상황에서 발생하는 복잡한 문제를 해결하는 측면을 의미한다.

이와 같은 직업기초능력의 내용을 규정하기 위해, 국가직무능력표준(National Competency Standards, 이하 NCS)에서는 '산업현장에서 직무를 수행하기 위해 요구되는 지식, 기술, 태도'로서 의사소통, 수리, 문제해결, 정보, 기술, 대인관계, 자원관리, 조직이해, 직업윤리, 자기계발 등 10개 영역의 34개 능력 요소로 직업기초능력을 체계화하였다. 이를 바탕으로 2012년 교육부는 직업기초능력평가 제도를 도입하였다. 특히 NCS에서는 직무의 유형을 중심으로 직무 능력이 유사한 분야를 총 24개로 범주화한 후, 각 유형별로 학습 모듈을 제시하였으며, 이와 관련된 자료는 NCS 홈페이지(www.ncs.go.kr)에서 확인할 수 있다.

2012년 직업기초능력평가가 도입될 당시에는 중등단계에서 직업교육을 이수하는 특성화 · 마이스터 고등학생들의 취업 역량 인증과 함양에 초점을 두었다. 그러나 2013년 이후 '일을 잘 할 수 있는 능력'을 중시하는 기조가 교육과 고용 분야에 크게 확산됨에 따라 직업기초능력평가의 대상이 직업을 갖기를 희망하는 모든 지원자들로 확대되고 있다. 특히 능력 기반 열린 채용 제도를 도입하면서 교육부와 고용노동부는 공기업 채용에서 인적성 검사를 직업기초능력평가로 대체하였고, 일반 기업에도 능력 위주의 직업기초능력을 통해 인재를 선발하도록 권고하고 있으며, 고용노동부에서는 2015년에 이러한 내용을 포함한 채용가이드를 배포하였다.

지은이 머리말

직업기초능력평가에서 수리능력은 수리적 계산이나 절차를 이용하여 직무를 해결하는 능력으로 정의한다. 일반적으로 직무를 위한 수리는 수학적 이치와 논리, 유사한 것끼리 묶는 집합, 일정 현상이 나타나는 주기와 빈도 등을 요약하는 통계, 공간의 크기와 넓이 등에 맞는 상품을 찾거나 공간에 맞게 사물을 배치하는 능력, 위치와 방향 등을 머릿속에서 그릴 수 있는 공간감각, 표와 그래프를 읽고 현상을 이해하거나 예측하는 능력, 자신이 의도하는 메시지를 그래프나 표로 도식화하는 능력 등을 모두 포함하는 개념이다. 이런 관점에서 볼 때 정도의 차이는 있지만 수리능력이 전혀 필요하지 않은 직무를 찾는 것은 거의 불가능하다. 이처럼 직무기반 수리능력은 모든 직무에서 요구되며, 생산성과 효율성에도 밀접한 영향을 미치기 때문에 NCS에서도 수리능력을 핵심적인 직업기초능력으로 정의하고 있다.

학교에서 배우는 수학과 직장에서 직무와 관련된 문제를 해결하는 데 필요한 수리능력이 다름은 수학자와 직무전문가 모두 공감하는 공통적인 견해이다. 예를 들어, 직무와 관련된 문제를 해결하기 위해서는 학교에서 배운 이차방정식 등과 같은 수학적 개념을 반드시 사용할 필요는 없다. 오히려 신속하고 정확한 계산을 위해 컴퓨터나 계산기 등의 도구를 사용하는 것이 필요하다. 즉 직업기초능력평가는 문제를 해결하기 위한 공식이나 절차를 직무자 스스로 선정하고, 계산을 통해 구한 답 그 자체보다 예산, 시간, 제품 단위, 공간 부족 등과 같은 현실적인 제약 등을 고려하여 최선의 해결책을 고려하는 능력을 필요로 한다는 점에서 학교에서 배우는 수학과는 다르다.

이 책에서는 직업기초능력 중 이와 같은 수리능력을 함양할 수 있도록 구성하였다. 특히 직업기초능력평가의 특징인 '무엇을 아는가?'가 아닌 '무엇을 할 수 있는가?'에 중점을 두었다. 그리고 '있다'와 '없다'로 구분되는 것이 아닌 직무나 직급에서 요구하는 수준이 어느 정도인지가 중요하므로 이에 알맞도록 내용을 선정하였다. 또 직무 맥락과 현실적인 제약이 존재하는 상황에서 '아는 것을 활용하여 직무를 수행할 수 있는가?'를 평가한다. 의사소통의 주제나 소재는 직무에 따라 달라질 수 있지만, 모두 상대방의 말을 이해하고 자신이 의도하는 바를 표현할 수 있는 능력을 스스로 기를 수 있도록 내용을 구성하였다.

직업기초능력평가는 문항 개발의 기준이자, 평가 내용 및 요소, 수준 등의 규격을 정하기 위해 각 영역별 평가 틀을 규정한다. 이를 바탕으로 직업기초능력평가의 수리능력 영역 평가 틀은, 행동 범주로서 최적의 솔루션 도출, 도식화, 해석/추론으로, 대상 범주로서 사람, 시간, 공간, 제품으로 분류하였다. 이를 종합하여 직업기초능력평가 수리능력 영역의 평가 틀을 개발하여 문항 개발을 위한 구체적인 맥락과 소재를 설정하거나 교수-학습 교재 개발을 위한 개념적 틀로 활용하고 있다. 각 범주별로 구체적인 행동 지표도 제시되었는데, 이와 같은 행동 지표는 직업기초능력평가의 문항 개발뿐만 아니라 수학 수업에서도 수리능력의 활용 '과정'을 평가하는 기준으로 활용할 수 있다.

이 책의 특징

이 책은 직업기초능력평가의 수리능력 영역에 대비하는 사람을 위한 입문서로, 기초연산 능력을 기르기 위한 PART 01과 확률 및 통계 능력을 기르기 위한 PART 02로 나누어 구성하였다. 이 책을 통해 수리능력을 배양할 수 있을 뿐만 아니라 실제 시험에서 좋은 성적을 거둘 수 있도록 적합한 내용을 선정하였고, 학습 흐름에 맞춰 체계를 잡는 데 심혈을 기울였다. 또한 각 단원에 제시된 수학적 내용을 숙지한 후에 [예제]와 [문제]를 해결해 보고, 이를 활용하여 실제 수리능력 영역의 기출문제와 유사한 문제를 해결하도록 설계하였다. 특히 각 장의 마지막에 수록된 다양한 [연습문제]와 [실전문제]를 풀어 보고 유형을 파악함으로써 수리능력 영역에서 제시한 목적을 달성할 수 있다.

이 책의 목적은 직업기초능력평가 수리능력 영역에서 다루는 내용을 이론적으로 학습하고 기본적인 문제부터 좀 더 복잡한 문제까지 계산하거나, 기출문제 및 그와 유사한 유형의 문제를 해결함으로써 직업기초능력 중에서 수리능력을 배양하기 위함이다. 따라서 이 책은 수리능력을 기르고자 하는 모든 사람에게 도움을 줄 것이다.

감사의 글

이 책을 제작하기까지 1년여 기간이 소요되었고 기획 단계부터 각 공공기관별 최신 기출문항 수집, 유형 분석, 개정 수학과 교육과정 반영 등 많은 시간과 노력을 투자하였다. 이 책이 완전하다고 할 수는 없지만, NCS 직업기초능력평가 영역 중에서 수리능력이 부족한 학생이나 직무자들에게 많은 도움이 될 수 있음을 확신한다. 끝으로 이 책을 완성하기까지 진심어린 격려와 염려를 아끼지 않은 한빛아카데미(주) 관계자들에게 감사드린다.

지은이를 대표하여
이광연

미리보기

누구를 위한 책인가

이 책은 직무에 필요한 기본적인 수리활용 역량을 길러주기 위한 도서로, 직업기초능력평가 수리능력 영역 입문서로도 활용될 수 있다. 직무 기반의 기초수학 개념을 학습하고, 기본 수학 문제부터 NCS 수리능력 기출유형 문제까지 해결함으로써 수리능력을 향상시킬 수 있다. 따라서 이 책은 취업을 대비하는 학생과 수리능력을 기르고자 하는 모든 사람에게 도움이 될 것이다.

이 책을 시작하려면

각 장은 독립적인 내용이지만, PART 01의 수학적 요소를 충분히 학습한 후에 PART 02의 응용 내용을 학습하는 것을 권한다. 가급적 1장부터 순차적으로 학습하는 것이 좋지만, 한 학기용으로 사용할 때는 각 장의 내용을 축약하고 통계 영역에 중점을 두는 것이 좋다.

이 책의 구성요소

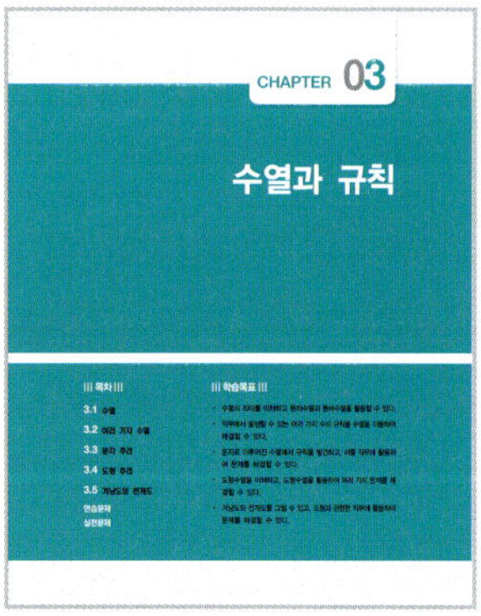

목차 / 학습목표

해당 장의 목차와 이 장을 학습함으로써 얻는 목표를 소개한다.

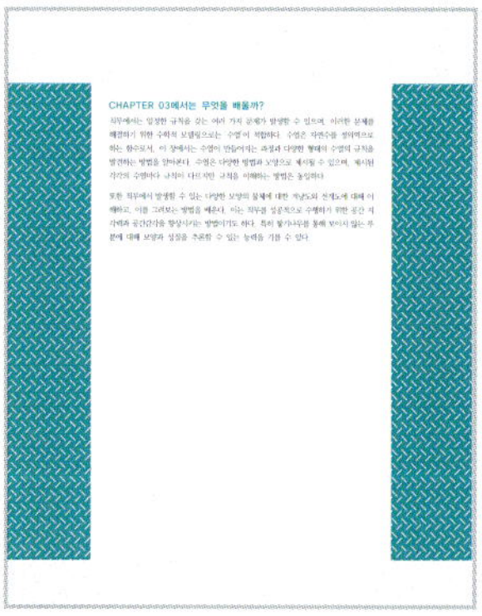

장 도입글

해당 장의 내용을 왜 배워야 하는지, 다른 장과 어떤 관계가 있는지 보여준다.

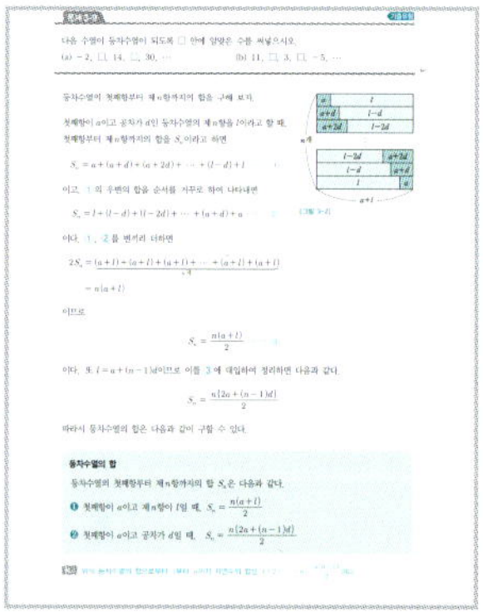

핵심 정리

수리능력을 배양하기 위해 필요한 핵심 개념을 소개한다.

이 책의 구성

PART 01 수와 연산

❶ 1장_수와 식

수 체계와 연산, 단위, 약수와 배수, 지수법칙과 곱셈공식, 인수분해, 방정식과 부등식의 활용 등을 학습한다. 특히 단위의 환산은 직무상황에서 자주 이용되므로 다양한 단위에 대해 살펴본다.

❷ 2장_집합과 논리

집합, 명제, 논리적 추론, 함수 등을 학습한다. 특히 논리적 추론을 이해함으로써 직무상황을 정확히 이해하여 최적화된 결론을 내릴 수 있는 능력을 기를 수 있다.

❸ 3장_수열과 규칙

수열, 여러 가지 수열, 문자 추리, 도형 추리 등을 학습한다. 수열의 성질을 활용한 문자 추리와 도형 추리는 직무상황에서 발생하는 규칙적인 문제를 해결할 수 있게 해 준다.

PART 02 확률과 통계

❹ 4장_경우의 수와 확률

경우의 수, 순열, 조합, 이항정리, 확률, 조건부확률 등을 학습한다. 이 중 경우의 수는 다양한 직무상황에서 발생할 수 있는 문제를 해결하는 단초가 된다.

❺ 5장_자료의 정리와 기초통계

자료의 정리, 줄기와 잎 그림과 도수분포표, 상대도수와 누적도수, 대푯값과 산포도, 상관관계, 통계 등을 학습한다. 특히 자료의 정리는 실제 직무상황에서 가장 많이 활용되므로 충분한 학습이 필요하다.

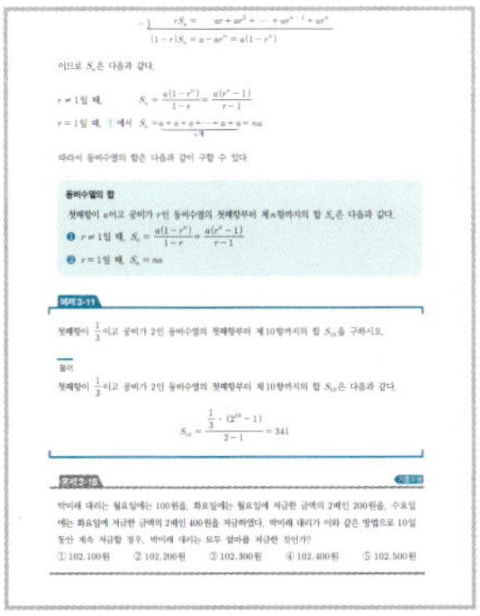

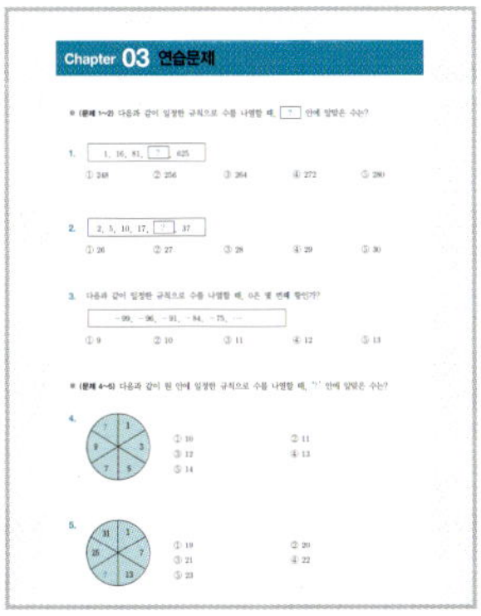
Chapter 03 연습문제

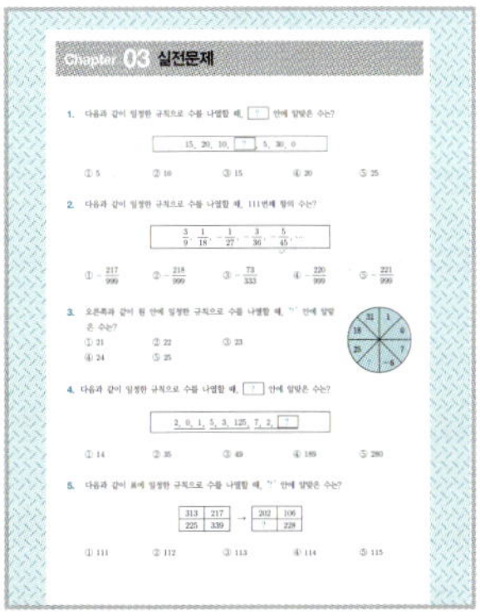
Chapter 03 실전문제

예제, 문제 / 기출유형

예제와 이를 응용한 다양한 문제를 풀어 봄으로써 개념을 이해하고, 수리능력의 기출유형 문제도 해결할 수 있도록 하였다.

연습문제

해당 장이 끝날 때마다 본문에서 익힌 개념을 제대로 이해하였는지 문제를 통해 정리해 볼 수 있도록 하였다.

실전문제

해당 장이 끝날 때마다 관련 NCS 기반 문제를 해결해 봄으로써 수리능력을 기를 수 있도록 하였다.

강의 계획 및 강의 보조 자료

강의 계획

표준 스케줄 표(한 학기 강의)

주	해당 장	주제
1	1장	수 체계와 연산, 단위, 약수와 배수
2	1장	지수법칙, 곱셈공식, 인수분해
3	1장	방정식의 활용, 부등식
4	2장	집합, 명제
5	2장	논리적 추론, 함수
6	3장	수열, 여러 가지 수열
7	3장	문자 추리, 도형 추리
8		중간고사
9	4장	경우의 수, 순열, 조합
10	4장	이항정리, 확률
11	4장	조건부확률
12	5장	자료의 정리
13	5장	줄기와 잎 그림과 도수분포표
14	5장	상대도수와 누적도수, 대푯값과 산포도
15	5장	상관관계, 통계
16		기말고사

강의 보조 자료

한빛아카데미 홈페이지에서 '교수회원'으로 가입하신 분은 인증 후 교수용 강의 보조 자료를 제공받을 수 있습니다. 한빛아카데미 홈페이지 상단의 〈교수전용공간〉 메뉴를 클릭하세요.

http://www.hanbit.co.kr/academy

연습문제 해답

본 도서는 대학 강의용 교재로 개발되었으므로 연습문제 풀이는 제공하지 않습니다.

단, 정답은 아래의 경로에서 내려받을 수 있습니다.

한빛아카데미 홈페이지 접속 → [도서명] 검색 → 도서 상세 페이지의 [부록/예제소스]

Contents

Contents

PART 02 확률과 통계

Chapter 04 경우의 수와 확률

Chapter 05 자료의 정리와 기초통계

Contents

PART 01

수와 연산

CONTENTS

CHAPTER 01

수와 식

||| 목차 |||

||| 학습목표 |||

- 직무를 수행하는 데 필요한 기초적인 사칙연산과 계산하는 능력을 향상시킬 수 있다.
- 도량형과 단위 명칭을 이해하고, 직무에서 요구되는 단위를 환산할 수 있다.
- 약수와 배수를 직무에 활용하여 문제를 해결할 수 있다.
- 지수법칙을 이해하고 곱셈공식을 이용하여 인수분해를 할 수 있다.
- 방정식과 부등식을 직무에 활용하여 문제를 해결할 수 있다.

CHAPTER 01에서는 무엇을 배울까?

이 장에서는 수 체계와 사칙연산을 복습해 보고, 도량형과 단위 명칭, 약수와 배수, 지수법칙, 곱셈공식과 인수분해 등을 학습한다. 또 방정식과 부등식을 활용하여 문제를 해결하는 방법을 다룬다. 특히 이 장에서는 중등 과정에서 학습했던 방정식과 부등식의 해를 구하는 방법을 복습한다. 이는 이 책에서 다룰 여러 가지 수학적 내용과 수리활용 능력의 기초가 된다.

Section 1.1

수 체계와 연산

수 체계

■ 정수

실생활에서 가장 많이 사용하는 수는 1, 2, 3 등과 같이 사물의 개수를 셀 수 있는 자연수이다. 자연수만 사용하다가 영상과 영하, 이익과 손해와 같이 점점 어떤 기준에 대하여 서로 반대가 되는 성질을 갖는 수량을 수로 표현하게 됐는데, 이 기준이 되는 수를 0으로 두고 한쪽에는 '+', 다른 한쪽에는 '−'를 붙여서 나타냈다. 이때 +를 **양의 부호**, −를 **음의 부호**라고 한다. 이를테면 영상 20 ℃를 +20으로 나타낼 때, 영하 5 ℃는 −5로 나타낼 수 있다. 또 2000원의 손해를 −2000으로 나타낼 때, 2500원의 이익은 +2500으로 나타낼 수 있다.

$+1$, $+\frac{2}{5}$, $+4.5$ 등과 같이 0이 아닌 수에 양의 부호 +를 붙인 수를 **양수**라 하고, -1, $-\frac{1}{2}$, -7.25 등과 같이 음의 부호 −를 붙인 수를 **음수**라고 한다. 한편 0은 양수도 아니고 음수도 아니다.

자연수에 +1, +2, +3, …과 같이 양의 부호 +를 붙인 수를 **양의 정수**라 하고, −1, −2, −3, …과 같이 음의 부호 −를 붙인 수를 **음의 정수**라고 한다. 이때 양의 정수, 0, 음의 정수를 통틀어 **정수**라고 한다. 양의 정수 +1, +2, +3, …은 보통 양의 부호를 생략하고 1, 2, 3, …과 같이 나타내기도 한다. 따라서 양의 정수는 자연수와 같다.

정수는 다음과 같이 분류할 수 있다.

$$\text{정수}\begin{cases}\text{양의 정수(자연수)} & +1,\ +2,\ +3,\ \cdots \\ 0 & \\ \text{음의 정수} & -1,\ -2,\ -3,\ \cdots\end{cases}$$

■ 유리수

0.1, 1.5는 각각 $\frac{1}{10}$, $\frac{3}{2}$과 같이 분자, 분모가 자연수인 분수로 나타낼 수 있으므로, +0.1, +1.5, −0.1, −1.5는 각각 $+\frac{1}{10}$, $+\frac{3}{2}$, $-\frac{1}{10}$, $-\frac{3}{2}$과 같이 나타낼 수 있다. 분자와 분모가 자연수인 분수에 $+\frac{1}{10}$, $+\frac{3}{2}$과 같이 양의 부호 +를 붙인 수를 **양의 유리수**라 하고, $-\frac{1}{10}$, $-\frac{3}{2}$과 같이 음의 부호 −를 붙인 수를 **음의 유리수**라고 한다. 이때 양의 유리수, 0, 음의 유리수를 통틀어 **유리수**

라고 한다. 양의 유리수도 양의 정수와 마찬가지로 양의 부호 +를 생략하여 나타낼 수 있다. 일반적으로 두 정수 p, $q(q \neq 0)$에 대하여 $\frac{p}{q}$의 꼴로 나타낼 수 있는 수를 **유리수**라 한다. 모든 정수는 다음과 같이 나타낼 수 있으므로 유리수이다.

$$-5 = -\frac{5}{1},\ 0 = \frac{0}{7},\ 1 = \frac{8}{8}$$

유리수는 다음과 같이 분류할 수 있다.

$$\text{유리수}\begin{cases} \text{정수}\begin{cases} \text{양의 정수(자연수)} & +1,\ +2,\ +3,\ \cdots \\ 0 & \\ \text{음의 정수} & -1,\ -2,\ -3,\ \cdots \end{cases} \\ \text{정수가 아닌 유리수} \quad \frac{2}{5},\ -\frac{8}{3},\ 2.15,\ -0.34,\ \cdots \end{cases}$$

■ 실수

제곱하여 9가 되는 수를 x라고 하면 $x^2 = 9$이다. 그런데 $3^2 = 9$, $(-3)^2 = 9$이므로 x는 3 또는 -3이 될 수 있다. 이와 같이 음이 아닌 수 a에 대하여 어떤 수 x를 제곱하여 a가 될 때, 즉 $x^2 = a$일 때 x를 a의 **제곱근**이라고 한다. 이를테면 9의 제곱근은 3과 -3이다.

일반적으로 양수의 제곱근은 양수와 음수의 두 개이며, 그 절댓값은 서로 같다. 또 제곱하여 0이 되는 수는 0뿐이므로 0의 제곱근은 0이다. 한편 0을 제외한 모든 수는 제곱하면 양수가 되므로 음수의 제곱근은 생각하지 않는다.

양수 a의 제곱근 중에서 양수인 것을 양의 제곱근, 음수인 것을 음의 제곱근이라 하며, 기호 $\sqrt{\ }$를 사용하여 다음과 같이 나타낸다.

$$\text{양의 제곱근}:\ \sqrt{a},\qquad \text{음의 제곱근}:\ -\sqrt{a}$$

이때 기호 $\sqrt{\ }$를 **근호**라 하며, $\sqrt{a}$를 '제곱근 a' 또는 '루트 a'라고 읽는다. 또 $\sqrt{a}$와 $-\sqrt{a}$를 한꺼번에 $\pm\sqrt{a}$로 나타내기도 한다.

앞에서 9의 제곱근은 3과 -3임을 알았다. 그런데 9의 제곱근을 근호를 사용하여 나타내면 양의 제곱근은 $\sqrt{9}$이고, 음의 제곱근은 $-\sqrt{9}$이므로 $\sqrt{9} = 3$, $-\sqrt{9} = -3$이다. 이와 같이 어떤 수의 제곱근은 근호를 사용하지 않고도 나타낼 수 있다.

한편 0.6, -0.38과 같이 소수점 아래의 0이 아닌 숫자가 유한개인 소수를 **유한소수**라 하며, $0.333\cdots$, $0.0636363\cdots$과 같이 소수점 아래의 0이 아닌 숫자가 무한히 많은 소수를 **무한소수**라고 한다. 무한소수 중에서 $0.333\cdots$, $0.0636363\cdots$과 같이 소수점 아래의 어떤 자리부터 일정한 숫자의 배열이 끝없이 되풀이되는 것을 **순환소수**라 하며, 이때 되풀이되는 부분을 **순환마디**라고 한다. 예를 들어 무한소수 $2.415415415\cdots$는 순환마디가 415인 순환소수이다. 순환소수는 첫 번째 순환마디의 양 끝의 숫자 위에 점을 찍어서

$$2.415415415\cdots = \mathbf{2.\dot{4}1\dot{5}}$$

와 같이 나타낸다.

그런데 소수 중에는 $0.30300300030000\cdots$과 같이 순환하지 않는 무한소수도 있다. 이와 같이 순환하지 않는 무한소수로 나타내어지는 수를 **무리수**라고 한다. 예를 들어 원주율 $\pi = 3.141592\cdots$는 순환하지 않는 무한소수로 나타내어지므로 무리수이다. 마찬가지로 $\sqrt{2}$를 소수로 나타내면

$$\sqrt{2} = 1.4142135623730950488016 8\cdots$$

이므로 $\sqrt{2}$는 순환하지 않는 무한소수로 나타내어짐을 알 수 있다. 따라서 $\sqrt{2}$는 무리수이다. 또 $-\sqrt{2} = -1.4142135\cdots$이고, $\sqrt{2}+1 = 2.4142135\cdots$이므로 $-\sqrt{2}$, $\sqrt{2}+1$ 역시 무리수이다.

근호를 사용하여 나타낸 수 중에서 근호 안의 수가 유리수의 제곱인 수는 유리수이다. 예를 들어

$$\sqrt{9} = \sqrt{3^2} = 3, \quad \sqrt{\frac{4}{25}} = \sqrt{\left(\frac{2}{5}\right)^2} = \frac{2}{5}$$

이므로 $\sqrt{9}$, $\sqrt{\frac{4}{25}}$는 유리수이다. 그러나 $\sqrt{12}$, $\sqrt{\frac{7}{8}}$과 같이 근호 안의 수가 유리수의 제곱이 아닌 수는 무리수이다.

유리수와 무리수를 통틀어 **실수**라 하는데, 앞으로 '수'라고 하면 '실수'로 생각하기로 한다. 실수를 분류하면 다음과 같다.

실수	유리수	정수	양의 정수(자연수)	$1, 2, 3, \cdots$
			0	
			음의 정수	$-1, -2, -3, \cdots$
		정수가 아닌 유리수		$\frac{1}{2}, -0.23, 4.\dot{7}, \cdots$
	무리수			$\pi, -\sqrt{2}, \sqrt{3}+1, \cdots$

■ 복소수

제곱해서 음수가 되는 실수는 없으므로 방정식 $x^2+1=0$은 실수의 범위에서 해를 갖지 않는다.[1] 방정식 $x^2+1=0$이 해를 갖도록 수의 범위를 확장해 보자.

제곱하여 -1이 되는 새로운 수를 생각하여 이것을 i로 나타내고, **허수단위**라고 한다. 즉 $i^2=-1$이며, 제곱해서 -1이 된다는 뜻으로 $i=\sqrt{-1}$로 나타내기도 한다. 두 실수 a, b에 대하여 다음과 같은 꼴의 수를 **복소수**라고 한다.

$$a+bi$$

이때 a를 $a+bi$의 **실수부분**, b를 $a+bi$의 **허수부분**이라고 한다.

복소수 $a+bi$에서 $a=0$일 때, $0+bi$는 간단히 bi로 나타내고 $0i=0$으로 정의한다. 또 $b=0$일 때, $a+0i$는 a이므로 실수도 복소수이다. 한편 $b\neq 0$일 때, $a+bi$는 실수가 아닌 복소수이다. 실수가 아닌 복소수를 **허수**라고 한다. 이로부터 복소수는 다음과 같이 분류할 수 있다.

$$\text{복소수 } a+bi \begin{cases} \text{실수 } a & (b=0) \\ \text{허수 } a+bi & (b\neq 0) \end{cases} \quad (a,\ b\text{는 실수})$$

두 복소수에서 실수부분은 실수부분끼리, 허수부분은 허수부분끼리 서로 같을 때, 두 복소수는 서로 같다고 한다. 즉 두 복소수 $a+bi$, $c+di$(a, b, c, d는 실수)에 대하여

$$a=c,\ b=d\text{일 때, } a+bi=c+di$$

이다. 특히 $a=0$, $b=0$일 때 $a+bi=0$이다.

복소수 $a+bi$(a, b는 실수)에 대하여 허수부분의 부호를 바꾼 복소수 $a-bi$를 $a+bi$의 **켤레복소수**라고 하며, 이것을 기호로 다음과 같이 나타낸다.

$$\overline{a+bi}$$

즉 $\overline{a+bi}=a-bi$이다. 또 $\overline{a-bi}=a+bi$이므로 두 복소수 $a+bi$, $a-bi$는 서로 켤레복소수이다. 예를 들어 $\overline{3+i}=3-i$, $\overline{5}=5$, $\overline{-5-4i}=-5+4i$, $\overline{-7i}=7i$이다.

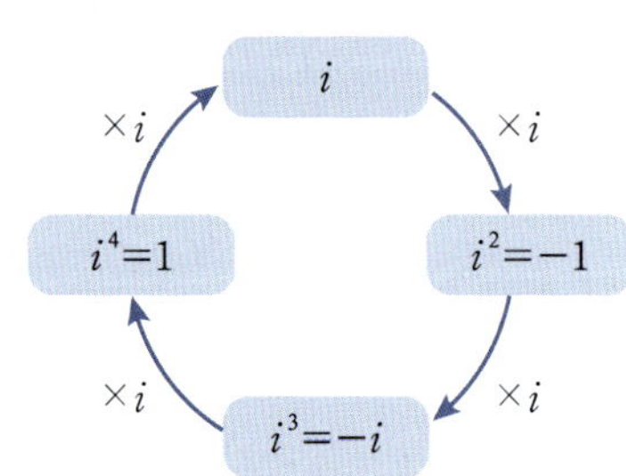

[그림 1-1]

---

1 1.5절 참고

허수단위 i의 거듭제곱[2]을 차례대로 나열하여 허수단위에 대한 규칙성을 찾아보자. 먼저 i^2, i^3, i^4, $\cdots$, i^{12}의 값을 차례대로 구하면 다음과 같다.

$$\begin{array}{llll} i = i & i^2 = -1 & i^3 = -i & i^4 = 1 \\ i^5 = i & i^6 = -1 & i^7 = -i & i^8 = 1 \\ i^9 = i & i^{10} = -1 & i^{11} = -i & i^{12} = 1 \end{array}$$

위의 결과를 살펴보면 허수단위 i의 거듭제곱은 i, -1, $-i$, 1의 네 값이 차례대로 반복하여 나타나고, 지수가 4의 배수일 때 i의 거듭제곱의 값은 항상 1임을 알 수 있다. 따라서 자연수 n에 대하여 i^n은 n의 값에 따라 다음과 같은 규칙을 갖는다.

$k=0,\ 1,\ 2,\ 3,\ \cdots$에 대하여

❶ $n = 4k+1$일 때, $i^n = i$

❷ $n = 4k+2$일 때, $i^n = -1$

❸ $n = 4k+3$일 때, $i^n = -i$

❹ $n = 4k+4$일 때, $i^n = 1$

이와 같은 허수단위 i의 거듭제곱의 순환성을 이용하면 i^n을 포함하는 식의 값을 쉽게 구할 수 있다.

예제 1-1

다음 식의 값을 구하시오.

$$i + i^2 + i^3 + \cdots + i^{100}$$

풀이

$i + i^2 + i^3 + i^4 = i - 1 - i + 1 = 0$이므로 4개의 항씩 묶어서 계산하면 다음과 같다.

$$\begin{aligned} i + i^2 + i^3 + \cdots + i^{100} &= (i + i^2 + i^3 + i^4) + (i^5 + i^6 + i^7 + i^8) + \\ &\quad \cdots + (i^{97} + i^{98} + i^{99} + i^{100}) = 0 \end{aligned}$$

2 1.3절 참고

문제 1-1

다음 식의 값을 구하시오.

$$1+\frac{1}{i}+\frac{1}{i^2}+\frac{1}{i^3}+\cdots+\frac{1}{i^{100}}$$

연산

■ 수의 연산

수의 덧셈, 뺄셈, 곱셈, 나눗셈 4가지 연산을 사칙연산이라고 한다. 사칙연산은 혼합계산 순서에 따라 다음과 같은 차례로 계산한다.

계산 법칙

① 괄호 안의 식을 계산한다.
② 거듭제곱의 식을 계산한다.
③ 여러 연산이 혼합하여 있을 경우 곱셈과 나눗셈을 먼저 계산하고, 덧셈과 뺄셈을 계산한다.

사칙연산에서 괄호가 있는 식을 계산할 때 다음과 같은 규칙으로 계산한다.

❶ 덧셈과 뺄셈 또는 곱셈과 나눗셈만을 포함하고 있는 식은 왼쪽부터 차례대로 계산한다.

$$17+2-13+4=10$$

17+2=19
19−13=6
6+4=10

$$15\times7\div3=35$$

15×7=105
105÷3=35

❷ 덧셈, 뺄셈, 곱셈, 나눗셈이 섞여 있는 식은 곱셈과 나눗셈을 순서대로 먼저 계산한다.

$$60-11+13\times2=75$$

② 60−11=49 ① 13×2=26
③ 49+26=75

❸ 괄호가 있으면 괄호 안을 먼저 계산한다. 이때 괄호는 소괄호 ( ), 중괄호 { }, 대괄호 [ ]의 순서로 계산한다.

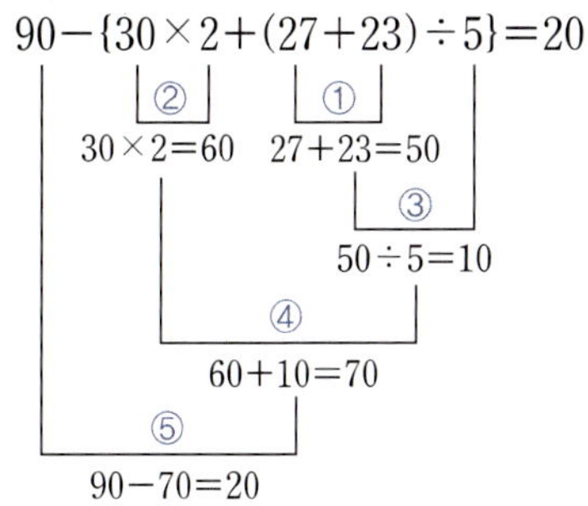

예제 1-2

다음 식을 계산하시오.

$$12 \times 15 - 204 \div 3 + 9$$

풀이

곱셈과 나눗셈을 먼저 계산하면 다음과 같다.

$$\begin{aligned} 12 \times 15 - 204 \div 3 + 9 &= (12 \times 15) - (204 \div 3) + 9 \\ &= 180 - 68 + 9 = 112 + 9 \\ &= 121 \end{aligned}$$

문제 1-2

다음 식을 계산하시오.

$$1 + \frac{5}{6} \times \frac{3}{4} - \left(\frac{5}{8} - \frac{2}{3}\right)$$

문제 1-3

다음 식의 계산에서 세 번째로 계산해야 하는 곳을 말하시오.

$$\left[\left\{6 \times \left(\frac{5}{6} - \frac{1}{3}\right)\right\} \div 2 + \left(-\frac{4}{3}\right)\right] - (-1.5)$$

㉠ ㉡ ㉢ ㉣ ㉤

■ 대소 비교

자연수를 수직선 위에 나타내면 오른쪽에 있는 수가 왼쪽에 있는 수보다 크다. 마찬가지로 음의 정수를 수직선 위에 나타내면 오른쪽에 있는 수가 왼쪽에 있는 수보다 크다. 이를테면 수직선에서 -1이 -4보다 오른쪽에 있으므로 -1이 -4보다 크다. 즉 $-4<-1$이다.

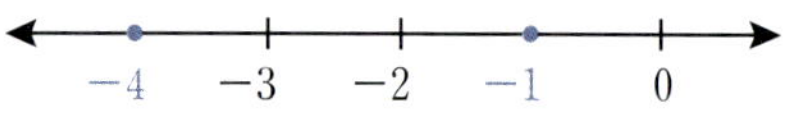

[그림 1-2]

일반적으로 두 수를 수직선 위에 나타내면 오른쪽에 있는 수가 왼쪽에 있는 수보다 크다. 이를 이용하여 두 수의 크기를 비교할 수 있다.

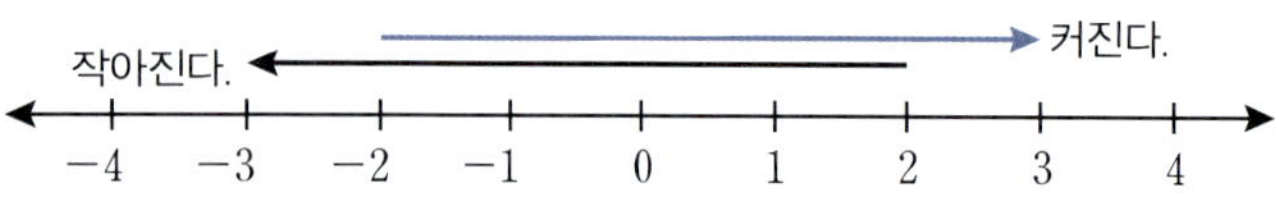

[그림 1-3]

수직선에서 양수는 0을 나타내는 점의 오른쪽에, 음수는 0을 나타내는 점의 왼쪽에 있으므로 양수는 0보다 크고, 음수는 0보다 작다. 따라서 양수는 음수보다 크다.

$$0<(\text{양수}),\ (\text{음수})<0,\ (\text{음수})<(\text{양수})$$

또 수를 수직선 위에 나타냈을 때, 양수끼리는 0을 나타내는 점에서 멀리 떨어져 있는 수, 즉 절댓값이 큰 수가 더 크다. 그러나 음수끼리는 0을 나타내는 점에서 멀리 떨어져 있는 수, 즉 절댓값이 큰 수가 더 작다.

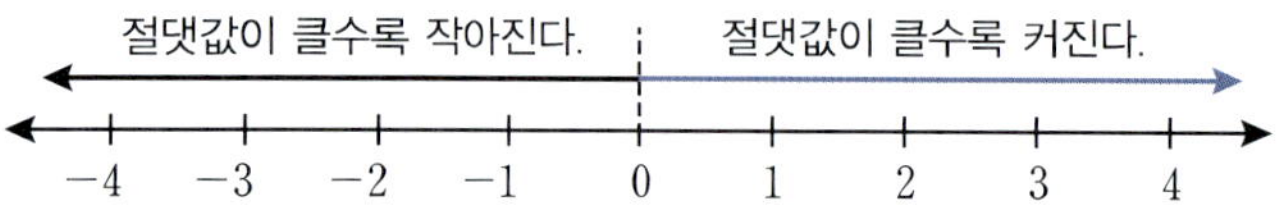

[그림 1-4]

이상을 정리하면 다음과 같다.

수의 대소 관계

❶ 양수는 0보다 크고, 음수는 0보다 작다.
❷ 양수는 음수보다 크다.
❸ 양수끼리는 절댓값이 큰 수가 더 크다.
❹ 음수끼리는 절댓값이 큰 수가 더 작다.

예제 1-3

다음 두 수의 크기를 비교하시오.

(a) -5, -7 (b) $+\frac{9}{2}$, $+4.8$

풀이

(a) 두 수 -5와 -7은 모두 음수이고, -7의 절댓값이 -5의 절댓값보다 크므로 $-5>-7$이다.

(b) 두 수 $+\frac{9}{2}$와 $+4.8$은 모두 양수이고, $+4.8$의 절댓값이 $+\frac{9}{2}(=+4.5)$의 절댓값보다 크므로 $+\frac{9}{2}<+4.8$이다.

문제 1-4

다음 수를 작은 수부터 차례대로 나열할 때, 다섯 번째에 위치한 수를 구하시오.

$$+3 \qquad -\frac{3}{4} \qquad \frac{7}{2} \qquad +0.7 \qquad -\frac{1}{7} \qquad -3 \qquad 0$$

문제 1-5

$A=105\times(10^2-1)$, $B=135\times77$일 때, A와 B의 대소를 비교하시오.

■ 특수한 형태의 연산

지금까지 수의 사칙연산에 대하여 알아봤다. 연산은 수뿐만 아니라 특별한 기호를 사용하여 문자에도 연산을 적용할 수 있다. 이를테면 $a\triangledown b=ab-a+b$와 같이 덧셈, 뺄셈, 곱셈, 나눗셈을 이용하여 특정 문제에서 사용할 수 있는 새로운 연산을 정의할 수 있다. 이때 '$a\triangledown b$'를 'a 연산 b'로 읽으며, 이는 연산의 정의대로 계산하면 된다.

예제 1-4 기출유형

$a\triangledown b=ab-a+b$일 때, $2\triangledown(-3)$의 값을 구하시오.

풀이

$$2\triangledown(-3)=2(-3)-2+(-3)=-6-2-3=-11$$

문제 1-6 기출유형

$a \oplus b = 3a - 2b + 3$일 때 $4 \oplus 2$의 값을 구하시오.

문제 1-7 기출유형

다음 주어진 연산에 대하여 식의 값을 구하시오.

(a) $a \diamond b = a^2 + b^2$, $a \circ b = a^2 - b^2$일 때, $(3 \diamond 0) \diamond (3 \circ 1)$

(b) $a \triangledown b = a^2 + b^2$, $a \bigstar b = b^2 - a^2$일 때, $(3 \triangledown 1) \triangledown (3 \bigstar 2)$

한편, 사칙연산은 종종 기호를 사용하지 않고 표현하기도 한다. 예를 들어 a와 b의 곱 $a \times b$는 'a의 b'와 같이 표현하기도 한다.

예제 1-5

27의 $\frac{2}{3}$를 구하시오.

풀이

27의 $\frac{2}{3}$는 27과 $\frac{2}{3}$의 곱이므로 $27 \times \frac{2}{3} = \frac{54}{3} = 18$이다.

문제 1-8

48의 $\frac{5}{4}$를 구하시오.

Section 1.2 단위

도량형과 단위 명칭

■ 도량형

오늘날 국제 미터 단위인 미터(m)의 기원은 1790년경에 발명된 '십진미터법'이다. 정확한 표준 단위를 설정하기 위해서는 변하지 않는 기준이 필요한데, 최초로 정한 1m는 지구의 둘레가 변하지 않는다는 가정 아래 지구 둘레의 4000만 분의 1로 정하였다. 또한 빛의 속도를 근거로 하여 1m를 '빛이 진공에서 $\dfrac{1}{299,792,458}$초 동안 진행한 경로의 길이'로 정하고 있다.

사실 국제표준단위SI unit가 정해지기 이전에는 같은 나라 안에서도 지역에 따라 서로 다른 단위길이와 단위무게를 사용했다. 이를 통일시킬 필요가 있었는데, 동양에서는 진시황이 처음으로 제도화했다. 진시황은 길이를 의미하는 도度, 부피를 재는 양量, 무게를 다는 형衡을 합쳐 도량형이라 했고, 이 제도의 표준이 되는 자와 되, 그리고 저울을 백성들에게 나눠 주었다. 수학에서 도량형은 주로 길이를 재고, 넓이를 계산하며, 들이나 부피를 측정하는 데 사용된다.

■ 우리나라의 도량형

우리나라의 경우에 조선시대 경국대전經國大典에 도량형이 정비되었다. 길이 단위명칭은 리釐, 푼分, 치寸, 자尺, 장丈으로 10리는 1푼, 10푼은 1치, 10치는 1자, 10자는 1장 등과 같이 10진법에 의한 것이었다. 이것을 현재 우리가 사용하고 있는 미터법과 비교하면 1cm는 약 3푼 3리, 1m는 약 3자 3치, 1km는 약 3,300자와 같다. 넓이의 단위로는 작勺, 홉合, 파把, 속束, 부負, 결結 등이 사용되었고, 10작은 1홉, 10홉은 1파, 10파는 1속, 10속은 1부, 100부는 1결이었다. 부피의 단위는 작勺, 홉合, 되升, 말斗, 소곡小斛, 대곡大斛 등이 사용되었고, 10작은 1홉, 10홉은 1되, 10되는 1말, 15말은 1소곡, 20말은 1대곡이었다.

속대전續大典에 의하면 부피를 측정하는 기준이 되는 그릇은 대곡의 경우는 가로와 세로가 각각 1.12자, 높이가 1.72자이고, 소곡의 경우 가로와 세로가 각각 1자, 높이가 1.47자이었다. 말斗의 경우 가로, 세로가 각각 0.7자, 높이가 0.4자이고, 되升의 경우 가로가 0.49자, 세로, 높이가 각각 0.2자이었다고 한다. 따라서 조선 시대의 표준이 되는 양은 가로, 세로가 각각 14.85cm, 높이가 6.06cm인 직육면체였으므로 그 부피는 1336.37cm^3, 즉 약 1.336L였다.

조선 초기까지 1자는 32.21cm였지만, 1430년 세종대왕이 31.22cm로 통일했다. 세종대왕은 우리나라에 맞는 도량형을 정비하여 '황종척'이라 명하였으며, 황종척黃鍾尺은 세종대왕 이후에 단위 체계의 기준이 되었다. 참고로 오늘날에는 1자가 30.3 cm 와 같다. 다음 표는 황종척의 단위 체계이다.

[표 1-1]

길이	1리 $\left(=\frac{1}{10}\text{푼}\right)$	1푼(분) (=10리)	1치(촌) (=10푼)	1자(척) (=10치)	1장 (=10자)
부피	1작 $\left(=\frac{1}{10}\text{홉}\right)$	1홉 (=10작)	1되 (=10홉)	1말 (=10되)	1섬 (=10말)
무게	1리 $\left(=\frac{1}{10}\text{분}\right)$	1푼 (=10리)	1전 (=10분)	1냥 (=10전)	1근 (=16냥)

이외에도 넓이를 나타내는 또 다른 단위로 '평'이 있다. 이 단위는 한 사람이 팔과 다리를 벌리고 누울 수 있는 넓이에서 기원했다. 넓이 1평은 여섯 자 평방이며, 여섯 자를 한 변으로 하는 정사각형의 넓이를 나타내므로 1평=(6자×6자)를 뜻한다. 미터법으로 환산하면 약 3.3058 m^2이다. 보통 3.3 m^2를 1평으로 본다.

예제 1-6 기출유형

32평인 아파트의 넓이를 미터법으로 환산하시오.

풀이

1평은 약 3.3 m^2이므로 32평인 아파트의 넓이를 미터법으로 환산하면 다음과 같다.

$$32 \times 3.3 = 105.6(m^2)$$

문제 1-9 기출유형

이루리 사원은 사무실을 임대하는 업무를 수행하기 위해 ○○부동산을 방문했다. ○○부동산에서는 140 m^2인 사무실을 임대할 수 있다고 한다. 이루리 사원이 임대하게 될 사무실의 넓이를 평으로 나타내시오.

문제 1-10 기출유형

옛날 우리 선조들이 사용하던 무게의 단위 중 관이 있다. 1관은 6.25근일 때, 3관은 몇 근인지 구하시오.

■ 단위 접두어

문명이 발달할수록 이전에 이용하던 수보다 더 큰 수와 더 작은 수를 사용하게 된다. 오늘날 널리 사용되고 있는 큰 단위는 컴퓨터의 용량을 나타내는 메가(10^6), 기가(10^9), 테라(10^{12})가 있고, 작은 단위는 마이크로(10^{-6}), 나노(10^{-9}), 피코(10^{-12})가 있다. 그러나 미래에는 과학이 더 발전하여 더 큰 단위인 페타(10^{15}), 엑사(10^{18}), 제타(10^{21}), 그리고 더 작은 단위인 펨토(10^{-15}), 아토(10^{-18}), 젭토(10^{-21}) 등도 사용하게 될 것이다.

단위의 접두어를 파악하면 단위 환산을 어렵지 않게 할 수 있다. 예를 들어 킬로는 10^3이므로 1 km = 1,000 m 임을 알 수 있다. 1,000m는 1km, 1m는 1,000mm이다. 다음 표는 큰 단위와 작은 단위를 나타낸 것이다.

[표 1-2]

10^n	접두어	기호	한글 명칭	십진수 표현
10^{24}	요타 (yotta)	Y	자	1,000,000,000,000,000,000,000,000
10^{21}	제타 (zetta)	Z	십 해	1,000,000,000,000,000,000,000
10^{18}	엑사 (exa)	E	백 경	1,000,000,000,000,000,000
10^{15}	페타 (peta)	P	천 조	1,000,000,000,000,000
10^{12}	테라 (tera)	T	조	1,000,000,000,000
10^9	기가 (giga)	G	십 억	1,000,000,000
10^6	메가 (mega)	M	백 만	1,000,000
10^3	킬로 (kilo)	k	천	1,000
10^2	헥토 (hecto)	h	백	100
10^1	데카 (deca)	da	십	10
10^0	(없음)	(없음)	일	1
10^{-1}	데시 (deci)	d	십분의 일	0.1
10^{-2}	센티 (centi)	c	백분의 일	0.01
10^{-3}	밀리 (milli)	m	천분의 일	0.001
10^{-6}	마이크로 (micro)	μ	백 만분의 일	0.000001
10^{-9}	나노 (nano)	n	십 억분의 일	0.000000001
10^{-12}	피코 (pico)	p	일조분의 일	0.000000000001
10^{-15}	펨토 (femto)	f	천 조분의 일	0.000000000000001
10^{-18}	아토 (atto)	a	백 경분의 일	0.000000000000000001
10^{-21}	젭토 (zepto)	z	십 해분의 일	0.000000000000000000001
10^{-24}	욕토 (yocto)	y	일자분의 일	0.000000000000000000000001

위의 단위를 사용하여 머리카락의 굵기를 나타내면 약 100 μm이다. 즉 머리카락 한 가닥의 굵기는 1 mm의 $\frac{1}{10}$이다.

여러 가지 단위

■ 도량형의 기본 단위

앞에서 설명했듯이 1 m는 '빛이 진공에서 $\frac{1}{299,792,458}$초 동안 진행한 경로의 길이'로 정하였다. 부피 단위인 1 L는 한 변의 길이가 100 mm, 즉 10 cm인 정육면체에 담긴 액체의 양을 기준으로 한다. 무게 단위인 1 g은 한 변의 길이가 10 mm, 즉 1 cm인 정육면체에 담긴 4℃의 물의 부피를 기준으로 한다. 특히 4℃의 물 1 L의 무게는 1 kg이다. 한 변의 길이가 1 m인 정육면체에 담긴 물의 부피가 1,000 L이고, 이 물의 무게는 1,000 kg = 1 t이다. 즉 4℃인 물의 부피가 $1m^3$라면 그 무게는 1 t과 같다는 뜻이다.

■ 기타 단위

이외에 실생활에서 자주 이용하는 여러 가지 단위에 대해 간단히 알아보자. 먼저 넓이를 나타내는 단위를 살펴보자. 1아르(a)는 가로와 세로가 각각 10 m인 정사각형의 넓이 $100\,m^2$와 같으며, 1헥타르(ha)는 가로와 세로가 각각 100 m인 정사각형의 넓이 $10000\,m^2$와 같다. 1 ha는 2.5에이커(acre)와 같은 넓이이다.

온도 단위로는 가장 널리 쓰이는 섭씨(℃), 화씨(°F)와 과학자들이 사용하는 절대온도인 켈빈(K)이 있다. ℃는 물의 끓는점과 물의 어는점을 온도의 표준으로 정하여, 그 사이를 100등분한 온도눈금이다. °F는 1기압 하에서 물의 어는점을 32, 끓는점을 212로 정하고 두 점 사이를 180등분한 온도눈금이다. K은 절대영도를 0도로 한 절대 도수로 나타낸 온도이다. 모든 분자가 −273.15℃에서 그 운동이 정지되며 그 이하의 온도는 존재하지 않으므로 이를 절대영도라 하고, 이를 기점으로 K 단위로 나타낸 것이 절대온도이다.

[표 1-3]

	섭씨(℃)	화씨(°F)	켈빈(K)
끓는점	100	212	373
어는점	0	32	273
혈액의 온도	37	98	310
절대영도	−273.15	−459.67	0

℃를 °F로, °F를 ℃로 바꾸는 공식은 다음과 같다.

$$℃ = (°F - 32) \times \frac{5}{9}, \quad °F = \left(℃ \times \frac{9}{5}\right) + 32$$

또 K을 ℃로, ℃를 K으로 바꾸는 공식은 다음과 같다.

$$K = ℃ + 273.15, \quad ℃ = K - 273.15$$

마지막으로 할푼리에 대하여 알아보자. 수를 소수로 나타낼 때, 할은 소수 첫째 자리, 푼은 소수 둘째 자리, 리는 소수 셋째 자리에 쓴다. 예를 들어 2할 6푼 7리는 0.267이고, 0.321은 3할 2푼 1리이다.

예제 1-7 기출유형

오늘 기온이 30℃라고 할 때, 오늘 기온을 °F로 나타내시오.

풀이

$°F = \left(℃ \times \frac{9}{5}\right) + 32$ 이므로 $\left(30 \times \frac{9}{5}\right) + 32 = 54 + 32 = 86(°F)$ 이다.

문제 1-11 기출유형

미국에 출장을 간 이루리 사원은 오늘의 날씨를 알기 위하여 인터넷을 검색하였더니 미국의 현재 기온은 50°F였다. 이루리 사원이 머물고 있는 곳의 기온을 ℃로 나타내시오.

문제 1-12 기출유형

야구장에 간 이루리 씨는 전광판에서 응원하는 팀의 2번 타자의 타율은 '2할 3푼 7리', 3번 타자의 타율은 '3할 2푼'이라는 정보를 보았다. 3번 타자는 2번 타자보다 타율이 얼마나 더 높은지 소수로 나타내시오.

■ 단위 환산

앞에서 도량형과 몇 가지 단위에 대해 간단히 알아보았다. 직무를 수행하면서, 여러 단위를 자유롭게 환산해야 할 필요성을 느끼기도 한다. 다음 표는 주요 단위 환산을 나타낸 것이다.

[표 1-4]

단위	단위 환산
길이	1cm = 10mm, 1m = 100cm, 1km = 1,000m
넓이	$1cm^2 = 100mm^2$, $1m^2 = 10{,}000cm^2$, $1km^2 = 1{,}000{,}000m^2$
부피	$1cm^3 = 1{,}000mm^3$, $1m^3 = 1{,}000{,}000cm^3$, $1km^3 = 1{,}000{,}000{,}000m^3$
들이	$1mL = 1cm^3$, $1dL = 100cm^3 = 100mL$, $1L = 1{,}000cm^3 = 10dL$
무게	1kg = 1,000g, 1t = 1,000kg = 1,000,000g
시간	1분 = 60초, 1시간 = 60분 = 3,600초, 1일 = 24시간
할푼리	1푼 = 0.1할, 1리 = 0.01할, 1모 = 0.001할

세계에서 가장 일반적으로 사용하는 도량형은 미터법이다. 하지만 영미권에서는 야드(yard)와 파운드(p) 등의 단위를 사용하고 있다. 따라서 업무를 성공적으로 수행하기 위해서는 그들이 사용하는 단위를 우리가 사용하는 미터법으로 환산할 수 있어야 한다.

1마일(mile) = 1.609 km	1에이커(acre) = 4.047 m^2 ≈ 0.4ha
1야드(yard) = 0.914 m = 36 inch	1영국 갤런(gal) = 4.55 L
1피트(feet) = 30.48 cm = 12 inch	1영국 파인트(pint) = 568 mL
1인치(inch) = 25.4 mm	1미국 갤런 = 3.78 L
1파운드(p) = 454 g	1미국 쿼트(quart) = 946 L
1온스(oz) = 28.35 g	1미국 파인트 = 473 mL

예제 1-8 기출유형

다음을 주어진 단위에 알맞게 변환하시오.

(a) 5시간 = (　　　)초　　(b) 3.2 kg = (　　　) g　　(c) 28inch = (　　　) cm

풀이

(a) 1시간 = 60분 = 3,600초이므로 5시간은 3,600초의 5배이다. 즉, 5 × 3,600 = 18,000(초)

(b) 1 kg = 1,000 g 이므로 3.2 × 1,000 = 3,200(g)이다.

(c) 1inch = 25.4 mm = 2.54 cm 이므로 28 × 2.54 = 71.12(cm)이다.

문제 1-13 기출유형

다음 □ 안에 알맞은 수를 써넣으시오.

(a) 8 km 는 □ cm 이다.

(b) 12mile은 □ m 이다.

문제 1-14 기출유형

사람의 정상체온 36.5℃를 K으로 나타내시오.

문제 1-15

기출유형

속도의 단위는 (거리 단위)/(시간 단위)로 나타낸다. 이를테면 1초 동안 몇 미터 갈 수 있는 빠르기인지를 m/s로 나타낸다. 25 m/s를 km/h로 나타내시오. 여기서 s는 초[second], h는 시간[hour]을 나타낸다.

예제 1-9

기출유형

다음을 주어진 단위에 알맞게 변환하시오.

(a) 6마일 = (   ) m　　(b) 4야드 = (   ) inch　　(c) 8피트 = (   ) inch

풀이

(a) 1마일 = 1.609km = 1,609m이므로, $1,609 \times 6 = 9,654$m

(b) 1야드는 36inch이므로, $4 \times 36 = 144$inch

(c) 1피트는 12inch이므로, $8 \times 12 = 96$inch

문제 1-16

기출유형

다음을 주어진 단위에 알맞게 변환하시오.

(a) 4파운드 = (   )g　　(b) 5에이커 = (   )ha

(c) 8미국 갤런 = (   )L

Section

1.3 약수와 배수

약수와 배수

6을 $6 = 2 \times 3$으로 나타내었을 때, 2, 3은 6의 약수이고 6은 2, 3의 배수이다. 일반적으로 어떤 수를 1배, 2배, 3배, … 한 수를 그 수의 **배수**라고 한다. 또 어떤 수를 나누어떨어지게 하는 수를 그 수의 **약수**라고 한다. 이때 약수는 인수라고도 한다.

약수와 배수

자연수 a, b, c에 대하여 $a = b \times c$일 때, b와 c를 a의 약수(또는 인수)라 한다. 이때 a는 b의 배수 또는 a는 c의 배수라 한다.

어떤 수 a의 약수는 유한개이다. 어떤 수 a의 배수란 a에 몇 배하였을 때, a와 몇을 곱한 수인 $2a$, $3a$, … 등을 말하는 것이므로 수가 무수히 존재하는 한 배수도 끝없이 구할 수 있다. 따라서 어떤 수 a의 배수는 무수히 많다.

예제 1-10

8의 약수를 구하시오.

풀이

$8 = 1 \times 8 = 2 \times 4$이므로 8의 약수는 1, 2, 4, 8이다.

문제 1-17

12의 모든 약수의 합을 구하시오.

문제 1-18

3과 4의 약수의 개수의 합을 구하시오.

소수와 합성수, 거듭제곱

3을 두 자연수의 곱으로 나타내는 방법은 $3=1\times3$뿐이다. 즉 3의 약수는 1과 자기 자신인 3뿐이다. 그러나 8은 $8=1\times8=2\times4$이므로 8의 약수는 1, 2, 4, 8이다. 이와 같이 1보다 큰 자연수는 약수의 개수가 2인 경우와 약수의 개수가 3 이상인 경우로 나눌 수 있다. 이때 약수의 개수가 2인 수를 **소수** prime number라 한다. 한편 1보다 큰 수 중에서 소수가 아닌 자연수를 **합성수**라고 한다.

소수와 합성수

1과 자기 자신만을 약수로 갖는 1보다 큰 자연수를 소수라 한다. 또 1보다 큰 수 중에서 소수가 아닌 자연수를 합성수라고 한다.

주의 1은 소수도 아니고 합성수도 아니다.

예제 1-11

다음에서 소수인 것을 찾으시오.

① 18 ② 30 ③ 41 ④ 45 ⑤ 63

풀이

① $18=2\times9=1\times18$이므로 약수의 개수가 3 이상이다. 따라서 18은 합성수이다.

② $30=1\times30=3\times10$이므로 약수의 개수가 3 이상이다. 따라서 30은 합성수이다.

③ $41=1\times41$이므로 약수의 개수는 2이다. 따라서 41은 소수이다.

④ $45=1\times45=3\times15$이므로 약수의 개수가 3 이상이다. 따라서 45는 합성수이다.

⑤ $63=1\times63=7\times9$이므로 약수의 개수가 3 이상이다. 따라서 63은 합성수이다.

문제 1-19

다음 수를 소수와 합성수로 구분하시오.

(a) 11 (b) 16 (c) 21 (d) 31 (e) 37

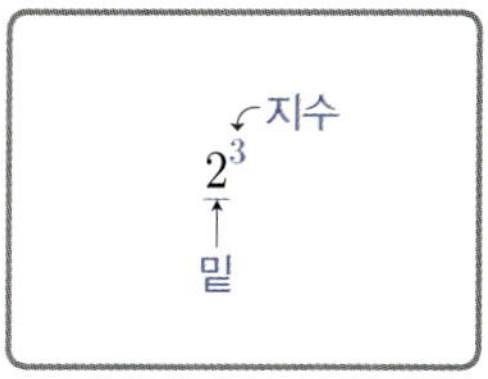

같은 수가 거듭하여 곱해진 수를 간단히 나타내는 방법에 대하여 알아보자. 2를 거듭하여 곱한 것을 간단히

$$2\times2=2^2$$
$$2\times2\times2=2^3$$
$$2\times2\times2\times2=2^4$$
$$\vdots$$

과 같이 나타내고, 2^2, 2^3, 2^4, …을 각각 2의 제곱, 2의 세제곱, 2의 네제곱, …이라고 읽는다.

이때 이들을 통틀어 2의 **거듭제곱**이라 하며, 2를 거듭제곱의 **밑**, 2가 곱해지는 개수인 2, 3, 4, ⋯를 거듭제곱의 **지수**라고 한다. 특히 $2^1 = 2$로 정한다.

두 개 이상의 수를 각각 거듭하여 곱하는 경우에도 다음과 같이 거듭제곱으로 간단히 나타낼 수 있다.

$$2 \times 2 \times 2 \times 2 \times 3 \times 3 = 2^4 \times 3^2$$

예제 1-12

다음을 거듭제곱으로 나타내고, 거듭제곱의 밑과 지수를 각각 말하시오.

(a) $3 \times 3 \times 3 \times 3 \times 3$ (b) $6 \times 6 \times 6 \times 6 \times 6 \times 6$

풀이

(a) $3 \times 3 \times 3 \times 3 \times 3 = 3^5$이므로 밑은 3, 지수는 5이다.

(b) $6 \times 6 \times 6 \times 6 \times 6 \times 6 = 6^6$이므로 밑은 6, 지수는 6이다.

문제 1-20

다음을 거듭제곱을 사용하여 간단히 나타내시오.

(a) $2 \times 2 \times 5 \times 5 \times 5 \times 5$ (b) $2 \times 2 \times 3 \times 3 \times 3 \times 7 \times 7$

소인수분해

12의 약수는 1, 2, 3, 4, 6, 12이고, 이 중에서 소수인 약수는 2와 3이다. 이와 같이 어떤 자연수의 약수 중에서 소수인 것을 그 자연수의 **소인수**라 한다. 즉 12의 소인수는 2와 3이고, 12를 $2 \times 2 \times 3 = 2^2 \times 3$과 같이 소인수만의 곱으로 나타낼 수 있다. 이와 같이 자연수를 소인수만의 곱으로 나타내는 것을 "**소인수분해**한다"고 한다. 소인수분해하는 순서는 여러 가지인데, 다음은 두 가지 순서에 따라 24를 소인수분해하는 과정을 나타낸 것이다.

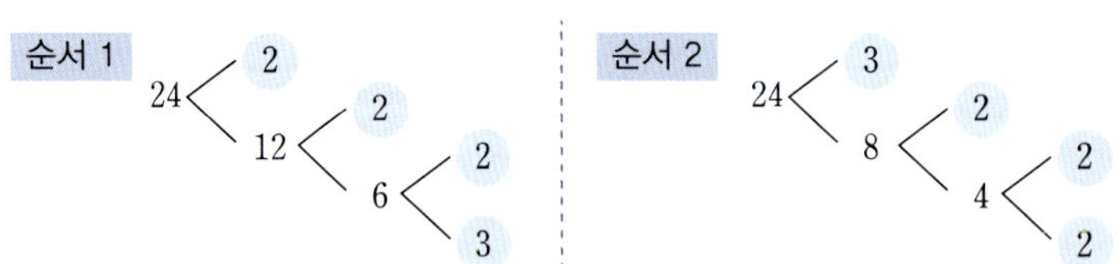

$24 = 2 \times 2 \times 2 \times 3$
$= 2^3 \times 3$

$24 = 3 \times 2 \times 2 \times 2$
$= 2^3 \times 3$

위 두 방법으로부터 24를 어떤 순서로 소인수분해해도 그 결과는 모두 같음을 알 수 있다. 일반적으로 어떤 자연수를 소인수분해한 결과는 소인수를 곱하는 순서를 생각하지 않으면 오직 한 가지뿐이다.

예제 1-13

12를 소인수분해하시오.

풀이

■ 첫 번째 방법

소인수의 곱을 이용하여 소인수분해하면 다음과 같다.

$$12 = 2 \times 6 = 2 \times 2 \times 3 = 2^2 \times 3$$

■ 두 번째 방법

12를 차례대로 나누어떨어뜨리면 다음과 같다.

$$\begin{array}{r|l} 2 & 12 \\ \hline 2 & 6 \\ \hline & 3 \end{array} \rightarrow 12 = 2^2 \times 3$$

문제 1-21

다음 수를 소인수분해하시오.

(a) 28 (b) 60 (c) 96 (d) 120

예제 1-14

소인수분해를 이용하여 45의 약수를 모두 구하시오.

풀이

45를 소인수분해하면 $45 = 3^2 \times 5$이므로 45의 약수는 3^2의 약수 1, 3, 3^2과 5의 약수 1, 5 중에서 하나씩 골라 서로 곱하여 구할 수 있다. 이를 표로 나타내면 다음과 같다.

	1	5
1	$1 \times 1 = 1$	$1 \times 5 = 5$
3	$3 \times 1 = 3$	$3 \times 5 = 15$
3^2	$3^2 \times 1 = 9$	$3^2 \times 5 = 45$

따라서 45의 약수는 1, 3, 5, 9, 15, 45이다. 소인수분해를 이용하면 약수를 모두 구할 수 있다.

문제 1-22

소인수분해를 이용하여 108의 약수를 모두 구하시오.

일반적으로 약수의 개수와 약수의 합을 다음과 같이 구할 수 있다.

약수의 개수와 총합

자연수 n이 $n = x^p y^q \cdots z^r$과 같이 소인수분해되었을 때, n의 약수의 개수는 $(p+1)(q+1)\cdots(r+1)$이고 n의 약수의 총합은 $(x^0 + x^1 + \cdots + x^p)(y^0 + y^1 + \cdots + y^q)\cdots(z^0 + z^1 + \cdots + z^r)$이다.

예제 1-15

210의 약수의 개수와 약수의 총합을 구하시오.

풀이

$210 = 2 \times 3 \times 5 \times 7$이므로 210의 약수의 개수는 다음과 같다.

$$(1+1)(1+1)(1+1)(1+1) = 16$$

또 210의 약수의 총합은 다음과 같다.

$$(2^0 + 2^1)(3^0 + 3^1)(5^0 + 5^1)(7^0 + 7^1) = (1+2)(1+3)(1+5)(1+7) = 576$$

문제 1-23

28의 약수의 개수와 총합을 구하시오.

최대공약수

어떤 수의 약수란 그 수를 나누어떨어지게 하는 수이다. 마찬가지로 두 수를 동시에 나누어떨어지게 하는 수를 두 수의 공통인 약수, 간단히 **공약수**라고 한다. 예를 들어 24와 36의 공약수는 1, 2, 3, 4, 6, 12이다. 이때 24와 36의 공약수 중에서 가장 큰 수인 12를 24와 36의 **최대공약수**라고 한다. 여기서 24와 36의 공약수는 모두 최대공약수 12의 약수임을 알 수 있다. 즉 공약수는 최대공약수의 약수이다.

이제 소인수분해를 이용하여 72와 90의 최대공약수를 구해 보자. 72와 90을 소인수분해하면 각각 다음과 같다.

$$72 = 2 \times 2 \times 2 \times 3 \times 3, \quad 90 = 2 \times 3 \times 3 \times 5$$

이때 72와 90의 최대공약수는 두 수의 공통인 소인수 2, 3, 3을 모두 곱한 $2 \times 3 \times 3 = 18$과 같다.

이처럼 두 수의 최대공약수는 이들을 각각 소인수분해한 후, 공통인 소인수를 모두 곱하여 구할 수 있다. 특히 두 수를 소인수분해하여 거듭제곱 꼴로 나타냈을 때, 두 수의 최대공약수는 공통인 소인수의 거듭제곱에서 지수가 같으면 그대로, 다르면 작은 것을 택하여 곱한 것이다. 이를테면 72와 90의 최대공약수는 2와 3^2을 곱한 $2 \times 3^2 = 18$이다. 세 수의 최대공약수도 같은 방법으로 구할 수 있다.

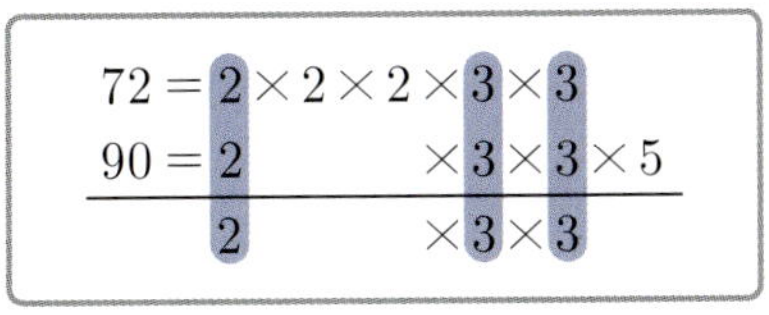

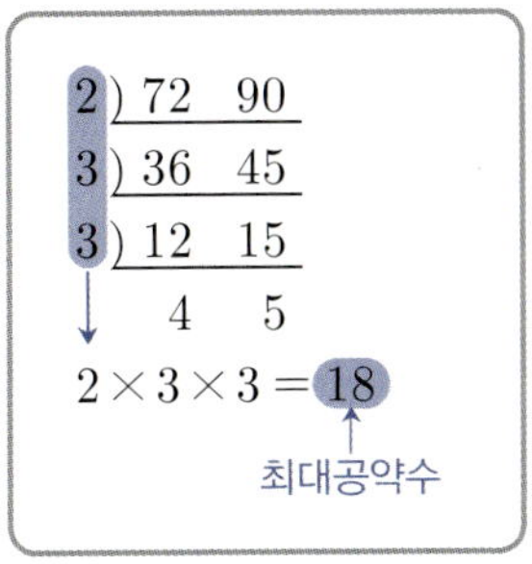

예제 1-16

다음 두 수의 최대공약수를 구하시오.

(a) $2^3 \times 5 \times 7$, $5^2 \times 7$　　　　(b) 56, 70

풀이

(a) 최대공약수는 공통인 소인수 5, 7을 모두 곱한 $5 \times 7 = 35$이다.

(b) 두 수를 소인수분해하면 다음과 같다.

$$56 = 2 \times 2 \times 2 \times 7,\ \ 70 = 2 \times 5 \times 7$$

따라서 최대공약수는 공통인 소인수 2, 7을 모두 곱한 $2 \times 7 = 14$이다.

문제 1-24

다음 두 수의 최대공약수를 구하시오.

(a) $2^2 \times 3^2 \times 5$, $2 \times 3^2 \times 5^2$　　　　(b) 72, 180

문제 1-25

다음 세 수의 최대공약수를 구하시오.

(a) $2 \times 3^2 \times 5$, $2^3 \times 5^2 \times 7$, $2^4 \times 3^2 \times 5^3$

(b) 45, 60, 75

최소공배수

어떤 수의 배수란 그 수를 몇 배한 수이므로 두 수의 배수에서 공통인 배수를 **공배수**라고 한다. 예를 들어 6과 8의 공배수는 24, 48, 72, ⋯ 와 같이 무수히 많다. 이 중에서 가장 작은 수 24를 6과 8의 **최소공배수**라고 한다. 여기서 6과 8의 공배수는 모두 최소공배수 24의 배수임을 알 수 있다. 즉 공배수는 최소공배수의 배수이다.

이제 소인수분해를 이용하여 24와 30의 최소공배수를 구해 보자. 24와 30을 소인수분해하면 각각 다음과 같다.

$$24 = 2 \times 2 \times 2 \times 3, \quad 30 = 2 \times 3 \times 5$$

이때 24와 30의 최소공배수는 두 수의 공통인 소인수 2, 3과 공통이 아닌 소인수 2, 2, 5를 모두 곱하여 다음과 같이 구할 수 있다.

$$2 \times 3 \times 2 \times 2 \times 5 = 120$$

이처럼 두 수의 최소공배수는 이들을 각각 소인수분해한 후, 공통인 소인수와 공통이 아닌 소인수를 모두 곱하여 구할 수 있다. 특히 두 수를 소인수분해하여 거듭제곱 꼴로 나타냈을 때, 두 수의 최소공배수는 공통인 소인수의 거듭제곱에서 지수가 같으면 그대로, 다르면 큰 것을 택하고, 여기에 공통이 아닌 소인수의 거듭제곱도 모두 택하여 곱한 것이다. 이를테면 24와 30의 최소공배수는 2^3, 3, 5를 모두 곱한 $2^3 \times 3 \times 5 = 120$이다. 세 수의 최소공배수도 같은 방법으로 구할 수 있다.

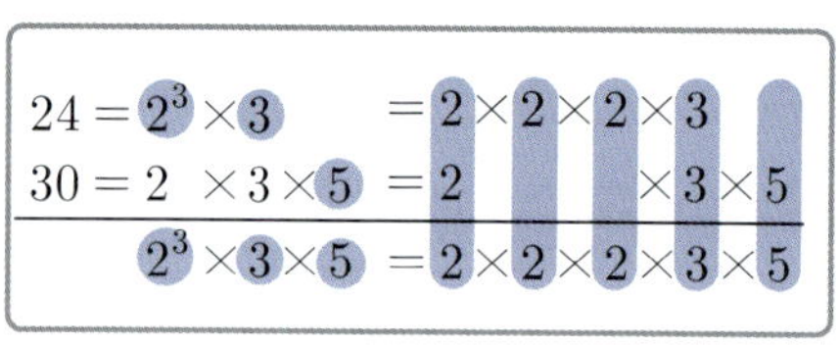

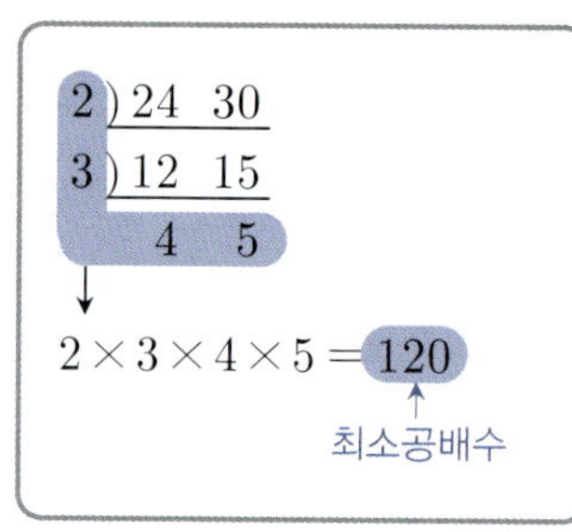

예제 1-17

다음 두 수의 최소공배수를 구하시오.

(a) $2^3 \times 5 \times 7$, $5^2 \times 7$　　　(b) 56, 70

풀이

(a) 최소공배수는 2^3, 5^2, 7을 모두 곱한 $2^3 \times 5^2 \times 7 = 1400$이다.

(b) 두 수를 소인수분해하면 $56 = 2 \times 2 \times 2 \times 7 = 2^3 \times 7$, $70 = 2 \times 5 \times 7$이므로, 최소공배수는 2^3, 5, 7을 모두 곱한 $2^3 \times 5 \times 7 = 280$이다.

문제 1-26

다음 두 수의 최소공배수를 구하시오.

(a) $2^2 \times 3^2 \times 5$, $2 \times 3^2 \times 5^2$ (b) 72, 180

문제 1-27

다음 세 수의 최소공배수를 구하시오.

(a) $2 \times 3^2 \times 5$, $2^3 \times 5^2 \times 7$, $2^4 \times 3^2 \times 5^3$

(b) 30, 36, 48

문제 1-28 기출유형

소인수분해를 이용하여 108, 126, 198의 최대공약수와 최소공배수를 각각 구하시오.

서로소

어떤 두 수의 최대공약수를 구하면 1이 되는 경우도 있다. 예를 들어 5와 8의 최대공약수는 1이다. 이와 같이 최대공약수가 1인 두 자연수를 **서로소**라고 한다.

예제 1-18

다음에서 서로소인 것을 모두 찾으시오.

① 3, 5 ② 12, 18 ③ 4, 21 ④ 9, 24 ⑤ 15, 46

풀이

① 3과 5의 최대공약수는 1이므로 3과 5는 서로소이다.

② 12와 18의 최대공약수는 6이므로 서로소가 아니다.

③ 4와 21의 최대공약수는 1이므로 4와 21은 서로소이다.

④ 9와 24의 최대공약수는 3이므로 서로소가 아니다.

⑤ 15와 46의 최대공약수는 1이므로 15와 46은 서로소이다.

문제 1-29

다음 중 서로소가 아닌 것을 찾으시오.

① 16, 19 ② 15, 22 ③ 21, 49 ④ 21, 29 ⑤ 17, 23

최대공약수와 최소공배수의 활용

최대공약수와 최소공배수를 이용하면 여러 가지 실생활 문제를 해결할 수 있다. 먼저 최대공약수를 활용하는 문제를 알아보자.

예제 1-19 기출유형

금나래 씨가 근무하는 회사의 직원 중에서 여자사원 32명과 남자사원 48명이 봉사동아리를 만들었다. 이 동아리에서 몇 개의 모둠을 만들어 독거노인을 위한 봉사활동을 하기로 했다. 이때 가능한 한 많은 모둠을 만들고, 각 모둠에 속하는 여자사원 수와 남자사원 수가 각각 같게 하려고 한다.

(a) 모둠의 수를 구하시오.

(b) 각 모둠에 속하는 여자사원과 남자사원 수를 각각 구하시오.

풀이

(a) 최대한 많은 모둠으로 나누려면 32와 48의 최대공약수를 구하면 된다. $32 = 2^5$, $48 = 2^4 \times 3$ 이므로 최대공약수는 $2^4 = 16$이다. 따라서 최대한 16개의 모둠을 만들 수 있다.

(b) 모둠의 최대 개수가 16이므로 각 모둠에 속하는 여자사원은 $\frac{32}{16} = 2$(명), 남자사원은 $\frac{48}{16} = 3$(명)이다.

문제 1-30 기출유형

금나래 씨의 직원들은 가뭄 피해를 입은 지역에 빵 180개와 생수 240병을 보내기로 하였다. 빵과 생수를 가능한 한 많은 상자에 똑같이 나누어 담으려고 한다.

(a) 필요한 상자의 수를 구하시오.

(b) 한 상자에 넣을 빵과 생수의 수를 각각 구하시오.

문제 1-31 기출유형

금나래 씨는 회사에서 생산하는 김치를 홍보하기 위하여 관광객에게 배추김치 150봉지, 총각김치 120봉지, 깍두기 210봉지를 남김없이 똑같이 나누어 주려고 한다. 최대한 많은 관광객에게 나누어 줄 때, 한 사람에게 나누어 줄 수 있는 배추김치, 총각김치, 깍두기는 각각 몇 봉지인지 구하시오.

이제 최소공배수를 활용하는 문제를 살펴보자.

예제 1-20 기출유형

금나래 씨의 회사 앞 버스 정류장에는 두 노선버스가 각각 8분, 10분 간격으로 도착한다고 한다.

(a) 두 노선버스가 오전 7시에 동시에 도착한 후 처음으로 다시 동시에 도착하는 시각을 구하시오.

(b) 오전 7시부터 오전 9시까지 두 버스가 동시에 도착하는 횟수를 구하시오.

풀이

(a) 두 버스가 각각 정류장에 8분, 10분 간격으로 도착하므로 두 버스가 다시 만나는 데 걸리는 시간은 8과 10의 최소공배수이다. 8과 10을 소인수분해하면 $8 = 2^3$, $10 = 2 \times 5$이므로, 최소공배수는 $2^3 \times 5 = 40$이다. 따라서 오전 7시 이후 처음으로 두 버스가 동시에 도착하는 시각은 7시 40분이다.

(b) 두 버스는 정류장에 40분마다 동시에 도착하므로 그 시각은 오전 7시, 7시 40분, 8시 20분, 9시이다. 따라서 오전 7시부터 오전 9시까지 두 버스가 동시에 도착하는 횟수는 4이다.

문제 1-32 기출유형

금나래 씨가 근무하는 회사에서 생산하는 A형 오르골은 길이가 60초인 곡을 반복하고, B형 오르골은 길이가 80초인 곡을 반복한다고 한다. 두 오르골을 동시에 재생할 때, 처음으로 음악이 다시 동시에 시작되는 때는 몇 초 후인지 구하시오.

문제 1-33 기출유형

금나래 씨는 회사에서 생산한 상품을 포장한 상자를 쌓으려고 한다. 상자는 가로가 24cm, 세로가 10cm, 높이가 12cm인 직육면체 모양이다. 이 상자를 빈틈없이 쌓아 정육면체 모양으로 만들려고 한다. 가장 작은 정육면체를 만들려고 할 때 금나래 씨가 쌓아야 할 상자의 개수를 구하시오.

Section 1.4 지수법칙, 곱셈공식, 인수분해

정수에 대한 지수법칙

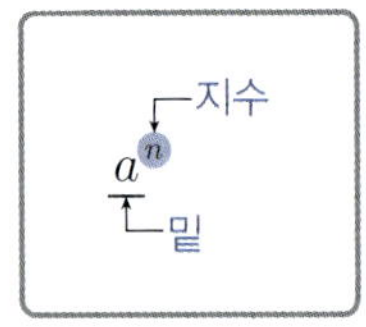

앞에서 거듭제곱에 대하여 알아보았다. 즉 어떤 수 a를 여러 번 곱한 a, a^2, a^3, $\cdots$, a^n, $\cdots$을 통틀어 a의 **거듭제곱**이라고 하며, a^n에서 a를 거듭제곱의 **밑**, n을 거듭제곱의 **지수**라고 한다. 이제 거듭제곱에 대한 성질을 알아보자.

$2^2 \times 2^5$을 2의 거듭제곱으로 나타내면

$$2^2 \times 2^5 = (2 \times 2) \times (2 \times 2 \times 2 \times 2 \times 2) = 2^7$$

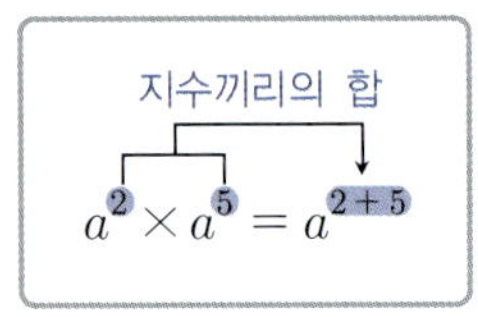

이다. 같은 방법으로 $a^2 \times a^5$은 다음과 같이 나타낼 수 있다.

$$\begin{aligned} a^2 \times a^5 &= \underbrace{(a \times a)}_{2\text{개}} \times \underbrace{(a \times a \times a \times a \times a)}_{5\text{개}} \\ &= \underbrace{a \times a \times a \times a \times a \times a \times a}_{(2+5)\text{개}} \\ &= a^{2+5} = a^7 \end{aligned}$$

이때 a^7의 지수 7은 $a^2 \times a^5$에서 두 지수 2와 5의 합임을 알 수 있다. 즉 양의 정수 m, n에 대하여 다음 지수법칙

$$a^m a^n = a^{m+n} \qquad \cdots\cdots \text{①}$$

$$(a^m)^n = a^{mn} \qquad \cdots\cdots \text{②}$$

이 성립한다. 그런데 $a \neq 0$이고 $m = 0$인 경우에도 ①이 성립하므로

$$a^0 a^n = a^{0+n} = a^n$$

이다. 따라서 $a^0 = 1$로 정의할 수 있다.

지수가 음의 정수일 때에도 ①이 성립하려면, $m = -n$일 때

$$a^{-n} a^n = a^{-n+n} = a^0 = 1$$

이므로 $a^{-n} = \dfrac{1}{a^n}$로 정의할 수 있다. 이를 이용하여 지수가 정수일 때 지수법칙 ①, ②가 성립하는지 확인해 보자.

$a \neq 0$이고, m, n이 음의 정수일 때, $p=-m$, $q=-n$으로 놓으면 p, q는 양의 정수이므로

$$a^m a^n = a^{-p} q^{-q} = \frac{1}{a^p} \times \frac{1}{a^q} = \frac{1}{a^{p+q}} = a^{-(p+q)} = a^{(-p)+(-q)} = a^{m+n}$$

$$(a^m)^n = (a^{-p})^{-q} = \left(\frac{1}{a^p}\right)^{-q} = \frac{1}{\left(\frac{1}{a^p}\right)^q} = \frac{1}{\frac{1}{a^{pq}}} = a^{pq} = a^{(-p)(-q)} = a^{mn}$$

이다. 즉 다음이 성립한다.

$$a^m a^n = a^{m+n},\ (a^m)^n = a^{mn}$$

일반적으로 지수가 정수일 때, 다음 지수법칙이 성립한다.

지수법칙 (1)

$a \neq 0$, $b \neq 0$이고 m, n이 정수일 때,

❶ $a^m a^n = a^{m+n}$ ❷ $a^m \div a^n = a^{m-n}$

❸ $(a^m)^n = a^{mn}$ ❹ $(ab)^n = a^n b^n$

예제 1-21

다음을 간단히 하시오.

(a) $7^3 \times 7^2$ (b) $5^4 \div 5^2$ (c) $(3^8)^2$ (d) $(2 \times 7)^4$

풀이

(a) $7^3 \times 7^2 = 7^{3+2} = 7^5$

(b) $5^4 \div 5^2 = 5^{4-2} = 5^2$

(c) $(3^8)^2 = 3^{8 \times 2} = 3^{16}$

(d) $(2 \times 7)^4 = 2^4 \times 7^4$

문제 1-34

다음을 간단히 하시오(단, $a \neq 0$, $b \neq 0$).

(a) $ab^2 \times a^3 b^4$ (b) $(ab^2)^3$ (c) $a^4 b^3 \div (ab)^5$ (d) $a^5 b^4 \div \left(\frac{b^2}{a}\right)^3$

거듭제곱근

n이 2 이상의 정수일 때, 실수 a에 대하여 n제곱하여 a가 되는 수, 즉 방정식

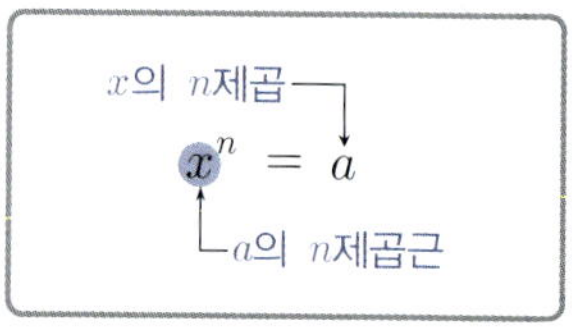

$$x^n = a$$

를 만족시키는 x를 a의 n제곱근이라고 하며 $x = \sqrt[n]{a}$으로 나타낸다. a의 제곱근, 세제곱근, 네제곱근, …을 통틀어 a의 **거듭제곱근**이라고 한다. 한편 0의 n제곱근은 0이다.

a의 n제곱근은 복소수 범위에서 n개 있음이 알려져 있다. 그러나 a의 n제곱근 중 실수인 것만을 생각한다면 a의 부호에 따른 a의 n제곱근의 개수는 다음과 같다.

[표 1-5]

n제곱근	$a>0$	$a=0$	$a<0$
n이 짝수	$\sqrt[n]{a}$, $-\sqrt[n]{a}$	0	없음
n이 홀수	$\sqrt[n]{a}$	0	$\sqrt[n]{a}$

이를테면 $x^3 = -1$을 만족하는 실수 x는 -1이다. 즉 $(-1)^3 = -1$이므로 -1은 -1의 세제곱근이고, $2^4 = 16$, $(-2)^4 = 16$이므로 2와 -2는 16의 네제곱근이다.

n이 정수인 경우, 지수법칙을 이용하여 거듭제곱근의 성질에 대해 알아보자. $a > 0$, $b > 0$이고 n이 정수라고 하면 지수법칙 (1)에 의해 다음이 성립한다.

$$(\sqrt[n]{a}\sqrt[n]{b})^n = (\sqrt[n]{a})^n(\sqrt[n]{b})^n = ab$$

이때 $\sqrt[n]{a} > 0$, $\sqrt[n]{b} > 0$이므로 $\sqrt[n]{a}\sqrt[n]{b} > 0$이다. 따라서 $\sqrt[n]{a}\sqrt[n]{b}$는 ab의 양의 n제곱근이다. 즉 다음이 성립한다.

$$\sqrt[n]{a}\sqrt[n]{b} = \sqrt[n]{ab}$$

한편 $a > 0$이고 m, n이 양의 정수라고 하면 지수법칙 (1)에 의하여 다음이 성립한다.

$$\{(\sqrt[n]{a})^m\}^n = (\sqrt[n]{a})^{mn} = \{(\sqrt[n]{a})^n\}^m = a^m$$

이때 $\sqrt[n]{a} > 0$이므로 $(\sqrt[n]{a})^m > 0$이다. 따라서 $(\sqrt[n]{a})^m$은 a^m의 양의 n제곱근이다. 즉 다음이 성립한다.

$$(\sqrt[n]{a})^m = \sqrt[n]{a^m}$$

일반적으로 거듭제곱근에 대하여 다음이 성립한다.

거듭제곱근의 성질

$a>0$, $b>0$이고, m, n이 양의 정수일 때,

❶ $\sqrt[n]{a}\sqrt[n]{b}=\sqrt[n]{ab}$

❷ $\dfrac{\sqrt[n]{a}}{\sqrt[n]{b}}=\sqrt[n]{\dfrac{a}{b}}$

❸ $(\sqrt[n]{a})^m=\sqrt[n]{a^m}$

❹ $\sqrt[m]{\sqrt[n]{a}}=\sqrt[mn]{a}$

예제 1-22

다음을 간단히 하시오.

(a) $\sqrt[4]{2}\sqrt[4]{8}$ (b) $\dfrac{\sqrt[3]{72}}{\sqrt[3]{9}}$ (c) $(\sqrt[3]{7})^6$ (d) $\sqrt{\sqrt[3]{64}}$

풀이

(a) $\sqrt[4]{2}\sqrt[4]{8}=\sqrt[4]{16}=\sqrt[4]{2^4}=2$

(b) $\dfrac{\sqrt[3]{72}}{\sqrt[3]{9}}=\sqrt[3]{8}=\sqrt[3]{2^3}=2$

(c) $(\sqrt[3]{7})^6=\sqrt[3]{7^6}=\sqrt[3]{49^3}=49$

(d) $\sqrt{\sqrt[3]{64}}=\sqrt[6]{64}=\sqrt[6]{2^6}=2$

문제 1-35

다음을 간단히 하시오.

(a) $\sqrt[4]{3}\sqrt[4]{27}$ (b) $\dfrac{\sqrt[3]{24}}{\sqrt[3]{3}}$ (c) $(\sqrt[4]{16})^2$ (d) $\sqrt{\sqrt[5]{1024}}$

유리수와 실수에 대한 지수법칙

이제 지수의 범위를 유리수까지 확장해 보자. $a>0$일 때, 두 정수 p, q에 대하여 지수법칙

$$(a^p)^q=a^{pq} \quad \cdots\cdots \text{①}$$

이 성립한다. 지수가 유리수인 경우에도 ①이 성립한다고 하면 두 정수 m, $n(n>0)$에 대하여

$$\left(a^{\frac{m}{n}}\right)^n=a^{\frac{m}{n}\cdot n}=a^m$$

이므로 $a^{\frac{m}{n}}$은 a^m의 양의 n제곱근이다. 따라서 다음과 같이 정의할 수 있다.

$$a^{\frac{m}{n}} = \sqrt[n]{a^m}$$

지수가 유리수인 경우 다음과 같이 정의한다.

유리수인 지수

$a > 0$이고 m, $n(m > 0)$이 정수일 때,

❶ $a^{\frac{m}{n}} = \sqrt[n]{a^m}$

❷ $a^{\frac{1}{n}} = \sqrt[n]{a}$

예제 1-23

다음을 간단히 하시오.

(a) $8^{\frac{2}{3}}$

(b) $4^{-\frac{3}{2}}$

풀이

(a) $8^{\frac{2}{3}} = \sqrt[3]{8^2} = \sqrt[3]{64} = \sqrt[3]{4^3} = 4$

(b) $4^{-\frac{3}{2}} = 4^{\frac{-3}{2}} = \sqrt{4^{-3}} = \sqrt{(2^2)^{-3}} = \sqrt{(2^{-3})^2} = 2^{-3} = \frac{1}{2^3} = \frac{1}{8}$

문제 1-36

다음을 간단히 하시오.

(a) $27^{\frac{2}{3}}$

(b) $9^{-\frac{1}{2}}$

지수가 유리수일 때도 지수법칙이 성립하는지 알아보자.

$a > 0$이므로 r, s가 유리수일 때, $r = \frac{m}{n}$, $s = \frac{p}{q}$(m, n, p, q는 정수, $n > 0$, $q > 0$)로 놓으면

$$\begin{aligned} a^r a^s &= a^{\frac{m}{n}} a^{\frac{p}{q}} = a^{\frac{mq}{nq}} a^{\frac{np}{nq}} = \sqrt[nq]{a^{mq}}\sqrt[nq]{a^{np}} \\ &= \sqrt[nq]{a^{mq+np}} = a^{\frac{mq+np}{nq}} = a^{\frac{m}{n}+\frac{p}{q}} = a^{r+s} \end{aligned}$$

이다. 즉 다음이 성립한다.

$$a^r a^s = a^{r+s}$$

일반적으로 지수가 유리수일 때 다음 지수법칙이 성립한다.

지수법칙 (2)

$a>0$, $b>0$이고 r, s가 유리수일 때,

❶ $a^r a^s = a^{r+s}$

❷ $a^r \div a^s = a^{r-s}$

❸ $(a^r)^s = a^{rs}$

❹ $(ab)^r = a^r b^r$

예제 1-24

다음을 간단히 하시오(단, $a>0$, $b>0$).

(a) $2^2 \times 2^{-\frac{1}{4}}$

(b) $\left(3^{-\frac{2}{3}}\right)^6$

(c) $\left(a^{\frac{2}{3}} \times b^{\frac{1}{2}}\right)^6$

(d) $a^{\frac{1}{4}} \div a^{-\frac{3}{4}}$

풀이

(a) $2^2 \times 2^{-\frac{1}{4}} = 2^{2-\frac{1}{4}} = 2^{\frac{7}{4}}$

(b) $\left(3^{-\frac{2}{3}}\right)^6 = 3^{-\frac{2}{3}\times 6} = 3^{-4}$

(c) $\left(a^{\frac{2}{3}} \times b^{\frac{1}{2}}\right)^6 = a^{\frac{2}{3}\times 6} \times b^{\frac{1}{2}\times 6} = a^4 b^3$

(d) $a^{\frac{1}{4}} \div a^{-\frac{3}{4}} = a^{\frac{1}{4}-\left(-\frac{3}{4}\right)} = a$

문제 1-37

다음을 간단히 하시오.

(a) $5^{-\frac{3}{2}} \times 5^{0.5}$

(b) $7^{\frac{4}{3}} \div 7^{\frac{1}{3}}$

(c) $\left(16^{\frac{1}{3}}\right)^{\frac{3}{4}}$

(d) $2^{-\frac{5}{3}} 3^{\frac{3}{4}} \times \left(2^{\frac{2}{3}} 3^{-\frac{1}{2}}\right)^{-\frac{1}{2}}$

문제 1-38 기출유형

어떤 호수의 수면에 빛의 세기가 I_0인 빛을 비추면 수심이 d m인 곳에서의 빛의 세기 I_d는 $I_d = I_0 \times 2^{-\frac{d}{4}}$이라고 한다. 양식장을 하는 금나래 씨는 해초를 번식시키기 위하여 수심이 깊은 곳의 빛의 세기를 알아야 한다. 수심이 5 m인 곳에서의 빛의 세기는 수심이 13 m인 곳에서의 빛의 세기의 몇 배인지 구하시오.

마지막으로 지수의 범위를 실수까지 확장해 보자. $\sqrt{2} = 1.4142135\cdots$이므로 $\sqrt{2}$에 가까워지는 유리수

$$1,\ 1.4,\ 1.41,\ 1.414,\ 1.4142,\ \cdots$$

를 지수로 갖는 수

$$2^1,\ 2^{1.4},\ 2^{1.41},\ 2^{1.414},\ 2^{1.4142},\ \cdots$$

은 [표 1-6]과 같이 어떤 일정한 수에 가까워진다는 사실이 알려져 있다. 이 일정한 수를 $2^{\sqrt{2}}$으로 정한다. 이와 같은 방법으로 $a>0$이고 x가 실수일 때, a^x을 정의할 수 있다.

[표 1-6]

A	B
x	2^x
1	2
1.4	$2.639015\cdots$
1.41	$2.657371\cdots$
1.414	$2.664749\cdots$
1.4142	$2.665119\cdots$
⋮	⋮

일반적으로 지수가 실수일 때, 다음 지수법칙이 성립한다.

지수법칙 (3)

$a>0,\ b>0$이고 $x,\ y$가 실수일 때,

❶ $a^x a^y = a^{x+y}$ ❷ $a^x \div a^y = a^{x-y}$

❸ $(a^x)^y = a^{xy}$ ❹ $(ab)^x = a^x b^x$

예제 1-25 기출유형

금나래 씨는 새로 개발할 상품의 수요를 예측하기 위하여 세계 인구의 증가에 대해 알아봐야 한다. 현재 세계 인구는 약 75억 명이라고 할 때, 매년 인구 증가율이 a %로 일정하다면 n년 후의 세계 인구는 $75\left(1+\frac{a}{100}\right)^n$억 명이라고 한다. 10년 후에 세계 인구가 현재의 1.2배가 된다고 할 때, 현재의 2배가 되는 때는 몇 년 후인지 구하시오(단, $1.2^{3.8}=2$로 계산한다).

풀이

10년 후의 세계 인구가 현재의 1.2배가 되므로

$$75\left(1+\frac{a}{100}\right)^{10} = 75\times 1.2, \qquad \left(1+\frac{a}{100}\right)^{10} = 1.2$$

이다. 따라서 $1+\frac{a}{100} = 1.2^{\frac{1}{10}}$ 이다.

n년 후에 세계 인구가 현재의 2배가 된다고 하면

$$75\left(1+\frac{a}{100}\right)^n = 75\times 2,\quad \left(1+\frac{a}{100}\right)^n = 2$$

이다. 따라서 $1.2^{\frac{n}{10}} = 2 = 1.2^{3.8}$이다. 즉 $\frac{n}{10} = 3.8$이므로 $n = 38$이다.

따라서 세계 인구가 현재의 2배가 되는 때는 38년 후이다.

문제 1-39 기출유형

금나래 씨는 어떤 박테리아가 매시간 일정한 비율로 증식하여 처음 p_0마리가 t시간 후에 p마리가 될 때 다음과 같은 관계식이 성립함을 알아냈다.

$$p = p_0 \times a^{kt}\ (a>0,\ a\neq 1,\ k>0)$$

금나래 씨가 어떤 박테리아를 처음 1만 마리를 배양하여 6시간 후에 4만 마리가 되었다. 이 박테리아를 15시간 동안 배양했을 때 박테리아의 개체 수를 구하시오.

곱셈공식

다음과 같이 직사각형 모양의 나무판을 4개의 직사각형으로 자른 모습을 생각해 보자.

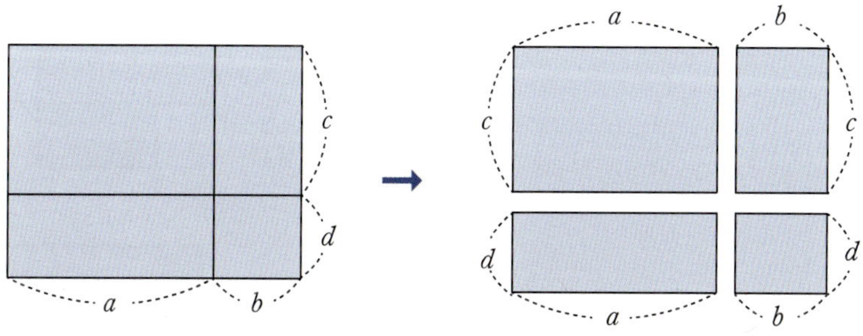

[그림 1-5]

처음 직사각형의 넓이는 $(a+b)(c+d)$이고, 잘린 4개의 직사각형의 넓이의 합은 $ac+ad+bc+bd$이므로

$$(a+b)(c+d) = ac+ad+bc+bd$$

이다. 이 등식은 $(a+b)(c+d)$를 분배법칙을 이용하여 다음과 같이 전개한 것과 같다.

$$(a+b)(c+d) = a(c+d) + b(c+d)$$
$$= ac + ad + bc + bd$$

따라서 다항식과 다항식의 곱셈은 다음과 같은 방법으로 전개할 수 있다.

$$(a+b)(c+d) = ac + ad + bc + bd$$

①, ②, ③, ④

이와 같이 분배법칙을 이용하여 $(a+b)^2$, $(a-b)^2$, $(a+b)(a-b)$, $(x+a)(x+b)$, $(ax+b)(cx+d)$를 각각 전개하면 다음과 같다.

$$(a+b)^2 = (a+b)(a+b)$$
$$= a^2 + ab + ba + b^2$$
$$= a^2 + 2ab + b^2$$

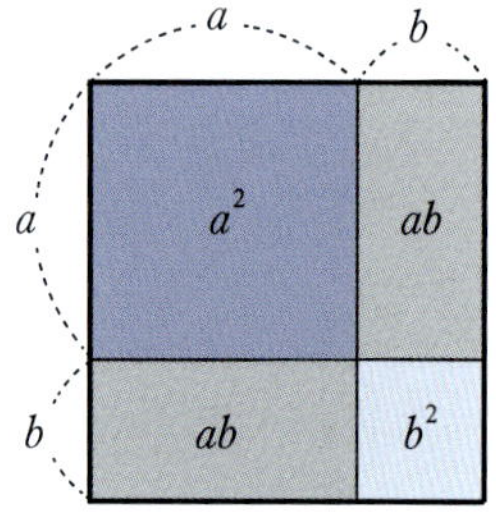

$$(a-b)^2 = (a-b)(a-b)$$
$$= a^2 - ab - ba + b^2$$
$$= a^2 - 2ab + b^2$$

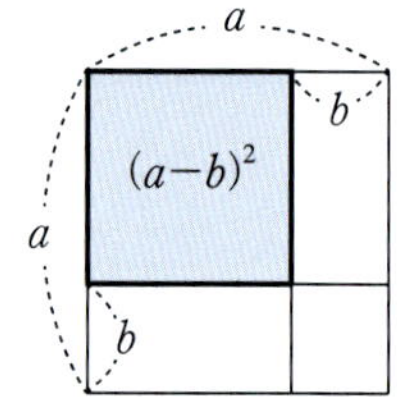

$$(a+b)(a-b) = a^2 - ab + ba - b^2$$
$$= a^2 - b^2$$

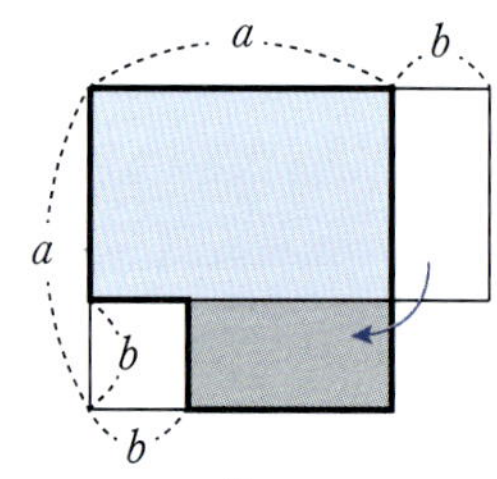

$$(x+a)(x+b) = x^2 + xb + ax + ab$$
$$= x^2 + (a+b)x + ab$$

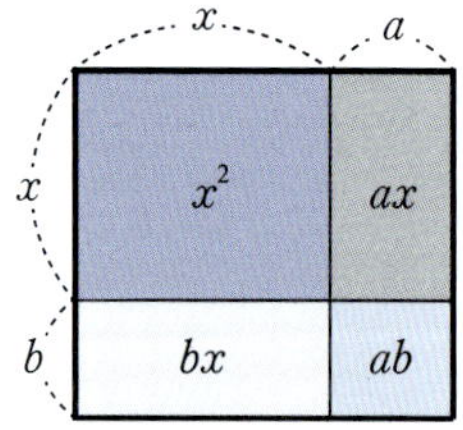

$$(ax+b)(cx+d) = acx^2 + adx + bcx + bd$$
$$= acx^2 + (ad+bc)x + bd$$

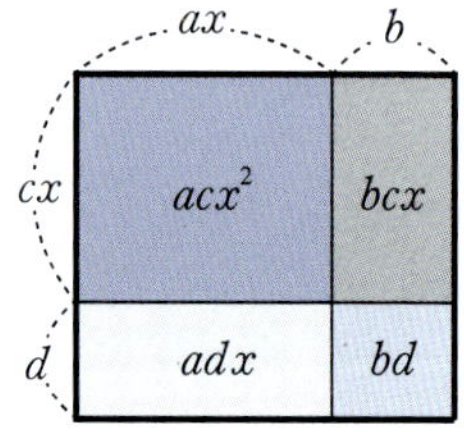

따라서 다음과 같은 곱셈공식을 얻는다.

곱셈공식

❶ $(a+b)^2 = a^2 + 2ab + b^2$

❷ $(a-b)^2 = a^2 - 2ab + b^2$

❸ $(a+b)(a-b) = a^2 - b^2$

❹ $(x+a)(x+b) = x^2 + (a+b)x + ab$

❺ $(ax+b)(cx+d) = acx^2 + (ad+bc)x + bd$

예제 1-26

다음을 전개하시오.

(a) $(a+2)^2$

(b) $(b-3)^2$

(c) $(a+2)(a-2)$

(d) $(2x+3)(2x-3)$

(e) $(2x+3)(3x+4)$

(f) $(3y-2)(2y-5)$

풀이

(a) $(a+2)^2 = a^2 + 2\times a\times 2 + 2^2 = a^2 + 4a + 4$

(b) $(b-3)^2 = b^2 - 2\times b\times 3 + 3^2 = b^2 - 6b + 9$

(c) $(a+2)(a-2) = a^2 - 2^2 = a^2 - 4$

(d) $(2x+3)(2x-3) = (2x)^2 - 3^2 = 4x^2 - 9$

(e) $(2x+3)(3x+4) = (2\times 3)x^2 + (2\times 4 + 3\times 3)x + 3\times 4$
$= 6x^2 + 17x + 12$

(f) $(3y-2)(2y-5) = (3\times 2)y^2 + \{3\times(-5) + (-2)\times 2\}y + (-2)\times(-5)$
$= 6y^2 - 19y + 10$

문제 1-40

다음을 전개하시오.

(a) $(2x+3)^2$

(b) $(3x-4)^2$

(c) $(x-5)(x+6)$

(d) $(x+4)(x-8)$

(e) $(2x+3b)(2x-3b)$

(f) $(-y+5)(3y-7)$

문제 1-41

기출유형

컴퓨터의 두뇌 역할을 하는 중앙처리장치(CPU)는 크게 코어core와 캐시cache의 두 부분으로 나눌 수 있다. 코어와 캐시의 위치를 설계하는 방법에 따라 중앙처리장치의 속도, 발열 등 컴퓨터의 성능이 달라진다. 중앙처리장치를 설계하는 금나래 씨는 오른쪽 그림과 같이 설계된 중앙처리장치의 발열이 심해 캐시의 위치를 코어의 아래쪽으로 옮기려고 한다.

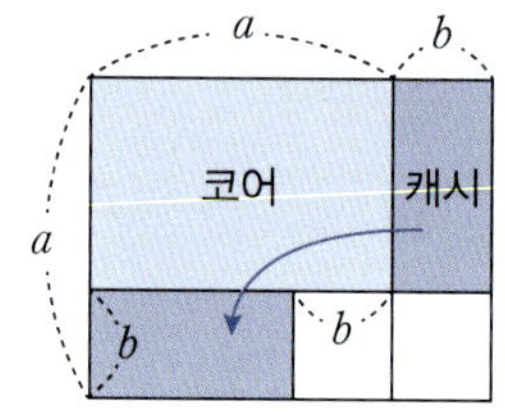

[그림 1-6]

(a) 캐시가 코어의 오른쪽에 위치하도록 설계했을 때, CPU 넓이를 가로와 세로의 곱으로 나타내시오.

(b) 캐시를 코어의 아래쪽으로 옮겨 설계했을 때, 정사각형 넓이의 차를 이용하여 CPU 넓이를 구하시오.

문제 1-42

기출유형

금나래 씨는 한 변의 길이가 a인 정사각형을 가로는 b만큼 줄이고 세로는 b만큼 늘려 만든 직사각형 모양의 포장지를 만들려고 한다. 이때 새로 만들어지는 포장지의 넓이는 처음 정사각형의 넓이에 비해 얼마만큼 변하는지 구하시오.

인수분해

[그림 1-7]은 6개의 정사각형과 직사각형을 겹치지 않게 이어 붙여 큰 직사각형을 만든 것이다.

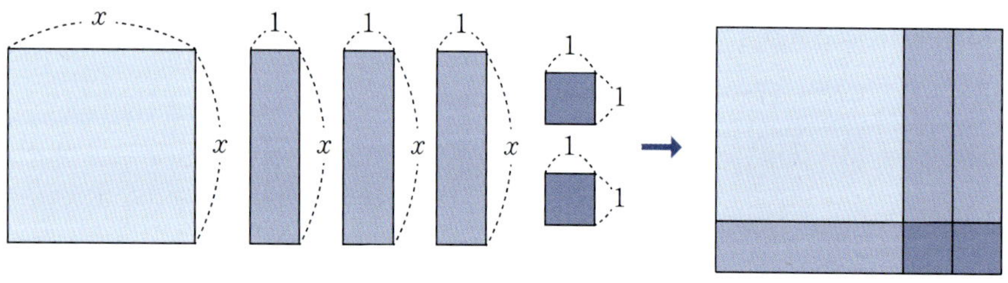

[그림 1-7]

6개의 정사각형과 직사각형의 넓이의 합은 x^2+3x+2이고, [그림 1-8]과 같이 새로 만들어진 직사각형의 가로는 $x+2$, 세로는 $x+1$이므로 넓이는 $(x+1)(x+2)$이다. 따라서 다음이 성립한다.

$$(x+1)(x+2)=x^2+3x+2$$

즉 다항식 x^2+3x+2는 다항식 $x+1$과 $x+2$의 곱으로 나타낼 수 있다.

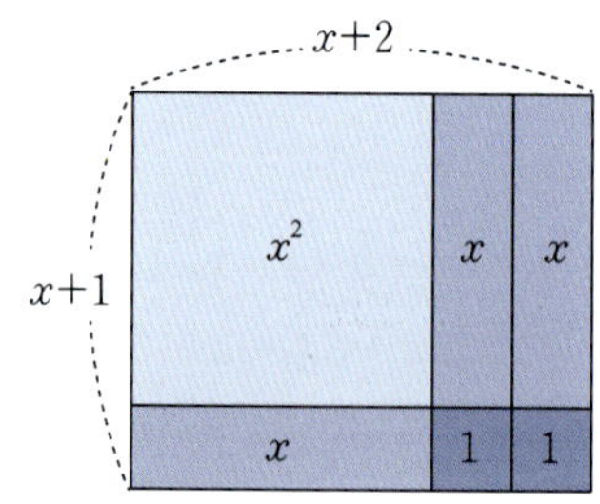

[그림 1-8]

이와 같이 하나의 다항식을 두 개 이상의 다항식의 곱으로 나타낼 때, 각각의 식을 처음 식의 **인수**라고 한다. 이를테면 $x+1$과 $x+2$는 다항식 x^2+3x+2의 인수이다. 또, 하나의 다항식을 두 개 이상의 인수들의 곱으로 나타내는 것을 그 다항식을 "**인수분해한다.**"고 한다.

인수분해 →

$$x^2+3x+2=(x+1)(x+2)$$

← 전개

한편 다항식 $ma+mb$에서 m은 항 ma와 mb에 공통으로 들어 있는 인수이고, 분배법칙을 이용하여 공통인수 m으로 묶어 내면 다음과 같이 인수분해된다.

$$ma+mb=m(a+b)$$

곱셈공식

$$(a+b)^2=a^2+2ab+b^2, \quad (a-b)^2=a^2-2ab+b^2$$

에서 좌변과 우변을 서로 바꾸어 생각하면 다음 인수분해 공식을 얻을 수 있다.

인수분해 공식 (1)

❶ $a^2+2ab+b^2=(a+b)^2$

❷ $a^2-2ab+b^2=(a-b)^2$

예제 1-27

다음을 인수분해하시오.

(a) a^2+4a+4 (b) $x^2-12x+36$

풀이

(a) $a^2+4a+4=a^2+2\times 2a+2^2=(a+2)^2$

(b) $x^2-12x+36=x^2-2\times 6x+6^2=(x-6)^2$

문제 1-43

다음을 인수분해하시오.

(a) $x^2+10x+25$ (b) $x^2-16x+64$

$(a+b)^2$, $2(3x-1)^2$, $-(x+2)^2$과 같이 다항식의 제곱으로 된 식 또는 이 식에 상수를 곱한 식을 **완전제곱식**이라고 한다.

예제 1-28

다음 식이 완전제곱식이 되도록 □ 안에 알맞은 양수를 써넣으시오.

(a) $a^2+12a+\square$ (b) $x^2-\square x+100$

풀이

(a) $a^2+12a+\square=a^2+2\times a\times 6+\square$이므로 $\square=6^2=36$

(b) $x^2-\square x+100=x^2-\square x+10^2$이므로 $\square=2\times 10=20$

문제 1-44

다음 식이 완전제곱식이 되도록 □ 안에 알맞은 양수를 써넣으시오.

(a) $x^2-10x+\square$ (b) $a^2+\square a+64$

문제 1-45 기출유형

금나래 씨는 과장님으로부터 오른쪽 그림과 같은 정사각형 모양의 포장지 ABCD를 받았다. 과장님은 금나래 씨에게 이 포장지의 넓이를 알아보기 쉽게 완전제곱식으로 나타내달라고 했다. 금나래 씨가 과장님에게 보고해야 할 포장지의 넓이를 구하시오.

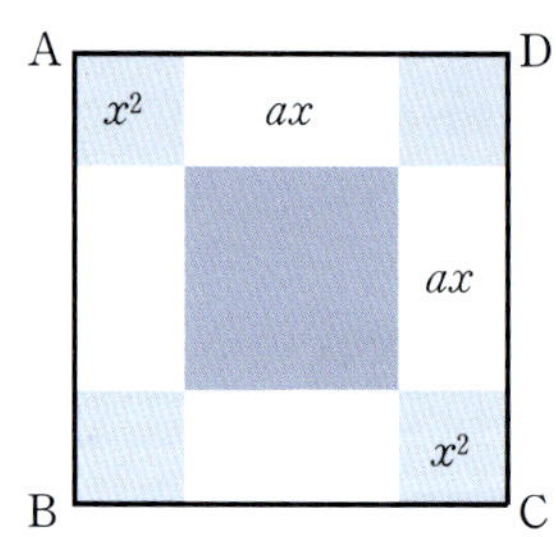

[그림 1-9]

한편 앞에서 배운 곱셈공식에서 좌변과 우변을 서로 바꾸면 다음과 같은 인수분해 공식을 얻는다.

인수분해 공식 (2)

❶ $a^2-b^2=(a+b)(a-b)$

❷ $x^2+(a+b)x+ab=(x+a)(x+b)$

❸ $acx^2+(ad+bc)x+bd=(ax+b)(cx+d)$

예제 1-29

다음을 인수분해하시오.

(a) $2x^2+7x+3$　　　　(b) $3x^2-10x-8$

풀이

(a) 주어진 식은 인수분해 공식 (2)의 ❸에서 $ac=2$, $ad+bc=7$, $bd=3$인 경우이므로 이를 만족시키는 정수를 오른쪽과 같이 찾아 인수분해하면 다음과 같다.

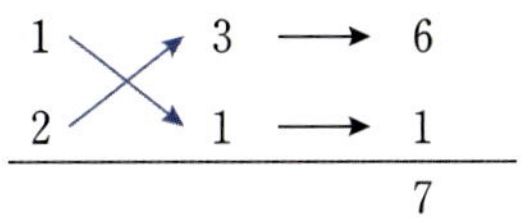

$$2x^2+7x+3=(x+3)(2x+1)$$

(b) 주어진 식은 인수분해 공식 (2)의 ❸에서 $ac=3$, $ad+bc=-10$, $bd=-8$인 경우이므로 이를 만족시키는 정수를 오른쪽과 같이 찾아 인수분해하면 다음과 같다.

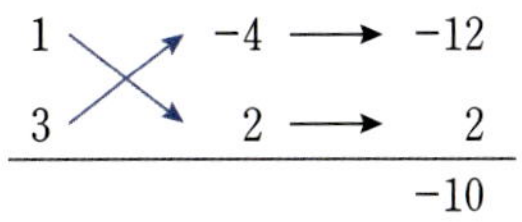

$$3x^2-10x-8=(x-4)(3x+2)$$

문제 1-46

다음을 인수분해하시오.

(a) $2x^2+7x+6$　　　　(b) $5x^2-7x-6$

문제 1-47

기출유형

금나래 씨는 넓이가 $6a^2+11a-10$이고 세로가 $3a-2$인 직사각형 모양의 동물원에서 근무하고 있다. 금나래 씨는 동물원의 경계를 새롭게 단장하기 위하여 이 동물원의 둘레를 구하려고 한다. 동물원의 둘레를 구하시오.

Section
1.5 방정식의 활용

등식의 성질

숫자, 문자, 기호를 사용한 식 중에서 $2+1=3$, $x-5=9$와 같이 등호 =를 사용하여 나타낸 식을 **등식**이라고 한다. 등식에서 등호 =의 왼쪽 부분을 **좌변**, 오른쪽 부분을 **우변**이라 하며, 좌변과 우변을 통틀어 **양변**이라고 한다.

등식 $2x+1=3x-1$의 x에 1, 2, 3을 차례대로 대입하면, 주어진 등식은 오른쪽 [표 1-7]과 같이 $x=2$일 때 참이 되고, $x=1$, $x=3$일 때 거짓이 된다.

[표 1-7]

x의 값	좌변	우변	참, 거짓
$x=1$	$2\times1+1=3$	$3\times1-1=2$	거짓
$x=2$	$2\times2+1=5$	$3\times2-1=5$	참
$x=3$	$2\times3+1=7$	$3\times3-1=8$	거짓

이와 같이 x의 값에 따라 참일 수도 있고 거짓일 수도 있는 등식을 x에 대한 **방정식**이라 하며, 문자 x를 그 방정식의 **미지수**라고 한다. 또 방정식이 참이 되는 미지수의 값을 그 방정식의 **해** 또는 **근**이라 하며, 방정식의 해를 모두 구하는 것을 그 방정식을 푼다고 한다. 이를테면 등식 $2x+1=x-1$은 x에 대한 방정식이고, $x=-2$는 이 방정식의 해이다.

예제 1-30

다음 중 $x=2$가 해인 방정식이 아닌 것을 찾으시오.

① $x+3=5$　② $2x+1=5$　③ $-x-2=0$
④ $x-9=1-4x$　⑤ $3x+1=5x-3$

풀이

주어진 방정식의 x에 2를 대입하면 ①, ②, ④, ⑤가 참이고 ③은 참이 아니다.

문제 1-48

다음 중 $x=3$이 해인 방정식을 찾으시오.

① $2x-3=5$　② $-3x+2=-8$　③ $7-2x-2=0$
④ $x-9=5-4x$　⑤ $4x+2=-4+6x$

한편 등식 $2x-x+1=x+1$은 미지수 x에 어떤 값을 대입하여도 항상 참이 된다. 이와 같이 미지수 x의 모든 값에 대하여 항상 참이 되는 등식을 x에 대한 **항등식**이라고 한다. 어떤 등식이 항등식임을 확인하려면 등식의 양변을 간단히 하면 된다. 예를 들어 등식 $3(x-1)+3(x+1)=6x$에서 좌변을 간단히 정리하면

$$3(x-1)+3(x+1)=3x-3+3x+3=6x$$

이므로 우변 $6x$와 같다. 따라서 이 등식은 x에 대한 항등식이다.

[그림 1-10(a)]와 같이, 평형을 이루고 있는 접시저울의 양쪽 접시에 같은 무게의 물건을 올려놓거나 내려놓아도 저울은 평형을 이룬다. 또 [그림 1-10(b)]와 같이 평형을 이루고 있는 접시저울의 양쪽 접시에 올려놓은 물건의 무게를 두 배로 늘리거나 반으로 줄여도 저울은 평형을 이룬다. 저울이 평형을 이룬다는 것은 양쪽의 무게가 같다는 것을 뜻하므로 두 식이 같음을 나타내는 등식에서도 이와 같은 성질이 성립한다.

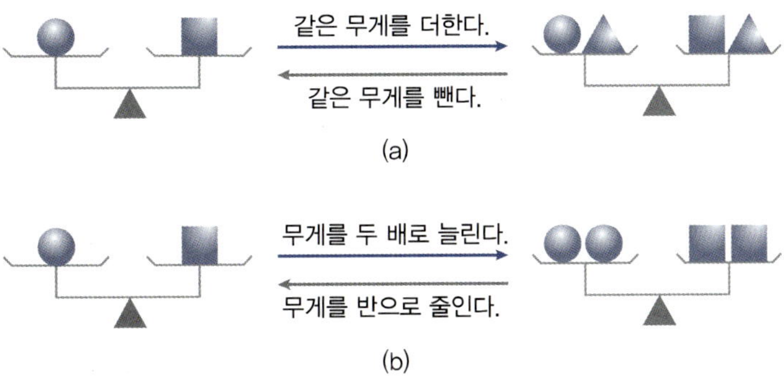

[그림 1-10]

일반적으로 등식에는 다음과 같은 성질이 있다.

등식의 성질

❶ 등식의 양변에 같은 수를 더해도 등식은 성립한다.

$a=b$이면 $a+c=b+c$

❷ 등식의 양변에서 같은 수를 빼도 등식은 성립한다.

$a=b$이면 $a-c=b-c$

❸ 등식의 양변에 같은 수를 곱해도 등식은 성립한다.

$a=b$이면 $ac=bc$

❹ 등식의 양변을 0이 아닌 같은 수로 나누어도 등식은 성립한다.

$a=b$이면 $\frac{a}{c}=\frac{b}{c}$ (단, $c \neq 0$)

등식의 성질을 이용하여 등식의 한 변에 있는 항을 다른 변으로 옮겨 보자. 예를 들어 등식 $4x+5=9$의 양변에서 5를 빼면 $4x+5-5=9-5$이고, 좌변을 정리하면 $4x=9-5$이다. 이는 등식 $4x+5=9$에서 좌변의 $+5$를 그 부호만 바꾸어 우변으로 옮긴 것과 같다.

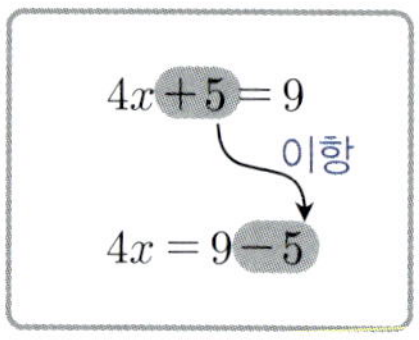

이와 같이 등식의 성질 ❶ 또는 ❷를 이용하여 등식의 어느 한 변에 있는 항을 부호만 바꾸어 다른 변으로 옮기는 것을 **이항**이라고 한다.

예제 1-31

등식 $7x+4=3-2x$에서 우변의 $-2x$를 좌변으로 이항하시오.

풀이

등식 $7x+4=3-2x$에서 우변의 $-2x$를 부호만 바꾸어 좌변으로 이항한 후 다음과 같이 정리한다.

$$7x+4+2x=3$$
$$9x+4=3$$

문제 1-49

다음에서 밑줄 친 항을 이항하시오.

(a) $-3x\underline{+7}=12$　　(b) $4x\underline{-3}=5\underline{+2x}$

일차방정식의 풀이

방정식 $2x+3=7-x$에서 우변의 모든 항을 좌변으로 이항한 후 좌변을 정리하면 다음과 같다.

$$2x+3=7-x \;\rightarrow\; 2x+3-7+x=0 \;\rightarrow\; 3x-4=0$$

이때 방정식 $3x-4=0$의 좌변 $3x-4$는 x에 대한 일차식이고, 우변은 0이다. 이와 같이 우변의 모든 항을 좌변으로 이항하여 정리할 때

$$(x\text{에 대한 일차식})=0$$

의 꼴로 나타나는 방정식을 x에 대한 **일차방정식**이라고 한다. 한편 정리한 식이 x에 대한 이차식이면 주어진 방정식을 이차방정식, 삼차식이면 삼차방정식이라고 한다. 이와 같이 방정식을 풀 때는 이항과 인수분해, 그리고 등식의 성질 등을 이용하여 그 해를 다음과 같은 꼴로 나타낸다.

$$x=(\text{수})$$

예제 1-32

다음 일차방정식을 푸시오.

(a) $3(-x+3)=2x-1$ (b) $4x+7=-2x-2$

풀이

(a) 좌변에 있는 괄호를 풀면 다음과 같다.

$$-3x+9=2x-1$$

좌변의 9를 우변으로, 우변의 $2x$를 좌변으로 이항하여 정리하면

$$-3x-2x=-1-9, \quad -5x=-10$$

이고, 양변을 -5로 나누면 $x=2$이다.

(b) 좌변의 7을 우변으로, 우변의 $-2x$를 좌변으로 이항하여 정리하면

$$4x+2x=-2-7$$
$$6x=-9$$

이고, 양변을 6으로 나누면 $x=-\dfrac{3}{2}$이다.

문제 1-50

다음 일차방정식을 푸시오.

(a) $3(2x-5)=x+1$ (b) $1.2x-0.8=2.2-0.3x$

문제 1-51 기출유형

금나래 씨가 근무하고 있는 수족관에서 돌고래에게 먹이로 물고기를 나누어 주려고 한다. 물고기를 4마리씩 나누어 주면 3마리가 남고, 5마리씩 나누어 주면 2마리가 부족하다고 한다. 수족관에 있는 돌고래는 모두 몇 마리인지 구하시오.

일차방정식의 여러 가지 활용

일차방정식을 풀 때, 그 방정식이 무엇에 관한 것인지 알면 좀 더 쉽게 문제를 이해하고 해결할 수 있다. 여기서는 몇 가지 유형의 방정식을 푸는 방법에 대하여 알아보자.

■ 거리, 속력, 시간

거리, 속력, 시간 사이에는 다음과 같은 관계가 있다.

$$(\text{거리}) = (\text{속력}) \times (\text{시간}),\quad (\text{속력}) = \frac{(\text{거리})}{(\text{시간})},\quad (\text{시간}) = \frac{(\text{거리})}{(\text{속력})},$$

$$(\text{평균속력}) = \frac{(\text{이동한 거리})}{(\text{이동하는 데 걸린 시간})}$$

예제 1-33 기출유형

금나래 씨는 집에서 출발하여 3 km 떨어진 회사까지 45분만에 걸어서 도착하려고 한다. 금나래 씨는 시속 몇 km로 걸어야 하는지 구하시오.

풀이

45분은 $\frac{3}{4}$시간이므로 $(\text{속력}) = \frac{(\text{거리})}{(\text{시간})} = \frac{3}{\frac{3}{4}} = \frac{12}{3} = 4(\text{km}/\text{시})$이다.

따라서 금나래 씨는 시속 4 km로 걸어야 한다.

문제 1-52 기출유형

금나래 씨는 회사에서 120 km 떨어진 물류창고에 가기 위하여 자동차를 시속 80 km/h의 속력으로 운전하여 45분 동안 달렸다. 물류창고까지 남은 거리를 구하시오.

■ 일

전체 할 일의 양을 1로 보고 단위 시간 동안 할 수 있는 양으로 방정식을 세워 해결한다.

예제 1-34 기출유형

금나래 씨 회사에서는 인사 관련 프로그램을 새로 개발하려고 한다. 금나래 씨가 혼자 개발하면 4일이 걸리고 이루리 씨가 혼자 개발하면 6일이 걸린다. 이루리 씨가 먼저 3일을 개발하고 남은 양을 금나래 씨가 마무리하려고 한다. 금나래 씨는 프로그램 개발을 며칠 더 해야 하는지 구하시오.

풀이

전체 일의 양을 1이라고 하면 금나래 씨와 이루리 씨가 하루에 할 수 있는 일의 양은 각각 $\frac{1}{4}$, $\frac{1}{6}$이다. 금나래 씨가 x일 동안 일한다고 하면 이루리 씨가 3일 동안 먼저 개발했으므로 $\frac{1}{4} \times x + \frac{1}{6} \times 3 = 1$이다. 즉 $\frac{x}{4} = \frac{1}{2}$이므로 금나래 씨는 2일 더 일해야 한다.

문제 1-53 기출유형

어떤 일을 완성하는 데 금나래 씨는 8일, 이루리 씨는 6일이 걸린다고 한다. 금나래 씨가 이 일을 하루 동안 한 후 금나래 씨와 이루리 씨가 함께 일하여 그 일을 완성하였을 때, 두 사람이 함께 일한 날은 며칠인지 구하시오.

■ 농도

농도와 관련된 문제는 보통 소금물의 농도를 구하는 경우가 많다. 이때 소금물의 농도와 소금의 양은 다음과 같이 구한다.

$$(\text{소금물의 농도})=\frac{(\text{소금의 양})}{(\text{소금물의 양})}\times 100,$$

$$(\text{소금의 양})=\frac{(\text{소금물의 농도})}{100}\times(\text{소금물의 양})$$

예제 1-35 기출유형

금나래 씨는 물 170 g에 소금 30 g을 넣어 소금물을 만들었다. 금나래 씨가 만든 소금물의 농도를 구하시오.

풀이

$(\text{소금물의 농도})=\frac{(\text{소금의 양})}{(\text{소금물의 양})}\times 100$이므로

$$\frac{30}{170+30}\times 100=\frac{30}{200}\times 100=15(\%)$$

이다. 따라서 금나래 씨가 만든 소금물의 농도는 15%이다.

문제 1-54 기출유형

금나래 씨는 실험실에서 농도가 3%인 소금물 400 g이 들어 있는 비커를 창가에 놓아두었다. 저녁에 관찰하니 물이 증발하여 농도가 5%인 소금물이 되었다. 증발한 물의 양을 구하시오.

농도 문제와 같은 백분율 문제는 다양하게 활용될 수 있다.

예제 1-36 기출유형

금나래 씨 옷 가게에서는 상품의 원가에 20%의 이익을 붙여서 정가를 정하는데, 정가에서 600원을 할인하여 팔았더니 10%의 이익을 얻었다. 이 상품의 원가를 구하시오.

풀이

이 상품의 원가를 x원이라고 하면

$$(\text{정가}) = (\text{원가}) + (\text{이익}) = x + 0.2x = 1.2x(\text{원})$$

이다. 정가에서 600원을 할인하여 팔았더니 10%의 이익을 얻었고, (판매가)−(원가)=(이익)이므로 다음과 같다.

$$(1.2x - 600) - x = 0.1x,\ 0.1x = 600,\ x = 6000$$

따라서 원가는 6,000원이다.

문제 1-55 기출유형

금나래 씨 회사에서 새로 디자인하여 생산하는 볼펜의 가격을 정하려고 한다. 원가에 20%의 이익을 붙여 정가를 정한 후 500원을 할인한 금액이 원가에 10%의 이익을 붙인 금액과 같을 때, 이 볼펜의 원가를 구하시오.

문제 1-56 기출유형

금나래 씨 회사에서는 땅콩 함유량이 15%인 땅콩 과자를 생산하고 있다. 이 과자에서 땅콩 양은 그대로 두고 다른 재료를 20g 늘려서 땅콩 함유량이 12%인 새로운 과자를 생산하려고 한다. 이 땅콩 과자의 처음 무게를 구하시오.

■ 나이, 날짜, 시간에 관련된 문제

나이를 묻는 문제나 날짜와 시간에 관련된 문제는 다양한 풀이 방법이 있다. 우선 나이에 대한 문제를 해결할 때, 다음과 같이 풀 수 있다.

- (x년 후의 나이)=(현재 나이)$+x$
- (x년 전의 나이)=(현재 나이)$-x$

예제 1-37 기출유형

현재 금나래 씨는 35세이고 딸의 나이는 9세이다. 금나래 씨의 나이가 딸의 나이의 2배가 될 때는 몇 년 후인지 구하시오.

풀이

x년 후에 금나래 씨와 딸의 나이는 각각 $35+x$, $9+x$이다.
따라서 $35+x=2(9+x)$이므로 $x=17$, 즉 17년 후이다.

문제 1-57 기출유형

현재 금나래 씨의 나이는 아들의 나이의 5배이지만, 8년 후에는 아들의 나이의 3배가 된다. 현재 금나래 씨의 아들의 나이를 구하시오.

문제 1-58 기출유형

금나래 씨는 6시와 7시 사이에 시계의 시침과 분침이 겹쳐지는 시각을 구하려고 한다.

(a) 시침과 분침이 겹쳐지는 시각을 6시 x분이라 할 때, 6시 정각에서 6시 x분이 될 때까지 시침과 분침이 움직인 각도를 각각 구하시오.

(b) 6시와 7시 사이에 시계의 시침과 분침이 겹쳐지는 시각을 구하시오.

이제 날짜와 관련된 문제를 해결해 보자.

예제 1-38 기출유형

8월 19일이 수요일이라면 30일 후는 무슨 요일인지 구하시오.

풀이

일주일은 7일이므로 $30 \div 7 = 4 \cdots 2$

나머지가 2이므로 수요일에서 이틀 후인 금요일이다.

문제 1-59 기출유형

어느 달의 토요일에 해당하는 날짜를 모두 더했더니 54가 되었다. 그 달의 3번째 금요일은 며칠인지 구하시오.

문제 1-60 기출유형

금나래 씨가 시계를 보니 7시와 8시 사이에 시침과 분침이 서로 반대 방향으로 일직선을 이루었다. 금나래 씨가 시계를 본 시각을 구하시오.

■ 연속되는 수 구하기

연속되는 수를 구할 때는 어떤 것을 미지수로 놓는가에 따라 여러 가지 방법으로 문제를 해결할 수 있다. 이때 다음과 같은 방법을 이용하면 편리하다.

- 연속한 세 자연수 : $x-1$, x, $x+1$
- 연속한 세 짝수(홀수) : $x-2$, x, $x+2$
- 연속한 네 짝수(홀수) : $x-2$, x, $x+2$, $x+4$
- 십의 자리 수가 x, 일의 자리 수가 y인 두 자리 자연수 : $10x+y$
- 백의 자리 수가 x, 십의 자리 수가 y, 일의 자리 수가 z인 세 자리 자연수 : $100x+10y+z$

예제 1-39 기출유형

연속하는 세 자연수의 합이 48인 세 자연수 중에서 가장 작은 수를 구하시오.

풀이

연속하는 세 자연수를 $x-1$, x, $x+1$이라 하면 $(x-1)+x+(x+1)=48$, $3x=48$이다.
따라서 $x=16$이고, 가장 작은 자연수는 $16-1=15$이다.

문제 1-61 기출유형

연속하는 세 짝수에 대하여 가장 큰 수는 나머지 두 수의 합보다 8만큼 작다. 이때 가장 큰 수를 구하시오.

■ 비와 비율

비율이란 어떤 수(기준량)의 다른 수(비교하는 양)에 대한 비의 값을 말한다. 예를 들어 b에 대한 a의 비는 $\frac{a}{b}$가 된다. 이렇게 구한 값은 기준 1에 대한 비의 값이 된다. 비율은 우리의 일상생활에서 자주 접할 수 있는 내용이다. 예를 들어 운동에서 자유투성공률(농구), 야구의 타율, 업무에서 전화상담자의 상담성공률, 공장에서의 불량률, 상품 판매에서 이익과 손실률 등에서 비율을 사용하고 있다.

예제 1-40 기출유형

지난해 금나래 씨 회사 생산팀은 모두 300명이었다. 올해 신입사원을 충원하여 생산팀의 인원은 10% 증가하였다. 올해의 생산팀의 인원은 몇 명인지 구하시오.

풀이

300명의 10%가 증가하였으므로 $\left(1+\frac{10}{100}\right)\times 300=1.1\times 300=330$ (명)이다.

문제 1-62 기출유형

금나래 씨가 운영하는 헬스클럽의 회원 수가 지난해보다 6% 감소하여 올해의 회원 수는 1,222명이다. 지난해의 회원 수는 몇 명이었는지 구하시오.

한편 $a\%$ 증가와 $b\%$ 감소의 경우 다음과 같이 계산하면 편리하다.

- x가 $a\%$만큼 증가 : $\left(1+\frac{a}{100}\right)x$
- x가 $b\%$만큼 감소 : $\left(1-\frac{b}{100}\right)x$

예제 1-41 기출유형

금나래 씨의 카페에서 판매하는 커피 한 잔의 정가는 4,000원이다. 이 커피 한 잔을 5% 할인하였을 때 이익금이 1,000원이었다면 커피 한 잔의 원가는 얼마인지 구하시오.

풀이

할인가격은 $4{,}000\times\left(1-\frac{5}{100}\right)=4{,}000\times 0.95=3{,}800$(원)이다. 따라서 커피 한 잔의 원가는 $3{,}800-1{,}000=2{,}800$(원)이다.

문제 1-63 기출유형

금나래 씨는 원가가 1,200원인 수박을 정가의 10%를 할인하여 팔았더니 원가의 5%의 이익이 생겼다. 수박의 정가를 구하시오.

■ 금리

금리에는 단리법과 복리법이 있다. 원금을 a, 이자를 r, 기간을 n, 원리금 합계를 S라 할 때, 단리법과 복리법은 다음과 같이 계산한다.

- **단리법** : 원금에 대해서만 약정한 이자율과 기간을 곱해서 이자를 계산하는 방법
  원리금 합계 계산식 : $S=a(1+rn)$
- **복리법** : 원금에 대한 이자를 가산시킨 후 이 합계액을 새로운 원금으로 계산하는 방법
  원리금 합계 계산식 : $S=a(1+r)^n$

금리와 관련된 문제는, 일차방정식은 아니지만 방정식의 풀이 방법을 활용하여 해결할 수 있다.

예제 1-42 기출유형

금나래 씨는 20만 원을 연이율 6% 단리로 10년을 예금하려고 한다. 금나래 씨가 받게 될 원리합계를 구하시오.

풀이

$a=200{,}000$, $n=10$, $r=0.06$이므로 단리법 계산식에 의해 원리합계는 다음과 같다.

$$S=200{,}000(1+10\times 0.06)=320{,}000(\text{원})$$

문제 1-64 기출유형

금나래 씨는 20만 원을 연이율 6%로 매년마다 복리로 10년을 예금하려고 한다. 금나래 씨가 받게 될 원리합계를 구하시오(단, $1.06^{10} = 1.8$).

예제 1-43 기출유형

금나래 씨가 연이율 5%로 매년마다 복리로 매년 초에 150,000원을 적금으로 넣을 때, 12년 후에 받게 될 원리합계를 구하시오(단, $1.05^{12} = 1.8$).

풀이

$a = 150$, $r = 0.05$, $n = 12$라 할 때, 매년 초에 적립하므로 원리금의 합계는 다음과 같다.

$$S_n = a(1+r) + a(1+r)^2 \cdots a(1+r)^n = \frac{a(1+r)\{(1+r)^n - 1\}}{r}$$

$$S_{12} = 150(1+0.05) + 150(1+0.05)^2 + 150(1+0.05)^3 + \cdots + 150(1+0.05)^{12}$$

$$= \frac{150(1+0.05)\{(1+0.05)^{12} - 1\}}{(1+0.05) - 1} = \frac{150 \times 1.05 \times (1.8 - 1)}{0.05}$$

$$= 2{,}520$$

따라서 금나래 씨가 받게 될 원리합계는 2,520,000원이다.

문제 1-65 기출유형

금나래 씨는 연이율 4%로 매년마다 복리로 매년 말에 120,000원을 적금을 넣을 때, 12년 후에 받게 될 원리합계를 구하시오(단, $1.04^{12} = 1.6$).

연립일차방정식

미지수 x, y 사이의 관계를 나타낸 식 $2x - 3y = 33$은 x, y의 값에 따라 참이 되기도 하고 거짓이 되기도 하므로 x, y에 대한 방정식이다. 이 방정식은 미지수가 x, y의 2개이고, 그 차수가 모두 1이다. 이와 같은 방정식을 미지수가 2개인 일차방정식이라고 한다.

일반적으로 미지수가 2개인 일차방정식은 다음과 같은 꼴로 나타낼 수 있다.

$$ax + by + c = 0 \ (a,\ b,\ c\text{는 상수},\ a \neq 0,\ b \neq 0)$$

미지수 x, y에 대하여 일차방정식 $2x+y=7$이 참이 되는 x, y의 값을 구해 보자. 일차방정식 $2x+y=7$의 x에 1, 2, 3, …을 차례대로 대입하여 y의 값을 구하면 다음 표와 같다.

[표 1-8]

x	1	2	3	4	5	6	…
y	5	3	1	-1	-3	-5	…

따라서 방정식 $2x+y=7$이 참이 되는 x, y의 값을 순서쌍 (x, y)로 나타내면 다음과 같다.

$$(1, 5), (2, 3), (3, 1), (4, -1), \cdots$$

이와 같이 미지수가 2개인 일차방정식이 참이 되는 x, y의 값 또는 순서쌍 (x, y)를 그 방정식의 **해** 또는 **근**이라고 한다.

두 일차방정식 $x+y=9$, $3x+4y=30$의 공통인 해 (x, y)를 구하려고 할 때, 이들을 한 쌍으로 묶어서 보통 다음과 같이 나타낸다.

$$\begin{cases} x+y=9 & \cdots\cdots ① \\ 3x+4y=30 & \cdots\cdots ② \end{cases}$$

이와 같이 두 개 이상의 방정식을 한 쌍으로 묶어서 나타낸 것을 **연립방정식**이라 하며, 각각의 방정식이 일차방정식인 연립방정식을 **연립일차방정식**이라고 한다.

위의 연립일차방정식에서 두 방정식 ①, ②의 공통인 해를 자연수 범위에서 구해 보자.

미지수 x에 1, 2, 3, …을 차례대로 대입하여 ①의 해를 구하면 [표 1-9]와 같다. 또 일차방정식 ②에 대하여 x와 y가 모두 자연수인 경우는 [표 1-10]과 같다.

따라서 ①, ②의 공통인 해는 $(6, 3)$, 즉 $x=6$, $y=3$이다.

[표 1-9]

x	1	2	3	4	5	6	7	8
y	8	7	6	5	4	3	2	1

[표 1-10]

x	2	6
y	6	3

이와 같이 연립방정식에서 공통인 해를 그 연립방정식의 **해**라 하고, 연립방정식의 해를 구하는 것을 **연립방정식을 푼다**고 한다.

연립방정식을 푸는 방법에는 크게 두 가지가 있다. 예를 들어 다음 연립방정식을 풀어 보자.

$$\begin{cases} y = 2x & \cdots\cdots ① \\ 3x + 2y = 14 & \cdots\cdots ② \end{cases}$$

미지수 y를 없애기 위하여 ①을 ②에 대입하면

$$3x + 2 \times 2x = 14$$

이므로 $7x = 14$와 같은 미지수가 1개인 방정식을 얻는다. 이 방정식을 풀면 $x = 2$이고, 이를 ①에 대입하면 $y = 4$이다. 따라서 연립방정식의 해는 $x = 2$, $y = 4$이다.

이와 같이 한 방정식을 한 미지수에 대하여 푼 다음 다른 방정식에 대입하여 연립방정식을 푸는 방법을 **대입법**이라고 한다.

예제 1-44

다음 연립방정식을 푸시오.

$$\begin{cases} 3x - y = 1 & \cdots\cdots ① \\ 2x + y = 9 & \cdots\cdots ② \end{cases}$$

풀이

y를 없애기 위하여 ①을 y에 대하여 풀면 다음과 같다.

$$y = 3x - 1 \quad \cdots\cdots ③$$

③을 ②에 대입하면

$$2x + (3x - 1) = 9,\ 5x = 10,\ x = 2$$

이고, $x = 2$를 ③에 대입하면 $y = 5$이다.

따라서 주어진 연립방정식의 해는 $x = 2$, $y = 5$이다.

문제 1-66

다음 연립방정식을 푸시오.

$$\begin{cases} 2x - 3y = 33 \\ -x + 4y = -9 \end{cases}$$

미지수가 2개인 연립일차방정식을 풀 때, 두 방정식을 변끼리 더하거나 빼서 한 미지수를 없앨 수도 있다. 예를 들어 다음 연립방정식을 풀어 보자.

$$\begin{cases} x+y=4 & \cdots\cdots \text{①} \\ x-y=6 & \cdots\cdots \text{②} \end{cases}$$

y를 없애기 위하여 ①, ②를 변끼리 더하면

$$2x=10$$

$$\begin{array}{rl} & x+y=4 \\ +) & x-y=6 \\ \hline & 2x \quad\; =10 \end{array}$$

이므로 $x=5$이다. 이를 ①에 대입하면

$$5+y=4$$

이므로 $y=-1$이다. 따라서 연립방정식의 해는 $x=5$, $y=-1$이다.

이와 같이 한 미지수를 없애기 위하여 두 방정식을 변끼리 더하거나 빼서 연립방정식을 푸는 방법을 **가감법**이라고 한다.

예제 1-45

다음 연립방정식을 푸시오.

$$\begin{cases} 2x+3y=-3 & \cdots\cdots \text{①} \\ 3x-4y=4 & \cdots\cdots \text{②} \end{cases}$$

풀이

x를 없애기 위하여 ①의 양변에 3을 곱하고 ②의 양변에 2를 곱한다.

$$\begin{cases} 6x+9y=-9 & \cdots\cdots \text{③} \\ 6x-8y=8 & \cdots\cdots \text{④} \end{cases}$$

$$\begin{array}{rl} & 6x+9y=-9 \\ -) & 6x-8y=\;\;\,8 \\ \hline & \quad\;\; 17y=-17 \end{array}$$

③, ④를 변끼리 빼면 $17y=-17$, $y=-1$이고, $y=-1$을 ①에 대입하면 $2x-3=-3$, $x=0$이다. 따라서 주어진 연립방정식의 해는 $x=0$, $y=-1$이다.

문제 1-67

다음 연립방정식을 푸시오.

$$\begin{cases} 2x+3y=1 \\ 3x-4y=10 \end{cases}$$

문제 1-68

다음 연립방정식을 푸시오.

$$\begin{cases} 0.7x + 0.2y = -1.8 \\ \dfrac{1}{2}x + \dfrac{1}{3}y = 1 \end{cases}$$

미지수가 2개인 연립일차방정식을 활용하여 수량과 관련된 여러 실생활 문제를 해결할 수 있는 경우가 많다. 이때 주어진 조건을 정확하게 파악하여 방정식을 세워야 한다.

예제 1-46 기출유형

금나래 씨가 근무하는 회사의 직원 휴게실에는 2인용 의자와 3인용 의자를 합하여 모두 7개 있다. 18명의 직원이 모두 빈자리가 없이 앉을 때, 2인용 의자와 3인용 의자의 개수를 각각 구하시오.

풀이

2인용 의자를 x개, 3인용 의자를 y개로 놓는다. 의자는 모두 7개이므로 $x+y=7$이고, 직원은 모두 18명이므로 $2x+3y=18$이다. 따라서 다음과 같은 연립방정식을 얻는다.

$$\begin{cases} x + y \quad\;\; = 7 \\ 2x + 3y = 18 \end{cases}$$

이 연립방정식을 풀면 $x=3$, $y=4$이다. 따라서 2인용 의자는 3개, 3인용 의자는 4개이다.

문제 1-69 기출유형

금나래 씨가 근무하는 박물관의 입장료는 어른이 4,000원, 청소년은 2,000원이다. 금나래 씨는 어른과 청소년을 합하여 모두 12명이 입장하는 데 총 32,000원을 받았다. 박물관에 입장한 어른과 청소년의 수를 각각 구하시오.

문제 1-70 기출유형

금나래 씨는 러닝머신에서 시속 6 km로 걷다가 시속 9 km로 속도를 높여서 달렸다. 1시간 동안 걷거나 달린 거리의 합이 7 km일 때, 금나래 씨가 걸은 거리와 달린 거리를 각각 구하시오.

이차방정식의 풀이

이제 이차방정식의 풀이에 대해 알아보자. 일반적으로 이차방정식 $ax^2+bx+c=0$은 좌변을 완전제곱식으로 고쳐서 다음과 같이 풀 수 있다.

$$ax^2+bx+c=0$$

① 양변을 x^2의 계수 a로 나눈다.

$$x^2+\frac{b}{a}x+\frac{c}{a}=0$$

② 좌변의 상수항을 우변으로 이항한다.

$$x^2+\frac{b}{a}x=-\frac{c}{a}$$

③ x의 계수 $\frac{b}{a}$의 $\frac{1}{2}$인 $\frac{b}{2a}$를 제곱한 $\left(\frac{b}{2a}\right)^2$을 양변에 더한다.

$$x^2+\frac{b}{a}x+\left(\frac{b}{2a}\right)^2=-\frac{c}{a}+\left(\frac{b}{2a}\right)^2$$

④ 좌변을 완전제곱식으로 나타내고, 우변을 정리한다.

$$\left(x+\frac{b}{2a}\right)^2=\frac{b^2-4ac}{4a^2}$$

⑤ 제곱근을 구한다(단, $b^2-4ac\geq 0$).

$$x+\frac{b}{2a}=\pm\frac{\sqrt{b^2-4ac}}{2a}$$

⑥ 해를 구한다.

$$x=\frac{-b\pm\sqrt{b^2-4ac}}{2a}$$

따라서 다음과 같은 이차방정식의 **근의 공식**을 얻는다.

이차방정식의 근의 공식

이차방정식 $ax^2+bx+c=0$의 해는

$$x=\frac{-b\pm\sqrt{b^2-4ac}}{2a}\ (\text{단, } b^2-4ac\geq 0)$$

예제 1-47

다음 이차방정식을 푸시오.

(a) $2x^2-5x-20=x^2+4$ (b) $5x^2-8x+2=0$

풀이

(a) 우변의 모든 항을 좌변으로 이항하여 정리하면

$$x^2-5x-24=0$$

이고, 좌변을 인수분해하면 $(x+3)(x-8)=0$이다. 따라서 해는 다음과 같다.

$$x=-3 \text{ 또는 } x=8$$

(b) 근의 공식에 $a=5$, $b=-8$, $c=2$를 대입하면

$$x=\frac{-(-8)\pm\sqrt{(-8)^2-4\times5\times2}}{2\times5}=\frac{8\pm\sqrt{24}}{10}=\frac{8\pm2\sqrt{6}}{10}=\frac{4\pm\sqrt{6}}{5}$$

문제 1-71

다음 이차방정식을 푸시오.

(a) $9x^2-12x+4=0$ (b) $\frac{1}{2}x^2-\frac{2}{3}x-\frac{1}{3}=0$

문제 1-72

기출유형

금나래 씨는 사과 54개를 회사 동료들에게 남김없이 똑같이 나누어 주려고 한다. 한 사람이 받을 사과의 개수가 동료 수보다 3만큼 클 때, 금나래 씨의 회사 동료는 모두 몇 명인지 구하시오.

문제 1-73

기출유형

금나래 씨는 오른쪽 그림과 같이 정사각형 모양의 색종이에 가로, 세로를 각각 9 cm, 6 cm 씩 색종이를 덧붙여서 직사각형 모양의 색종이를 만들었더니, 그 넓이가 처음 정사각형 모양의 색종이의 넓이의 두 배가 되었다. 처음 정사각형의 한 변의 길이를 구하시오.

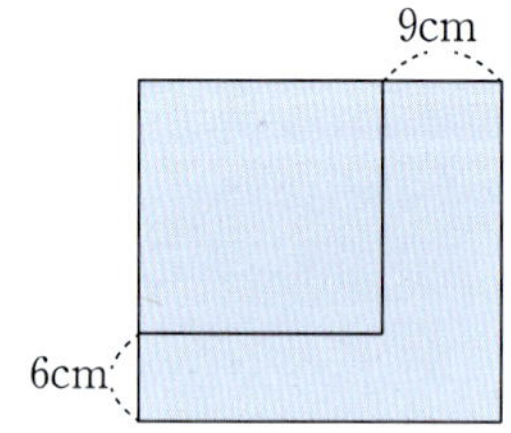

[그림 1-11]

Section

1.6 부등식

부등식

일반적으로 부등식은 부등호를 사용하여 나타낸 식이다. 부등식 $5x \geq -3$은 양변에 3을 더하여

$$5x+3 \geq -3+3, \text{ 즉 } 5x+3 \geq 0$$

으로 나타낼 수 있다. 이것은 $5x \geq -3$의 우변의 -3을 부호를 바꾸어 좌변으로 옮긴 것과 같다. 방정식과 마찬가지로 부등식에서도 한 변에 있는 항을 다른 변으로 이항할 수 있다. 부등식에서 우변에 있는 항을 좌변으로 이항하여 정리하였을 때

$$(\text{일차식}) < 0, \ (\text{일차식}) > 0, \ (\text{일차식}) \leq 0, \ (\text{일차식}) \geq 0$$

중 어느 하나의 꼴로 나타나는 부등식을 **일차부등식**이라고 한다. 또 좌변의 식이 이차식이면 **이차부등식**이라고 한다.

일차부등식 $2x+1>5$를 풀어 보자. 부등식 $2x+1>5$에서 좌변의 1을 우변으로 이항하면 $2x>4$이고, 양변을 2로 나누면 $x>2$이다. 이때 2보다 큰 모든 수는 부등식 $2x+1>5$를 만족시킨다. 따라서 부등식 $2x+1>5$의 해는 $x>2$로 나타낸다. [그림 1-12(a)]와 같이 2를 나타내는 위치에 속이 빈 동그라미 ○를 표시하여 $x>2$를 수직선 위에 표현할 수 있다. 한편 해가 $x \geq 2$인 경우에는 [그림 1-12(b)]와 같이 2를 나타내는 위치에 속이 꽉 찬 동그라미 ●를 표시한다.

(a) $x>2$ (b) $x \geq 2$

[그림 1-12]

일반적으로 부등식을 풀 때는 이항과 부등식의 기본 성질을 이용하여 그 해를

$$x < (\text{수}), \ x > (\text{수}), \ x \leq (\text{수}), \ x \geq (\text{수})$$

중 어느 하나의 꼴로 나타낸다.

부등식의 양변에 같은 수를 더하거나 양변에서 같은 수를 빼도 부등호의 방향은 바뀌지 않는다. 그러나 곱셈이나 나눗셈을 할 때는 여러 가지 상황이 있다.

❶ 부등식의 양변에 양수를 곱하거나 양변을 양수로 나누는 경우

부등식 $2 < 4$의 양변에 2를 곱하면

$$2 \times 2 < 4 \times 2$$

이므로 부등호의 방향은 바뀌지 않는다([그림 1-13(a)]).

또 부등식 $2 < 4$의 양변을 2로 나누면

$$2 \div 2 < 4 \div 2$$

이므로 부등호의 방향은 바뀌지 않는다([그림 1-13(b)]).

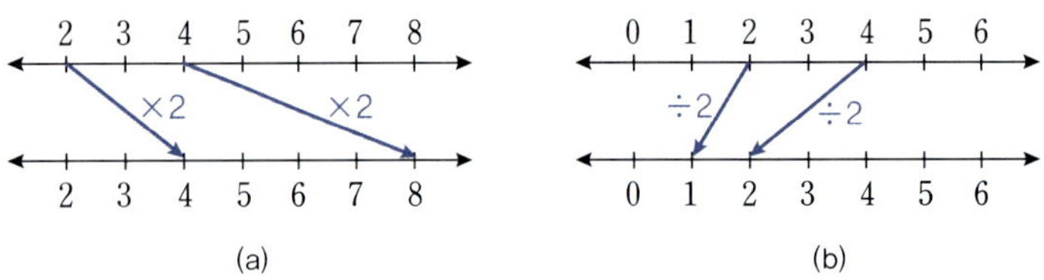

[그림 1-13]

이와 같이 부등식의 양변에 같은 양수를 곱하거나 양변을 같은 양수로 나누어도 부등호의 방향은 바뀌지 않는다.

❷ 부등식의 양변에 음수를 곱하거나 양변을 음수로 나누는 경우

부등식 $2 < 4$의 양변에 -2를 곱하면

$$2 \times (-2) > 4 \times (-2)$$

이므로 부등호의 방향이 바뀐다([그림 1-14(a)]).

또 부등식 $2 < 4$의 양변을 -2로 나누면

$$2 \div (-2) > 4 \div (-2)$$

이므로 부등호의 방향이 바뀐다([그림 1-14(b)]).

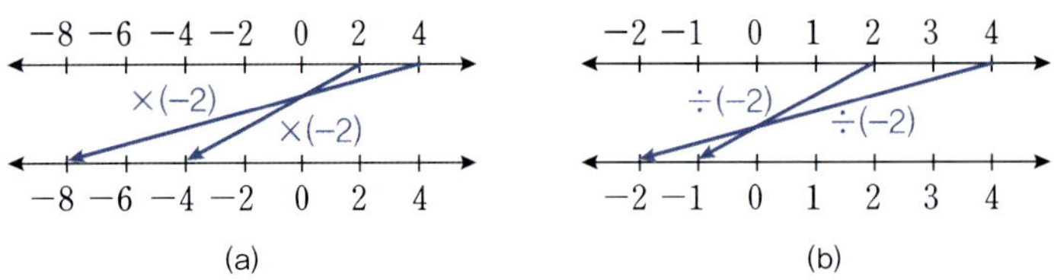

[그림 1-14]

위의 내용을 정리하면 다음과 같다.

부등식의 기본 성질

❶ 부등식의 양변에 같은 수를 더하거나 양변에서 같은 수를 빼도 부등호의 방향은 바뀌지 않는다.

$$a < b\text{이면} \quad a+c < b+c,\ a-c < b-c$$

❷ 부등식의 양변에 같은 양수를 곱하거나 양변을 같은 양수로 나누어도 부등호의 방향은 바뀌지 않는다.

$$a < b,\ c > 0\text{이면} \quad ac < bc,\ \frac{a}{c} < \frac{b}{c}$$

❸ 부등식의 양변에 같은 음수를 곱하거나 양변을 같은 음수로 나누면 부등호의 방향이 바뀐다.

$$a < b,\ c < 0\text{이면} \quad ac > bc,\ \frac{a}{c} > \frac{b}{c}$$

예제 1-48

다음 부등식을 풀고, 그 해를 수직선 위에 나타내시오.

(a) $x+3 > 5$

(b) $-2x \geq 6$

풀이

(a) 좌변의 3을 우변으로 이항하면 $x > 2$이고, 이를 수직선 위에 나타내면 [그림 1-15(a)]와 같다.

(b) 부등식의 양변을 -2로 나누면 부등호의 방향이 바뀌므로 $x \leq -3$이고, 이를 수직선 위에 나타내면 [그림 1-15(b)]와 같다.

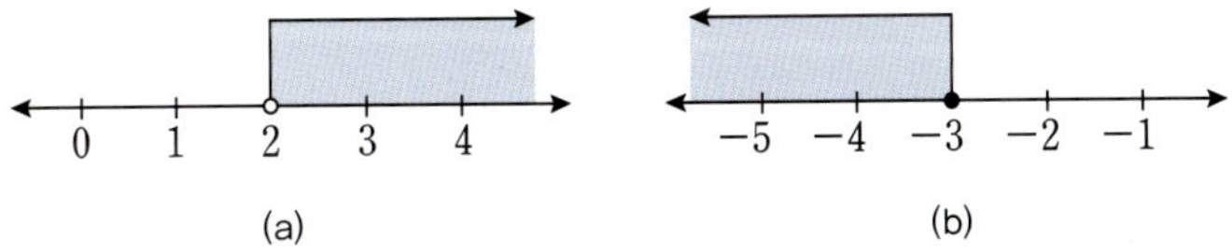

[그림 1-15]

문제 1-74

다음 부등식을 풀고, 그 해를 수직선 위에 나타내시오.

(a) $3x \geq 4-x$

(b) $3x-1 > 5x+7$

문제 1-75

$a<b$일 때, 다음 □ 안에 알맞은 부등호를 써 넣으시오.

(a) $3a$ □ $3b$

(b) $a \div 2$ □ $b \div 2$

(c) $-\frac{1}{5}a$ □ $-\frac{1}{5}b$

(d) $a \div (-7)$ □ $b \div (-7)$

부등식을 활용하면 여러 가지 실생활 문제를 해결할 수 있다.

예제 1-49

기출유형

금나래 씨는 회사 동료의 생일선물로 꽃 가게에서 한 송이에 1,200원 하는 장미를 포장하여 사려고 한다. 포장 가격이 1,000원이라고 할 때, 금나래 씨는 15,000원을 가지고 장미를 몇 송이까지 살 수 있는지 구하시오.

풀이

장미 x송이의 값은 $1,200x$원이고, 포장하는 가격은 1,000원이다. 장미를 살 때 드는 돈이 15,000원 이하이어야 하므로 다음과 같이 식을 쓸 수 있다.

$$1,200x + 1,000 \le 15,000$$

이 부등식을 풀면 $x \le 11.66\cdots$이고, x는 자연수이므로 금나래 씨는 장미를 11송이까지 살 수 있다.

문제 1-76

기출유형

R 사의 홍보팀에서 근무하는 금나래 씨는 새로 제작된 홍보물을 지방의 지점에 보내려고 한다. 홍보물은 총 3,000개이다. 홍보물을 한 상자에 30개씩 담으면 39개 이상이 남고, 한 상자에 35개씩 담으면 홍보물 423개 정도가 부족했다. 상자는 몇 개였는가?

문제 1-77

기출유형

금나래 씨가 사는 도시의 버스 요금은 거리에 상관없이 성인 1인당 1,000원이다. 또 택시 요금은 출발 후 2 km까지는 기본요금인 2,000원이고, 2 km 이후부터 150 m당 100원씩 추가된다고 한다. 성인 세 사람이 함께 택시를 타고 몇 km까지 가야 버스를 타는 것보다 요금이 적게 드는지 구하시오(단, 택시와 버스는 같은 길을 따라 달린다고 한다).

연립부등식

다음 두 부등식

$$3x \le 9,\ 2x > x+1$$

의 공통인 해를 구하려고 할 때, 이들을 한 쌍으로 묶어서 보통 다음과 같이 나타낸다.

$$\begin{cases} 3x \le 9 & \cdots\cdots \ ① \\ 2x > x+1 & \cdots\cdots \ ② \end{cases}$$

이와 같이 두 개 이상의 부등식을 한 쌍으로 묶어서 나타낸 것은 **연립부등식**이라 하며, 각각의 부등식이 일차부등식인 연립부등식을 **연립일차부등식**이라고 한다.

위의 연립일차부등식에서 두 부등식 ①, ②의 공통인 해를 구하기 위하여 부등식 ①을 풀면 $x \le 3$이고, 부등식 ②를 풀면 $x > 1$이다. 두 부등식 ①, ②의 해를 수직선 위에 함께 나타내면 [그림 1-16]과 같고, 따라서 두 부등식 ①, ②의 공통인 해는 다음과 같다.

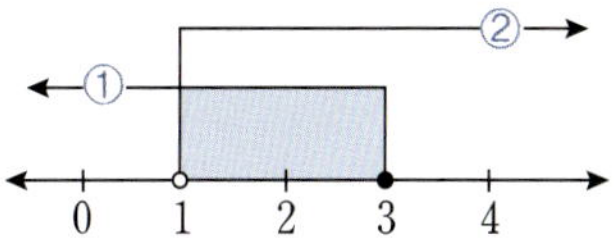

[그림 1-16]

$$1 < x \le 3$$

일반적으로 연립부등식에서 각 부등식의 공통인 해를 그 연립부등식의 **해**라 하고, 연립부등식의 해를 모두 구하는 것을 **연립부등식을 푼다**고 한다.

예제 1-50

다음 연립부등식을 푸시오.

$$\begin{cases} 2x-1 < 5 & \cdots\cdots \ ① \\ 2x+3 \ge 3x+1 & \cdots\cdots \ ② \end{cases}$$

풀이

부등식 ①을 풀면 $x < 3$이고, 부등식 ②를 풀면 $x \le 2$이다. ①, ②의 해를 수직선 위에 나타내면 [그림 1-17]과 같다. 따라서 구하는 해는 다음과 같다.

$$x \le 2$$

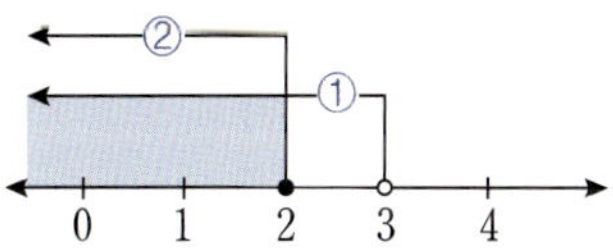

[그림 1-17]

문제 1-78

다음 연립부등식을 푸시오.

$$\begin{cases} x+2 \geq -2x+8 \\ 3x-1 < x+7 \end{cases}$$

연립부등식을 활용하면 여러 가지 실생활 문제를 해결할 수 있다.

예제 1-51 기출유형

금나래 씨는 한 개에 2,000원 하는 배와 한 개에 1,500원 하는 사과를 합하여 8개를 사고, 그 금액을 15,000원 이하로 하려고 한다. 배보다 사과를 더 적게 살 때, 금나래 씨는 배를 몇 개 살 수 있는지 구하시오.

풀이

배를 x개 산다고 하면 사과는 $(8-x)$개를 사게 되므로 주어진 문제로부터 다음과 같은 연립일차부등식을 얻는다.

$$\begin{cases} 2{,}000x + 1{,}500(8-x) \leq 15{,}000 & \cdots\cdots \text{①} \\ x > 8-x & \cdots\cdots \text{②} \end{cases}$$

부등식 ①을 풀면 $x \leq 6$이고, 부등식 ②를 풀면 $x > 4$이다. 따라서 연립부등식의 해는 다음과 같다.

$$4 < x \leq 6$$

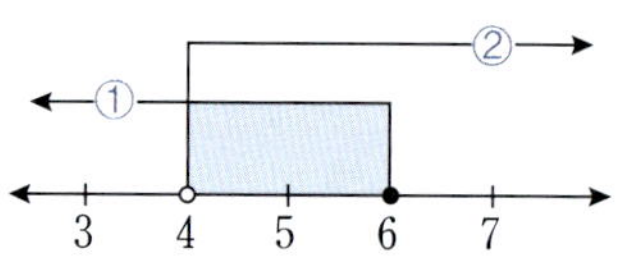

[그림 1-18]

그런데 x는 자연수이므로 금나래 씨는 배를 5개나 6개 살 수 있다.

문제 1-79 기출유형

금나래 씨의 소형 트럭은 최대 적재량이 600 kg 인데 현재 280 kg 의 짐이 실려 있다. 금나래 씨는 이 트럭에 한 개의 무게가 50 kg 인 짐을 추가로 실어 최대 적재량의 $\frac{2}{3}$ 이상이 되도록 하려고 한다. 금나래 씨가 추가로 실을 수 있는 짐의 개수의 범위를 구하시오.

문제 1-80 기출유형

금나래 씨는 가로가 세로보다 10 cm 만큼 길고, 둘레가 100 cm 이상 120 cm 미만인 직사각형 모양의 포장지를 만들려고 한다. 이때 포장지의 세로의 범위를 구하시오.

Chapter 01 연습문제

1. 105의 $\frac{4}{5}$는 어느 것인가?

① 82 ② 83 ③ 84 ④ 85 ⑤ 86

※ **(문제 2~6)** 다음을 계산하시오.

2. $12 \times 205 - 126 \div 3 + 8$

① 2426 ② 2427 ③ 2428 ④ 2429 ⑤ 2430

3. $100 + (12^2 - 10^2) \div 2$

① 121 ② 122 ③ 123 ④ 124 ⑤ 125

4. $10 + (81 + 81 + 81 + 81 + 81) \times 20$

① 8110 ② 8112 ③ 8114 ④ 8116 ⑤ 8118

5. $(91 + 92 + 93 + 94 + 95 + 96 + 97) \div 7$

① 90 ② 91 ③ 92 ④ 93 ⑤ 94

6. $5 \div \left\{\left(\frac{3}{4}\right)^2 - \left(\frac{2}{4}\right)^2\right\} \times 0.5$

① 0 ② 2 ③ 4 ④ 6 ⑤ 8

7. 다음 중 가장 큰 수는 어느 것인가?

① $\frac{7}{8}$의 $\frac{6}{7}$ ② $\frac{7}{12}$ 의 $\frac{5}{6}$ ③ $\frac{5}{8}$ 의 $\frac{5}{9}$ ④ $\frac{7}{9}$ 의 $\frac{9}{11}$ ⑤ $\frac{8}{9}$의 $\frac{7}{13}$

8. $a \odot b = ab + a^2$, $a \triangle b = ab - b^2$일 때, $(2 \odot 4) \triangle (3 \triangle 2)$의 값을 계산하시오.

① 20 ② 22 ③ 24 ④ 26 ⑤ 28

9. $a◆b = a^2 - b^2$, $a \circ b = ab \div b + 2$일 때, $(4◆6) \circ (4◆3)$의 값을 계산하시오.

① -10 ② -12 ③ -14 ④ -16 ⑤ -18

10. 7kg을 g으로 나타낸 것은 어느 것인가?

① 700g ② 7,000g ③ 70,000g ④ 700,000g ⑤ 7,000,000g

11. 섭씨 35℃를 화씨(°F)로 나타낸 것은 어느 것인가?

① 95°F ② 96°F ③ 97°F ④ 98°F ⑤ 99°F

12. 115m/s를 시속(km/h)으로 나타낸 것은 어느 것인가?

① 404km/h ② 414km/h ③ 424km/h ④ 434km/h ⑤ 444km/h

13. 2할 3푼 4리를 백분율로 바르게 나타낸 것은 어느 것인가?

① 0.00234% ② 0.0234% ③ 0.234% ④ 2.34% ⑤ 23.4%

14. 자연수 m과 56을 곱하면 제곱수가 될 때, 가장 작은 자연수 m을 구하시오.

① 11 ② 12 ③ 13 ④ 14 ⑤ 15

15. 다음에서 합성수인 것을 찾으시오.

① 32 ② 37 ③ 41 ④ 43 ⑤ 47

16. 다음에서 서로소인 것을 찾으시오.

① 4, 10 ② 6, 20 ③ 12, 36 ④ 11, 31 ⑤ 20, 36

17. 김 과장과 이 대리는 지방 출장을 가기 위하여 오전 9시 정각에 동시에 출발하는 새마을호와 KTX를 각각 이용하기로 하였다. 그런데 이 대리의 업무가 끝나지 않아서 동시에 출발하는 다음 기차를 이용하기로 하였다. 새마을호와 KTX가 동시에 출발하는 시각은 오전 9시 이후에 언제인가? (단, 새마을호는 20분마다, KTX는 16분마다 출발한다.)

① 오전 9시 40분　② 오전 9시 50분
③ 오전 10시 정각　④ 오전 10시 10분
⑤ 오전 10시 20분

18. 구현이는 가로 30 cm, 세로 45 cm의 여러 종류의 아름다운 인테리어 스티커를 벽면에 붙여서 정사각형 모양을 만들려고 한다. 최소한 몇 개의 스티커가 필요한가?

① 5개　② 6개　③ 7개　④ 8개　⑤ 9개

19. 340과 125를 나누었을 때 나머지가 각각 4와 5가 되도록 하는 자연수는 무엇인가?

① 4　② 12　③ 24　④ 36　⑤ 48

20. K 사에서는 신입 사원 교육에서 볼펜을 나누어 주었다. 신입 사원 한 명에게 볼펜을 2자루씩 나누어 주면 13자루의 펜이 남고, 4자루씩 나누어 주면 마지막 한 명은 1자루 이상 3자루 이하의 펜을 받는다고 한다. 이때 신입사원은 최대 몇 명인가?

① 8명　② 10명　③ 12명　④ 14명　⑤ 16명

21. 해발 100 m 올라갈 때마다 기온이 평균 0.65℃씩 내려간다. 해발 1,950 m인 한라산 정상의 기온이 −5℃이다. 등산로를 따라 한라산 정상으로부터 2.3 km만큼 내려오면, 해발 1,700 m의 위치에 윗세오름 대피소가 있다. 윗세오름 대피소의 기온은 몇 ℃인가?

① −1.375℃　② −2.375℃　③ −3.375℃　④ −4.375℃　⑤ −5.375℃

22. 세 수 $\frac{32}{x}$, $\frac{72}{x}$, $\frac{48}{x}$ 이 모두 자연수가 되도록 하는 가장 큰 x 값은?

① 2　② 4　③ 8　④ 10　⑤ 12

23. 윤기는 집 앞에 새로 생긴 J 헬스클럽과 기존의 F 헬스클럽 중 어느 곳을 이용하는 것이 경제적인지 비교하고자 한다. J 헬스클럽의 이용권은 한 달에 7만 원을 내고 한 번 이용할 때마다 2,000원을 내야 하고, F 헬스클럽의 이용권은 한 달에 3만 원을 내고 한 번 이용할 때마다 4,000원을 낸다고 한다. 한 달에 최소 몇 번 이용해야 J 헬스클럽을 가는 것이 F 헬스클럽을 가는 것보다 더 저렴한가?

① 20번　② 21번　③ 22번　④ 23번　⑤ 24번

24. 길이가 2km인 둘레 길을 일정한 속력으로 윤기는 400m를 걷는 동안 구현이는 300m를 걷는다고 한다. 두 사람이 같은 지점에서 출발하여 서로 반대 방향으로 돌면 20분 만에 처음으로 만날 때, 이 둘레 길을 윤기 혼자서 한 바퀴 도는 데 몇 분이 걸리겠는가?

① 20분　② 25분　③ 30분　④ 35분　⑤ 40분

25. 김 대리는 회사에 출근해서 중요한 자료가 담긴 USB를 집에 놓고 온 것을 알았다. 동생이 자신의 집에서 USB를 가지고 회사로 3m/s의 속력으로 가고, 김 대리는 집을 향하여 2m/s의 속력으로 간다. 김 대리의 회사와 집은 1,000m 떨어져 있고 동생이 김 대리보다 2분 늦게 출발했을 때, 김 대리가 회사에서 출발한 지 얼마 만에 동생과 만나겠는가? (단, 김 대리의 회사와 집 사이의 길은 한 가지 밖에 없다.)

① 약 4분 5초　② 약 4분 10초　③ 약 4분 15초
④ 약 4분 20초　⑤ 약 4분 25초

26. R 사에서 야유회를 가는데 야유회 장소까지 갈 때는 자전거를 이용하여 속력 20km/h로, 회사로 돌아갈 때는 시내버스를 이용하여 속력 40km/h로 왔다. 1시간 이내로 왕복하려면 야유회 장소와 회사에서 최대한 몇 km 떨어진 곳에 있어야 하는가?

① 13km　② 14km　③ 15km　④ 16km　⑤ 17km

27. 현재 우리나라에서 가장 긴 기차 터널은 상촌 터널이고 그 길이는 9,975m이다. 열차의 길이가 425m, 열차의 속력이 20.8km/h라면 이 열차가 상촌 터널을 완전히 통과하는 데 몇 분이 걸리겠는가?

① 15분　② 20분　③ 25분　④ 30분　⑤ 35분

28. 김 대리는 집에서 모터사이클로 출근하는 데 시속 40km의 속력으로 가면 출근 시각 15분 전에 도착하고 시속 30km의 속력으로 가면 10분을 지각하게 된다. 집과 회사 사이의 거리는 얼마인가?

① 40km ② 45km ③ 50km ④ 55km ⑤ 60km

29. D 사 홍보팀에서 근무하는 윤기와 은지는 회사 근처의 A 거래처를 방문하여 신제품을 홍보하기로 하였다. 은지가 회사를 출발하여 초속 1.5m의 속력으로 A 거래처를 향하여 출발한 지 5분 후 윤기는 회사를 출발하여 초속 2m의 속력으로 A 거래처로 가고 있다. 윤기가 은지를 따라잡을 때 걸리는 시간은 얼마인가? (단, 회사에서 A 거래처까지 가는 길은 하나의 길만 있다.)

① 15분 ② 16분 ③ 17분 ④ 18분 ⑤ 19분

30. W 사 홍보팀에서 신제품 홍보를 마치고 보고서를 작성하는 데 김 대리는 14일, 박 과장은 10일이 걸린다. 김 대리가 5일 동안 작업한 후, 박 과장이 나머지를 작성하려고 한다. 박 과장은 최소 며칠 동안 보고서를 작성해야 하는가?

① 5일 ② 6일 ③ 7일 ④ 8일 ⑤ 9일

31. T 사는 10분에 5개의 인형을 만들고, G 사는 1시간에 인형 뽑는 기계 1대를 만든다. T 사와 G 사를 통하여 인형과 인형 뽑는 기계를 각각 납품 받기로 했다. 인형 뽑는 기계 1대에 40개의 인형이 들어 있는 인형 뽑는 기계 30대를 납품 받으려면 최소 몇 시간이 걸리는가?

① 30시간 ② 35시간 ③ 40시간 ④ 45시간 ⑤ 50시간

32. S 사 전산 팀에서 프로그램을 코딩하는 데 양 과장은 김 계장보다 코딩 시간이 10% 적게 걸린다. 김 계장이 혼자 코딩할 때 10일 걸린다고 할 때, 이 일을 양 과장과 함께 진행하면 며칠이 걸리는가?

① $\frac{50}{19}$일 ② $\frac{60}{19}$일 ③ $\frac{70}{19}$일 ④ $\frac{80}{19}$일 ⑤ $\frac{90}{19}$일

33. 농도가 13%인 소금물 100g에 농도가 4%인 소금물을 섞어 농도가 9%인 소금물을 만들려고 한다. 이때 4%의 소금물은 몇 g인가?

① 50g ② 60g ③ 70g ④ 80g ⑤ 100g

34. 농도가 15%로 오염된 광산폐수 100g이 있다. 깨끗한 물을 채워서 오염농도를 5% 줄이려고 한다. 깨끗한 물을 얼마나 넣어야 하는가?

① 30g　② 35g　③ 40g　④ 45g　⑤ 50g

35. 윤기는 6%의 커피 600g을 핸드 드립으로 만들었다. 이 커피의 농도를 좀 더 진하게 만들기 위해 이 커피에서 일부를 덜어낸 후, 10%의 커피를 넣었더니 8%의 커피 800g이 되었다. 이때 덜어낸 커피의 양과 넣은 커피의 양의 합은 몇 g인가?

① 400g　② 450g　③ 500g　④ 550g　⑤ 600g

36. 할아버지와 할머니의 나이의 합은 아버지와 삼촌의 나이의 합의 3배라고 한다. 삼촌은 아버지의 나이보다 4세 적고 할아버지는 할머니의 나이보다 2세 많다고 한다. 아버지의 나이가 37세이면 할머니의 나이는 몇 세인가?

① 70세　② 71세　③ 72세　④ 73세　⑤ 74세

37. Y 사의 작년 직원 수는 올해보다 2% 많았고, 내년은 올해보다 3% 늘려 30명을 더 고용할 예정이다. 이 회사의 내년 직원 수와 작년 직원 수의 차이는 몇 명인가?

① 7명　② 8명　③ 9명　④ 10명　⑤ 11명

38. 일부 국가에서는 가정용 전기요금 누진제를 시행하고 있다. H국가는 가정에서 전기를 사용하는데 100KW 단위로 누진요금이 50% 증가한다. 누진요금이 붙지 않고 사용하였을 때 1시간에 480원이라면, 290KW까지 전기를 사용하면 얼마를 지불해야 하는가? (단, 10분에 20KW씩 증가하며 처음에는 0KW로 시작한다.)

① 1,810원　② 1,820원　③ 1,830원　④ 1,840원　⑤ 1,850원

39. 올해 H 사 산악회 회원을 모집 중이다. 남성 지원자 수는 작년보다 10% 증가하고 여성 지원자 수는 20% 증가하여 올해 총 지원자 수는 작년보다 20명 증가한 140명이다. 올해의 여성 지원자는 몇 명인가?

① 93명　② 94명　③ 95명　④ 96명　⑤ 97명

40. H 사에서는 신제품 출시기념으로 전 품목 15% 할인 및 이월상품 추가 10% 할인하여 물품을 판매한다. 이때 이월상품은 원래 가격에서 몇 % 할인된 가격으로 판매되는가?

① 23%　② 23.5%　③ 24%　④ 24.5%　⑤ 25%

Chapter 01 실전문제

1. 허수단위 $i=\sqrt{-1}$에 대하여 $(1+i+i^2+i^3+i^4+i^5)\times(i-1)$의 값을 계산하시오.
① 1　② -2　③ i　④ $-2i$　⑤ $2i$

2. 나영이는 23%의 이자율을 적용하는 A카드사에서 현금서비스를 이용했다. 이달의 A카드사의 청구 금액이 92,250원이었다. A카드사의 청구 금액 중 이자는 얼마인가?
① 17,100원　② 17,150원　③ 17,200원　④ 17,250원　⑤ 17,300원

3. H 사 전산실에서 전산용품을 구매하려고 한다. 매번 구매해 온 거래처의 USB 한 개의 가격은 5,000원인데, 거래처 특별 할인으로 10개를 사면 15%를 할인해 준다. 10개를 사는 것이 낱개로 9개를 살 때보다 얼마 더 저렴한가?
① 1,500원　② 2,000원　③ 2,500원　④ 3,000원　⑤ 3,500원

4. S 사 개발부에서는 가을 신상품을 출시하여 상품 한 개당 원가에 40%의 이익을 붙여 정가를 정하였다. 경기가 나빠서인지 신상품이 잘 팔리지 않아 정가에서 20,000원을 할인하여 신상품 한 개를 팔았더니 50,000원의 이익이 생겼다. 신상품의 원가는 얼마인가?
① 174,900원　② 175,000원　③ 175,100원　④ 175,200원　⑤ 175,300원

5. D 사에서 두 종류의 양탄자를 생산한다. 다음은 A양탄자와 B양탄자를 각각 1m씩 만드는 데 필요한 원료와 1m당 판매 이익을 나타낸 표이다. 원료1과 원료2를 각각 30cm, 40cm 이하로 사용하여 A양탄자와 B양탄자를 만들 때, 최대 판매 이익은 얼마인가? (단, 소수점 첫째 자리에서 반올림한다.)

[표 1-11]

종류	원료1(cm)	원료2(cm)	판매 이익(만 원)
A양탄자	3	6	16
B양탄자	4	2	12

① 1,190,000원　② 1,200,000원　③ 1,210,000원
④ 1,220,000원　⑤ 1,230,000원

6. 연속하는 5개의 짝수의 합을 530이라고 할 때, 가장 큰 짝수는 얼마인가?

① 106 ② 108 ③ 110 ④ 112 ⑤ 114

7. △△ 카페에서 판매하는 아메리카노의 판매가격은 2,500원이고 카페라떼의 판매가격은 4,000원이라고 할 때, 두 커피 종류에서 한 달 판매수익이 3,000,000원이 되어야 카페 운영이 안정될 것으로 예상된다.

(a) 한 달 판매수익 목표를 3,000,000원으로 할 때, 아메리카노가 600잔 판매된다고 하면 카페라떼는 몇 잔을 판매해야 하는가?

① 365잔 ② 375잔 ③ 385잔 ④ 395잔 ⑤ 405잔

(b) 한 달 판매수익 목표를 3,200,000원으로 할 때, 카페라떼가 200잔 판매된다고 하면 아메리카노는 몇 잔 판매해야 하는가?

① 560잔 ② 660잔 ③ 760잔 ④ 860잔 ⑤ 960잔

(c) 실제 커피전문점에서 일반적으로 아메리카노가 가장 많이 팔리는 것으로 알려져 있다. 아메리카노가 60%, 카페라떼가 40%로 판매가 된다고 할 때, 아메리카노 판매량이 600잔이면 카페라떼의 판매량은 몇 잔인가?

① 100잔 ② 200잔 ③ 300잔 ④ 400잔 ⑤ 500잔

(d) (a)와 (b)의 판매 상황은 (c)에서의 실제 팔리는 상황 '아메리카노가 60%, 카페라떼가 40%'에 비추어 보았을 때, 어떤 경우가 더 타당성이 있을까? 판매 상황을 비교하여 말하시오.

8. 어린이 놀이방 교사인 금나래 씨는 가로의 길이 10m, 세로의 길이 15m인 놀이방 바닥에 놀이매트를 설치하려고 한다. 놀이매트를 아래 표와 같이 세트로만 구매할 수 있다면 어느 매트 세트를 구매하는 것이 가격이 얼마나 더 저렴한가?

[표 1-12]

매트 종류	수량	가격	규격(가로×세로)
A매트	30개	10만 원	1m × 1m
B매트	60개	15만 원	1m × 1m

① A매트 세트, 5만 원 ② B매트 세트, 5만 원 ③ A매트 세트, 10만 원
④ B매트 세트, 10만 원 ⑤ A매트 세트, 15만 원

9. ☆☆ 제과에 근무하는 금나래 씨는 감자 샐러드 빵 42개를 만들려고 한다. 샐러드 빵의 레시피는 아래와 같다. 금나래 씨가 준비해야 하는 삶은 감자의 양과 박력분의 양은 어느 것인가?

> **[감자 샐러드 레시피]**
>
> 6인분 기준 요리 재료 : 삶은 감자 200g, 다진 양파 20g, 다진 피클 30g, 슬라이스 치즈 40g, 마요네즈 30g, 설탕 15g, 소금 2g, 후추 3g

> **[빵 반죽 레시피]**
>
> 6인분 기준 요리 재료 : 강력분 180g, 박력분 20g, 설탕 15g, 소금 2g, 이스트 3g, 물 125g, 식용유 5g

① 삶은 감자 1,000g, 박력분 100g
② 삶은 감자 1,200g, 박력분 120g
③ 삶은 감자 1,300g, 박력분 130g
④ 삶은 감자 1,400g, 박력분 140g
⑤ 삶은 감자 1,500g, 박력분 150g

10. 다음은 R 사 구내식당을 운영하고 있는 부부의 대화이다.

> 남편 : 이번에 식당 리모델링을 하면서 식탁 테이블을 바꾸어야 할 것 같아요.
> 부인 : 인터넷 쇼핑몰에서 검색하여 적당한 것을 찾아보았더니 원탁형 테이블은 80,000원, 사각형 테이블은 50,000원에 판매하던데요.
> 남편 : 테이블이 몇 개나 필요할까요?
> 부인 : 4개 필요해요.

(a) 200,000원으로 원하는 수량의 테이블을 구입할 때, 구입해야 할 테이블 수는 각각 얼마인가?

① 사각형 4개
② 라운드형 3개, 사각형 1개
③ 라운드형 1개, 사각형 3개
④ 라운드형 2개, 사각형 2개
⑤ 라운드형 4개

(b) 위에서 알아본 테이블 두 종류 중에서 한 가지를 선택하여 산다고 할 때, 예산을 200,000원보다 적게 줄일 수 있는지 말하시오.

11. 다음은 B 푸드점의 메뉴판이다.

메뉴판		
1번 세트	불고기 버거 2개 + 김치 주먹밥 2개 + 콜라 1개	6,000원
2번 세트	불고기 버거 3개 + 김치 주먹밥 1개 + 콜라 1개	6,000원

(a) 하루에 판매된 불고기 버거와 김치 주먹밥을 확인해 보니 불고기 버거가 총 200개, 김치 주먹밥은 100개였다. 이때 1번 세트와 2번 세트는 각각 몇 개가 판매되었는가?

① 1번 세트 40개, 2번 세트 30개　② 1번 세트 35개, 2번 세트 35개
③ 1번 세트 30개, 2번 세트 40개　④ 1번 세트 25개, 2번 세트 40개
⑤ 1번 세트 25개, 2번 세트 50개

(b) 불고기 버거를 만들기 위해 소고기 1500 g을 준비했다. 이 소고기를 불고기 버거에 똑같이 넣어 불고기 버거를 모두 30개 만들었다. 불고기 버거 하나에 들어간 소고기의 양은 얼마인가?

① 50 g　② 55 g　③ 60 g　④ 65 g　⑤ 70 g

(c) 푸드점을 12시간 운영했을 때, 총 판매 수익은 800,000원이고 재료비와 제조경비의 합은 200,000원이었다. 시간당 임금은 얼마인가?

① 3만 원　② 4만 원　③ 5만 원　④ 6만 원　⑤ 7만 원

(d) 주먹밥 한 개에는 쌀 60 g이 필요하다고 한다. 쌀 20 kg의 원가가 100,000원일 때, 주먹밥 한 개에 들어간 쌀의 원가는 얼마인가?

① 90원　② 100원　③ 200원　④ 300원　⑤ 400원

12. 국립 농업 과학원에 근무하는 금나래 씨는 ○○ 지역의 평야의 토양의 구성을 분석하여 다음 표와 같은 결과를 얻었다. 분석 결과를 보고 적정치에 대한 분석치의 비율이 가장 높은 구성 성분부터 가장 낮은 구성 성분까지 차례대로 나열한 것은?

[표 1-13]

구분	토양 구성(%)		
	모래	미사	점토
적정치	70	20	10
분석치	50	20	30

① 점토, 미사, 모래　② 점토, 모래, 미사　③ 미사, 모래, 점토
④ 미사, 점토, 모래　⑤ 모래, 미사, 점토

13. 용량이 1,000mL인 A 생수통과 900mL인 B 생수통이 있다.

(a) A 생수통에 대한 B 생수통의 용량의 비는 얼마인가?

① 0.6 ② 0.7 ③ 0.8 ④ 0.9 ⑤ 1.11

(b) B 생수통에 대한 A 생수통의 용량의 비는 얼마인가?

① 0.6 ② 0.7 ③ 0.8 ④ 0.9 ⑤ 1.11

14. H 사에서는 30,000원에 판매하던 1,000mAh 보조 배터리를 신학기를 맞이하여 25,000원에 판매하고 있다.

(a) 원래 가격에 대한 할인된 가격의 비율은 얼마인가?

① 0.82 ② 0.83 ③ 0.84 ④ 0.85 ⑤ 0.86

(b) 만일 보조 배터리의 원래의 가격이 1,000원이었다면 할인하여 판매하는 가격은 얼마인가?

① 790원 ② 800원 ③ 810원 ④ 820원 ⑤ 830원

(c) 원래 가격에 대하여 인하한 가격의 비를 백분율로 나타낸 것은 무엇인가?

① 82% ② 83% ③ 84% ④ 85% ⑤ 86%

15. 다음은 H 사에서 개발된 제품이 2년 동안 판매된 나라별 판매량이다.

[표 1-14]

국가명	5월 판매량		
	2016	2017	증감비율
한국	98,120	93,000	
미국	43,000	46,023	
중국	55,035	34,600	
독일	63,250	56,024	
영국	23,000	34,000	
스위스	23,500	45,200	
터키	35,015	43,214	
일본	23,101	21,012	

(a) 판매량이 가장 많이 증가하는 국가와 판매량 증가율은 각각 무엇인가?

① 미국, 7.03% ② 영국, 32.3% ③ 스위스, 92.3%
④ 영국, 40% ⑤ 미국, 10%

(b) 판매량이 가장 많이 감소하는 국가와 판매량 감소율은 각각 무엇인가?

① 한국, 5.2% ② 중국, 37% ③ 독일, 11.4%
④ 중국, 30% ⑤ 한국, 10%

16. 비료 한 포대에 20kg이 들어 있는 포장지에 표시되어 있는 성분표시가 다음과 같았다.

[표 1-15]

내용물	질소	인산	칼륨	고토	석회	규소	붕소
단위(%)	80	7	A	0.3	0.18	B	0.02

(a) 비료 한 포대에 들어 있는 인산은 몇 kg인가?

① 1.3kg ② 1.4kg ③ 1.5kg ④ 1.6kg ⑤ 1.7kg

(b) 비료 한 포대에 칼륨이 2.4kg 들어 있다고 할 때, A+B를 구하면 몇 %인가?

① 10.5% ② 11% ③ 11.5% ④ 12% ⑤ 12.5%

17. 다음은 L 사에서 생산하는 단열판의 치수에 대한 표이다. 다음 물음에 답하시오. (단, 단위는 mm이고 두께에 관계없이 단열판의 넓이 1,000cm^{2}당 15,000원의 비용이 소요된다.)

[표 1-16]

<table>
<tr><th>등급 분류</th><th>두께</th><th>두께 허용오차</th><th>길이×너비</th><th colspan="2">길이 및 너비 허용오차</th></tr>
<tr><td rowspan="4">비드법 1종
비드법 2종</td><td rowspan="3">50 미만</td><td rowspan="3">±2</td><td rowspan="4">900×600
1,200×600
1,800×900
2,400×900
2,400×1,200</td><td>길이 1,000 미만</td><td>±3</td></tr>
<tr><td>길이 1,000 이상</td><td>±4</td></tr>
<tr><td>길이 2,000 이상</td><td>±5</td></tr>
<tr><td rowspan="4">50 이상
100 이하</td><td rowspan="4">±3</td><td>너비 1,000 미만</td><td>±3</td></tr>
<tr><td rowspan="4">압출법</td><td rowspan="4">900×600
1,200×600
1,800×900
2,400×900</td><td>길이 1,000 미만</td><td>±10
0</td></tr>
<tr><td>길이 1,000 이상</td><td>±15
0</td></tr>
<tr><td>길이 2,000 이상</td><td>±20
0</td></tr>
<tr><td>100 초과</td><td>협의에 따름</td><td>너비 1,000 미만</td><td>±10
0</td></tr>
</table>

(a) 비드법 2종으로 두께가 80 ~ 90mm인 단열판을 길이×너비가 2,400×900이 되도록 제작할 때, 길이의 오차와 두께의 허용오차를 차례대로 나타낸 것은 무엇인가?

① ±5, ±2 ② ±5, ±3 ③ ±10, ±2

④ ±10, ±3 ⑤ ±10, ±4

(b) 넓이가 0.54m^2인 단열판의 두께의 허용오차를 협의에 따라 결정하기로 하였을 때, 이 단열재의 두께의 범위는 얼마인가? 또 이 단열판을 150개 구입할 때 전체 비용은 얼마인가?

① 50 미만, 1,212만 원　　② 50 미만, 1,213만 원
③ 50 이상, 1,214만 원　　④ 100 초과, 1,215만 원
⑤ 100 초과, 1,315만 원

18. 다음은 A 정유사의 휘발유 및 경유 판매가격 변화를 나타낸 그림이다. 금나래 씨는 지방 출장을 가기 위해서 1월 17일에 A 정유사의 휘발유 20L를 주유했다.

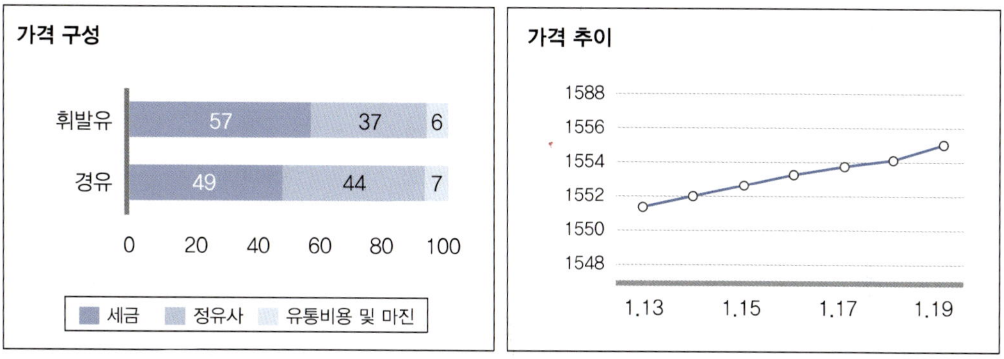

* 1월 13일 : 1,551원/L, 1월 17일 : 1,553원/L, 1월 19일 : 1,555원/L

[그림 1-19]

(출처 : http://www.opinet.co.kr)

(a) 주유 금액으로 얼마를 지불해야 하는가?

① 31,000원　　② 31,010원　　③ 31,030원
④ 31,050원　　⑤ 31,060원

(b) 금나래 씨가 지불한 금액 중 세금은 얼마인가? (단, 소수 첫째 자리에서 반올림한다.)

① 17,704원　　② 17,800원　　③ 17,850원
④ 17,600원　　⑤ 17,650원

(c) 금나래 씨가 지불한 금액 중 정유사의 유통비용 및 마진은 얼마인가? (단, 소수 첫째 자리에서 반올림한다.)

① 1,861원　　② 1,862원　　③ 1,863원
④ 1,864원　　⑤ 1,865원

19. 다음은 우체국에서 택배를 보낼 때 무게에 따른 지역별 요금 체계를 나타낸 표이다.

[표 1-17]

구분/중량(크기)	2kg까지 (60cm까지)	5kg까지 (80cm까지)	10kg까지 (120cm까지)	20kg까지 (140cm까지)	30kg까지 (160cm까지)
동일지역	4,000원	5,000원	6,500원	8,000원	9,500원
타지역	5,000원	6,000원	7,500원	9,000원	10,500원
제주(익일배달)	6,500원	8,000원	9,500원	11,000원	13,000원
제주(D+2일)	5,000원	6,000원	7,500원	9,000원	10,500원

* 크기=가로+세로+높이
* 크기는 160cm 이내, 한 변의 길이는 100cm 이내에 한해 취급, 중량과 크기 중에 큰 것에 해당하는 요금을 적용합니다.
* 1박스의 중량이 30kg을 초과하는 경우 접수가 불가합니다.

(a) 서울에 있는 H 사 본사에 근무하는 금나래 씨는 충청 지사에 크기가 100cm 이고, 무게가 12kg 인 물건을 택배로 보내려 한다. 택배비는 얼마인가?

① 5,000원 ② 6,000원 ③ 7,000원 ④ 8,000원 ⑤ 9,000원

(b) 중량이 4kg 이고 길이가 75cm 인 물건 여러 개를 타 지역으로 배송하였더니 택배비가 3만 원이 나왔다. 배송한 물건은 모두 몇 개인가?

① 3개 ② 4개 ③ 5개 ④ 6개 ⑤ 7개

20. 항공 우주 연구원 우주 시험실에서 근무하는 박 연구원은 지면으로부터 10m 높이에 설치되어 있는 발사대에서 발사체 모의실험을 하였다.

(a) 초속 34.3m로 쏘아올린 발사체의 t초 후의 높이가 $(10+34.3t-4.9t^2)$m일 때, 이 물체가 처음으로 68.8m의 높이에 이르는 시간은 몇 초 후인가?

① 2초 ② 3초 ③ 4초 ④ 5초 ⑤ 6초

(b) 이 물체가 처음으로 68.8m의 높이에 이를 때 속력은 얼마인가? (단, 소수 둘째 자리에서 반올림한다.)

① 22.9m/s ② 23.9m/s ③ 24.9m/s ④ 25.9m/s ⑤ 26.9m/s

CHAPTER 02

집합과 논리

||| 목차 |||

||| 학습목표 |||

- 집합을 이해하고 집합을 여러 가지 방법으로 나타낼 수 있다.
- 집합 사이의 관계를 이해하고 집합의 연산법칙과 드모르간 법칙을 이해한다.
- 명제와 조건을 이해하고, 명제의 역과 대우를 이해한다.
- 필요조건과 충분조건을 이해한다,
- 논리적 추론을 이해하고 직무에 활용하여 문제를 논리적으로 해결할 수 있다.
- 함수를 직무에 활용하여 문제를 해결할 수 있다.

CHAPTER 02에서는 무엇을 배울까?

이 장에서는 성질이 같은 다양한 매체들을 분류하고 그룹화할 수 있는 집합과 집합의 여러 가지 성질을 다룬다. 또 직무상에서 발생할 수 있는 논리적 상황을 해결하는 방법을 학습한다. 특히 논리적 추론 방법을 가지고 직무에서 합리적인 의사결정을 내릴 수 있도록 한다. 이때 직무에서 발생하는 문제의 조건에 모순되지 않는 결론을 도출하기 위해 진리표를 활용하는 방법을 알아본다. 아울러 함수의 개념과 성질을 활용하여 다양한 문제를 해결하는 방법을 살펴본다.

Section 2.1 집합

집합이란?

10보다 작은 소수의 모임이나 정다각형의 모임은 각각 '10보다 작은 소수'와 '정다각형'라는 조건에 의하여 그 모임의 대상이 분명하게 정해진다. 이와 같이 주어진 조건에 의하여 그 대상을 분명히 알 수 있는 것들의 모임을 **집합**이라 하고, 집합을 이루는 대상 하나하나를 그 집합의 **원소**라고 한다. 이를테면 '10보다 작은 홀수의 모임'은 그 대상이 1, 3, 5, 7, 9로 분명하므로 집합이 되고, 이 집합의 원소는 1, 3, 5, 7, 9이다. 반면에 '큰 수의 모임'에서 '큰 수'는 기준이 분명하지 않다. '국기가 멋진 나라의 모임'도 '멋지다'는 기준이 분명하지 않아 그 대상을 정할 수 없으므로 집합이 아니다.

a가 집합 A의 원소일 때, 'a는 집합 A에 속한다'고 하며, 이를 기호로

$$a \in A$$

↑ 원소 (a)　↑ 집합 (A)

와 같이 나타낸다. 또 b가 집합 A의 원소가 아닐 때, 'b는 집합 A에 속하지 않는다'고 하며, 이를 기호로

$$b \notin A$$

와 같이 나타낸다. 예를 들어 8의 약수의 집합을 A라고 하면 1, 2, 4, 8은 집합 A의 원소이므로 $1 \in A$, $2 \in A$, $4 \in A$, $8 \in A$와 같이 나타낸다. 그러나 3, 5는 집합 A의 원소가 아니므로 $3 \notin A$, $5 \notin A$와 같이 나타낸다.

예제 2-1

다음 중에서 집합인 것을 모두 찾고, 그 집합의 원소를 구하시오.

(a) 16의 약수의 모임

(b) 10에 가까운 수의 모임

(c) 이차방정식 $x^2 - 3x - 4 = 0$의 해의 모임

(d) 재미있는 놀이 기구의 모임

풀이

(a) '16의 약수의 모임'은 그 대상을 분명하게 정할 수 있으므로 집합이다. 이 집합의 원소는 1, 2, 4, 8, 16이다.

(b) '10에 가까운 수의 모임'은 '가깝다'라는 조건이 명확하지 않아 그 대상을 분명하게 정할 수 없으므로 집합이 아니다.

(c) '이차방정식 $x^2-3x-4=0$의 해의 모임'은 그 대상을 분명하게 정할 수 있으므로 집합이다. $x^2-3x-4=(x+1)(x-4)=0$의 해는 $x=-1$ 또는 $x=4$이므로 이 집합의 원소는 -1, 4이다.

(d) '재미있는 놀이 기구의 모임'은 '재미있다'라는 조건이 명확하지 않아 그 대상을 분명하게 정할 수 없으므로 집합이 아니다.

따라서 집합인 것은 (a), (c)이다.

문제 2-1

다음 중에서 집합인 것을 모두 찾고, 그 집합의 원소를 구하시오.

(a) $\frac{13}{4}$보다 작은 자연수의 모임

(b) 낮은 산의 모임

(c) 유명한 사람의 모임

(d) 우리 반 학생 중에서 3월에 태어난 학생의 모임

집합을 나타내는 방법

집합은 그 집합에 속하는 원소를 중괄호 { } 안에 모두 써서 나타낼 수 있다. 예를 들어 원소가 1, 2, 3, 6인 집합은 {1, 2, 3, 6}과 같이 나타낸다. 이와 같이 집합에 속하는 모든 원소를 { } 안에 나열하여 집합을 나타내는 방법을 **원소나열법**이라고 한다. 집합을 원소나열법으로 나타낼 때, 원소의 나열 순서는 바꾸어도 되지만 같은 원소는 중복하여 쓰지 않는다. 또 집합의 원소가 많고 원소 사이에 일정한 규칙이 있을 때에는 그 원소 중에서 일부를 생략하고, '…'을 사용하여 나타낸다. 이를테면 100 이하의 자연수의 집합은 {1, 2, 3, …, 100}과 같이 나타낸다.

예제 2-2

다음 집합을 원소나열법으로 나타내시오.

(a) 20보다 작은 4의 배수의 집합

(b) 요일 이름의 집합

풀이

(a) 20보다 작은 4의 배수는 4, 8, 12, 16이므로 $\{4, 8, 12, 16\}$이다.

(b) 요일 이름에는 일, 월, 화, 수, 목, 금, 토가 있으므로 {일, 월, 화, 수, 목, 금, 토}이다.

문제 2-2

다음 집합을 원소나열법으로 나타내시오.

(a) 한 자리 자연수의 집합

(b) 홀수의 집합

또한 원소들이 가지는 공통된 성질을 제시하여 집합을 나타낼 수도 있다. 예를 들어 집합 $\{1, 2, 3, 6\}$을 각 원소들이 가지는 공통된 성질을 제시하여 $\{x \mid x$는 6의 약수$\}$와 같이 나타낼 수 있다. 이와 같이 집합에 속하는 모든 원소들이 가지는 공통된 성질을 제시하여 집합을 나타내는 방법을 **조건제시법**이라고 한다. 예를 들어 집합 $\{1, 3, 5, 7\}$을 조건제시법으로 다음과 같이 나타낼 수 있다.

$$\{x \mid x\text{는 7 이하의 홀수}\} \text{ 또는 } \{x \mid x\text{는 8보다 작은 홀수}\}$$

예제 2-3

다음 집합을 조건제시법으로 나타내시오.

(a) $\{1, 2, 3\}$

(b) $\{1, 3, 9, 27\}$

풀이

(a) $\{x \mid x$는 3 이하의 자연수$\}$

(b) $\{x \mid x$는 27의 약수$\}$

문제 2-3

다음 집합을 조건제시법으로 나타내시오.

(a) $\{6, 12, 18, 24, \cdots\}$

(b) $\{1, 3, 5, 7, \cdots, 49\}$

그림을 이용하여 집합을 나타내기도 한다. 가령 집합 $A = \{1, 2, 3, 6\}$을 [그림 2-1]과 같이 나타낼 수 있다. 이와 같이 집합을 나타내는 그림을 **벤 다이어그램**이라고 한다.

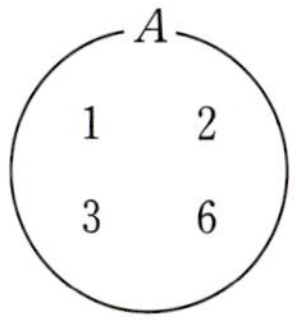

[그림 2-1]

원소가 유한개인 집합을 **유한집합**이라 하고, 원소가 무수히 많은 집합을 **무한집합**이라고 한다. 한편 원소가 하나도 없는 집합을 **공집합**이라고 하며, 이것을 기호로 $\varnothing$ 과 같이 나타낸다. 공집합은 유한집합으로 정한다. 집합 A가 유한집합일 때, 집합 A의 원소의 개수를 기호로 $\boldsymbol{n(A)}$ 와 같이 나타낸다. 특히 $n(\varnothing) = 0$이다.

예제 2-4

다음 집합을 유한집합과 무한집합으로 구분하시오. 또 유한집합 중에서 공집합인 것을 찾으시오.

(a) $A = \{1, 2, 3\}$

(b) $B = \{5, 10, 15, 20, \cdots, 100\}$

(c) $C = \{x \mid x$는 1보다 작은 자연수$\}$

(d) $D = \{x \mid x$ 는 2의 배수$\}$

풀이

(a) $n(A) = 3$이므로 유한집합이다.

(b) $n(B) = 20$이므로 유한집합이다.

(c) 1보다 작은 자연수는 없으므로 C는 공집합이다.

(d) 2의 배수는 2, 4, 6, … 으로 무수히 많으므로 무한집합이다.

문제 2-4

다음 집합을 유한집합과 무한집합으로 구분하시오. 또 유한집합 중에서 공집합인 것을 찾으시오.

(a) $A = \{x \mid x$는 3의 약수$\}$

(b) $B = \{x \mid x$는 1보다 큰 자연수$\}$

(c) $C = \{x \mid x$는 $|x| \leq 1$인 정수$\}$

(d) $D = \{x \mid x$ 는 6보다 큰 6의 약수$\}$

집합 사이의 관계

두 집합 $A = \{1, 3\}$, $B = \{1, 2, 3, 4, 5\}$를 벤 다이어그램으로 나타내면 [그림 2-2]와 같으며, 집합 A의 모든 원소는 집합 B에 속함을 알 수 있다. 이와 같이 두 집합 A, B에 대하여 A의 모든 원소가 집합 B에 속할 때, A를 B의 **부분집합**이라고 한다. 이때 집합 A는 집합 B에 포함된다. 또는 집합 B는 집합 A를 포함한다고 하며, 이를 기호로

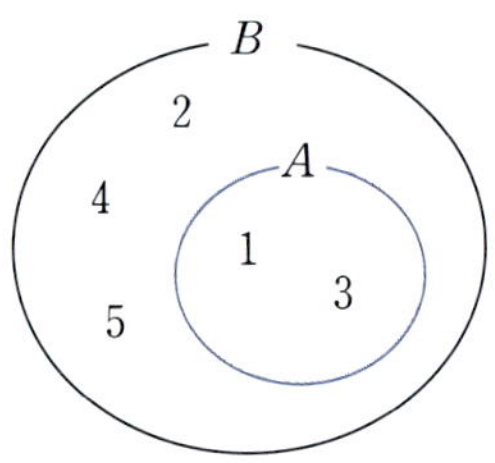

[그림 2-2]

$$A \subset B$$

와 같이 나타낸다. 그리고 집합 A가 집합 B의 부분집합이 아닐 때, 이를 기호로

$$A \not\subset B$$

와 같이 나타낸다.

두 집합 A, B에 대하여 $A \not\subset B$이고 $B \not\subset A$일 때, 두 집합 사이의 포함 관계를 벤 다이어그램으로 나타내면 다음과 같이 두 가지 경우가 있다.

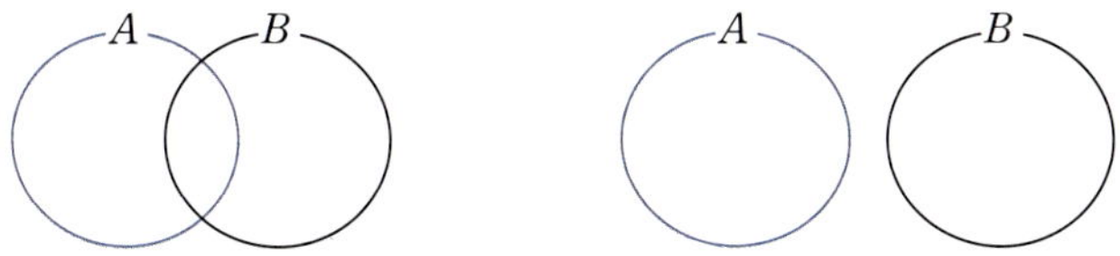

[그림 2-3]

예제 2-5

다음 두 집합을 벤 다이어그램으로 나타내고, 두 집합 사이의 포함 관계를 기호 $\subset$ 또는 $\not\subset$를 써서 나타내시오.

(a) $A=\{1,\ 3\}$, $B=\{x \mid x$는 9의 약수$\}$

(b) $C=\{1,\ 2,\ 4,\ 8\}$, $D=\{4,\ 8,\ 12\}$

(c) $E=\{x \mid x$는 4의 약수$\}$, $F=\{x \mid x$는 20 이하의 5의 배수$\}$

풀이

(a) 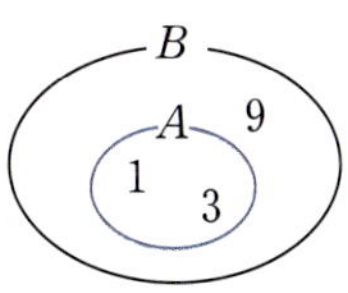

$A \subset B$

(b) 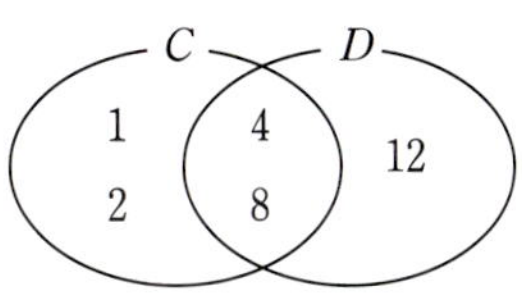

$C \not\subset D(D \not\subset C)$

(c) 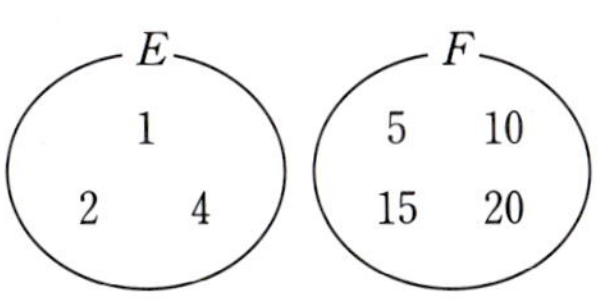

$E \not\subset F(F \not\subset E)$

문제 2-5

다음 □ 안에 기호 $\subset$, $\not\subset$ 중에서 알맞은 것을 써넣으시오.

(a) $\{1, 2, 3\}$ □ $\{1, 2, 3, 4\}$

(b) $\{4,\ 5,\ 6,\ 7\}$ □ $\{3,\ 6,\ 9,\ 12\}$

(c) $\{x \mid x$는 6의 약수$\}$ □ $\{x \mid x$는 12의 약수$\}$

(d) $\{x \mid x$는 10보다 작은 홀수$\}$ □ $\{x \mid x$는 10보다 작은 짝수$\}$

집합 $A=\{a_1, a_2, a_3, \cdots, a_n\}$의 부분집합의 개수를 구해 보자. 집합 A의 각 원소에 대하여 그 원소가 부분집합에 속하는 경우와 속하지 않는 경우가 있다. 즉 집합 A의 원소가 부분집합에 속하는 것을 ○, 속하지 않는 것을 ×라고 나타내면, 오른쪽과 같이 두 가지 경우씩 발생한다. 따라서 원소가 n개인 집합 A의 부분집합의 개수는 다음과 같이 모두 2^n개 있다.

$$\underbrace{2\times2\times2\times\cdots\times2}_{n\text{개}}=2^n$$

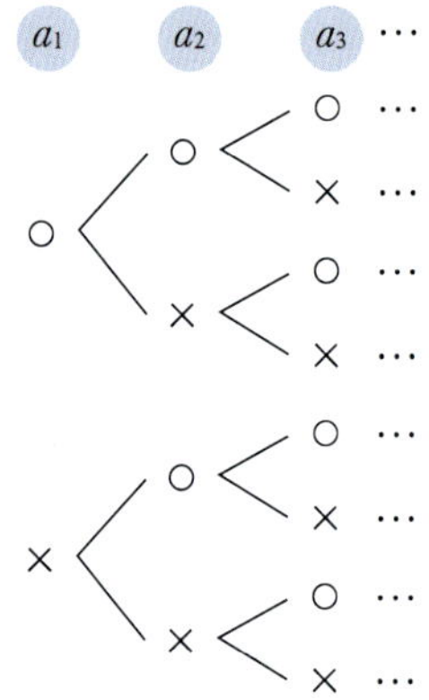

[그림 2-4]

예제 2-6

집합 $A=\{a, b, c\}$의 부분집합을 모두 구하시오.

풀이

원소가 0개, 1개, 2개, 3개인 부분집합을 차례대로 구하면 다음과 같다.

- 원소가 0개인 부분집합 : $\varnothing$
- 원소가 1개인 부분집합 : $\{a\}$, $\{b\}$, $\{c\}$
- 원소가 2개인 부분집합 : $\{a, b\}$, $\{a, c\}$, $\{b, c\}$
- 원소가 3개인 부분집합 : $\{a, b, c\}$

따라서 집합 A의 부분집합은 다음과 같다.

$$\varnothing, \{a\}, \{b\}, \{c\}, \{a, b\}, \{a, c\}, \{b, c\}, \{a, b, c\}$$

문제 2-6

집합 $A=\{a, b, c, d, x, y, z\}$에 대하여 다음을 구하시오.

(a) x, y를 포함하는 부분집합의 개수

(b) a, c를 포함하지 않는 부분집합의 개수

예제 2-7

다음 중 옳은 것을 모두 고르면?

① $1\in\{1, 2, 3, 4\}$　② $\{a\}\in\{a, b, c\}$　③ $\varnothing\in\{0\}$

④ $\{1, 2\}\subset\{1, 2\}$　⑤ $\varnothing\subset\{\varnothing\}$

풀이

① 1은 집합 $\{1,\ 2,\ 3,\ 4\}$의 원소이므로 $1 \in \{1,\ 2,\ 3,\ 4\}$이다.

② $\{a\}$는 $\{a,\ b,\ c\}$의 부분집합이므로 $\{a\} \subset \{a,\ b,\ c\}$이다.

③ $\varnothing$은 모든 집합의 부분집합이므로 $\varnothing \subset \{0\}$이다.

④ 임의의 집합은 자기 자신의 부분집합이므로 $\{1,\ 2\} \subset \{1,\ 2\}$이다.

⑤ $\varnothing$은 모든 집합의 부분집합이므로 $\varnothing \subset \{\varnothing\}$이다.

따라서 옳은 것은 ①, ④, ⑤이다.

문제 2-7

다음 중 옳은 것은?

① $\varnothing \in \{a,\ b\}$ ② $0 \in \varnothing$ ③ $a \subset \{a,\ b\}$

④ $\varnothing \in \varnothing$ ⑤ $\{a,\ b\} \subset \{b,\ a\}$

두 집합

$$A = \{2,\ 4,\ 6,\ 8\},\ B = \{x \mid x\text{는 10 미만의 짝수}\}$$

에서 집합 B를 원소나열법으로 나타내면 $\{2,\ 4,\ 6,\ 8\}$이므로 집합 A와 집합 B의 원소는 모두 같다. 이와 같이 두 집합 A, B의 원소가 모두 같을 때, '두 집합 A, B는 **서로 같다**'고 하며, 이를 기호로 다음과 같이 나타낸다.

$$A = B$$

한편 두 집합 A, B가 서로 같지 않을 때, 이것을 기호로 다음과 같이 나타낸다.

$$A \neq B$$

예제 2-8

다음 □ 안에 기호 $=$, $\neq$ 중에서 알맞은 것을 써넣으시오.

(a) $\{1\}$ □ $\{0\}$

(b) $\{2,\ 4,\ 6\}$ □ $\{6,\ 4,\ 2\}$

(c) $\{x \mid x\text{는 10 이하의 홀수}\}$ □ $\{1,\ 3,\ 5,\ 7\}$

(d) $\{3,\ 6,\ 9,\ \cdots\}$ □ $\{x \mid x\text{는 3의 배수}\}$

풀이

(a) 원소가 다르므로 $\neq$이다.

(b) 두 집합의 원소가 같으므로 $=$이다.

(c) 10 이하의 홀수는 1, 3, 5, 7, 9이므로 $\neq$이다.

(d) 3, 6, 9, ⋯ 는 3의 배수이므로 $=$이다.

문제 2-8

다음 두 집합 A, B가 서로 같은지 확인하시오.

(a) $A=\{1, 2, 5, 10\}$, $B=\{x \mid x$는 10의 약수$\}$

(b) $A=\{x \mid x^2-5x=0\}$, $B=\{0, 5\}$

(c) $A=\{1, 2, 3, 4, 5\}$, $B=\{5, 4, 3, 2, 1, 0\}$

(d) $A=\{x \mid x$는 5보다 큰 4의 약수$\}$, $B=\varnothing$

두 집합 $A=\{1, 2\}$, $B=\{1, 2, 3, 4\}$에서 집합 A의 원소는 집합 B에 속하므로 $A \subset B$이다. 그런데 집합 B의 원소 중에서 3, 4는 집합 A의 원소가 아니므로 $A \neq B$이다. 이와 같이 두 집합 A, B에 대하여 $A \subset B$이고 $A \neq B$일 때, 집합 A를 집합 B의 **진부분집합**이라고 한다.

예제 2-9

두 집합 $A=\{1, 2\}$, $B=\{1, 2, 4\}$에서 A가 B의 진부분집합임을 확인하시오.

풀이

$A \subset B$이지만 $4 \not\in A$에서 $A \neq B$이므로 A는 B의 진부분집합이다.

문제 2-9

집합 $\{1, 2\}$의 진부분집합을 모두 구하시오.

두 집합 A, B에 대하여 A에 속하거나 집합 B에 속하는 모든 원소로 이루어진 집합을 두 집합 A와 B의 **합집합**이라고 하며, 이를 기호로 $\boldsymbol{A \cup B}$와 같이 나타낸다([그림 2-5(a)]). 두 집합 A, B의 합집합을 조건제시법으로 나타내면 다음과 같다.

$$A \cup B=\{x \mid x \in A \text{ 또는 } x \in B\}$$

또 두 집합 A, B에 대하여 A에도 속하고, 집합 B에도 속하는 모든 원소로 이루어진 집합을 두 집합 A와 B의 **교집합**이라고 하며, 이를 기호로 $\boldsymbol{A \cap B}$와 같이 나타낸다([그림 2-5(b)]). 두 집합 A, B의 교집합을 조건제시법으로 나타내면 다음과 같다.

$$A \cap B=\{x \mid x \in A \text{ 그리고 } x \in B\}$$

한편 두 집합 A, B에서 공통된 원소가 하나도 없을 때, 즉 $\boldsymbol{A \cap B = \varnothing}$일 때, 집합 A와 집합 B는 **서로소**라고 한다([그림 2-5(c)]).

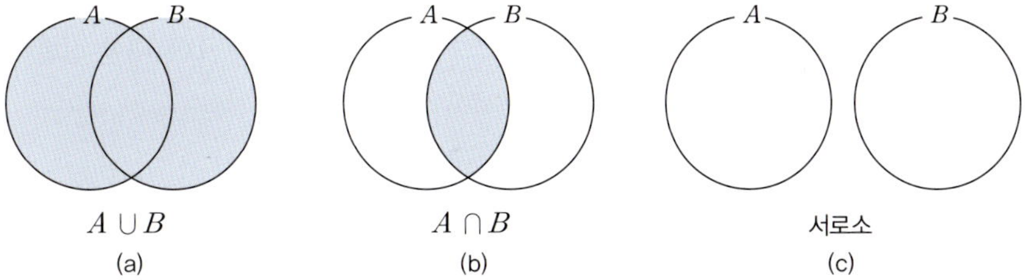

[그림 2-5]

예제 2-10

다음 두 집합 A, B에 대하여 $A \cup B$, $A \cap B$를 각각 구하시오.

(a) $A = \{1,\ 2,\ 3,\ 4\}$, $B = \{2,\ 4,\ 6,\ 8\}$

(b) $A = \{x \mid x$는 6의 약수$\}$, $B = \{x \mid x$는 9의 약수$\}$

풀이

(a) 집합 A에 속하거나 집합 B에 속하는 원소는 1, 2, 3, 4, 6, 8이므로

$$A \cup B = \{1,\ 2,\ 3,\ 4,\ 6,\ 8\}$$

두 집합 A, B에 모두 속하는 원소는 2, 4이므로

$$A \cap B = \{2,\ 4\}$$

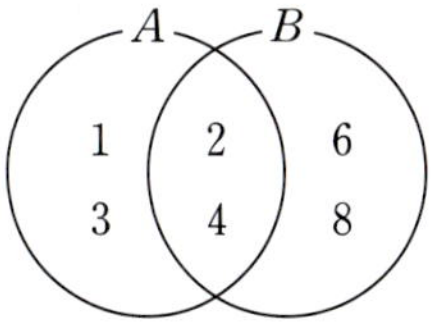

[그림 2-6(a)]

(b) $A = \{1,\ 2,\ 3,\ 6\}$, $B = \{1,\ 3,\ 9\}$이고, 집합 A에 속하거나 집합 B에 속하는 원소는 1, 2, 3, 6, 9이므로

$$A \cup B = \{1,\ 2,\ 3,\ 6,\ 9\}$$

두 집합 A, B에 모두 속하는 원소는 1, 3이므로

$$A \cap B = \{1,\ 3\}$$

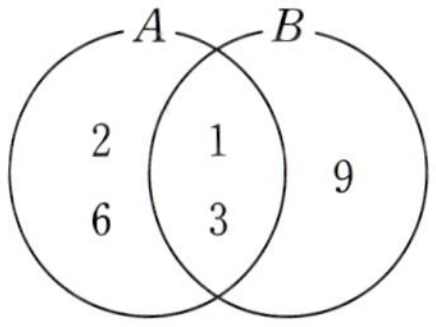

[그림 2-6(b)]

문제 2-10

두 집합 $A = \{3,\ 6,\ 9\}$, $B = \{3,\ 4,\ 5,\ 6\}$에 대하여 $A \cup B$, $A \cap B$를 각각 구하시오.

어떤 집합에 대하여 그 부분집합을 생각할 때, 처음의 집합을 **전체집합**이라 하고 보통 $\boldsymbol{U}$로 나타낸다. 전체집합 U의 부분집합 A에 대하여 U의 원소 중에서 A에 속하지 않는 모든 원소로 이루어진 집합을 U에 대한 A의 **여집합**이라고 하며, 이를 기호로 $\boldsymbol{A^C}$와 같이 나타낸다([그림 2-7(a)]). 전체집합 U에 대한 부분집합 A의 여집합을 조건제시법으로 나타내면 다음과 같다.

$$A^C = \{x \mid x \in U \text{ 그리고 } x \notin A\}$$

두 집합 A, B에 대하여 A에 속하지만 B에 속하지 않는 원소로 이루어진 집합을 A에 대한 B의 **차집합**이라고 하며, 이를 기호로 $\boldsymbol{A-B}$와 같이 나타낸다([그림 2-7(b)]). 집합 A에 대한 집합 B의 차집합을 조건제시법으로 나타내면 다음과 같다.

$$A - B = \{x \mid x \in A \text{ 그리고 } x \notin B\}$$

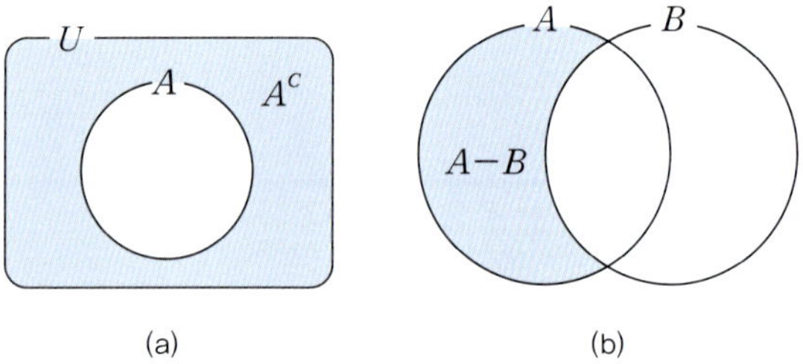

[그림 2-7]

집합 A의 여집합 A^C는 전체집합 U에 대한 집합 A의 차집합으로 생각할 수 있다. 즉 $A^C = U - A$이다. 일반적으로 여집합과 차집합에는 다음과 같은 성질이 있다.

여집합과 차집합의 성질

전체집합 U의 두 부분집합 A, B에 대하여

❶ $U^C = \varnothing$, $\varnothing^C = U$　　❷ $(A^C)^C = A$

❸ $A \cup A^C = U$, $A \cap A^C = \varnothing$　　❹ $A - B = A \cap B^C$

예제 2-11

두 집합 $A = \{a, b, c, d, e\}$, $B = \{a, e, i, o, u\}$에 대하여 $A-B$와 $B-A$를 각각 구하시오.

풀이

두 집합을 벤 다이어그램으로 나타내면 [그림 2-8]과 같다.

$A-B$는 집합 A의 원소에서 집합 B의 원소를 제외하는 것이므로

$$A - B = \{b, c, d\}$$

마찬가지로, $B - A = \{i, o, u\}$

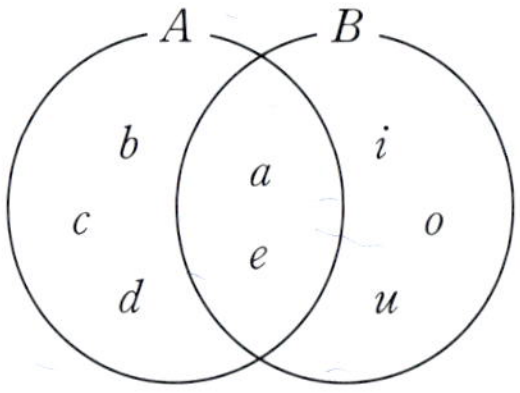

[그림 2-8]

문제 2-11

전체집합 $U=\{x \mid x$는 10보다 작은 자연수$\}$의 두 부분집합

$$A=\{2,\ 3,\ 4\},\quad B=\{1,\ 3,\ 5,\ 7,\ 9\}$$

에 대하여 다음을 구하시오.

(a) $A-B$

(b) $A^C \cap B$

집합의 연산법칙

두 집합 A, B에 대하여

$$A\cup B=B\cup A,\quad A\cap B=B\cap A$$

가 성립하고, 이를 각각 합집합과 교집합에 대한 **교환법칙**이라고 한다.

또 세 집합 A, B, C에 대하여

$$(A\cup B)\cup C=A\cup(B\cup C),\quad (A\cap B)\cap C=A\cap(B\cap C)$$

가 성립하고, 이것을 각각 합집합과 교집합에 대한 **결합법칙**이라고 한다.

한편 세 집합 A, B, C에 대하여

$$A\cap(B\cup C)=(A\cap B)\cup(A\cap C),\quad A\cup(B\cap C)=(A\cup B)\cap(A\cup C)$$

가 성립하고, 이것을 집합의 연산에 대한 **분배법칙**이라고 한다.

집합의 연산법칙을 정리하면 다음과 같다.

집합의 연산법칙

세 집합 A, B, C에 대하여

❶ **교환법칙** $A\cup B=B\cup A$, $A\cap B=B\cap A$

❷ **결합법칙** $(A\cup B)\cup C=A\cup(B\cup C)$, $(A\cap B)\cap C=A\cap(B\cap C)$

❸ **분배법칙** $A\cap(B\cup C)=(A\cap B)\cup(A\cap C)$, $A\cup(B\cap C)=(A\cup B)\cap(A\cup C)$

예제 2-12

세 집합 A, B, C에 대하여 다음이 성립함을 벤 다이어그램을 이용하여 설명하시오.

$$(A\cup B)\cup C = A\cup(B\cup C)$$

풀이

위 등식의 양변을 벤 다이어그램으로 각각 나타내면 다음과 같다.

[좌변]

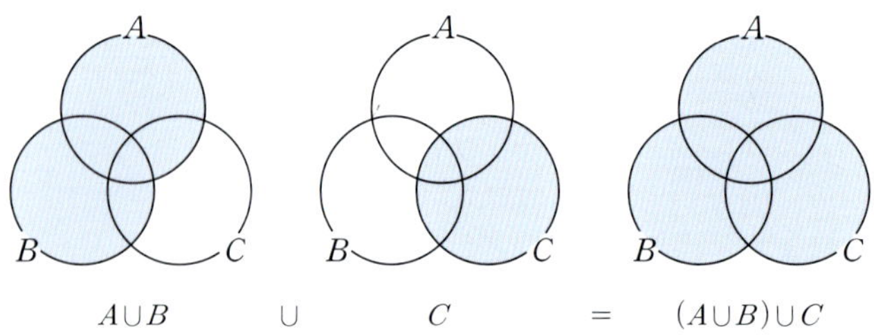

[그림 2-9(a)]

[우변]

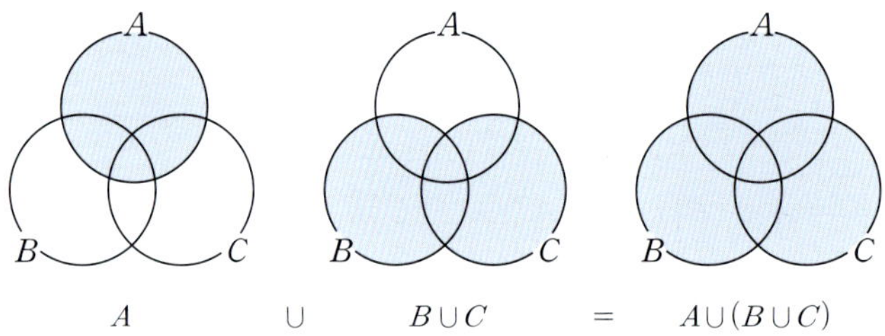

[그림 2-9(b)]

따라서 $(A\cup B)\cup C = A\cup(B\cup C)$가 성립한다.

문제 2-12

세 집합 A, B, C에 대하여 다음이 성립함을 벤 다이어그램을 이용하여 설명하시오.

$$A\cap(B\cup C) = (A\cap B)\cup(A\cap C)$$

합집합과 교집합의 원소의 개수

두 유한집합의 합집합과 교집합의 원소의 개수 사이의 관계를 알아보자. 두 유한집합 A, B에 대하여 합집합 $A\cup B$의 원소의 개수를 구하기 위하여 집합 A의 원소의 개수와 집합 B의 원소의 개수를 더하면, 교집합 $A\cap B$의 원소의 개수가 두 번 더해지므로 중복된 교집합 $A\cap B$의 원소의 개수를 한 번 빼주어야 한다. 따라서 두 유한집합 A, B에 대하여 다음이 성립한다.

$$n(A\cup B) = n(A) + n(B) - n(A\cap B)$$

특히 $A \cap B = \varnothing$ 이면 $n(A \cap B) = 0$이므로 다음이 성립한다.

$$n(A \cup B) = n(A) + n(B)$$

예제 2-13

두 집합 A, B에 대하여 $n(A) = 7$, $n(B) = 8$, $n(A \cap B) = 4$ 일 때, $n(A \cup B)$를 구하시오.

풀이

$n(A \cup B) = n(A) + n(B) - n(A \cap B) = 7 + 8 - 4 = 11$

문제 2-13

두 집합 A, B에 대하여 다음을 구하시오.

(a) $n(A) = 12$, $n(B) = 7$, $n(A \cap B) = 3$일 때, $n(A \cup B)$

(b) $n(A) = 6$, $n(B) = 4$, $n(A \cup B) = 9$일 때, $n(A \cap B)$

문제 2-14 기출유형

음식점을 운영하는 금나래 씨는 손님들이 주문한 음식의 종류를 정리했다. 스파게티를 주문한 손님은 12명, 비빔밥을 주문한 손님은 20명, 스파게티와 비빔밥을 모두 주문한 손님은 5명이었다. 스파게티 또는 비빔밥을 주문한 손님은 몇 명인지 구하시오.

문제 2-15 기출유형

금나래 씨가 근무하는 회사에서 사원의 복지를 위하여 전통놀이 동아리와 도예 동아리를 운영하기로 했다. 회사의 전체 직원 46명은 각각 전통놀이 동아리에 35명, 도예 동아리에 23명이 참여하기로 했다. 두 동아리에 모두 참가하기로 한 직원의 수를 구하시오(단, 모든 직원은 하나 이상의 동아리에 참여한다).

드모르간 법칙

전체집합 U의 두 부분집합 A, B에 대하여

$$(A \cup B)^C = A^C \cap B^C$$

가 성립함을 벤 다이어그램을 이용하여 다음과 같이 확인할 수 있다.

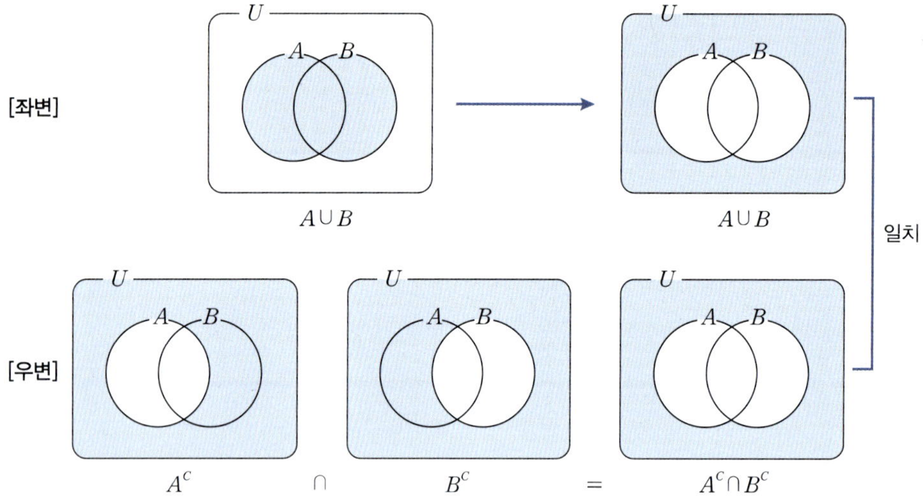

[그림 2-10]

일반적으로 다음이 성립하고, 이것을 **드모르간 법칙**이라고 한다.

드모르간 법칙

전체집합 U의 두 부분집합 A, B에 대하여 다음이 성립한다.

❶ $(A \cup B)^C = A^C \cap B^C$

❷ $(A \cap B)^C = A^C \cup B^C$

예제 2-14

전체집합 U의 세 부분집합 A, B, C에 대하여 다음이 성립함을 설명하시오.

$$(A - B) - C = A - (B \cup C)$$

풀이

$(A - B) - C = (A \cap B^C) \cap C^C$ … 여집합과 차집합의 성질

$= A \cap (B^C \cap C^C)$ … 결합법칙

$= A \cap (B \cup C)^C$ … 드모르간 법칙

$= A - (B \cup C)$ … 여집합과 차집합의 성질

문제 2-16

두 집합 A, B에 대하여 다음을 간단히 하시오.

$$(A \cup B) \cap (A^C \cup B)$$

문제 2-17

전체집합 U의 두 부분집합 A, B에 대하여

$$n(U) = 35,\ n(A) = 17,\ n(B) = 20,\ n(A^C \cap B^C) = 5$$

일 때, $n(A \cap B)$를 구하시오.

문제 2-18

기출유형

금나래 씨 회사 직원 50명 중에서 홍길동전을 읽은 직원 수는 30명, 심청전을 읽은 직원 수는 33명, 두 책을 모두 읽은 직원 수는 18명이다. 두 책 중 어느 한 책도 읽지 않은 직원은 몇 명인지 구하시오.

문제 2-19

기출유형

금나래 씨는 자신이 근무하고 있는 놀이동산 입장객 60명을 대상으로 롤러코스터와 바이킹을 이용한 입장객을 조사하였더니, 각각 46명과 37명이었다. 두 놀이기구를 모두 이용한 입장객 수의 최댓값과 최솟값을 구하시오.

Section 2.2 명제

명제와 조건

다음 문장 또는 식의 참, 거짓을 알아보자.

❶ $\sqrt{2}$는 무리수이다.

❷ $2+3=7$

❸ 수박은 맛있다.

위의 ❶은 참이고 ❷는 거짓이다. 이와 같이 참 또는 거짓을 명확하게 판별할 수 있는 문장이나 식을 **명제**라고 한다. 한편 ❸은 참인지 거짓인지 판별할 수 없으므로 명제가 아니다.

명제가 p에 대하여 'p가 아니다.'를 명제 p의 **부정**이라고 하며, 이것을 기호로 $\sim \boldsymbol{p}$와 같이 나타낸다. 명제 p가 참이면 $\sim p$는 거짓이고, p가 거짓이면 $\sim p$는 참이다. 또 $\sim p$의 부정 $\sim(\sim p)$는 p이다. 예를 들어 명제 '$1>0$'은 참이고, 그 부정 '$1 \leq 0$'은 거짓이다. 또 명제 '5는 2의 배수이다.'는 거짓이고, 그 부정 '5는 2의 배수가 아니다.'는 참이다.

우리가 사용하는 용어의 뜻은 여러 가지로 나타낼 수 있으나, 제각기 다른 방법으로 나타내면 의사소통이 정확하게 이루어지지 않는다. 따라서 용어의 뜻을 한 가지로 정확하게 사용해야 하는데, 이렇게 명확히 정한 용어의 뜻을 그 용어의 **정의**라고 한다. 이를테면 수직이등분선의 정의는 '선분의 중점을 지나고 그 선분에 수직인 직선'이다.

한편 정의, 명제의 가정 또는 이미 옳다고 밝혀진 성질을 이용하여 어떤 명제가 참임을 설명하는 것을 **증명**이라고 한다. 또 참임이 증명된 명제 중에서 기본이 되는 것이나 다른 명제를 증명할 때 이용할 수 있는 것을 **정리**라고 한다. 이를테면 명제 '선분의 수직이등분선 위의 점은 그 선분의 양 끝점에서 같은 거리에 있다.'는 정리이다.

문자 x를 포함하는 문장

'x는 2의 배수이다.' …… ①

는 x의 값이 정해지지 않아서 참, 거짓을 판별할 수 없다. 그런데 $x=4$이면 ①은 참이고 $x=5$이면 ①은 거짓인 것과 같이, x의 값이 정해지면 참, 거짓을 판별할 수 있다.

일반적으로 문자 x를 포함하는 문장이나 식 중에서 x의 값에 따라 참, 거짓을 판별할 수 있는 것을 **조건**이라고 한다. 이때 문자 x를 포함하는 조건을 $p(x)$, $q(x)$, $r(x)$, $\cdots$와 같이 나타내는데, 경우에 따라서는 p, q, r, $\cdots$과 같이 나타내기도 한다.

예제 2-15

다음을 조건과 명제로 구별하시오.

(a) x는 홀수이다. (b) $\sqrt{3}$은 유리수이다.

풀이

(a) 'x는 홀수이다.'는 x의 값에 따라서 참이나 거짓이 결정되므로 조건이다.

(b) $\sqrt{3}$은 무리수이므로 거짓인 명제이다.

문제 2-20

다음을 조건과 명제로 구별하고 각각의 부정을 말하시오.

(a) $\sqrt{5}$는 무리수이다. (b) x는 10의 약수이다.

지금까지 명제와 조건에 대하여 알아보았다. 명제는 참과 거짓을 판별할 수 있지만 조건은 그렇지 못하다. 그러나 두 개 이상의 조건이 결합되어 있다면 참 또는 거짓을 판별할 수 있기 때문에 명제가 된다.

명제 '$x=3$이면 $2x-1=5$이다.'에서 '$x=3$'을 $p(x)$라 하고, '$2x-1=5$'를 $q(x)$라 하면 이 명제는

'p이면 q이다.'

의 꼴로 나타내어진다. 이때 명제 'p이면 q이다.'에서 p를 **가정**, q를 **결론**이라고 하며, 이것을 기호로 다음과 같이 나타낸다.

$$p \to q$$

↑ 가정 ↑ 결론

예제 2-16

다음 명제의 가정과 결론을 각각 말하시오.

(a) $x=-7$이면 $|x|=7$이다.

(b) 맞꼭지각의 크기는 서로 같다.

풀이

(a) 가정은 $x = -7$이고 결론은 $|x| = 7$이다.

(b) 명제 '맞꼭지각의 크기는 서로 같다.'를 $p \rightarrow q$의 꼴로 바꾸면 '두 각이 맞꼭지각이면 두 각의 크기는 서로 같다.'이므로 '두 각은 맞꼭지각이다.'는 가정이고, '두 각의 크기는 서로 같다.'는 결론이다.

문제 2-21

다음 명제의 가정과 결론을 각각 말하시오.

(a) 정삼각형 ABC의 세 내각의 크기는 같다.

(b) 두 수 a, b가 정수이면 $a+b$는 정수이다.

진리집합

전체집합 U의 원소 중에서 조건 p가 참이 되게 하는 모든 원소의 집합을 조건 p의 **진리집합**이라고 한다. 조건 p의 진리집합을 P라고 할 때, $\sim p$의 진리집합은 P^C이다. 예를 들어 전체집합 $U = \{1, 2, 3, 4, 5, 6, 7, 8, 9\}$에 대하여 조건 p가 다음과 같을 때, ❶, ❷가 성립한다.

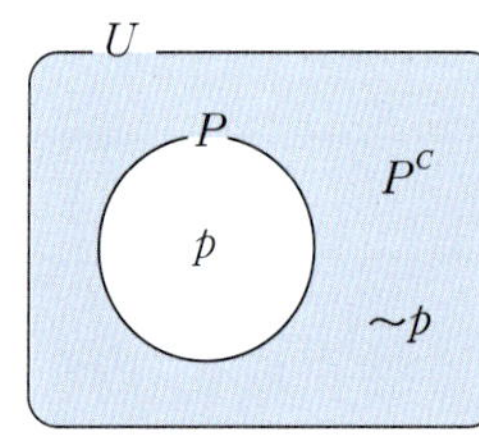

[그림 2-11]

'p : x는 짝수이다.'

❶ p의 진리집합은 $P = \{2, 4, 6, 8\}$

❷ $\sim p$의 진리집합은 $P^C = \{1, 3, 5, 7, 9\}$

예제 2-17

전체집합 $U = \{1, 2, 3, 4, 5, 6\}$에 대하여 조건 p를

$$p : x + 2 < 5$$

라고 할 때, p의 진리집합과 $\sim p$의 진리집합을 각각 구하시오.

풀이

전체집합은 $U = \{1, 2, 3, 4, 5, 6\}$이고, 조건

$$p : x + 2 < 5$$

이므로 p의 진리집합은 $\{1, 2\}$이다.

조건 p의 부정 $\sim p$는

$$\sim p : x+2 \geq 5$$

이므로 $\sim p$의 진리집합은 $\{3,\ 4,\ 5,\ 6\}$이다.

문제 2-22

전체집합 $U=\{0,\ 1,\ 2,\ 3,\ 4\}$에 대하여 다음 두 조건 p, q의 진리집합과 $\sim p$, $\sim q$의 진리집합을 각각 구하시오.

(a) $p : x$는 4의 약수이다.

(b) $q : x(x-1)=0$

일반적으로 두 조건 p와 q로 이루어진 명제 $p \rightarrow q$에서 p의 진리집합을 P, q의 진리집합을 Q라 할 때, 진리집합의 포함 관계를 이용하여 명제의 참, 거짓을 판별할 수 있다. 예를 들어 명제 'x가 2의 약수이면 x는 4의 약수이다.'는 참이다. 이때 조건

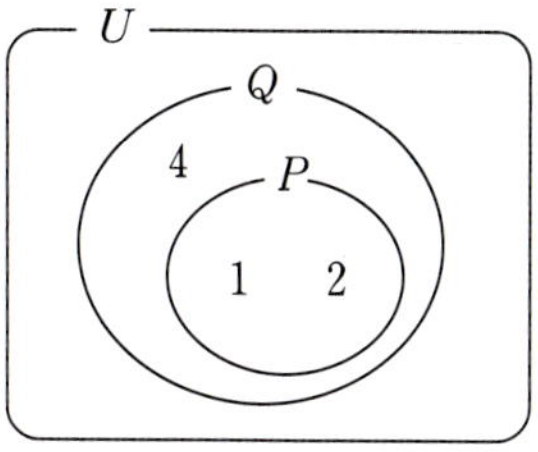

[그림 2-12]

$p : x$는 2의 약수이다.

$q : x$는 4의 약수이다.

의 진리집합을 각각 P, Q라고 하면 $P=\{1,\ 2\}$, $Q=\{1,\ 2,\ 4\}$이므로 $P \subset Q$이다.

일반적으로 명제 $p \rightarrow q$에 대하여 p, q의 진리집합을 각각 P, Q라고 할 때, 명제 $p \rightarrow q$가 참이면 $P \subset Q$가 성립한다. 또 명제 $p \rightarrow q$가 거짓이면 $P \not\subset Q$가 성립한다. 따라서 명제와 진리집합 사이에 다음과 같은 성질이 성립한다.

명제와 진리집합

명제 $p \rightarrow q$에 대하여 두 조건 p, q의 진리집합을 각각 P, Q라고 할 때

❶ 명제 $p \rightarrow q$가 참이면 $P \subset Q$이다.

❷ 명제 $p \rightarrow q$가 거짓이면 $P \not\subset Q$이다.

예제 2-18

다음 명제의 참, 거짓을 진리집합을 이용하여 판별하시오.

(a) $x-2=0$이면 $(x+2)(x-2)=0$이다.

(b) $x+4>3$이면 $x>2$이다.

풀이

(a) 두 조건

$$p : x-2=0, \quad q : (x+2)(x-2)=0$$

의 진리집합을 각각 P, Q라고 하면 $P=\{2\}$, $Q=\{-2, 2\}$이므로 $P \subset Q$ 이다. 따라서 주어진 명제는 참이다.

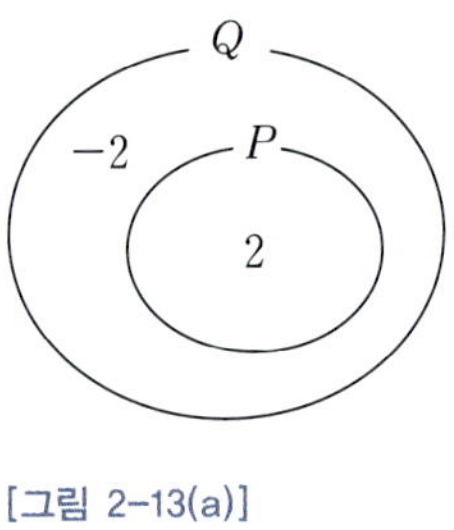

[그림 2-13(a)]

(b) $x+4>3$ 에서 $x>-1$이므로 조건

$$p : x>-1, \quad q : x>2$$

의 진리집합을 각각 P, Q라고 하면 $P=\{x \mid x>-1\}$, $Q=\{x \mid x>2\}$ 이므로 $Q \subset P$, 즉 $P \not\subset Q$이다. 따라서 주어진 명제는 거짓이다.

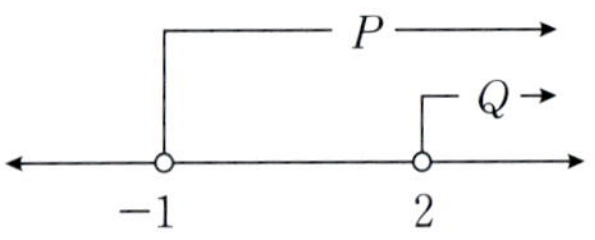

[그림 2-13(b)]

문제 2-23

다음 명제의 참, 거짓을 판별하시오.

(a) $x+3=0$이면 $x^2+3x=0$이다. (b) 18의 약수는 6의 약수이다.

문제 2-24 기출유형

전체집합 U에 대하여 세 조건 p, q, r의 각각의 진리집합 P, Q, R은 다음 조건을 만족한다.

$$R \subset P, \quad P \cap Q = \varnothing$$

진리집합을 이용하여 다음 명제의 참, 거짓을 판별하시오.

(a) $r \to p$ (b) $q \to \sim r$ (c) $\sim r \to \sim p$ (d) $\sim p \to r$

'모든'과 '어떤'이 들어 있는 명제

■ '모든', '어떤'을 포함하는 명제의 참, 거짓

'모든'이나 '어떤'이 있는 명제의 참, 거짓에 대하여 알아보자.

예를 들어 전체집합 $U=\{1, 2, 3, 4\}$에 대하여 조건 'p : x는 5보다 작은 자연수이다.'의 진리집합을 P, 조건 'q : x는 짝수이다.'의 진리집합을 Q, 조건 'r : x는 5보다 큰 자연수이다.'의 진리집합을

R이라 하자. 조건 p의 진리집합은 $P=\{1, 2, 3, 4\}$이므로 $P=U$이고, 전체집합 U의 모든 원소에 대하여 조건 p는 참이다. 일반적으로 조건 p의 진리집합 P가 $P=U$이면 전체집합 U에 속하는 모든 원소에 대하여 조건 p가 참이 된다. 따라서 $P=U$이면

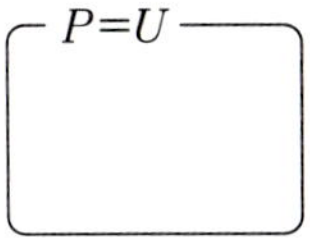

'모든 x에 대하여 p이다.'는 참이다.

[그림 2-14]

'모든 $x\in U$에 대하여 p이다.'

는 참인 명제이다.

또한 조건 q의 진리집합 $Q=\{2, 4\}$이므로 $Q\neq U$이고, 전체집합 U의 원소가 모두 조건 q를 만족하지는 않는다. 따라서 $Q\neq U$이면

'모든 $x\in U$에 대하여 q이다.'

는 거짓인 명제이다.

그런데 $Q\neq\varnothing$ 이므로 전체집합 $U=\{1, 2, 3, 4\}$의 원소 중에는 조건 q를 참이 되게 하는 원소가 존재한다. 이를테면 전체집합 U의 원소 2와 4에 대하여 조건 q는 참이다. 일반적으로 조건 q의 진리집합 Q가 $Q\neq\varnothing$ 이면 전체집합 U에 속하는 어떤 원소에 대하여 조건 q가 참이 된다. 따라서 $Q\neq\varnothing$, $Q\subset U$이면

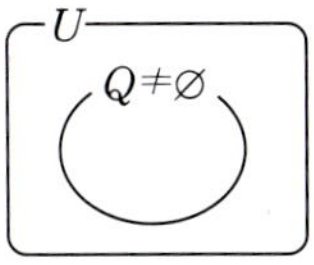

'어떤 x에 대하여 q이다.'는 참이다.

[그림 2-15]

'어떤 $x\in U$에 대하여 q이다.'

는 참인 명제이다.

한편 조건 'r : x 는 5 보다 크다.'의 진리집합은 $R=\varnothing$ 이므로 전체집합 U의 어떠한 원소에 대해서도 조건 r은 거짓이다. 따라서 $R=\varnothing$ 이면

'어떤 $x\in U$에 대하여 r이다.'

는 거짓인 명제이다.

일반적으로 '모든', '어떤'이 포함된 명제에 대하여 다음이 성립한다.

'모든', '어떤'을 포함하는 명제의 참, 거짓

전체집합 U에서의 조건 p의 진리집합을 P라고 할 때

❶ $P=U$이면 명제 '모든 x에 대하여 p'는 참이다.
❷ $P\neq U$이면 명제 '모든 x에 대하여 p'는 거짓이다.
❸ $P\neq\varnothing$ 이면 명제 '어떤 x에 대하여 p'는 참이다.
❹ $P=\varnothing$ 이면 명제 '어떤 x에 대하여 p'는 거짓이다.

예제 2-19

다음 명제의 참, 거짓을 판별하시오.

(a) 모든 실수 x에 대하여 $x^2 = 9$이다.

(b) 어떤 실수 x에 대하여 $x^2 = 9$이다.

풀이

조건 'p: $x^2 = 9$'의 진리집합을 P라고 하면 $P = \{-3, 3\}$이다.

(a) 전체집합 U는 실수 전체의 집합이고, $P \neq U$이므로 '모든 실수 x에 대하여 $x^2 = 9$이다.'는 거짓이다.

(b) $P \neq \varnothing$이므로 '어떤 실수 x에 대하여 $x^2 = 9$이다.'는 참이다.

문제 2-25 기출유형

전체집합 $U = \{-1, 0, 1\}$에 대하여 다음 명제의 참, 거짓을 판별하시오.

(a) 모든 x에 대하여 $x > 0$이다.

(b) 어떤 x에 대하여 $x = |x|$이다.

■ '모든'과 '어떤'의 부정

이제 '모든'과 '어떤'의 부정에 대하여 알아보자. 앞에서 전체집합 $U = \{1, 2, 3, 4\}$일 때, 명제

'어떤 x에 대하여 x는 짝수이다.'

는 참임을 알았다. 이제 이 명제의 부정을 알아보자. 명제가 참이면 그것의 부정은 거짓이므로 전체집합 U에 대하여

'x는 짝수가 아니다.'

가 거짓이 되어야 한다. 그런데

'어떤 x에 대하여 x는 짝수가 아니다.'

라고 하면 1과 3이 홀수이므로 이 명제는 참이다. 따라서 주어진 명제의 부정은

'모든 x에 대하여 x는 짝수가 아니다.'

가 된다. 즉 '어떤 x'의 부정은 '모든 x'임을 알 수 있다.

일반적으로 '모든'과 '어떤'이 들어 있는 명제의 부정은 다음과 같다.

'모든'과 '어떤'의 부정

❶ 명제 '모든 x에 대하여 p이다.'의 부정은 '어떤 x에 대하여 $\sim p$이다.'이다.

❷ 명제 '어떤 x에 대하여 p이다.'의 부정은 '모든 x에 대하여 $\sim p$이다.'이다.

예제 2-20

전체집합 U가 자연수 전체의 집합일 때, 다음 명제의 부정을 말하고, 그것의 참, 거짓을 판별하시오.

(a) 모든 $x \in U$에 대하여 $x+5 \geq 8$이다.

(b) 어떤 $x \in U$에 대하여 $7x = 14$이다.

풀이

(a) 주어진 명제의 부정은

'어떤 $x \in U$에 대하여 $x+5 < 8$이다.'

이고, 이 조건을 만족하는 자연수 1, 2가 있으므로 이 명제는 참이다.

(b) 주어진 명제의 부정은

'모든 $x \in U$에 대하여 $7x \neq 14$이다.'

이고, $x=2$인 경우 $7x=14$이므로 이 명제는 거짓이다.

문제 2-26

전체집합 U가 자연수 전체의 집합일 때, 다음 명제의 부정을 말하고, 그것의 참, 거짓을 판별하시오.

(a) 모든 $x \in U$에 대하여 $x > 2$이다.

(b) 어떤 $x \in U$에 대하여 $x \neq 1$이다.

문제 2-27 기출유형

다음 명제의 부정을 말하고 참, 거짓을 판별하시오.

(a) 모든 자연수 x에 대하여 $x^2 - 3x + 2 = 0$이다.

(b) 어떤 평행사변형은 정사각형이다.

명제의 역과 대우

명제 $p \longrightarrow q$에서 가정과 결론을 서로 바꾸어 놓은 명제

$$q \longrightarrow p$$

를 명제 $p \longrightarrow q$의 **역**이라고 한다.

또한 명제 $p \longrightarrow q$에서 가정과 결론을 각각 부정하여 서로 바꾸어 놓은 명제

$$\sim q \longrightarrow \sim p$$

를 명제 $p \longrightarrow q$의 **대우**라고 한다.

명제와 그 역, 대우 사이의 관계를 그림으로 나타내면 다음과 같다.

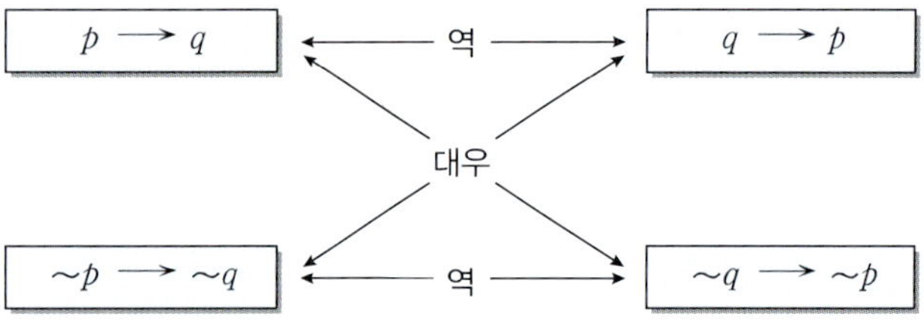

[그림 2-16]

예제 2-21

다음 명제의 역과 대우를 말하고, 각각의 참, 거짓을 판별하시오.

'$x=2$이면 $x^2=4$이다.'

풀이

주어진 명제의 가정을 p, 결론을 q라고 하면 다음과 같다.

$$p: x=2, \quad q: x^2=4$$

역 : $x^2=4$이면 $x=2$이다. (거짓)

[반례] $x=-2$일 때 $x^2=4$이지만 $x \neq 2$이므로 거짓이다.

대우 : $x^2 \neq 4$이면 $x \neq 2$이다. (참)

$x^2 \neq 4$이면 $x \neq 2$이고 $x \neq -2$이므로 참이다.

문제 2-28

다음 명제의 역과 대우를 말하고, 각각의 참, 거짓을 판별하시오.

'정삼각형은 이등변삼각형이다.'

명제와 그 대우 사이의 관계에 대하여 알아보자. 어떤 명제 $p \rightarrow q$가 참일 때, p, q의 진리집합을 각각 P, Q라고 하면 $P \subset Q$이므로 $Q^C \subset P^C$이다. 그런데 $\sim p$, $\sim q$의 진리집합이 각각 P^C, Q^C이므로 대우

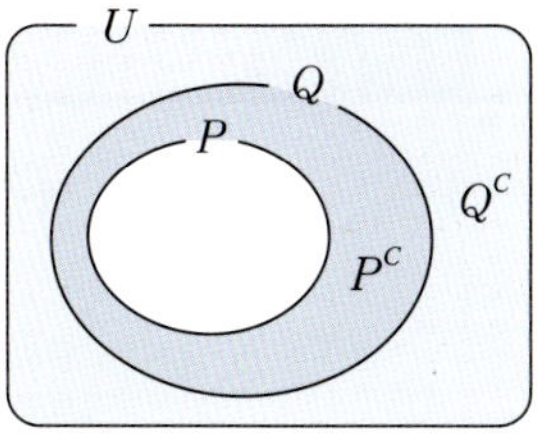

[그림 2-17]

$$\sim q \rightarrow \sim p$$

는 참이다. 역으로 $\sim q \rightarrow \sim p$가 참이면 $Q^C \subset P^C$이므로

$$P \subset Q$$

이다. 따라서 $p \rightarrow q$는 참이다. 즉 어떤 명제가 참이면 그 대우는 항상 참이 된다.

일반적으로 명제와 그 대우의 관계는 다음과 같다.

명제와 그 대우 사이의 관계

명제 $p \rightarrow q$의 참, 거짓과 그 대우 $\sim q \rightarrow \sim p$의 참, 거짓은 일치한다.

명제와 그 대우의 참, 거짓은 일치하므로, 명제 $p \rightarrow q$가 참임을 증명하기 위해 그 대우 $\sim q \rightarrow \sim p$가 참임을 증명해도 된다.

예제 2-22

자연수 n에 대하여 다음 명제가 참임을 증명하시오.

'n^2이 짝수이면 n도 짝수이다.'

풀이

주어진 명제의 대우는 'n이 홀수이면 n^2도 홀수이다.'이다.
n이 홀수이면

$$n = 2k + 1 \ \ (k\text{는 음이 아닌 정수})$$

로 나타낼 수 있으므로

$$n^2 = (2k+1)^2 = 4k^2 + 4k + 1 = 2(2k^2 + 2k) + 1$$

이다. 이때 $2k^2 + 2k$는 짝수이므로 n^2은 홀수이다.

따라서 주어진 명제의 대우가 참이므로 주어진 명제도 참이다.

문제 2-29

자연수 n에 대하여 다음 명제가 참임을 증명하시오.

'n^2이 홀수이면 n도 홀수이다.'

필요조건과 충분조건

명제 $p \to q$가 참일 때, 이것을 기호로

$$p \Rightarrow q$$

q이기 위한 충분조건 ↲ ↳ p이기 위한 필요조건

와 같이 나타낸다. 이때 p는 q이기 위한 **충분조건**, q는 p이기 위한 **필요조건**이라고 한다.

또 명제 $p \to q$에 대하여 $p \Rightarrow q$이고 $q \Rightarrow p$일 때, 이것을 기호로

$$p \Leftrightarrow q$$

와 같이 나타낸다. 이때 p는 q이기 위한 **필요충분조건**이라고 한다. 이 경우에 q도 p이기 위한 필요충분조건이다.

두 조건 p, q의 진리집합을 각각 P, Q라고 할 때, $P \subset Q$이면 $p \Rightarrow q$이므로 p는 q이기 위한 충분조건이고, q는 p이기 위한 필요조건이다([그림 2-18]). 특히 $P = Q$이면 $p \Leftrightarrow q$이므로 p는 q이기 위한 필요충분조건이다.

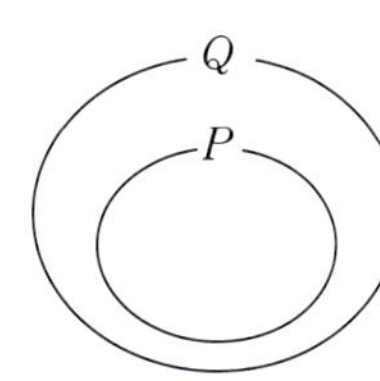

$p \Rightarrow q$

[그림 2-18]

예를 들어 '$x=0$' $\Rightarrow$ '$xy=0$'이므로

$x=0$은 $xy=0$이기 위한 충분조건,
$xy=0$은 $x=0$이기 위한 필요조건

이다. 또 '$x=0$' $\Leftrightarrow$ '$x^2=0$'이므로

$x=0$은 $x^2=0$이기 위한 필요충분조건이다.

예제 2-23

두 조건 p, q가 다음과 같을 때, 조건 p는 조건 q이기 위한 어떤 조건인지 말하시오.

(a) p : x는 8의 약수, q : x는 16의 약수

(b) $p : 4x-5>-1$, $q : x>1$

풀이

(a) 두 조건 p, q의 진리집합을 각각 P, Q라고 하면

$$P=\{1, 2, 4, 8\}, \quad Q=\{1, 2, 4, 8, 16\}$$

이므로

$$P \subset Q, \text{ 즉 } p \Rightarrow q$$

따라서 p는 q이기 위한 충분조건이다.

(b) 두 조건 p, q의 진리집합을 각각 P, Q라고 하면

$$P=\{x \mid 4x-5>-1\}=\{x \mid x>1\}, \quad Q=\{x \mid x>1\}$$

이므로

$$P=Q, \text{ 즉 } p \Leftrightarrow q$$

따라서 p는 q이기 위한 필요충분조건이다.

문제 2-30

두 조건 p, q가 다음과 같을 때, p는 q이기 위한 어떤 조건인지 말하시오.

(a) $p : |x| \le 3$ $\qquad q : -1 \le x-1 \le 1$

(b) $p : x^2 = x$ $\qquad q : x=0$ 또는 $x=1$

문제 2-31

두 조건 p, q가 다음과 같을 때, p는 q이기 위한 어떤 조건인지 말하시오.

$$p : x(x+1)-6>-6, \qquad q : x+7>8$$

Section
2.3 논리적 추론

명제의 결합자와 진리표

우리는 앞에서 명제에 대하여 알아보았다. 여기서는 앞에서 배운 명제들 여러 개를 결합하여 새로운 명제를 만드는 방법과 그들의 참, 거짓을 판별할 수 있는 방법에 대하여 알아보자.

예를 들어 앞에서 다룬 '$2+3=6$'이나 '달은 치즈로 만들어져 있다.'와 같은 명제를 **단순명제** simple statement라 하고, '$2+3=6$이고, 달은 치즈로 만들어져 있다.'와 같이 둘 또는 그 이상의 단순명제들이 결합된 것을 **합성명제** compound statement라 한다. 명제 $p, q, r, \cdots$ 을 연결하여 합성명제를 구성하는 방법은 여러 가지가 있지만 흔히 다음과 같은 다섯 가지 **결합자** connective를 사용한다.

명제의 결합자

❶ …가 아니다(not) : $\sim$

❷ …이고(and) : $\wedge$

❸ … 또는(or) : $\vee$

❹ …이면 …(if … then …) : $\rightarrow$

❺ …이면, 그리고 그 때에만 …(… if and only if …) : $\leftrightarrow$

이제 위와 같은 결합자를 이용하여 명제를 나타내고 참, 거짓을 판별하는 방법을 알아보자.

두 명제 p와 q가 '…이고'로 연결된 합성명제를 **논리곱** logical product이라 하고, $p\wedge q$로 나타낸다. 이 논리곱의 참과 거짓은 두 명제 p와 q가 모두 참일 때, 참(T, True)이고, 그 이외에는 거짓(F, False)이다. 이와 같이 명제에 대하여 참 또는 거짓을 명제의 **진릿값** truth value이라 하고, 진릿값을 나타낸 표를 **진리표** truth table라고 한다. 두 명제 p와 q는 네 가지 경우의 진릿값을 가지며, 논리곱의 진리표는 [표 2-1]과 같다. 두 명제 p와 q가 '… 또는'으로 연결된 합성명제를 **논리합** logical sum이라 하고, $p\vee q$로 나타낸다. 논리합의 진리표는 [표 2-2]와 같다.

[표 2-1]

p	q	$p\wedge q$
T	T	T
T	F	F
F	T	F
F	F	F

[표 2-2]

p	q	$p\vee q$
T	T	T
T	F	T
F	T	T
F	F	F

한편 명제 p에 대하여 p의 부정 'p가 아니다.'는 $\sim p$로 나타내며 진리표는 [표 2-3]과 같다.

[표 2-3]

p	$\sim p$
T	F
F	T

두 합성명제 $\sim p \wedge q$와 $\sim(p \vee \sim q)$의 진리표를 구하면 [표 2-4]와 같다.

[표 2-4]

p	q	$\sim p \wedge q$	$\sim(p \vee \sim q)$
T	T	F	F
T	F	F	F
F	T	T	T
F	F	F	F

[표 2-4]의 진리표에서 합성명제 $\sim p \wedge q$의 진릿값이 T이면 $\sim(p \vee \sim q)$의 진릿값도 T이고, $\sim p \wedge q$의 진릿값이 F이면 $\sim(p \vee \sim q)$의 진릿값도 F임을 알 수 있다. 이와 같이 두 합성명제 P, Q에 대하여 P가 참이면 Q도 참이고, P가 거짓이면 Q도 거짓일 때, 두 합성명제 P와 Q는 **논리적 동치** logically equivalence 또는 간단히 **동치** equivalence라 하고, $P \equiv Q$로 나타낸다.

예제 2-24

합성명제 $\sim(\sim p \wedge q)$의 진리표를 작성하시오.

풀이

합성명제 $\sim(\sim p \wedge q)$의 진리표는 다음과 같다.

p	q	$\sim p$	$\sim p \wedge q$	$\sim(\sim p \wedge q)$
T	T	F	F	T
T	F	F	F	T
F	T	T	T	F
F	F	T	F	T

문제 2-32

합성명제 $p \wedge (q \vee r)$의 진리표를 작성하시오.

특별한 명제

임의의 두 명제 p와 q에 대하여 'p이면 q이다.'를 **조건문** conditional statement이라 하고, 기호 $p \rightarrow q$로 나타낸다. 여기서 p를 **가정**, q를 **결론**이라고 한다. 예를 들어 다음 두 명제

$$p : x\text{는 자연수}, \quad q : x\text{는 정수}$$

에 대하여 $p \to q$는 'x가 자연수이면 x는 정수이다.'이다. 조건문의 진리표는 [표 2-5]와 같다.

[표 2-5]

p	q	$p \to q$
T	T	T
T	F	F
F	T	T
F	F	T

위의 두 조건을 좀 더 구체적으로 살펴보자. 예를 들어 $x = 1$이라면 1은 자연수이므로 p는 T이고 q도 T이다. 즉 p, q가 모두 T이면 $p \to q$는 참(T)이다. 또 1이 자연수이지만 정수는 아니라면, 즉 p는 T이지만 q가 F라면 $p \to q$는 F이다. 다시 말하면 '1이 자연수이면 1은 정수가 아니다.'는 거짓이다. 그런데 'p : -2는 자연수'라고 하면 p는 F이다. 이때 $p \to q$는 q의 참, 거짓에 관계없이 참이다. 이를테면 '-2가 자연수이면 -2는 정수이다.'도 참이고, '$\sqrt{2}$가 자연수이면 $\sqrt{2}$는 정수이다.'도 참이다.

이제 합성명제 $\sim p \lor q$의 진리표를 살펴보자.

[표 2-6]

p	q	$\sim p$	$\sim p \lor q$
T	T	F	T
T	F	F	F
F	T	T	T
F	F	T	T

위의 진리표로부터 $p \to q$와 $\sim p \lor q$의 진릿값이 같음을 알 수 있다. 따라서 $(p \to q) \equiv (\sim p \lor q)$임을 알 수 있다.

한편, 임의의 두 명제 p와 q에 대하여 'p이면 q이고, q이면 p이다.'를 **쌍조건문**biconditional statement이라 하고, 기호 $p \leftrightarrow q$로 나타낸다. 쌍조건문의 진리표는 [표 2-7]과 같다. 두 합성명제 P와 Q에 대하여 $P \to Q$와 $P \leftrightarrow Q$가 반드시 참일 때, 특히 화살표의 가로선을 하나 더 그어 기호 $P \Rightarrow Q$와 $P \Leftrightarrow Q$로 나타낸다.

[표 2-7]

p	q	$p \leftrightarrow q$
T	T	T
T	F	F
F	T	F
F	F	T

임의의 명제의 진릿값이 항상 참인 명제를 **항진명제** tautology라 하고, 항상 거짓인 명제를 **모순명제** contradiction라 한다. 보통 항진명제는 t로, 모순명제는 c로 나타내기도 한다. 예를 들어 두 명제 p와 q의 합성명제 $p \to (p \lor q)$와 $p \land \sim p$의 진리표를 각각 구하면 다음과 같다.

[표 2-8(a)]

p	q	$p \lor q$	$p \to (p \lor q)$
T	T	T	T
T	F	T	T
F	T	T	T
F	F	F	T

[표 2-8(b)]

p	$\sim p$	$p \land \sim p$
T	F	F
F	T	F

위의 진리표로부터 $p \to (p \vee q)$의 진릿값은 항상 참(T)이므로 항진명제이고, $p \wedge \sim p$의 진릿값은 항상 거짓(F)이므로 모순명제임을 알 수 있다.

예제 2-25

합성명제 $p \wedge q \to q$가 항진명제인지 확인하시오.

풀이

주어진 명제의 진리표를 작성하면 오른쪽과 같다.

따라서 항진명제이다.

p	q	$p \wedge q$	$p \wedge q \to q$
T	T	T	T
T	F	F	T
F	T	F	T
F	F	F	T

문제 2-33

명제 $(p \to q) \wedge p \to q$가 항진명제인지 확인하시오.

문제 2-34 기출유형

다음에 제시된 두 문장을 명제라고 할 때, $\sim (p \wedge \sim q)$를 말하고 항진명제인지 모순명제인지 구분하시오.

p : 햇빛이 빛나고 있다.　　q : 나는 골프를 치고 있다.

이제 전칭기호와 특칭기호에 대하여 알아보자. '$\forall x$'는 '모든 x'를 의미하는 것으로 $\forall$를 **전칭기호** universal quantifier라 하고, 전칭기호를 포함한 명제를 **전칭명제**라고 한다. 이를테면 '집합 U에 속하는 모든 원소 x에 대하여 $p(x)$는 참이다.'를 다음과 같이 나타낸다.

$$\forall x \in U,\ p(x) \text{ 또는 } \forall x,\ p(x)$$

한편 '$\exists x$'는 '어떤 x'를 의미하는 것으로 $\exists$를 **존재기호** existential quantifier 또는 **특칭기호**라 하고, 특칭기호를 포함하는 명제를 **특칭명제**라고 한다. 이를테면 '집합 U에 속하는 어떤 원소 x에 대하여 $p(x)$는 참이다.'를 다음과 같이 나타낸다.

$$\exists x \in U,\ p(x) \text{ 또는 } \exists x,\ p(x)$$

위와 같이 전칭기호와 특칭기호를 통틀어 **한정기호** quantifier라고 한다.

예제 2-26

다음 문장을 한정기호를 사용하여 나타내시오.

(a) 모든 사람은 죽는다.

(b) 어떤 강아지는 무섭다.

풀이

(a) '사람은 죽는다.'를 p라 하면 '모든 사람은 죽는다.'는 $\forall x,\ p(x)$

(b) '강아지는 무섭다.'를 q라 하면 '어떤 강아지는 무섭다.'는 $\exists x,\ q(x)$

문제 2-35 기출유형

다음 중에서 명제 '모든 뱀에는 독이 있다.'의 부정과 동치인 것은?

① 모든 뱀에는 독이 있다.
② 어떤 뱀에는 독이 있다.
③ 독이 있는 뱀이 있다.
④ 독이 없는 뱀도 있다.
⑤ 독이 없는 뱀은 없다.

연역적 추론

명제를 사용하여 어떤 주장이 옳은지 판단하는 방법을 알아보자. 다음 명제를 살펴보자.

p : x는 사람이다. q : x는 죽는다.

위의 두 명제로부터 $p \to q$는 '사람은 죽는다.'이고, x가 소크라테스라면 p는 '소크라테스는 사람이다.'이다. 그러면 '사람은 죽는다($p \to q$). 그리고($\wedge$) 소크라테스도 사람이다(p). 따라서 소크라테스도 죽는다.'는 $(p \to q) \wedge p \to q$로 표현할 수 있다. 명제 $p \to q$가 참일 때, 이것을 기호로 $p \Rightarrow q$로 나타내므로 명제 $(p \to q) \wedge p \to q$가 참이면 $(p \to q) \wedge p \Rightarrow q$이다. 즉 '사람은 죽는다. 소크라테스도 사람이다. 따라서 소크라테스도 죽는다.'라는 명제는 참이다. 이와 같은 방법은 흔히 **삼단논법**이라고 하는 삼단긍정법칙이다.

그런데 추론의 과정을 모두 말로 진행하면 너무 장황해지고 본질에서 벗어날 수도 있으며 실수로 엉뚱한 결론을 도출할 수도 있다. 그래서 명제와 추론을 말이 아닌 기호를 사용하여 간단히 나타내는 기호논리가 필요하다.

다음은 주장의 정당성을 판단하는 데 필요한 몇 가지 방법을 기호로 나타낸 것이다. 위의 법칙을 이용하여 논리적 동치나 추론에 대한 정당성을 주장할 수 있다.

연역적 추론 법칙

임의의 두 명제 p, q에 대하여 다음이 성립한다.

❶ 합의 법칙 $p \Rightarrow p \vee q$

❷ 단순화 법칙 $p \wedge q \Rightarrow p,\ p \wedge q \Rightarrow q$

❸ 교환법칙 $p \wedge q \equiv q \wedge p,\quad p \vee q \equiv q \vee p$

❹ 결합법칙 $(p \wedge q) \wedge r \equiv p \wedge (q \wedge r),\ (p \vee q) \vee r \equiv p \vee (q \vee r)$

❺ 분배법칙 $p \wedge (q \vee r) \equiv (p \wedge q) \vee (p \wedge r),$
$p \vee (q \wedge r) \equiv (p \vee q) \wedge (p \vee r)$

❻ 추이법칙 $(p \rightarrow q) \wedge (q \rightarrow r) \Rightarrow (p \rightarrow r)$

❼ 멱등법칙 $p \wedge p \equiv p,\quad p \vee p \equiv p$

❽ 흡수법칙 $p \wedge (p \vee r) \equiv p,\ p \vee (p \wedge q) \equiv p$

❾ 삼단긍정법칙 $(p \rightarrow q) \wedge p \Rightarrow q$

❿ 삼단부정법칙 $(p \rightarrow q) \wedge \sim q \Rightarrow \sim p$

⓫ 드모르간 법칙 $\sim (p \wedge q) \equiv \sim p \vee \sim q,\ \sim (p \vee q) \equiv \sim p \wedge \sim q$

⓬ 이중 부정의 법칙 $\sim (\sim p) \equiv p$

항진과 모순을 포함한 합성명제

항진 t, 모순 c, 임의의 명제 r에 대하여 다음이 성립한다.

$r \wedge t \Leftrightarrow r,\ r \vee t \Leftrightarrow t$　　$r \vee c \Leftrightarrow r,\ r \wedge c \Leftrightarrow c$　　$c \Rightarrow r,\ r \Rightarrow t$

예제 2-27

임의의 명제 p와 모순명제 c에 대하여 다음이 성립함을 보이시오.

$$p \wedge \sim q \rightarrow c \equiv p \rightarrow q$$

풀이

$p \wedge \sim q \rightarrow c \equiv \sim (p \wedge \sim q) \vee c$ 　정의

$\equiv \sim (p \wedge \sim q)$ 　모순을 포함한 합성명제 : $r \vee c = r$

$\equiv \sim p \vee q$ 　드모르간 법칙

$\equiv p \rightarrow q$ 　정의

문제 2-36

대우법칙 $(p \rightarrow q) \equiv (\sim q \rightarrow \sim p)$가 성립함을 증명하시오.

문제 2-37

임의의 두 명제 p, q에 대하여 다음을 논리합삼단논법이라고 한다. 연역적 추론으로 논리합삼단논법을 증명하시오.

$$(p \vee q) \wedge \sim p \Rightarrow q$$

가정(전제)으로부터 결론을 논리적으로 유도하는 과정을 논증이라고 한다. 이제 명제에서 사용한 여러 가지 기호를 이용하여 제시된 상황을 논증해 보자.

예제 2-28

다음 주장에 대하여 가정에 의해 추론된 결론의 진위를 말하시오.
'김 대리는 장 과장을 만났다. 만약 김 대리가 장 과장을 만났다면, 장 과장은 김 대리가 코딩 업무를 기획했음을 알 것이다. 그러므로 장 과장은 김 대리가 코딩 업무를 기획했음을 알 것이다.'

풀이

단순명제를 다음과 같이 나타내자.

p : 김 대리는 장 과장을 만났다.
q : 장 과장은 김 대리가 코딩 업무를 기획했음을 알 것이다.

논증은 다음과 같이 나타낼 수 있다.

1. p	가정
2. $p \rightarrow q$ $/q$	가정/결론
3. $(p \rightarrow q) \wedge q$	가정 1, 2 결합
4. q	삼단긍정법칙
$\therefore q$	결론

따라서 주어진 논증은 참이다.

문제 2-38

다음 주장에 대하여 가정에 의해 추론된 결론의 진위를 말하시오.
'금나래 씨는 사내에서 실시하는 중국어 회화를 수강하면 고가점수가 충족되어 승진할 것이다. 금나래 씨는 고가점수가 충족되어 승진하면 행복할 것이다. 금나래 씨는 행복하지 않다. 그러므로 금나래 씨는 사내에서 실시하는 중국어 회화를 수강하지 않았거나 중국어 회화 공부를 열심히 하지 않았다.'

예제 2-29

다음 주장에 대하여 가정에 의해 추론된 결론의 진위를 말하시오.

'홍보팀 또는 기획팀이 사내 체육대회에서 우승한다면 김 대리와 양 대리가 환호할 것이다. 김 대리는 환호하지 않는다. 그러므로 홍보팀은 우승하지 못한다.'

풀이

명제를 다음과 같이 나타내자.

p : 홍보팀이 우승한다. q : 기획팀이 우승한다.

r : 김 대리가 환호한다. s : 양 대리가 환호한다.

따라서 논증은 다음과 같이 나타낼 수 있다.

1. $p \vee q \rightarrow r \wedge s$ 가정
2. $\sim r / \sim p$ 가정/결론
3. $\sim r \vee \sim s$ 합의 법칙
4. $\sim(r \wedge s)$ 드모르간 법칙
5. $\sim(p \vee q)$ 1의 대우
6. $\sim p \wedge \sim q$ 드모르간 법칙
7. $\sim p$ 단순화 법칙

$\therefore\ \sim p$

그러므로 주어진 논증은 참이다.

문제 2-39

다음 주장에 대하여 가정에 의해 추론된 결론의 진위를 말하시오.

'만약 김 대리는 독감에 걸리지 않았다면, 김 대리는 회사에 출근할 것이다.
만약 김 대리가 회사에 출근한다면, 김 대리는 회사에서 홍보 기획을 할 것이다.
만약 김 대리가 회사에서 홍보 기획을 한다면, 김 대리는 장 과장을 만날 것이다.
만약 김 대리는 장 과장을 만나면, 김 대리는 양 대리를 만날 것이다.
김 대리는 양 대리를 만나지 않았다.
김 대리는 독감에 걸리지 않았거나 당구장에 갔다.
그러므로 김 대리는 당구장에 갔다.'

Section 2.4 함수

대응과 함수

두 집합

$$X = \{ \text{주몽, 박혁거세, 온조} \}$$
$$Y = \{ \text{백제, 신라, 고구려, 발해} \}$$

에 대하여 집합 X의 원소 x에 집합 Y의 원소 y가 'y는 x가 건국한 나라'의 관계로 짝지어지면 [그림 2-19]와 같이 나타낼 수 있다.

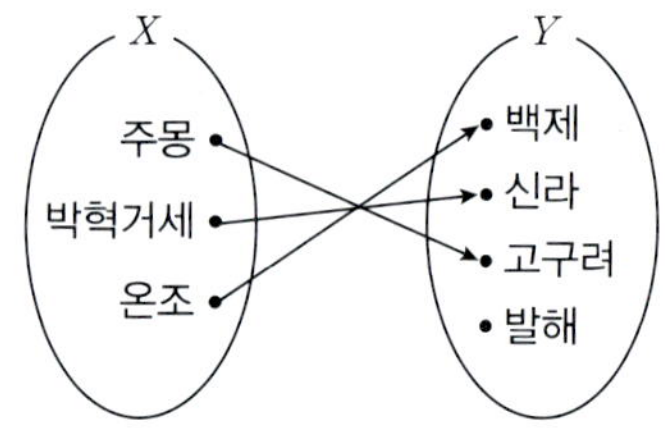

[그림 2-19]

이와 같이 집합 X의 원소에 집합 Y의 원소를 짝지은 것을 집합 X에서 집합 Y로의 **대응**이라고 한다. 이때 집합 X의 원소 x에 집합 Y의 원소 y가 짝지어지면 'x에 y가 대응한다'고 하며, 이것을 기호로 $x \rightarrow y$와 같이 나타낸다.

두 집합 X, Y에 대하여 X의 각 원소에 Y의 원소가 오직 하나씩 대응할 때, 이 대응을 X에서 Y로의 **함수**라고 하며, 이를 기호로

$$f : X \rightarrow Y$$

와 같이 나타낸다. 이때 집합 X를 함수 f의 **정의역**, 집합 Y를 함수 f의 **공역**이라고 한다. 또 함수 f에 의하여 정의역 X의 각 원소 x에 공역 Y의 원소 y가 대응할 때, 이를 기호로 $y = f(x)$와 같이 나타내고, $f(x)$를 함수 f에 의한 x의 **함숫값**이라고 한다. 그리고 함수 f의 함숫값 전체로 이루어진 집합 $\{f(x) \mid x \in X\}$를 함수 f의 **치역**이라고 한다.

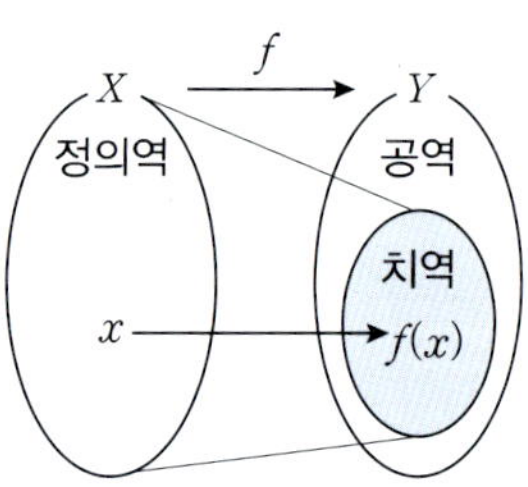

[그림 2-20]

두 함수 $f : X \rightarrow Y$, $g : X \rightarrow Y$에서 정의역의 모든 원소 x에 대하여 $f(x) = g(x)$일 때, 두 함수 f와 g는 서로 같다고 하며, 이를 기호로

$$f = g$$

와 같이 나타낸다. 물론 두 함수 f, g가 서로 같지 않을 때, $f \neq g$와 같이 나타낸다.

예제 2-30

다음 각 대응이 함수인지 결정하고, 함수이면 정의역, 공역, 치역을 각각 구하시오.

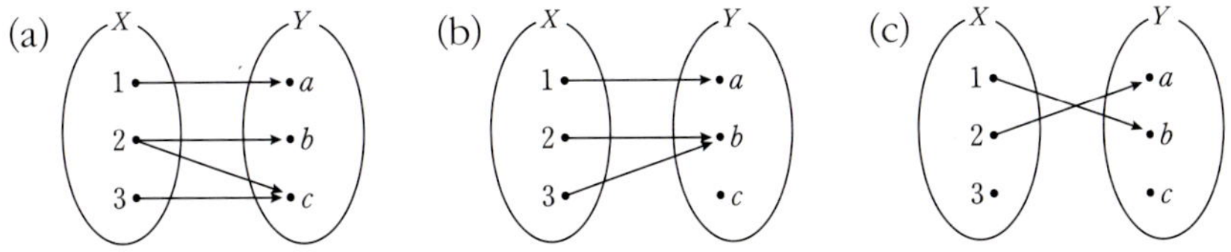

풀이

(a) X의 원소 2에 대응하는 Y의 원소가 b, c로 2개이므로 함수가 아니다.

(b) X의 각 원소에 Y의 원소가 오직 하나씩만 대응하므로 함수이다. 이 함수의 정의역은 $\{1, 2, 3\}$, 공역은 $\{a, b, c\}$이다. 또 함숫값은 $f(1)=a$, $f(2)=b$, $f(3)=b$ 이므로 치역은 $\{a, b\}$이다.

(c) X의 원소 3에 대응하는 Y의 원소가 없으므로 함수가 아니다.

문제 2-40

다음 각 대응이 함수인지 결정하고, 함수이면 정의역, 공역, 치역을 각각 구하시오.

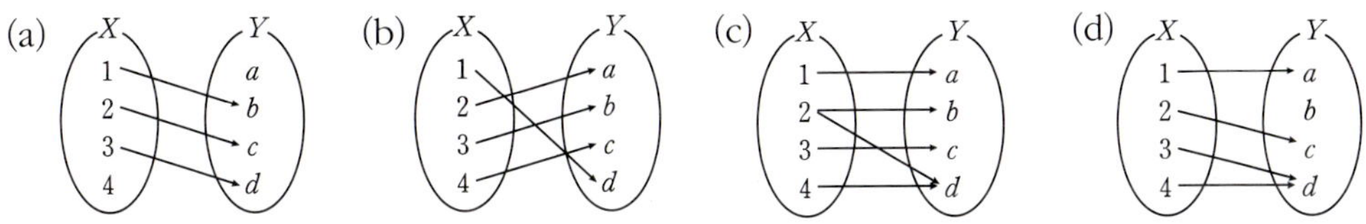

함수 $f: X \to Y$에서 정의역 X의 원소 x와 이에 대응하는 함숫값 $f(x)$의 순서쌍 $(x, f(x))$ 전체의 집합 $\{(x, f(x)) | x \in X\}$를 함수 f의 **그래프**라고 한다. 특히 함수 $y=f(x)$의 정의역과 공역의 원소가 모두 실수일 때, 함수의 그래프는 순서쌍 $(x, f(x))$를 좌표로 하는 점을 좌표평면에 나타내어 [그림 2-21]과 같이 그릴 수 있다.

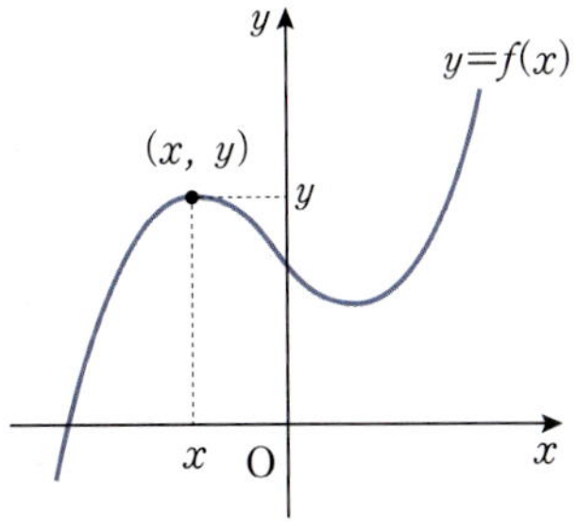

[그림 2-21]

예제 2-31

다음 함수의 그래프를 그려라.

(a) 정의역이 $\{-1, 0, 1\}$인 함수 $y=x^2$

(b) 정의역이 실수 전체의 집합인 함수 $y=x^2$

풀이

(a) 정의역이 $\{-1, 0, 1\}$인 함수 $y=x^2$의 그래프는 [그림 2-22(a)]와 같고, 치역은 $\{0, 1\}$이다.

(b) 정의역이 실수 전체의 집합인 함수 $y=x^2$의 그래프는 [그림 2-22(b)]와 같고, 치역은 $\{y|y \geq 0\}$이다.

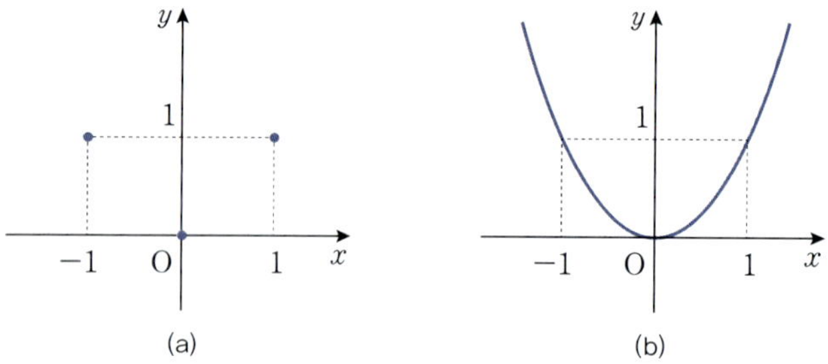

[그림 2-22]

문제 2-41

다음 그림 중에서 함수의 그래프를 모두 찾으시오.

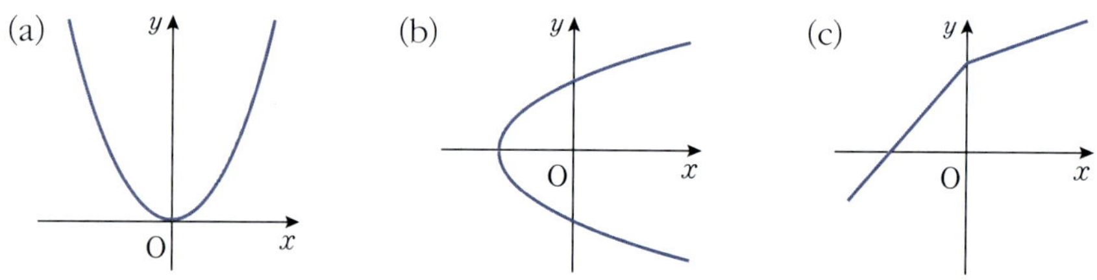

여러 가지 함수

다음 그림에서 함수 f는 정의역의 원소에 대응하는 공역의 원소가 서로 다르지만, 함수 g는 그렇지 않다.

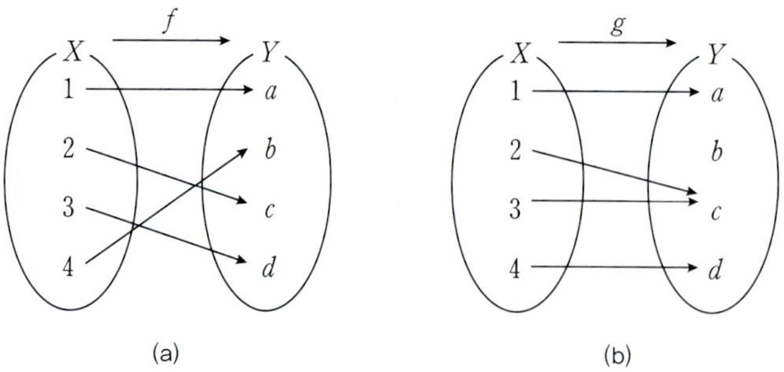

[그림 2-23]

일반적으로 함수 $f: X \to Y$에서 정의역 X의 원소 x_1, x_2에 대하여

$$x_1 \neq x_2 \text{이면 } f(x_1) \neq f(x_2)$$

가 성립할 때, 이 함수 f를 **일대일함수**라고 한다. 특히 함수 $f: X \to Y$가 일대일함수이고 치역과 공역이 같을 때, 이 함수 f를 **일대일 대응**이라고 한다. 또 어떤 함수가 일대일함수이면 치역을 공역으로 생각하여 이 함수를 일대일 대응으로 볼 수 있다. 즉 함수 f : $X \to$ Y에서 일대일 대응인 함수 f는 다음 두 조건을 모두 만족한다.

일대일 대응

❶ 정의역 X의 임의의 두 원소 x_1, x_2에 대하여

$$x_1 \neq x_2 \text{이면 } f(x_1) \neq f(x_2)$$

❷ 치역과 공역이 같다.

예제 2-32

집합 $X = \{-1, 0, 1\}$, $Y = \{0, 1, 2, 3\}$, $Z = \{0, 1, 2\}$에 대하여 다음에 주어진 함수가 일대일함수인지 일대일 대응인지 말하시오.

(a) 함수 f : $X \to Y$, $f(x) = x + 1$

(b) 함수 g : $X \to Z$, $g(x) = x + 1$

풀이

(a) 함수 f : $X \to Y$, $f(x) = x + 1$ 은 [그림 2-24(a)]와 같이 $x_1 \neq x_2$이면 $f(x_1) \neq f(x_2)$이므로 일대일함수이다. 그런데 치역과 공역이 같지 않으므로 일대일 대응은 아니다.

(b) 함수 g : $X \to Z$, $g(x) = x + 1$ 은 [그림 2-24(b)]와 같이 $x_1 \neq x_2$이면 $f(x_1) \neq f(x_2)$이므로 일대일함수이다. 그리고 치역과 공역이 같으므로 일대일 대응이다.

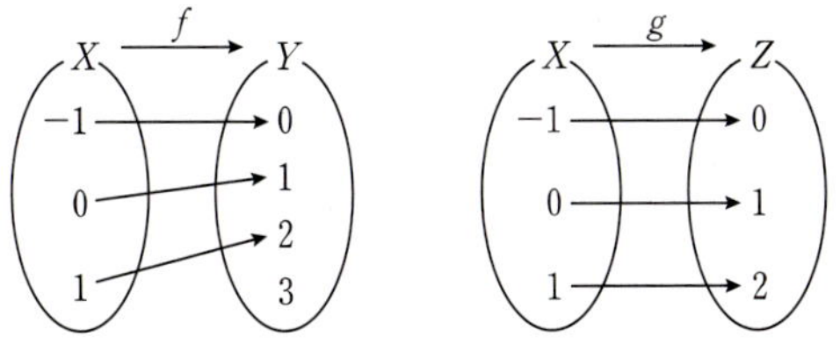

(a) (b)

[그림 2-24]

문제 2-42

다음에 주어진 함수가 일대일함수인지 말하시오.

(a) 정의역과 공역이 모든 실수 전체의 집합인 함수 $f(x)=2x$

(b) 정의역과 공역이 모두 실수 전체의 집합인 함수 $g(x)=x^2$

문제 2-43

함수 $f(x)=2x-1$에 대하여 정의역이 $X=\{x \mid 0 \le x \le 2\}$, 공역이 $Y=\{y \mid -1 \le y \le 6\}$일 때, 함수 f는 일대일함수이지만 일대일 대응은 아님을 보이시오.

[그림 2-25(a)]의 함수 $f: X \to X$는 정의역과 공역이 같고 정의역의 각 원소에 그 자신이 대응한다. 이와 같이 함수 $f: X \to X$에서 정의역 X의 각 원소 x에 그 자신인 x가 대응할 때, 즉

$$f(x)=x$$

일 때, 이 함수 f를 집합 X에서의 **항등함수**라고 한다.

또 [그림 2-25(b)]의 함수 $g: X \to Y$는 정의역의 모든 원소에 공역의 단 하나의 원소 2가 대응한다. 이와 같이 함수 $g: X \to Y$에서 정의역 X의 모든 원소 x에 공역 Y의 단 하나의 원소 c가 대응할 때, 즉

$$g(x)=c$$

일 때, 이 함수 g를 **상수함수**라고 한다.

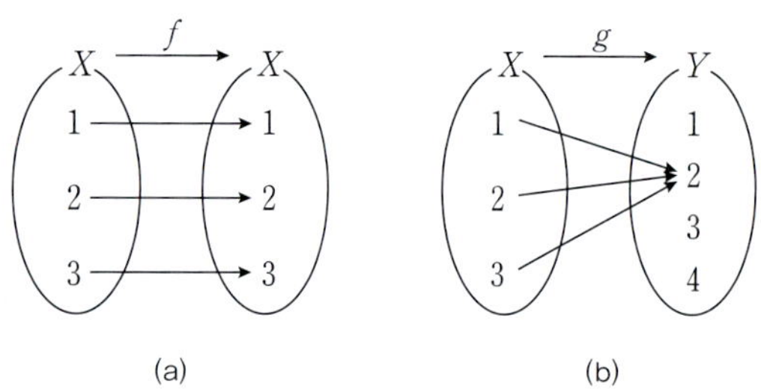

[그림 2-25]

한편 정의역과 공역이 모두 실수 전체의 집합일 때, 항등함수 $y=x$와 상수함수 $y=c$의 그래프는 [그림 2-26]과 같다.

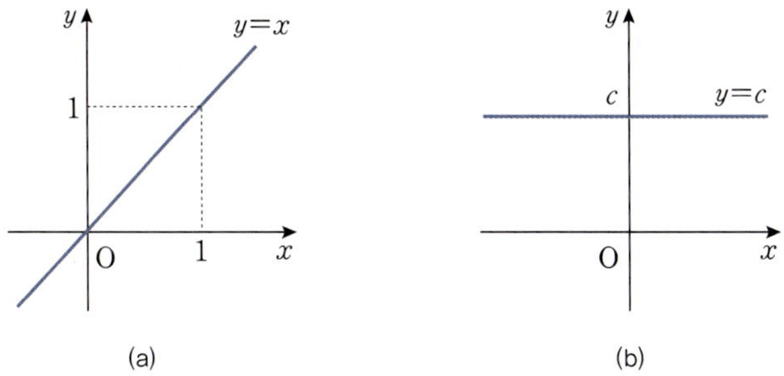

[그림 2-26]

예제 2-33

다음 그림 중에서 일대일함수, 일대일 대응 함수의 그래프를 각각 찾으시오.

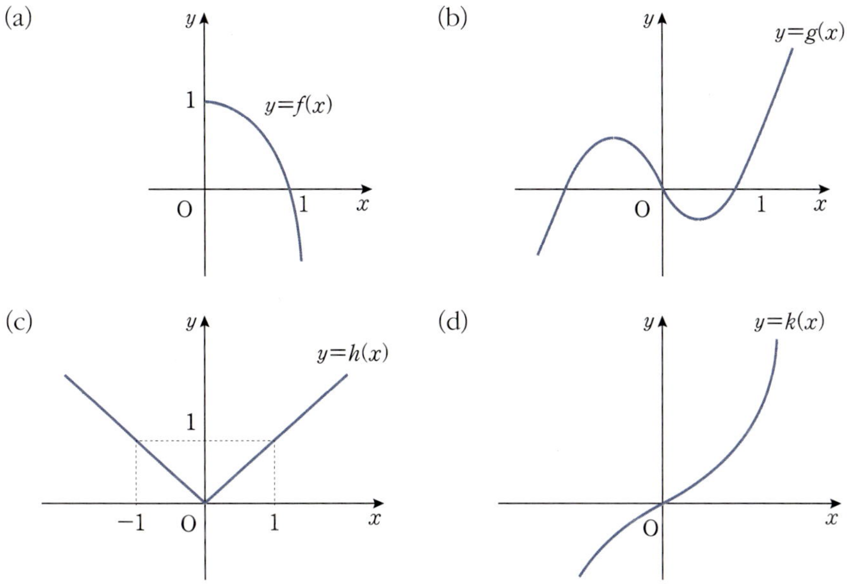

[그림 2-27]

풀이

(a) $x_1 \neq x_2$일 때 $f(x_1) \neq f(x_2)$이므로 $f(x)$는 일대일함수이다. 정의역은 $\{x \mid x \geq 0\} = [0,\ \infty)$이고, 치역은 $\{f(x) \mid x \geq 0\} = (-\infty,\ 1]$이다. 따라서 일대일 대응이 아니다.

(b) $g(0) = g(1)$이므로 $g(x)$는 일대일함수가 아니다. 따라서 일대일 대응도 아니다.

(c) $h(-1) = h(1)$이므로 $h(x)$는 일대일함수가 아니다. 따라서 일대일 대응도 아니다.

(d) $k(x)$의 정의역과 치역은 실수 전체의 집합이고, $x_1 \neq x_2$일 때 $k(x_1) \neq k(x_2)$이므로 $k(x)$는 일대일 대응이다.

문제 2-44

다음 그림 중에서 일대일 대응, 항등함수, 상수함수의 그래프를 각각 찾으시오.

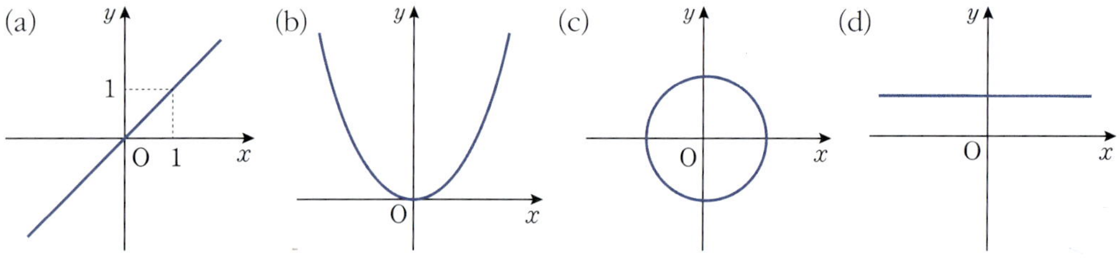

합성함수와 역함수

세 집합 $X=\{1, 2, 3\}$, $Z=\{a, b, c, d\}$, $Y=\{p, q, r\}$에 대하여 두 함수

$$f: X \to Z, \quad g: Z \to Y$$

가 다음 그림과 같이 주어져 있다.

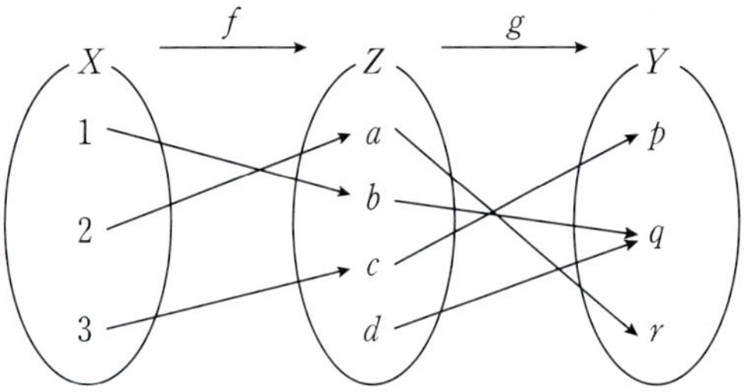

[그림 2-28]

이때 $f(1)=b$이고 $g(b)=q$이므로 두 함수 f, g에 의하여

$$g(f(1))=g(b)=q$$

임을 알 수 있다. 마찬가지로

$$g(f(2))=g(a)=r, \ g(f(3))=g(c)=p$$

이다. 따라서 X의 원소 1, 2, 3에 Y의 원소 q, r, p가 각각 대응한다. 이 대응 관계는 [그림 2-29]와 같이 X에서 Y로의 새로운 함수로 생각할 수 있다.

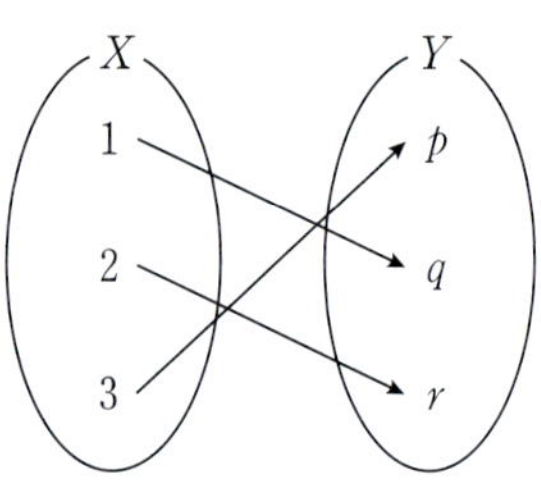

[그림 2-29]

일반적으로 두 함수

$$f: X \to Z, \quad g: Z \to Y$$

가 주어졌을 때, 집합 X의 각 원소 x에 집합 Y의 원소 $g(f(x))$를 대응시키면 X를 정의역, Y를 공역으로 하는 새로운 함수를 정의할 수 있다. 이 새로운 함수를 f와 g의 **합성함수**라고 하며, 이것을 기호로

$$g \circ f$$

와 같이 나타낸다. 또 함수 $g \circ f: X \to Y$에서 x의 함숫값을 기호로

$$(g \circ f)(x)$$

와 같이 나타낸다. 이때 X의 원소 x에 Y의 원소 $g(f(x))$가 대응하므로

$$(g \circ f)(x) = g(f(x))$$

이다. 따라서 f와 g의 합성함수를 다음과 같이 나타낼 수 있다.

$$y = g(f(x))$$

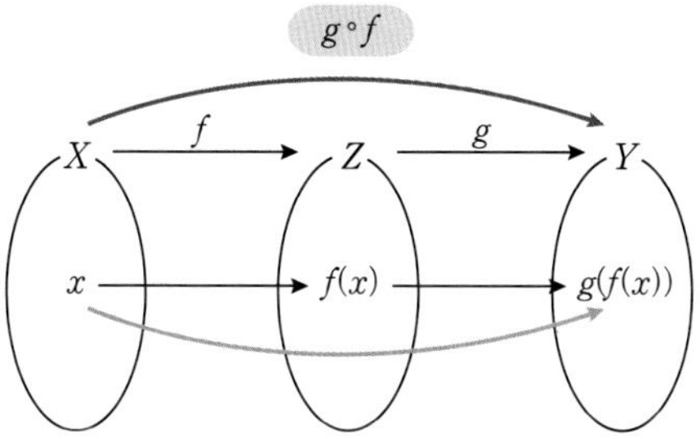

[그림 2-30]

일반적으로 합성함수의 정의는 다음과 같다.

합성함수

두 함수 $f: X \to Z$, $g: Z \to Y$의 합성함수는

$$g \circ f: X \to Y, \ (g \circ f)(x) = g(f(x))$$

예제 2-34

두 함수 $f(x)=x+1$, $g(x)=2x$ 에 대하여 다음 물음에 답하시오.

(a) $(g \circ f)(1)$과 $(f \circ g)(1)$의 값을 각각 구하시오.

(b) 합성함수 $g \circ f$와 $f \circ g$를 각각 구하시오.

풀이

(a) $(g \circ f)(1)=g(f(1))=g(1+1)=g(2)=2\times 2=4$

$(f \circ g)(1)=f(g(1))=f(2\times 1)=f(2)=2+1=3$

(b) $(g \circ f)(x)=g(f(x))=g(x+1)=2(x+1)=2x+2$

$(f \circ g)(x)=f(g(x))=f(2x)=2x+1$

문제 2-45

두 함수 $f(x)=x+2$, $g(x)=3x-5$에 대하여 다음 합성함수를 구하시오.

(a) $(g \circ f)(x)$ (b) $(f \circ g)(x)$

위 결과에서 $g \circ f \neq f \circ g$ 임을 알 수 있다. 일반적으로 함수의 합성에 대하여 교환법칙이 성립하지 않는다. 또 세 함수 f, g, h에 대하여 $h \circ (g \circ f)$와 $(h \circ g) \circ f$가 정의될 때,

$$(h \circ (g \circ f))(x)=h((g \circ f)(x))=h(g(f(x)))$$
$$((h \circ g) \circ f)(x)=(h \circ g)(f(x))=h(g(f(x)))$$

이므로 $h \circ (g \circ f)=(h \circ g) \circ f$ 이다. 즉 함수의 합성에 대하여 결합법칙이 성립한다.

예제 2-35

두 함수 $f(x)=x+3$, $g(x)=2x+1$, $h(x)=4x-3$에 대하여 다음 합성함수를 구하시오.

(a) $(h \circ (g \circ f))(1)$ (b) $((h \circ g) \circ f)(1)$

풀이

(a) $(h \circ (g \circ f))(1)=h((g \circ f)(1))=h(g(f(1)))$

$=h(g(4))=h(9)=33$

(b) $((h \circ g) \circ f)(1)=(h \circ g)(f(1))=h(g(f(1)))$

$=h(g(4))=h(9)=33$

문제 2-46

함수 $f(x)=3x$, $g(x)=x^2$, $h(x)=x+2$ 에 대하여 다음 합성함수를 구하시오.

(a) $(h \circ (g \circ f))(x)$ (b) $((h \circ g) \circ f)(x)$

함수 $f: X \to Y$가 일대일 대응일 때, Y의 각 원소 y에 대하여 $f(x)=y$인 X의 원소 x가 오직 하나씩 존재한다. 따라서 Y의 각 원소 y에 $f(x)=y$인 X의 원소 x를 대응시키면, Y를 정의역으로 하고 X를 공역으로 하는 새로운 함수를 정의할 수 있다. 이 새로운 함수를 f의 **역함수**라고 하며, 이것을 기호로 $\boldsymbol{f^{-1}}$ 와 같이 나타낸다. 예를 들어 [그림 2-31]의 함수 $f: X \to Y$는 일대일 대응이고, 역함수 f^{-1}가 존재한다.

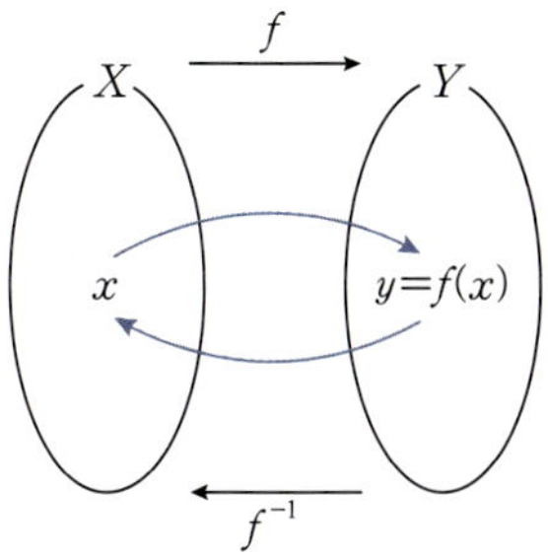

[그림 2-31]

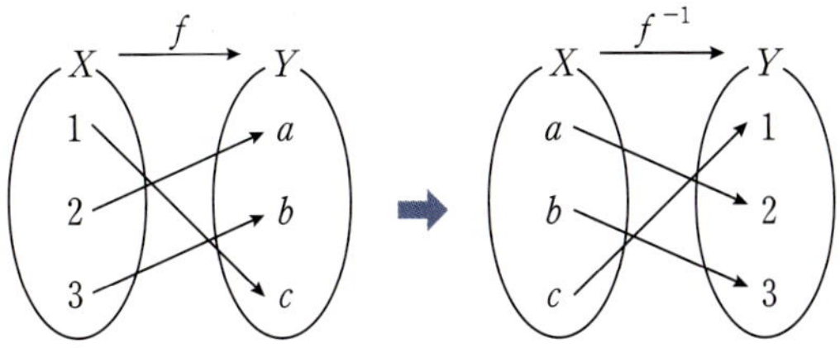

[그림 2-32]

함수 $f: X \to Y$와 그 역함수 $f^{-1}: Y \to X$ 사이에

$$y=f(x) \Longleftrightarrow x=f^{-1}(y)$$

가 성립하고, 이로부터 다음을 알 수 있다.

$$(f^{-1} \circ f)(x)=f^{-1}(f(x))=f^{-1}(y)=x \quad (x \in X)$$
$$(f \circ f^{-1})(y)=f(f^{-1}(y))=f(x)=y \quad (y \in Y)$$

즉 합성함수 $f^{-1} \circ f$는 X에서의 항등함수이고, 합성함수 $f \circ f^{-1}$는 Y에서의 항등함수이다.

역함수와 그 성질은 다음과 같다.

역함수와 그 성질

함수 $f: X \to Y$가 일대일 대응일 때,

❶ f의 역함수 $f^{-1}: Y \to X$가 존재한다.

❷ $y=f(x) \Longleftrightarrow x=f^{-1}(y)$

❸ $(f^{-1} \circ f)(x)=x \quad (x \in X)$, $(f \circ f^{-1})(y)=y \quad (y \in Y)$

예제 2-36

함수 $y=2x-1$의 역함수를 구하시오.

풀이

함수 $y=2x-1$은 일대일 대응이므로 역함수가 존재한다. $y=2x-1$에서 x를 y에 대하여 정리하면 다음과 같다.

$$2x=y+1,\ \ x=\frac{1}{2}y+\frac{1}{2}$$

여기서 변수 x와 y를 서로 바꾸면 구하는 역함수는 다음과 같다.

$$y=\frac{1}{2}x+\frac{1}{2}$$

문제 2-47

함수 $y=3x+1$의 역함수를 구하시오.

함수 $y=f(x)$의 역함수 $y=f^{-1}(x)$가 존재할 때, 함수 $y=f(x)$의 그래프 위의 점을 (a, b)라고 하면

$$b=f(a) \Longleftrightarrow a=f^{-1}(b)$$

가 성립한다. 따라서 점 (a, b)가 함수 $y=f(x)$의 그래프 위에 있으면 점 (b, a)는 역함수 $y=f^{-1}(x)$의 그래프 위의 점이다. 이때 점 (a, b)와 점 (b, a)는 직선 $y=x$에 대하여 대칭이다.

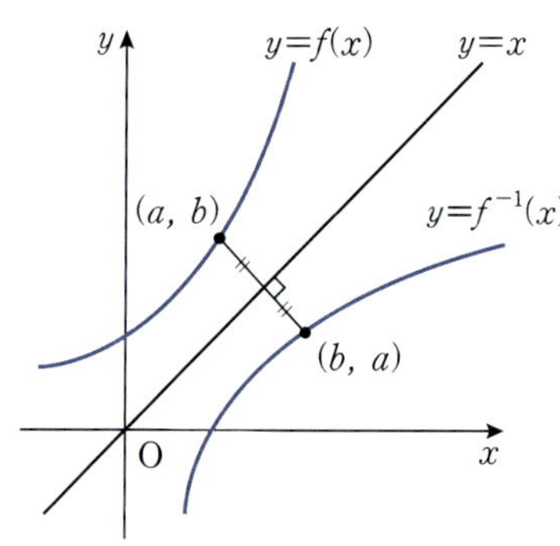

[그림 2-33]

따라서 함수와 그 역함수의 그래프 사이에 다음과 같은 관계가 있음을 알 수 있다.

함수와 그 역함수의 그래프

함수 $y=f(x)$의 그래프와 그 역함수 $y=f^{-1}(x)$의 그래프는 직선 $y=x$에 대하여 대칭이다.

예제 2-37

함수 $y = \frac{1}{3}x$의 역함수를 구하고 그래프를 그리시오.

풀이

함수 $y = \frac{1}{3}x$는 일대일 대응이므로 역함수가 존재한다. $y = \frac{1}{3}x$에서 x를 y에 대하여 정리하면 다음과 같다.

$$x = 3y$$

여기서 변수 x와 y를 서로 바꾸면 구하는 역함수는 다음과 같다.

$$y = 3x$$

함수 $y = \frac{1}{3}x$의 그래프와 역함수 $y = 3x$의 그래프는 $y = x$의 그래프에 대칭이므로 $y = \frac{1}{3}x$의 그래프를 그리고, 이를 $y = x$의 그래프에 대해 대칭이 되도록 그리면 다음과 같이 역함수 $y = 3x$의 그래프를 얻는다.

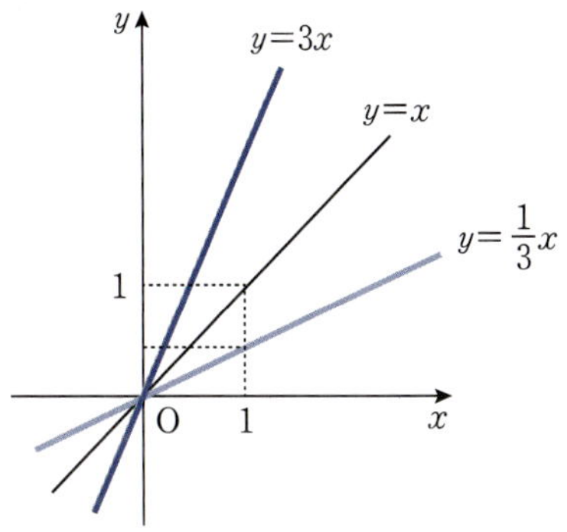

[그림 2-34]

문제 2-48

함수 $y = 2x - 1$의 역함수의 그래프를 그리시오.

함수의 활용

우리 주변에 있는 여러 가지 수량 중에는 그 관계가 함수로 나타나는 경우가 많다. 이와 관련된 문제를 해결할 때 함수 관계를 표, 식, 그래프 등으로 나타내면 편리하다. 함수를 활용하여 문제를 풀 때는 다음과 같은 순서로 해결한다.

함수를 활용한 문제 해결 단계

① **변수 정하기** 변하는 두 양을 x, y로 정한다.
② **함수 구하기** 두 변수 x, y 사이의 관계를 $y = f(x)$로 나타낸다.
③ **답 구하기** 함수식이나 그래프 등을 이용하여 문제를 푸는 데 필요한 함숫값을 구한다.
④ **확인하기** 구한 답이 문제의 뜻에 맞는지 확인한다.

예제 2-38 기출유형

박미래 대리는 매분 2 km 로 달리는 기차를 타고 A역을 지나 A역으로부터 100 km 떨어진 B역을 향하여 가고 있다. 박미래 대리가 A역을 지난 지 x분 후에는 A역으로부터 y km 떨어진 지점을 지난다고 할 때, 다음 물음에 답하시오.

(a) 다음 표를 완성하고, x와 y 사이의 관계식을 구하시오.

x(분)	0	1	2	3	4	5
y(km)						

(b) 박미래 대리가 A역을 지난 지 30분 후에는 A역으로부터 몇 km 떨어진 지점을 지나겠는가?
(c) 박미래 대리가 A역을 출발한 지 몇 분 후에 B역에 도착하겠는가?

풀이

(a) 1분에 2 km 씩 달리므로 다음과 같은 표를 얻는다.

x(분)	0	1	2	3	4	5
y(km)	0	2	4	6	8	10

(b) 함수 $y = 2x$에 $x = 30$을 대입하면 $y = 2 \times 30 = 60$이다. 따라서 박미래 대리는 A역으로부터 60km 떨어진 지점을 지나게 된다.
(c) 함수 $y = 2x$에 $y = 100$을 대입하면

$$100 = 2x, \quad x = 50$$

따라서 박미래 대리는 50분 후에 B역에 도착한다.

문제 2-49 기출유형

금나래 씨가 근무하는 공장에서 70 m짜리 두루마리 화장지 한 개를 생산하는 데 천연 펄프 200 g 이 사용된다고 한다.

(a) 70 m짜리 두루마리 화장지 8개를 생산하는 데 사용되는 천연 펄프는 몇 g인지 구하시오.
(b) 천연 펄프 1,250 g으로 생산할 수 있는 70 m짜리 두루마리 화장지는 몇 개인지 구하시오.

문제 2-50

기출유형

양 대리는 야외 공연을 위하여 480개의 의자를 준비하였다. 이 의자를 한 줄에 x개씩 y줄로 배열하려고 할 때, 다음 물음에 답하시오.

(a) x와 y 사이의 관계식을 구하시오.

(b) 양 대리가 의자를 한 줄에 8개씩 배열한다면 몇 줄을 만들 수 있는가?

문제 2-51

기출유형

장 과장이 구매한 자전거는 강도를 조절하여 소모 열량을 설정할 수 있다고 한다. 장 과장은 이 자전거를 타고 400 kcal의 열량을 소모하려고 한다. 1시간당 x kcal를 소모하도록 설정할 때, 400 kcal의 열량을 소모하는 데 y시간이 걸린다고 하자.

(a) x, y 사이의 관계를 식으로 나타내시오.

(b) 1시간당 320 kcal를 소모하도록 설정하였을 때, 400 kcal를 소모하는 데 걸리는 시간을 구하시오.

문제 2-52

기출유형

[그림 2-35]와 같이 폭이 16cm인 철판의 양쪽을 접어 단면이 직사각형인 물받이를 만들려고 한다. 이때 단면 넓이의 최댓값을 구하시오.

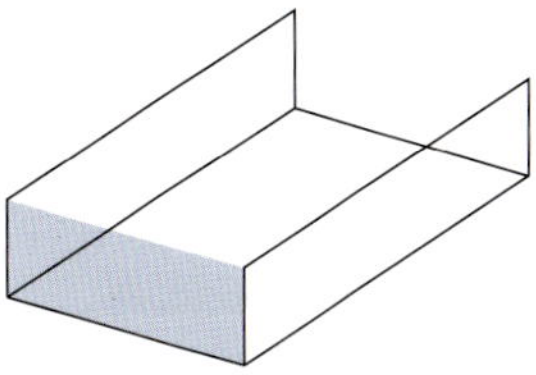

[그림 2-35]

문제 2-53

기출유형

어느 농장에서 재배한 농작물 x톤을 팔면 1톤당 $\left(100-\dfrac{x}{10}\right)$만 원의 이익이 생기고, x톤을 운송하는 데 드는 비용은 $(50+10x)$만 원이라고 한다. 이익금에서 운송비를 뺀 순이익금이 최대가 되게 하려면 몇 톤을 팔아야 하는지 구하시오(단, $0 < x < 1{,}000$).

Chapter 02 연습문제

1. 두 집합 A, B에 대하여 $A=\{1, 3, 4\}$, $A\cap B=\{3, 4\}$, $A\cup B=\{1, 2, 3, 4, 5\}$일 때, 집합 B의 원소의 합은?

① 10 ② 12 ③ 14 ④ 16 ⑤ 18

2. $B=\{b, d, e, f, g\}$, $A\cap B=\{b, d\}$, $A\cup B=\{a, b, c, d, e, f, g\}$일 때, 집합 A의 부분집합이 아닌 것은 어느 것인가?

① $\{a, b\}$ ② $\{a, c\}$ ③ $\{b, c\}$ ④ $\{c, d\}$ ⑤ $\{a, e\}$

3. 집합 $A=\{1, 2, 3, 4\}$의 부분집합 중 $B=\{1, 2\}$와 서로소인 것은?

① $\{1, 2\}$ ② $\{1, 3\}$ ③ $\{2, 3\}$ ④ $\{2, 4\}$ ⑤ $\{3, 4\}$

4. 다음에서 옳지 않은 것은 어느 것인가?

① $A\subset A\cap B$ ② $A\subset A\cup B$
③ $A\cup\varnothing=A$ ④ $A\cup B=B$ 이면 $A\subset B$
⑤ $A=B$이면 $A\subset B$

5. 다음에서 옳지 않은 것은 어느 것인가?

① $A\subset A\cup B$ ② $A\subset B$ 이면 $A\cup B=A$
③ $A\cap\varnothing=\varnothing$ ④ $A\cap B=B$ 이면 $B\subset A$
⑤ $A\subset B$이고 $B\subset A$이면 $A=B$

6. 집합 $A=\{a, b, d, e\}$에 대하여 $A\cup B-(A\cap B)=\{a, c, d\}$일 때, 집합 B로 알맞은 것은?

① $\{a, b\}$ ② $\{b, c\}$ ③ $\{c, e\}$ ④ $\{b, c, e\}$ ⑤ $\{b, c, d\}$

7. 두 집합 $A=\{x, y, 7\}$과 $B=\{x+2, 5, 8\}$이 같을 때, $x+y$의 값은?

① 10 ② 11 ③ 12 ④ 13 ⑤ 15

8. 전체집합 U의 두 부분집합 A, B에 대하여 $A\subset B$일 때 다음 중 옳지 않은 것은?

① $A^C\cup B=U$ ② $A^C\subset B^C$ ③ $A-B=\varnothing$
④ $A\cap B=A$ ⑤ $A\cup B=B$

9. 전체집합 U의 두 부분집합 A, B에 대하여 $A \cap (A \cap B^C)^C = \varnothing$일 때, 다음 중 옳은 것은?

① $A \subset B^C$　② $A^C \subset B^C$　③ $A \cap B^C = \varnothing$
④ $A \cup B = U$　⑤ $B - A = \varnothing$

10. 전체집합 U의 두 부분집합 A, B에 대하여 $(A \cup B)^C - (A \cap B)^C$을 간단히 하면?

① A　② A^C　③ $\varnothing$　④ B　⑤ U

11. 다음 벤 다이어그램의 색칠된 부분을 나타내는 집합은?

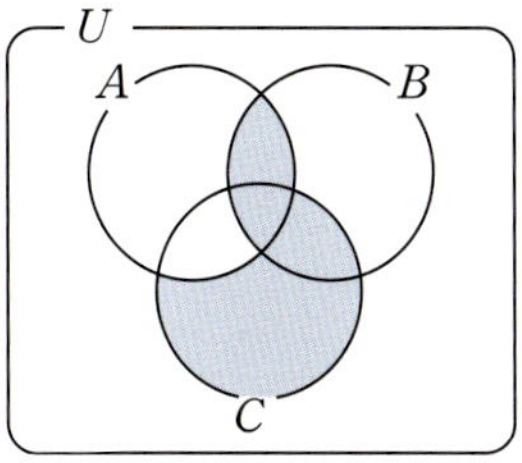

[그림 2-36]

① $A \cup B \cup C$　② $(A \cap B) \cap C$　③ $(A \cup B) \cap C$
④ $(A \cup B) \cap (C - A)$　⑤ $(A \cap B) \cup (C - A)$

12. 전체집합 U의 두 부분집합 A, B에 대하여 $A^C \cap (B^C - A)^C = B$일 때, 다음 중 옳은 것은?

① $A \subset B$　② $A^C \subset B$　③ $B \subset A^C$　④ $B \subset A$　⑤ $A = B$

13. 집합 $A = \{\varnothing, 1, 2, a, \{a, b\}\}$에 대하여 $\{a, b\}$를 포함하고 $\varnothing$을 포함하지 않는 부분집합의 개수는?

① 2　② 2^2　③ 2^3　④ 2^4　⑤ 2^5

14. 다음 벤 다이어그램의 색칠된 부분을 나타내는 집합은?

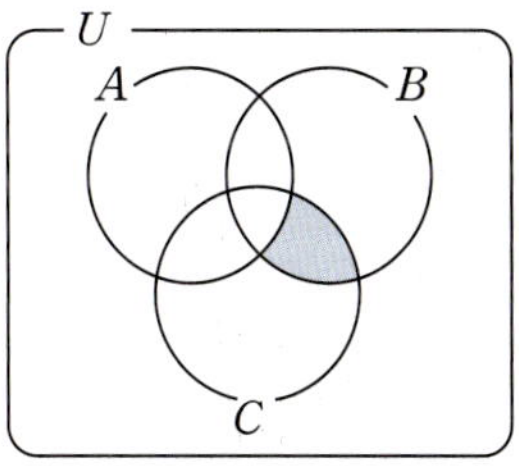

[그림 2-37]

① $A^C \cap (B \cap C)$　② $(A \cap B) \cap C^C$　③ $(A \cup B) \cap C$
④ $(A \cup B) - A$　⑤ $(A \cap B) - C$

15. 다음 중 옳은 것은?

① $\{1\} \in \{1, 2, 3, 4\}$　② $a \subset \{a, b, c\}$　③ $\varnothing \in \{0, 1\}$
④ $\{1\} \in \{1, 2\}$　⑤ $\varnothing \in \{\varnothing\}$

16. 집합 $A=\{x|x$는 10의 약수$\}$의 진부분집합의 개수는?

① 14　② 15　③ 16　④ 17　⑤ 18

17. 두 집합 $A=\{x||x|<1\}$, $B=\{x|0 \le x < 2\}$에 대하여 집합 $A-B$를 구하면?

① $\{x|-1<x<1\}$　② $\{x|-1<x<0\}$　③ $\{x|-1<x \le 0\}$
④ $\{x|0<x<1\}$　⑤ $\{x|0<x<3\}$

18. 전체집합 U의 세 부분집합 A, B, C에 대하여 다음 중 옳은 것을 모두 고르면?

① $(A \cup B) \cap (A^C \cap B^C) = \varnothing$　② $(A \cap B) \cap (A^C \cap B^C) = \varnothing$
③ $(A \cup B) \cup (A^C \cap B^C) = \varnothing$　④ $(A \cup B) \cap (A^C \cup B^C) = \varnothing$
⑤ $(A \cap B) \cap (A^C \cup B^C) = \varnothing$

19. 전체집합 U의 두 부분집합 A, B에 대하여 $A \subset B$일 때, 다음 중 옳지 않은 것을 모두 고르면?

① $A \cup B = B$　② $A \cap B^C = \varnothing$　③ $B^C \subset A^C$
④ $A^C \cap B = \varnothing$　⑤ $B - A = \varnothing$

20. 전체집합 U의 세 부분집합 A, B, C에 대하여 다음 중 옳지 않은 것은?

① $A \subset B$이면 $B^C \subset A^C$　② $A^C = B$이면 $B^C = A$
③ $U - A = A^C$　④ $(A^C)^C = A$
⑤ $U^C \cup A = \varnothing$

21. 다음 벤 다이어그램의 색칠한 부분이 나타내는 집합은?

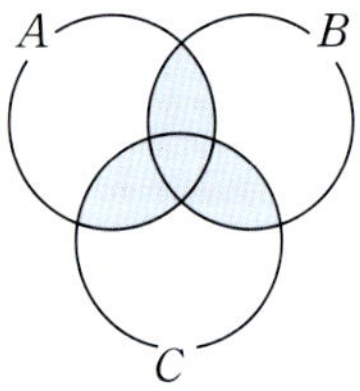

[그림 2-38]

① $(A \cap B) \cup (B \cap C) \cup (A \cup C)$　② $(A \cap B) \cup (B \cap C) \cup (A \cap C)$
③ $(A \cap B) \cup (B \cap C) \cap (A \cap C)$　④ $(A \cap B) \cap (B \cap C) \cup (A \cap C)$
⑤ $(A \cup B) \cap (B \cup C) \cap (A \cup C)$

22. 다음 벤 다이어그램의 색칠한 부분이 나타내는 집합은?

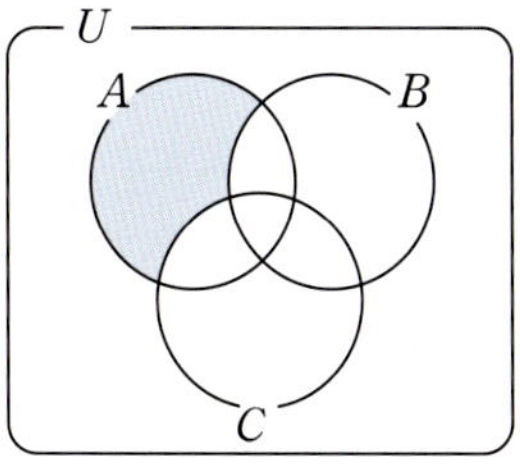

[그림 2-39]

① $A-(B\cup C)$　　② $(A-B)\cup C$　　③ $(A-C)\cup B$

④ $A-(A\cap C)$　　⑤ $A\cap(B^C\cup C^C)$

23. 다음은 명제 $(p\rightarrow q)\wedge(p\rightarrow\sim q)\equiv\sim p$를 증명하는 과정이다. 다음 A, B에 알맞은 것을 차례대로 나열하면?

$$(p\rightarrow q)\wedge(p\rightarrow\sim q)\equiv(\sim p\vee q)\wedge(\sim p\vee\sim q)\equiv\sim p\ \boxed{\text{A}}\ (q\ \boxed{\text{B}}\ \sim q)\equiv\sim p$$

① $\rightarrow$, $\wedge$　　② $\wedge$, $\vee$　　③ $\vee$, $\vee$　　④ $\vee$, $\wedge$　　⑤ $\rightarrow$, $\vee$

24. 다음 논증 중에서 옳지 않은 것은?

① p　$\therefore p\vee q$　　② p이고 q　$\therefore p\wedge q$

③ $p\rightarrow q$이고 $\sim q$　$\therefore\sim p$　　④ $p\vee q$이고 $\sim p$　$\therefore q$

⑤ $\sim p$이고 $p\rightarrow q$　$\therefore\sim q$

25. 두 명제 $\sim p\rightarrow\sim q$, $p\rightarrow r$이 참일 때, 다음 중 참이 아닌 것은?

① $q\rightarrow r$　　② $\sim r\rightarrow\sim p$　　③ $\sim r\rightarrow\sim q$　　④ $q\rightarrow p$　　⑤ $\sim r\rightarrow q$

26. 두 조건 $p:x=1$, $q:x^2=x$의 진리집합을 각각 P, Q라고 할 때, 다음 A, B, C에 알맞은 것을 차례대로 나열하면?

> $P=\{1\}$이고 $Q=$ [A]이다.
> 따라서 P [B] Q 이고, p는 q이기 위한 [C] 조건이다.

① $\{0, 1\}$, $\subset$, 충분　　② $\{0, 1\}$, $\supset$, 필요　　③ $\{0, 1\}$, $\subset$, 필요충분

④ $\{0, 1\}$, $\supset$, 필요충분　　⑤ $\{0\}$, $\subset$, 충분

27. 다음 A, B에 알맞은 것을 차례대로 나열하면?

전체집합 $U=\{x \mid x$ 는 자연수$\}$에 대하여 조건 $p:|x-2| \geq 1$의 부정은 $\sim p:|x-2|$ [A] 1 이고 진리집합은 $P^C=\{$ [B] $\}$이다.

① >, 2 ② ≥, 2 ③ ≤, 0 ④ <, 1 ⑤ <, 2

28. 두 조건 $p:|x| \leq a$, $q: -1 \leq x \leq 5$에 대하여 p가 q이기 위한 충분조건이 되도록 하는 a의 최댓값은?

① 0 ② 1 ③ 2 ④ 3 ⑤ 4

※ **(문제 29~32)** 다음 명제에 대해 물음에 답하시오.

사람은 물 위를 걸을 수 없다.

29. 두 조건 p, q가 다음과 같을 때, 주어진 명제를 p, q와 결합자를 이용하여 나타낸 것은?

p : 사람이다. q : 물 위를 걸을 수 있다.

① $\sim p \to q$ ② $q \to p$ ③ $p \to q$ ④ $p \to \sim q$ ⑤ $\sim p \to \sim q$

30. 다음은 주어진 명제($p \to \sim q$)의 진리표이다. A, B, C에 알맞은 것을 차례대로 나열하면?

[표 2-9]

p	q	$p \to \sim q$
T	T	F
T	F	[A]
F	T	[B]
F	F	[C]

① T, T, F ② T, F, T ③ F, F, T ④ T, T, T ⑤ F, T, T

31. $p \to \sim q$의 대우명제는 $q \to \sim p$이므로 주어진 명제의 대우명제를 구하면 "물 위를 걸을 수 [A], [B]."이다. A, B에 알맞은 말을 차례대로 나열하면?

① 없으면, 사람이 아니다 ② 있으면, 사람이 아니다

③ 있으면, 사람이다 ④ 없으면, 사람이다

32. 주어진 명제의 역을 p, q와 결합자를 이용하여 나타낸 것은?

① $\sim p \to q$ ② $\sim q \to p$ ③ $p \to q$ ④ $p \to \sim q$ ⑤ $\sim p \to \sim q$

※ **(문제 33~34)** H 사 기획팀에서는 소비전력이 40 W인 LED 전구를 사용하고 있다. 이 전구 x개를 켤 때, 소비전력의 총합을 y W라고 하자.

33. 전구 2개를 켤 때, 총 소비전력이 80 W이었다. x와 y의 관계식을 구하시오.

① $y=20x$ ② $y=25x$ ③ $y=30x$ ④ $y=35x$ ⑤ $y=40x$

34. 전구 30개를 켤 때, 소비전력의 총합은?

① 800 W ② 900 W ③ 1000 W ④ 1200 W ⑤ 1300 W

35. 정의역이 $\{x \mid -1 \le x \le 1\}$인 함수 $f(x)=x^2-1$의 치역을 구하면?

① $\{y \mid -1 \le y \le 1\}$ ② $\{y \mid 0 \le y \le 1\}$ ③ $\{y \mid -1 \le y \le 2\}$
④ $\{y \mid -1 \le y \le 0\}$ ⑤ $\{y \mid 0 \le y \le 2\}$

36. 정의역과 공역이 양의 실수 전체의 집합인 함수 $f(x)=\frac{1}{2}x+1$에 대하여 다음 중 옳은 것은?

① 일대일함수이다. ② 치역과 공역이 같다.
③ 역함수가 존재한다. ④ 0은 치역의 원소이다.
⑤ 그래프는 점 (2, 1)을 지난다.

37. 정의역이 실수 전체인 집합인 두 함수 $f(x)=2x-1$과 $g(x)=x+3$에 대하여 옳은 것은?

① $f^{-1}(f(0))=1$ ② $g(g^{-1}(1))=0$ ③ $f^{-1}(g^{-1}(0))=1$
④ $g^{-1}(f(0))=\frac{5}{2}$ ⑤ $f(g^{-1}(0))=-7$

38. [그림 2-40]과 같이 정의된 함수 f에 대하여 $f^{-1}(a)+f^{-1}(d)$의 값은?

① 4 ② 5 ③ 6
④ 7 ⑤ 8

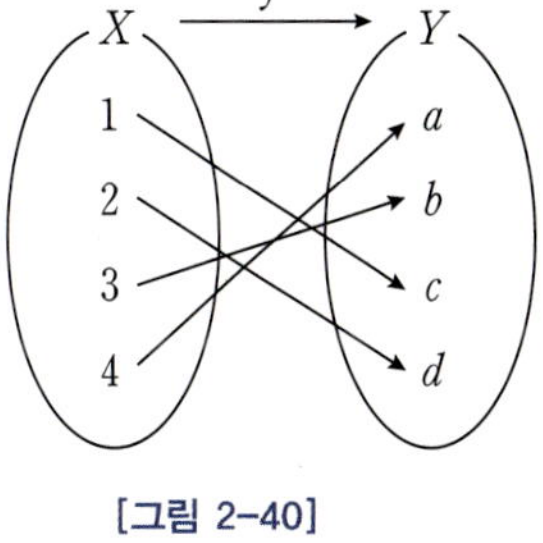

[그림 2-40]

39. 다음 함수 $f(x)=\frac{1}{3}x+1$의 그래프의 개형으로 알맞은 것은?

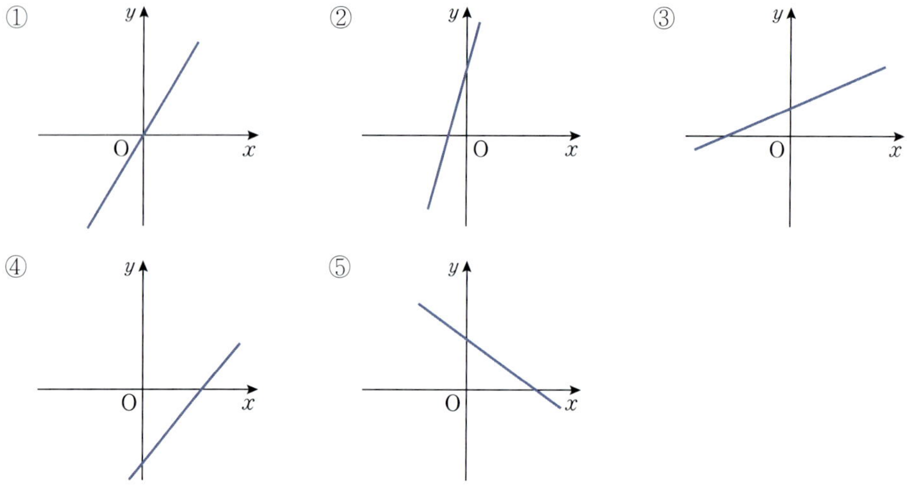

40. 함수 $f(x)=2x+1$일 때, $(f\circ f^{-1})(x)$의 그래프의 개형으로 알맞은 것은?

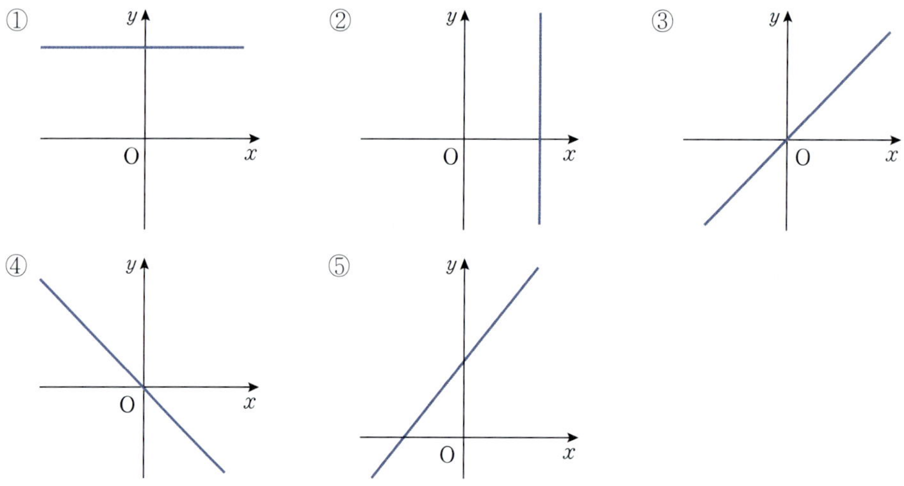

Chapter 02 실전문제

1. 집합 $A=\{1,\ 2,\ 3,\ a,\ b\}$의 부분집합의 개수는? (단, 여기서 a, b는 다른 원소 1, 2, 3과 서로 다른 값이다.)

① 2　　② 2^2　　③ 2^3　　④ 2^4　　⑤ 2^5

2. 다음 벤 다이어그램의 색칠된 부분이 나타내는 집합은?

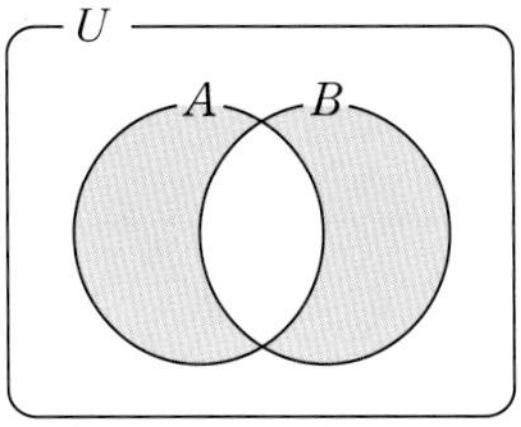

[그림 2-41]

① $A-B$　　② $A\cap B^C$　　③ $B-A$

④ $(A-B)\cup B$　　⑤ $(A-B)\cup(B-A)$

3. H 사 신입사원을 대상으로 냉면과 칼국수 중 좋아하는 음식은 무엇인가에 대한 설문조사를 하였다. 냉면은 30명, 칼국수는 15명이 좋아한다고 답하였고, 냉면과 칼국수를 모두 좋아한다고 답한 사람은 6명이었다. 냉면 또는 칼국수를 좋아한다고 답한 사람은 몇 명인가?

① 39명　　② 40명　　③ 41명　　④ 42명　　⑤ 43명

4. H 사 총무과에서는 매년 말에 무료로 공연을 관람할 수 있는 티켓을 우수 사원에게 제공하고 있다. 가수 N의 공연을 본 사람은 10명, 가수 K의 공연을 본 사람은 13명이었고, 가수 N의 공연 또는 가수 K의 공연을 본 사람은 16명이었다, 가수 N의 공연과 가수 K의 공연을 모두 본 사람은 몇 명인가?

① 5명　　② 7명　　③ 9명　　④ 11명　　⑤ 13명

5. H 사 홍보팀의 인원은 팀장을 포함하여 15명으로 구성되어 있다. 이중 축구도 좋아하고 야구도 좋아하는 사람이 5명일 때, 축구를 좋아하지 않거나 야구를 좋아하지 않는 인원은 몇 명인가?

① 6명 ② 8명 ③ 10명 ④ 12명 ⑤ 14명

6. 네 집합 A, B, C, D에 대하여 다음 중 서로소인 것은?

$$A=\{x \mid x\text{는 유리수}\},\ B=\{x \mid 0 \le x < 5\},$$
$$C=\{x \mid 5 \le x < 10\},\ D=\{x \mid x\text{는 짝수}\}$$

① A와 B ② A와 C ③ B와 C ④ C와 D ⑤ A와 D

7. 다음 A, B, C에 알맞은 것을 차례대로 나열하면?

명제 '6의 약수는 12의 약수이다.'의 대우명제는 '[A]의 약수가 아닌 수는 [B]의 약수가 아니다.' 이고, 이 명제는 항상 [C]이다.

① 12, 6, 거짓 ② 12, 6, 참 ③ 6, 12, 참
④ 6, 12, 거짓 ⑤ 12, 12, 참

8. 다음 논증을 보고 물음에 답하시오.

우기이면 비가 계속 내린다.
비가 계속 내리면 강물이 범람할 것이다.
강물이 범람하면 도시가 물에 잠길 것이다.
도시가 물에 잠기면 사람이 다닐 수 없을 것이다.
사람이 다녔다.
우기이거나 도시 설계를 잘못 했다.
그러므로 도시 설계를 잘못한 것이다.

다음은 위 논증의 진위를 밝히는 과정이다.

단순 명제를 다음과 같이 나타내자.

p : 우기이다.
q : 비가 계속 내린다.
r : 강물이 범람한다.
s : 도시가 물에 잠길 것이다.
t : 사람이 다닐 수 없을 것이다.
u : 도시 설계를 잘못한 것이다.

따라서 논증은 다음과 같이 나타낼 수 있다.

1. $p \to q$ 가정
2. $q \to r$ 가정
3. $r \to s$ 가정
4. $s \to t$ 가정
5. $\sim t$ 가정
6. $p \lor u$ / u 가정 / 결론
7. $\sim s$ 5, 4 : 삼단부정
8. $\sim r$ 7, 3 : 삼단부정
9. □ 8, 2 : 삼단부정
10. $\sim p$ 9, 1 : 삼단부정
11. u 10, 6 : 논리합삼단논법

$\therefore u$ 결론

그러므로 주어진 논증은 진실이다.

위의 □ 안에 알맞은 것은?

① p ② q ③ $\sim p$ ④ $\sim q$ ⑤ r

9. 다음 상황을 보고 물음에 답하시오.

H 사에서는 매년 말에 임직원의 힐링을 위해서 음악회를 개최한다. 생산 팀의 김 팀장은 주문 받은 물량의 수급을 고려하여 음악회에 참석할지를 결정하려고 한다. 주문 받은 물량이 생산 완료되어 생산 라인의 팀원 모두가 음악회에 참석하면 김 팀장도 음악회에 참석하기로 했다. 그런데 팀원들의 협업이 잘 되어서 주문 받은 물량이 생산 완료되었다.

(a) 주어진 상황에서 음악회 참석 여부를 명제로 나타낼 때, A, B, C에 알맞은 것을 차례대로 나열하면?

팀원들 중 [A]가(이) 음악회에 [B]하면, 김 팀장이 음악회에 [C]한다.

① 한 명, 불참석, 불참석 ② 모두, 참석, 불참석
③ 모두, 참석, 참석 ④ 한 명, 불참석, 참석
⑤ 한 명, 참석, 참석

(b) 두 조건 p, q가 다음과 같다.

> p : 팀원들 모두는 음악회에 참석한다.
> q : 김 팀장이 음악회에 참석한다.

다음은 주어진 상황으로부터 얻어지는 명제의 진리표이다. A, B, C에 알맞은 것을 차례대로 나열하면?

[표 2-10]

p	q	p [A] q
T	T	T
T	F	[B]
F	T	T
F	F	[C]

① →, F, T ② ∨, T, T ③ →, F, F
④ ∧, T, T ⑤ ∨, T, F

(c) 다음은 주어진 상황을 나타내는 명제의 대우명제이다. A, B, C에 알맞은 것을 차례대로 나열하면?

> 김 팀장이 음악회에 참석 [A], 팀원들 [B]은(는) 음악회에 참석 [C]다.

① 하면, 중 적어도 한 명, 한 ② 하면, 중 적어도 한 명, 하지 못한
③ 하면, 모두, 하지 못한 ④ 못 하면, 중 적어도 한 명, 하지 못한
⑤ 못 하면, 모두, 하지 못한

10. 다음 논증을 보고 물음에 답하시오.

> 김 대리가 하도급 업체 직원을 만나면 재고 물량을 파악할 것이다.
> 김 대리가 재고 물량을 파악하면 퇴근할 것이다.
> 김 대리가 퇴근을 하면 볼링 게임을 할 것이다.
> 김 대리가 볼링 게임을 하면 스트레스가 풀릴 것이다.
> 김 대리는 스트레스가 풀리지 않았다.
> 김 대리가 스트레스가 풀리지 않으면 장 과장에게 보고하지 않을 것이다.
> 그러므로 김 대리는 장 과장에게 보고할 것이다.

다음은 위 논증의 진위를 밝히는 과정이다.

단순명제를 다음과 같이 나타내자.

p : 김 대리가 하도급 업체 직원을 만날 것이다.
q : 김 대리는 재고 물량을 파악할 것이다.
r : 김 대리는 퇴근할 것이다.
s : 김 대리가 볼링 게임을 할 것이다.
u : 김 대리 스트레스가 풀릴 것이다.
v : 김 대리가 장 과장에게 보고하지 않을 것이다.

따라서 논증은 다음과 같이 나타낼 수 있다.

1. $p \rightarrow q$	가정
2. $q \rightarrow r$	가정
3. $r \rightarrow s$	가정
4. $s \rightarrow u$	가정
5. $\sim u$	가정
6. $\sim u \rightarrow v$ / $\sim v$	가정 / 결론
7. $\sim s$	4, 6 : 삼단부정
8. $\sim r$	3, 7 : 삼단부정
9. $\sim q$	2, 8 : 삼단부정
10. [A]	1, 9 : 삼단부정
11. [B]	5, 6
12. $\sim p \wedge v$	10, 11
∴ $\sim p \wedge v$	결론

따라서 논증은 거짓이다. 즉 김 대리는 하도급 업체 직원을 만나지 않고 장 과장에게 보고하지 않을 것이다.

위의 A, B에 알맞은 것을 차례대로 나열하면?

① $\sim p$, v　② p, q　③ $\sim q$, r　④ $\sim p$, q　⑤ p, r

11. 다음 논증을 보고 물음에 답하시오.

H 경제 연구원에서 근무하는 김 연구원은 현재의 경제 상황을 분석한 결과 다음과 같은 결론을 얻었다.
경기가 급속히 침체한다.
생필품의 공급량이 변함없이 현재와 같이 공급된다면 물가는 내릴 것이다. 물가가 내리면 정부가 통제하고 서민의 생활은 넉넉하지 않을 것이다.
서민의 생활을 넉넉하다.
그러므로 경기는 급속히 침체하거나 생필품의 공급량이 변함없이 현재와 같이 공급되지 못한다.

김 연구원은 위 논증의 진위를 밝혀서 진실이면 상부에 보고하려고 한다. 다음은 논증의 진위를 밝히는 과정이다.

단순명제를 다음과 같이 나타내자.

p : 경기가 급속히 침체한다.
q : 생필품의 공급량이 변함없이 현재와 같이 공급된다.
r : 물가는 내린다.
s : 정부가 통제하지 않을 것이다.
t : 서민들은 넉넉한 생활을 할 것이다.

따라서 논증을 다음과 같이 나타낼 수 있다.

1. p	가정
2. $q \rightarrow r$	가정
3. $r \rightarrow \sim s \wedge \sim t$	가정
4. t / $p \vee \sim q$	가정 / 결론
6. $s \vee t$	합의 법칙
7. $\sim r$	3, 6 : 삼단부정
8. [A]	2, 7 : 삼단부정
9. $p \vee$ [B]	1, 8 : 합의 법칙
10. $\therefore p \vee \sim q$	

(a) 위의 A, B에 알맞은 것은?

① $\sim p$, p　② $\sim q$, q　③ $\sim p$, q
④ $\sim q$, $\sim q$　⑤ $\sim r$, r

(b) 김 연구원의 논증 결과와 상부에 보고 여부로 알맞은 것을 차례대로 나열하면?

① 진실, 보고　② 진실, 보류　③ 거짓, 보류
④ 거짓, 폐기　⑤ 진실, 폐기

12. H 물산 생산부에 근무하는 금나래 씨는 금반지 주문량을 확인한 결과 14K 금반지 30개이었다. 14K 금 30g으로 6개의 금반지를 만들 수 있다면, 주문량을 생산하기 위하여 담당 부서에 얼마만큼의 양을 요청해야 하는가?

① 100g　② 150g　③ 200g
④ 250g　⑤ 300g

13. H 사 본사 마케팅 팀에서 근무하는 금나래 씨는 승용차를 이용하여 지방의 A지점에 출장을 가려고 한다. 이 승용차는 휘발유 1L로 10km를 달린다. 이 자동차에 60L의 휘발유를 넣고 $x$km 달린 후 남은 휘발유를 yL라고 할 때, 다음 물음에 답하시오.

(a) x와 y의 관계식을 구하시오.

① $y=20-\frac{1}{10}x$ ② $y=30-\frac{1}{10}x$ ③ $y=40-\frac{1}{10}x$
④ $y=50-\frac{1}{10}x$ ⑤ $y=60-\frac{1}{10}x$

(b) 남은 휘발유가 30L일 때까지 달린 거리는 몇 km인가?

① 100km ② 200km ③ 300km
④ 400km ⑤ 500km

14. 현재 온도가 25℃인 물을 가열하면 1분에 0.4℃씩 온도가 올라간다고 한다. 다음 물음에 답하시오.

(a) x분 후에 올라간 물의 온도는?

① $0.2x$℃ ② $0.3x$℃ ③ $0.4x$℃
④ $0.5x$℃ ⑤ $0.6x$℃

(b) x분 후의 물의 온도를 y℃라고 할 때, 다음 중 x, y 사이의 관계식은?

① $y=0.2x+25$ ② $y=0.3x+25$ ③ $y=0.4x+25$
④ $y=0.5x+25$ ⑤ $y=0.6x+25$

(c) 가열된 물의 온도를 측정하였더니 27℃라면, 25℃인 물을 몇 분 가열한 것인가?

① 3분 ② 4분 ③ 5분
④ 6분 ⑤ 7분

15. 에스컬레이터로 4m 올라갈 때마다 지면으로부터의 높이가 1m씩 높아진다고 한다. 에스컬레이터로 xm 올라가면 지면으로부터 ym일 때, 다음 물음에 답하시오.

(a) 다음 중 x, y 사이의 관계식은 무엇인가?

① $x=2y$ ② $x=3y$ ③ $x=4y$
④ $x=5y$ ⑤ $x=6y$

(b) 에스컬레이터로 20m 올라가면 지면으로부터 높이는 몇 m인가?

① 3m ② 4m ③ 5m
④ 6m ⑤ 7m

16. H 사의 A매장은 소비전력이 12 W인 LED 전구를 사용하고 있다. 이 전구를 x개를 켤 때 소비전력의 총합이 y W라고 할 때, 다음 물음에 답하시오.

(a) 다음 중 x, y 사이의 관계식은 무엇인가?

① $y=14x$ ② $y=12x$ ③ $y=6x$ ④ $y=3x$ ⑤ $y=2x$

(b) 소비전력의 총합이 96 W일 때, 이 매장에서는 LED 전구 몇 개를 사용하고 있는가?

① 5개 ② 6개 ③ 7개 ④ 8개 ⑤ 9개

(c) 전구 13개를 켤 때 소비전력의 총합은 얼마인가?

① 151 W ② 153 W ③ 155 W ④ 156 W ⑤ 158 W

17. H 사의 김 대리는 신제품을 홍보하기 위하여 7일간 중국에 출장을 다녀왔다. 출장여비 2,000달러 중 1,954달러를 사용하고 남은 돈 46달러를 원화로 환전하여 회사의 경리 팀에 입금해야 한다. 현재 달러를 한화로 환전할 경우 1달러에 해당하는 금액을 x원, 경리 팀에 입금할 금액을 y원이라고 할 때, 다음 중 x, y 사이의 관계식은?

① $y=5x$ ② $y=6x$ ③ $y=7x$ ④ $y=8x$ ⑤ $y=9x$

18. H 사 재무 팀과 구매 팀에서는 각 부서에서 필요한 소모품을 일괄 구매한다. 일괄 구매 물품들 중에서 A4 용지 192상자를 구매하여 필요한 부서에 공급하려고 한다. 다음 물음에 답하시오. (단, A4 용지 10,000장은 A4 용지 16상자이다.)

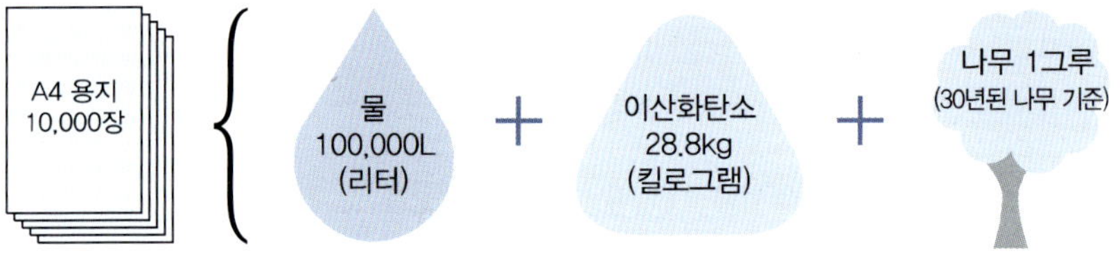

(출처 : 한국환경공단)

[그림 2-42]

(a) 한 상자에 u만 원인 A4 용지를 구매하려고 한다. 지불해야 하는 금액이 z만 원인데 30,000원을 할인받아서 지불하였다. 다음 중 u, z 사이의 관계식은?

① $z=1.92u-30$ ② $z=192u-3$ ③ $z=1920u-3$
④ $z=1920u-30$ ⑤ $z=19200u-3$

(b) A4 용지 y장을 생산할 때 필요한 나무의 수를 x그루, 배출되는 이산화탄소의 양을 c g, 필요한 물의 양을 w L로 나타내자. 다음 중 x와 y, c와 y, w와 y의 관계식으로 옳지 않은 것은?

① $y=10000x$ ② $c=2.88y$ ③ $w=10y$
④ $c=0.00288y$ ⑤ $x=\frac{1}{10000}y$

(c) 구매 팀에서 구매한 만큼의 양의 A4 용지를 만들면 몇 g의 이산화탄소가 배출되는가?

① 2,880 g ② 3,456 g ③ 34,560 g ④ 345,600 g ⑤ 28,800 g

(d) 구매 팀에서 구매한 만큼의 양의 A4 용지를 만들면 몇 L의 물이 필요한가?

① 1,200 L ② 12,000 L ③ 1,200,000 L

④ 1,300,000 L ⑤ 130,000 L

(e) 구매 팀에서 구매한 만큼의 양의 A4 용지를 만들면 몇 그루의 나무가 필요한가?

① 12그루 ② 14그루 ③ 16그루 ④ 18그루 ⑤ 20그루

19. H 사 전략 분석 팀에서는 A제품의 수명 주기를 분석하여, 다음과 같이 매출이 증가할수록 오히려 이익이 감소하는 결과를 얻었다. 다음 물음에 답하시오.

[표 2-11]

매출(개)	10,000	12,000	13,000	14,000
이익(만 원)	400	300	200	100

(a) 위 표를 그래프로 나타낼 때 가장 적절한 것은?

①
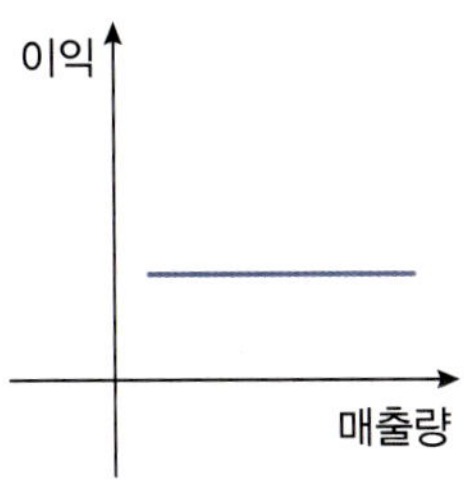

②
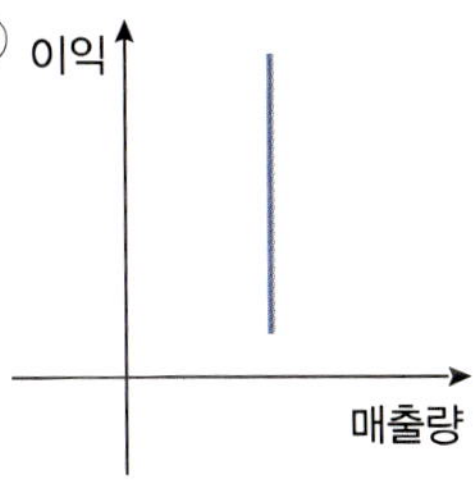

③
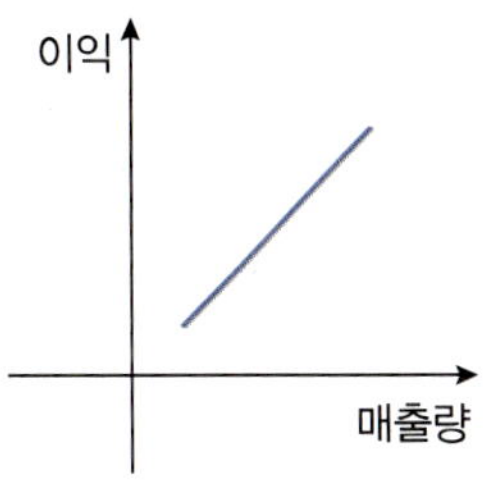

④
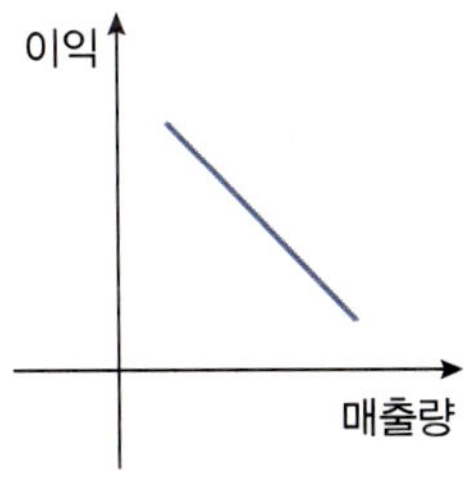

⑤
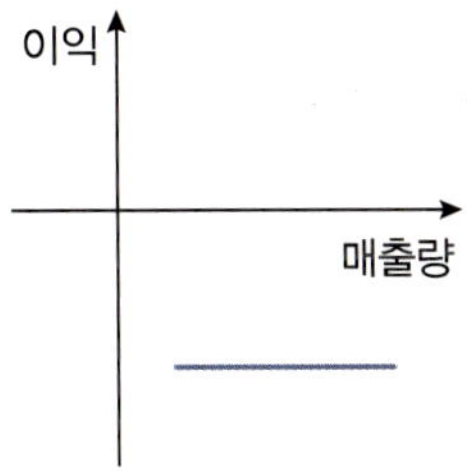

(b) 회사 입장에서 A 제품에 대하여 취해야 할 방안이 아닌 것은?

① 생산량을 늘린다. ② 신제품을 개발한다.

③ 생산을 멈춘다. ④ 할인판매를 한다.

⑤ 재고량을 줄인다.

20. H 사에서는 재고 물량을 줄이기 위하여 신상품을 생산한 후 일정 기간이 지남에 따라 다음 표와 같이 할인을 하여 판매한다.

[표 2-12]

생산 후 경과 기간	1년	2년	3년	4년
할인율(%)	정상가	10	20	30
적용가격(만 원)	40	36	32	28

(a) x% 할인했을 때의 가격을 y원이라고 했을 때, 다음 중 x, y 사이의 관계식은?

① $y=4(100-x)$
② $y=40(100-x)$
③ $y=400(100-x)$
④ $y=4{,}000(100-x)$
⑤ $y=40{,}000(100-x)$

(b) 35% 할인한 가격은 얼마인가?

① 23만 원
② 24만 원
③ 25만 원
④ 26만 원
⑤ 27만 원

CHAPTER 03

수열과 규칙

||| 목차 |||

||| 학습목표 |||

- 수열의 의미를 이해하고 등차수열과 등비수열을 활용할 수 있다.
- 직무에서 발생할 수 있는 여러 가지 수의 규칙을 수열을 이용하여 해결할 수 있다.
- 문자로 이루어진 수열에서 규칙을 발견하고, 이를 직무에 활용하여 문제를 해결할 수 있다.
- 도형수열을 이해하고, 도형수열을 활용하여 여러 가지 문제를 해결할 수 있다.
- 겨냥도와 전개도를 그릴 수 있고, 도형과 관련한 직무에 활용하여 문제를 해결할 수 있다.

CHAPTER 03에서는 무엇을 배울까?

직무에서는 일정한 규칙을 갖는 여러 가지 문제가 발생할 수 있으며, 이러한 문제를 해결하기 위한 수학적 모델링으로는 '수열'이 적합하다. 수열은 자연수를 정의역으로 하는 함수로서, 이 장에서는 수열이 만들어지는 과정과 다양한 형태의 수열의 규칙을 발견하는 방법을 알아본다. 수열은 다양한 방법과 모양으로 제시될 수 있으며, 제시된 각각의 수열마다 규칙이 다르지만 규칙을 이해하는 방법은 동일하다.

또한 직무에서 발생할 수 있는 다양한 모양의 물체에 대한 겨냥도와 전개도에 대해 이해하고, 이를 그려보는 방법을 배운다. 이는 직무를 성공적으로 수행하기 위한 공간 지각력과 공간감각을 향상시키는 방법이기도 하다. 특히 쌓기나무를 통해 보이지 않는 부분에 대해 모양과 성질을 추론할 수 있는 능력을 기를 수 있다.

Section
3.1 수열

수열이란?

다음은 자연수 전체의 집합에서 정의된 함수 f의 함숫값 $f(1)$, $f(2)$, $f(3)$, $\cdots$을 차례대로 나열한 것이다. 여기서 □ 안에 들어갈 알맞은 수는 무엇일까?

$$1,\ 4,\ 9,\ 16,\ \square,\ \square,\ 49,\ \square,\ \cdots$$

제시된 수를 차례로 살펴보면 $1^2=1$, $2^2=4$, $3^2=9$, $4^2=16$이고, 이 규칙으로부터 $5^2=25$, $6^2=36$, $8^2=64$이므로 □ 안에 들어갈 수는 차례대로 25, 36, 64임을 알 수 있다. 따라서 위와 같이 정의된 함수 f의 함숫값 1, 4, 9, 16, $\cdots$은 자연수 1, 2, 3, 4, $\cdots$에 대응하여 하나씩 정해진다.

이와 같이 정의역이 자연수 전체의 집합 N이고 공역이 실수 전체의 집합 R인 함수

$$f : N \longrightarrow R$$

을 **수열**이라 하고, 정의역 N의 원소 1, 2, 3, $\cdots$에 대한 함숫값

$$f(1),\ f(2),\ f(3),\ \cdots$$

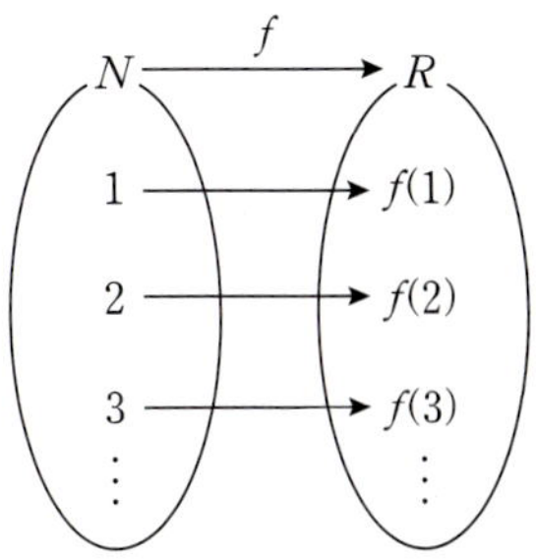

[그림 3-1]

을 그 수열의 **항**이라고 한다. 이때 각 항을 앞에서부터 차례대로 첫째 항, 둘째 항, 셋째 항, $\cdots$ 또는 제1항, 제2항, 제3항, $\cdots$이라고 한다. 일반적으로 수열을 나타낼 때 항에 번호를 붙여

$$a_1,\ a_2,\ a_3,\ \cdots$$

과 같이 나타내고 제n항, a_n을 이 수열의 **일반항**이라고 한다. 이것은 함숫값 $f(n)$을 a_n으로 나타낸 것과 같다. 또 수열을 간단히 나타낼 때 일반항 a_n을 이용하여 $\{a_n\}$과 같이 나타낸다.

일반적으로 2, 4, 6, 8, 10과 같이 유한개의 수를 차례대로 나열한 것도 수열로 생각한다. 또 일정한 규칙 없이 수를 나열한 것도 수열이다. 하지만 고등학교 교육과정까지는 규칙성이 있는 수열을 주로 다루었으므로 여기서도 규칙성이 있는 수열을 다룬다.

수열의 일반항 a_n이 n에 대한 식으로 주어지면 n에 1, 2, 3, $\cdots$을 차례대로 대입하여 수열의 각 항을 구할 수 있다. 예를 들어 수열 $\{a_n\}$의 일반항이 $a_n=3n-2$일 때,

$$a_1=3\cdot 1-2=1,\ a_2=3\cdot 2-2=4,\ a_3=3\cdot 3-2=7,\ a_4=3\cdot 4-2=10,\ \cdots$$

이다. 따라서 수열 $\{a_n\}$은 다음과 같다.

$$1,\ 4,\ 7,\ 10,\ \cdots$$

예제 3-1

다음 수열 $\{a_n\}$의 첫째항부터 제4항까지를 구하시오.

(a) $a_n = 2n - 3$ (b) $a_n = 2^n - 1$

풀이

(a) $a_1 = -1,\ a_2 = 1,\ a_3 = 3,\ a_4 = 5$

(b) $a_1 = 1,\ a_2 = 3,\ a_3 = 7,\ a_4 = 15$

문제 3-1

다음 수열 $\{a_n\}$의 첫째항부터 제4항까지를 구하시오.

(a) $a_n = \left(\dfrac{2}{3}\right)^{n-1}$ (b) $a_n = \dfrac{n-1}{n+1}$

한편 주어진 수열의 규칙을 찾고 $n = 1,\ 2,\ 3,\ 4,\ \cdots$와의 대응 관계를 찾으면 수열의 일반항을 찾을 수 있다.

예제 3-2

다음 수열의 일반항 a_n을 구하시오.

(a) $1,\ 8,\ 27,\ 64,\ \cdots$ (b) $9,\ 99,\ 999,\ 9999,\ \cdots$

풀이

(a) $a_1 = 1 = 1^3,\ a_2 = 8 = 2^3,\ a_3 = 27 = 3^3,\ a_4 = 64 = 4^3,\ \cdots$이므로 일반항은 다음과 같다.

$$a_n = n^3$$

(b) $a_1 = 9 = 10^1 - 1,\ a_2 = 99 = 10^2 - 1,\ a_3 = 999 = 10^3 - 1,\ a_4 = 9999 = 10^4 - 1,\ \cdots$이므로 일반항은 다음과 같다.

$$a_n = 10^n - 1$$

문제 3-2

다음 수열의 일반항 a_n을 구하시오.

(a) 2, 4, 6, 8, 10, ⋯

(b) 2·3, 3·4, 4·5, ⋯

(c) −1, 1, −1, 1, ⋯

(d) 1, −2, 3, −4, ⋯

문제 3-3

기출유형

다음 수열의 규칙을 찾아 □ 안에 알맞은 수를 써넣으시오.

(a) 1863, 1861, 1857, 1849, □

(b) 5, 13, 37, 109, □

(c) 28, 29, 26, 31, 24, 33, □

(d) 5, 7, 10, 14, □

문제 3-4

기출유형

영국의 수학자 콘웨이 Conway, J. H., 1937~는 1986년에 발표한 논문에서 '본대로 읽는 수열 look-and-say sequence'이라고 이름을 붙인

1, 11, 21, 1211, 111221, 312211, ⋯

과 같은 수열을 소개하였다. 한편 프랑스의 작가 베르베르 Werber, B., 1961~가 1991년에 발표한 소설 『개미』에는

1, 11, 12, 1121, 122111, 112213, (가)

과 같은 수열이 나오는데, 이것은 콘웨이가 만든 수열의 각 항을 거꾸로 적은 것이다. 다음 중 (가)에 알맞은 수는?

① 11221123 ② 11221331 ③ 12221331 ④ 12221131 ⑤ 12222112

등차수열

수열 2, 5, 8, 11, 14, ⋯는 다음과 같이 2부터 시작하여 차례대로 3을 더하여 만든 수열이다.

2, 5, 8, 11, 14, ⋯

+3 +3 +3 +3

이와 같이 첫째항부터 차례대로 일정한 수를 더하여 만든 수열을 **등차수열**이라 하고, 그 일정한 수를 **공차**라고 한다.

일반적으로 공차가 d인 등차수열 $\{a_n\}$에서 제n항에 공차 d를 더하면 제$(n+1)$항이 되므로 다음이 성립한다.

$$a_{n+1} = a_n + d \text{ (단, } n = 1, 2, 3, \cdots)$$

예제 3-3

다음을 구하시오.

(a) 등차수열 $5, 2, -1, -4, -7, \cdots$의 공차

(b) 첫째항이 1이고 공차가 $\frac{1}{2}$인 등차수열

풀이

(a) 수열 $5, 2, -1, -4, -7, \cdots$은 첫째항이 5이고 공차가 -3인 등차수열이다.

(b) 첫째항이 1이고 공차가 $\frac{1}{2}$인 등차수열은 $1, \frac{3}{2}, 2, \frac{5}{2}, 3, \cdots$이다.

문제 3-5

다음 수열 중에서 등차수열인 것을 찾고, 그 공차를 구하시오.

(a) $3, 6, 9, 12, 15, \cdots$

(b) $1, 2, 4, 8, 16, \cdots$

(c) $1^2, 2^2, 3^2, 4^2, \cdots$

(d) $\frac{1}{3}, -\frac{1}{6}, -\frac{2}{3}, -\frac{7}{6}, \cdots$

이제 등차수열의 일반항을 구해 보자.

첫째항이 a, 공차가 d인 등차수열 $\{a_n\}$에서

$$\begin{aligned} a_1 &= a \\ a_2 &= a_1 + d = a + d \\ a_3 &= a_2 + d = (a+d) + d = a + 2d \\ a_4 &= a_3 + d = (a+2d) + d = a + 3d \\ &\vdots \end{aligned}$$

$$\begin{aligned} a_1 &= a + 0 \times d \\ a_2 &= a + 1 \times d \\ a_3 &= a + 2 \times d \\ a_4 &= a + 3 \times d \\ &\vdots \\ a_n &= a + (n-1) \times d \end{aligned}$$

이므로 일반항 a_n은 다음과 같다.

$$a_n = a + (n-1)d \quad \text{(단, } n = 1, 2, 3, \cdots)$$

따라서 등차수열의 일반항은 다음과 같이 구할 수 있다.

등차수열의 일반항

첫째항이 a이고 공차가 d인 등차수열의 일반항 a_n은 다음과 같다.

$$a_n = a + (n-1)d \quad (\text{단, } n = 1,\ 2,\ 3,\ \cdots)$$

예제 3-4

다음 등차수열의 일반항 a_n을 구하시오.

(a) 첫째항이 3이고 공차가 4인 수열

(b) $12,\ 8,\ 4,\ 0,\ -4,\ \cdots$

풀이

(a) 첫째항이 3이고 공차가 4인 등차수열의 일반항은 다음과 같다.

$$a_n = 3 + (n-1) \cdot 4 = 4n - 1$$

(b) 수열 $12,\ 8,\ 4,\ 0,\ -4,\ \cdots$는 첫째항이 12이고 공차가 -4인 등차수열이므로 일반항은 다음과 같다.

$$a_n = 12 + (n-1) \cdot (-4) = -4n + 16$$

문제 3-6

다음 등차수열의 일반항 a_n을 구하시오.

(a) 첫째항이 -5이고 공차가 7인 수열

(b) $2,\ -2,\ -6,\ -10,\ \cdots$

문제 3-7 기출유형

박미래 대리는 A상품의 판매 기록을 확인한 결과 A상품은 매일 5개씩 일정하게 팔린다는 것을 알았다. A상품이 오늘까지 모두 80개가 팔렸다고 할 때, A상품은 오늘부터 며칠 째 되는 날에 모두 200개가 팔리는가?

① 21 ② 22 ③ 23 ④ 24 ⑤ 25

예제 3-5

제3항이 1이고 제9항이 19인 등차수열의 일반항 a_n을 구하시오.

풀이

등차수열 $\{a_n\}$의 첫째항을 a, 공차를 d라고 하면 제3항과 제9항은 다음과 같다.

$$a_3 = a + 2d = 1,\ a_9 = a + 8d = 19$$

위 두 식을 연립하여 풀면 $a = -5$, $d = 3$이다. 따라서 첫째항이 -5이고 공차가 3이므로 일반항은 다음과 같다.

$$a_n = -5 + (n-1) \cdot 3 = 3n - 8$$

문제 3-8

다음을 만족시키는 등차수열의 일반항 a_n을 구하시오.

(a) $a_5 = 3$, $a_9 = 11$ (b) $a_4 = 25$, $a_{10} = 61$

세 수 a, b, c가 이 순서대로 등차수열을 이룰 때, b를 a와 c의 **등차중항**이라고 한다. 이때 $b - a = c - b$이므로

$$b = \frac{a+c}{2}$$

이다. 사실 위 b의 값은 a와 c의 등차중항으로서 a와 c의 **산술평균**이 된다.

예제 3-6

네 수 1, a, 9, b가 이 순서대로 등차수열을 이룰 때, a와 b의 값을 각각 구하시오.

풀이

네 수 1, a, 9, b가 이 순서대로 등차수열을 이루면 a는 1과 9의 등차중항이고, 9는 a와 b의 등차중항이다.

$$a = \frac{1+9}{2} = 5,\ 9 = \frac{a+b}{2}$$

위 두 식을 연립하여 풀면 $a = 5$, $b = 13$이다.

문제 3-9 기출유형

다음 수열이 등차수열이 되도록 □ 안에 알맞은 수를 써넣으시오.

(a) -2, □, 14, □, 30, $\cdots$　　　　(b) 11, □, 3, □, -5, $\cdots$

등차수열의 첫째항부터 제n항까지의 합을 구해 보자.

첫째항이 a이고 공차가 d인 등차수열의 제n항을 l이라고 할 때, 첫째항부터 제n항까지의 합을 S_n이라고 하면

$$S_n = a + (a+d) + (a+2d) + \cdots + (l-d) + l \quad \cdots\cdots \text{①}$$

이고, ①의 우변의 합을 순서를 거꾸로 하여 나타내면

$$S_n = l + (l-d) + (l-2d) + \cdots + (a+d) + a \quad \cdots\cdots \text{②}$$

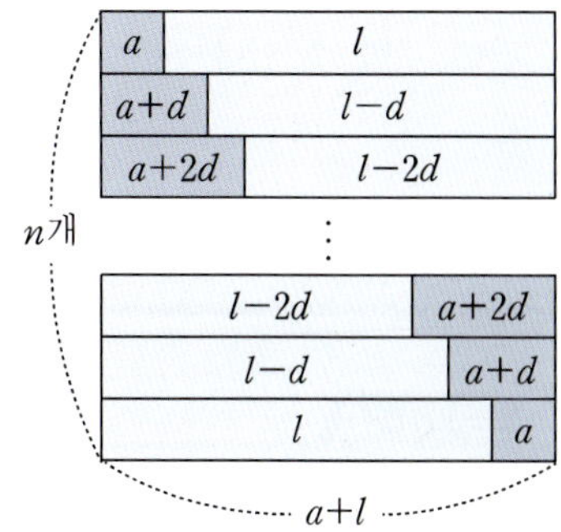

[그림 3-2]

이다. ①, ②를 변끼리 더하면

$$2S_n = \underbrace{(a+l) + (a+l) + (a+l) + \cdots + (a+l) + (a+l)}_{n\text{개}}$$

$$= n(a+l)$$

이므로

$$S_n = \frac{n(a+l)}{2} \quad \cdots\cdots \text{③}$$

이다. 또 $l = a + (n-1)d$이므로 이를 ③에 대입하여 정리하면 다음과 같다.

$$S_n = \frac{n\{2a + (n-1)d\}}{2}$$

따라서 등차수열의 합은 다음과 같이 구할 수 있다.

등차수열의 합

등차수열의 첫째항부터 제n항까지의 합 S_n은 다음과 같다.

❶ 첫째항이 a이고 제n항이 l일 때, $S_n = \dfrac{n(a+l)}{2}$

❷ 첫째항이 a이고 공차가 d일 때, $S_n = \dfrac{n\{2a + (n-1)d\}}{2}$

참고 위의 등차수열의 합으로부터 1부터 n까지 자연수의 합은 $1+2+\cdots+n = \dfrac{n(n+1)}{2}$이다.

예제 3-7

첫째항이 1이고 공차가 2인 등차수열의 첫째항부터 제20항까지의 합을 구하시오.

풀이

첫째항 a가 1이고 공차 d가 2인 등차수열의 첫째항부터 제20항까지의 합을 S_{20}이라 하면 다음과 같이 구할 수 있다.

$$S_{20} = \frac{20\{2 \cdot 1 + (20-1) \cdot 2\}}{2} = 400$$

문제 3-10

다음 등차수열의 첫째항부터 제10항까지의 합 S_{10}을 구하시오.

(a) 첫째항이 -7이고 공차가 4인 수열

(b) $5,\ 2,\ -1,\ -4,\ \cdots$

문제 3-11 기출유형

박미래 대리는 새로 개업하는 지점에서 매일 선착순으로 오는 손님에게 경품을 주기로 했다. 경품은 첫 날에 10명을 시작으로 매일 2명씩 늘려가며 하루에 경품을 받는 손님이 60명이 될 때까지 지급하기로 했다. 박미래 대리가 경품을 지급하는 날은 모두 며칠인가? 또 모두 몇 개의 경품을 준비해야 하는가?

① 26일, 900개 ② 26일, 910개 ③ 27일, 910개

④ 27일, 920개 ⑤ 28일, 920개

문제 3-12 기출유형

어느 공연장의 관람석은 A, B, C의 세 구역으로 나누어져 있다. 가운데에 위치한 B구역의 관람석은 첫 번째 줄이 4석이고, 그 다음 줄부터 3석씩 늘어나 15번째 줄까지 배치되어 있다. 또 B구역의 좌우에 위치한 A구역과 C구역은 둘 다 첫 번째 줄이 3석이고, 그 다음 줄부터 2석씩 늘어나 15번째 줄까지 배치되어 있다.

(a) B구역의 관람석의 수를 구하시오.

(b) A구역과 C구역의 관람석의 수의 합을 구하시오.

(c) 이 공연장의 전체 관람석의 수를 구하시오.

등비수열

수열 1, 2, 4, 8, 16, ⋯은 다음과 같이 1부터 시작하여 차례대로 2를 곱하여 만든 수열이다.

$$1,\ 2,\ 4,\ 8,\ 16,\ \cdots \quad (\times 2\ \ \times 2\ \ \times 2\ \ \times 2)$$

이와 같이 첫째항부터 차례대로 일정한 수를 곱하여 만든 수열을 **등비수열**이라 하고, 그 일정한 수를 **공비**라고 한다.

일반적으로 공비가 r인 등비수열 $\{a_n\}$에서 제n항에 공비 r을 곱하면 제$(n+1)$항이 되므로 다음이 성립한다.

$$a_{n+1} = ra_n \text{ (단, } n = 1,\ 2,\ 3,\ \cdots)$$

예제 3-8

다음을 구하시오.

(a) 등비수열 64, 32, 16, 8, 4, ⋯의 공비

(b) 첫째항이 3이고 공비가 -2인 등비수열

풀이

(a) 주어진 수열은 첫째항이 64이고 공비는 $\frac{1}{2}$이다.

(b) 첫째항이 3이고 공비가 -2인 등비수열은 $3,\ -6,\ 12,\ -24,\ 48,\ \cdots$이다.

문제 3-13

다음 등비수열의 공비를 구하시오.

(a) $2,\ -4,\ 8,\ -16,\ 32,\ \cdots$

(b) $4,\ 1,\ \frac{1}{4},\ \frac{1}{16},\ \frac{1}{64},\ \cdots$

문제 3-14 기출유형

다음 수열이 등비수열일 때, □ 안에 알맞은 수를 써넣으시오.

(a) $-2,\ -6,\ -18,\ \square,\ \cdots$

(b) $27,\ 9,\ 3,\ 1,\ \square,\ \cdots$

등비수열의 일반항을 구해 보자. 첫째항이 $a_1 = a$이고 공비가 r인 등비수열 $\{a_n\}$에서

$$a_1 = a$$
$$a_2 = a_1 r = ar$$
$$a_3 = a_2 r = (ar)r = ar^2$$
$$a_4 = a_3 r = (ar^2)r = ar^3$$
$$\vdots$$

이므로 일반항 a_n은 다음과 같다.

$$a_n = ar^{n-1} \text{ (단, } n = 1,\ 2,\ 3,\ \cdots)$$

따라서 등비수열의 일반항은 다음과 같이 구할 수 있다.

$$a_1 = a$$
$$a_2 = ar^1$$
$$a_3 = ar^2$$
$$a_4 = ar^3$$
$$\vdots$$
$$a_n = ar^{n-1}$$

등비수열의 일반항

첫째항이 $a_1 = a$이고 공비가 r인 등비수열의 일반항 a_n은 다음과 같다.

$$a_n = ar^{n-1} \text{ (단, } n = 1,\ 2,\ 3,\ \cdots)$$

예제 3-9

다음 등비수열의 일반항 a_n을 구하시오.

(a) 첫째항이 3이고 공비가 2인 수열 (b) $18,\ -6,\ 2,\ -\dfrac{2}{3},\ \cdots$

풀이

(a) $a_1 = 3$이고 $r = 2$이므로 등비수열의 일반항은 $a_n = 3 \cdot 2^{n-1}(n = 1,\ 2,\ 3,\ \cdots)$이다.

(b) 수열 $18,\ -6,\ 2,\ -\dfrac{2}{3},\ \cdots$는 첫째항이 $a_1 = 18$이고 공비가 $r = -\dfrac{1}{3}$인 등비수열이므로 일반항은 다음과 같다.

$$a_n = 18 \cdot \left(-\frac{1}{3}\right)^{n-1}(n = 1,\ 2,\ 3,\ \cdots)$$

문제 3-15

다음 등비수열의 일반항 a_n을 구하시오.

(a) 첫째항이 -8이고 공비가 3인 수열 (b) $-5,\ 5,\ -5,\ 5,\ \cdots$

문제 3-16 기출유형

다음과 같은 등비수열에 대하여 $\frac{1}{243}$은 제 몇 항인가?

$$81,\ 27,\ 9,\ 3,\ \cdots$$

① 제10항 ② 제11항 ③ 제12항 ④ 제13항 ⑤ 제14항

0이 아닌 세 수 a, b, c가 이 순서대로 등비수열을 이룰 때, b를 a와 c의 **등비중항**이라고 한다. 이때 $\frac{b}{a} = \frac{c}{b}$이므로

$$b^2 = ac,\ \text{즉}\ b = \sqrt{ac}$$

이다. 사실 위 b의 값은 $a > 0$, $c > 0$일 때, a와 c의 등비중항으로서 a와 c의 **기하평균**이 된다.

예제 3-10

네 수 3, a, 48, b가 이 순서대로 등비수열을 이룰 때, 양수 a와 b의 값을 구하시오.

풀이

네 수 3, a, 48, b가 이 순서대로 등비수열을 이루면, a는 3과 48의 등비중항이고 48은 a와 b의 등비중항이므로 $a^2 = 3 \cdot 48 = 144$, $48^2 = ab$이다. 위 두 식을 연립하여 풀면 다음과 같다.

$$a = 12,\ b = 192$$

문제 3-17 기출유형

다음 수열이 등비수열이 되도록 □ 안에 알맞은 수를 써넣으시오.

(a) 256, □, 16, □, 1 (b) 2, □, 98, □, 4802

등비수열의 첫째항부터 제n항까지의 합을 구해 보자. 첫째항이 a이고 공비가 r인 등비수열의 첫째항부터 제n항까지의 합을 S_n이라고 하면

$$S_n = a + ar + ar^2 + \cdots + ar^{n-2} + ar^{n-1} \quad \cdots\cdots \text{①}$$

이고, ①의 양변에 r을 곱하면

$$rS_n = ar + ar^2 + ar^3 + \cdots + ar^{n-1} + ar^n \quad \cdots\cdots \text{②}$$

이다. ①에서 ②를 변끼리 빼면

$$
\begin{array}{rl}
S_n = & a + ar + ar^2 + \cdots + ar^{n-1} \\
-)\quad rS_n = & \quad\;\; ar + ar^2 + \cdots + ar^{n-1} + ar^n \\
\hline
(1-r)S_n = & a - ar^n = a(1-r^n)
\end{array}
$$

이므로 S_n은 다음과 같다.

$r \neq 1$일 때, $S_n = \dfrac{a(1-r^n)}{1-r} = \dfrac{a(r^n-1)}{r-1}$

$r = 1$일 때, ①에서 $S_n = \underbrace{a + a + a + \cdots + a + a}_{n\text{개}} = na$

따라서 등비수열의 합은 다음과 같이 구할 수 있다.

등비수열의 합

첫째항이 a이고 공비가 r인 등비수열의 첫째항부터 제n항까지의 합 S_n은 다음과 같다.

❶ $r \neq 1$일 때, $S_n = \dfrac{a(1-r^n)}{1-r} = \dfrac{a(r^n-1)}{r-1}$

❷ $r = 1$일 때, $S_n = na$

예제 3-11

첫째항이 $\dfrac{1}{3}$이고 공비가 2인 등비수열의 첫째항부터 제10항까지의 합 S_{10}을 구하시오.

풀이

첫째항이 $\dfrac{1}{3}$이고 공비가 2인 등비수열의 첫째항부터 제10항까지의 합 S_{10}은 다음과 같다.

$$S_{10} = \frac{\frac{1}{3} \cdot (2^{10} - 1)}{2 - 1} = 341$$

문제 3-18 기출유형

박미래 대리는 월요일에는 100원을, 화요일에는 월요일에 저금한 금액의 2배인 200원을, 수요일에는 화요일에 저금한 금액의 2배인 400원을 저금하였다. 박미래 대리가 이와 같은 방법으로 10일 동안 계속 저금할 경우, 박미래 대리는 모두 얼마를 저금한 것인가?

① 102,100원 ② 102,200원 ③ 102,300원 ④ 102,400원 ⑤ 102,500원

등비수열의 합을 이용하면 원리합계를 계산할 수 있다. 원리합계는 원금과 이자를 합한 금액이다. 복리법은 이자를 원금에 가산하여 그 합계액을 다음 기간의 원금으로 하는 이자 계산 방법이다.

예제 3-12

연이율이 r이고, 1년마다 복리로 매년 초에 일정한 금액 a원을 n년 동안 적립할 때, n년 후 적립금의 원리합계를 구하시오.

풀이

첫 해에 적립한 a원은 n년 동안 예금되므로 n년 후의 원리합계는 $a(1+r)^n$원이다. 또 다음 해에 적립한 a원은 $(n-1)$년 동안 적립되므로 $(n-1)$년 후의 원리합계는 $a(1+r)^{n-1}$원이다.
같은 방법으로 매년 적립하는 a원의 n년 후 원리합계는 다음과 같다.

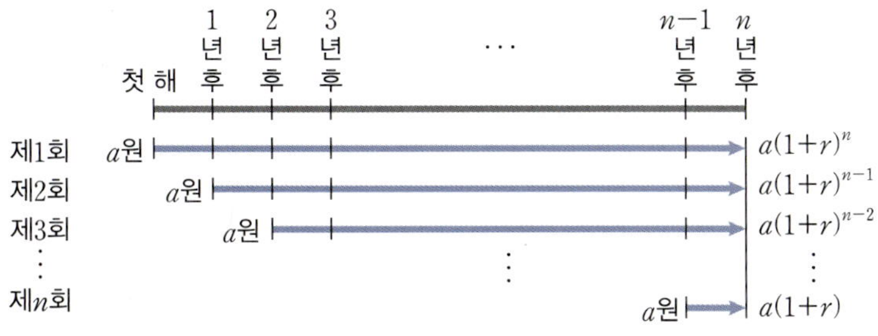

[그림 3-3]

따라서 구하는 적립금의 원리합계는 다음과 같다.

$$\begin{aligned} &a(1+r)+a(1+r)^2+a(1+r)^3+\cdots+a(1+r)^n \\ &=\frac{a(1+r)\{(1+r)^n-1\}}{(1+r)-1} \\ &=\frac{a(1+r)\{(1+r)^n-1\}}{r}\text{(원)} \end{aligned}$$

문제 3-19

기출유형

박미래 대리는 미래의 사업자금을 마련하기 위하여 연이율이 5 %이고 1년마다 복리로 매년 초에 100만 원씩 10년 동안 적립하려고 한다. 10년 후 적립금의 원리합계를 구하시오(단, $1.05^{10}=1.6$으로 계산한다).

① 1220만 원 ② 1230만 원 ③ 1240만 원 ④ 1250만 원 ⑤ 1260만 원

Section 3.2 여러 가지 수열

이 절에서는 등차수열과 등비수열 이외에 다양한 규칙으로 항들이 나열된 여러 가지 수열에 대하여 알아본다.

계차수열

수열 $\{a_n\}$에서 이웃한 두 항의 차

$$b_n = a_{n+1} - a_n \ (\text{단, } n = 1, 2, 3, \cdots)$$

을 a_{n+1}과 a_n의 **계차**라 하고, 계차로 이루어진 수열 $\{b_n\}$을 처음 수열 $\{a_n\}$의 **계차수열**이라고 한다.

예를 들어 수열 1, 2, 4, 7, 11, ⋯ 의 계차수열은 1, 2, 3, 4, ⋯ 이다.

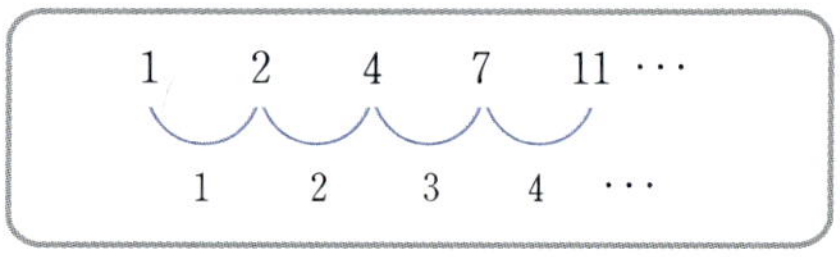

수열 $\{a_n\}$의 계차수열을 $\{b_n\}$이라고 하면

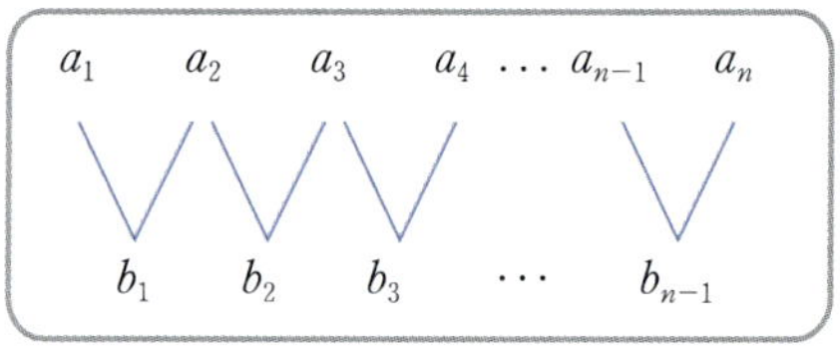

$$\begin{aligned} b_1 &= a_2 - a_1 \\ b_2 &= a_3 - a_2 \\ b_3 &= a_4 - a_3 \\ &\vdots \\ b_{n-1} &= a_n - a_{n-1} \end{aligned}$$

이다. 이들을 각 변끼리 더하면

$$b_1 + b_2 + b_3 + \cdots + b_{n-1} = \sum_{k=1}^{n-1} b_k = a_n - a_1$$

이므로 다음 식을 얻는다.

$$a_n = a_1 + \sum_{k=1}^{n-1} b_k \ (\text{단, } n = 2, 3, 4, \cdots)$$

따라서 계차수열을 이용하면 수열의 일반항을 다음과 같이 구할 수 있다.

수열과 계차수열

수열 $\{a_n\}$의 계차수열을 $\{b_n\}$이라고 하면

$$a_n = a_1 + \sum_{k=1}^{n-1} b_k \ (\text{단, } n = 2, 3, 4, \cdots)$$

예제 3-13

다음 수열의 일반항 a_n을 구하시오.

$$3,\ 5,\ 9,\ 15,\ 23,\ \cdots$$

풀이

주어진 수열의 계차수열 $\{b_n\}$은 다음과 같다.

$$2,\ 4,\ 6,\ 8,\ \cdots$$

이것은 첫째항이 2이고 공차가 2인 등차수열이므로 $b_n = 2n$이다. 따라서

$$a_n = 3 + \sum_{k=1}^{n-1} 2k = 3 + 2 \times \frac{n(n-1)}{2}$$

$$= n^2 - n + 3 \ (n = 2,\ 3,\ 4,\ \cdots)$$

이 식은 $n = 1$일 때도 성립하므로 구하는 일반항 a_n은 $a_n = n^2 - n + 3$이다.

문제 3-20 기출유형

다음 수열의 10번째 항을 구하시오.

(a) $2,\ 3,\ 5,\ 9,\ 17,\ \cdots$

(b) $1,\ 2,\ 5,\ 14,\ 41,\ \cdots$

문제 3-21

다음 수열의 일반항 a_n을 구하시오.

(a) $3,\ 4,\ 7,\ 12,\ 19,\ \cdots$

(b) $2,\ 5,\ 11,\ 20,\ 32,\ \cdots$

군수열

수열 $\{a_n\}$의 몇 개의 항을 묶어 놓은 것들이 또다시 수열을 이룰 때 수열 $\{a_n\}$을 **군수열**이라 한다. 예를 들어 다음 두 가지 군수열을 생각해 보자.

❶ (a_1), (a_2, a_3), (a_4, a_5, a_6), (a_7, a_8, a_9, a_{10}), $\cdots$

❷ (a_1, a_2, a_3), (a_4, a_5, a_6), (a_7, a_8, a_9), $\cdots$

수열 $\{a_n\}$의 몇 개의 항을 묶었을 때, 묶음을 **군**이라고 한다. 즉 ❶에서 (a_4, a_5, a_6)은 제3군이고, ❷에서 (a_4, a_5, a_6)은 제2군이다. 이때 각 군 안에서의 항들이 수열을 이루고, 각 군의 항의 개수가 수열을 이룬다. 또 각 군의 첫째항들도 수열을 이룬다.

이를테면 ❶의 각 군의 항의 개수는 1, 2, 3, 4, $\cdots$, ❷의 각 군의 항의 개수는 3, 3, 3, $\cdots$ 으로 각각 수열을 이룬다. 또 ❶의 각 군의 첫째항인 $a_1, a_2, a_4, a_7, \cdots$ 과 ❷의 각 군의 첫째항인 $a_1, a_4, a_7, \cdots$ 은 각각 수열을 이룬다.

군수열은 다음과 같은 성질이 있다.

군수열의 성질

❶ 각 군 안에서의 항들이 수열을 이룬다.
❷ 각 군의 항의 개수가 수열을 이룬다.
❸ 각 군의 첫째항들이 수열을 이룬다.

예제 3-14

수열 1, 3, 5, 7, 9, 11, 13, 17, 19, $\cdots$ 로부터 얻을 수 있는 다음 군수열의 제n군의 첫째항을 구하시오.

$$(1),\ (3,\ 5),\ (7,\ 9,\ 11),\ (13,\ 15,\ 17,\ 19),\ \cdots$$

풀이

각 군의 첫째항만을 선택하여 수열을 만들면 다음과 같다.

$$a_n\ :\ 1,\ 3,\ 7,\ 13,\ 21,\ \cdots$$

이 수열의 계차수열은 b_n : 2, 4, 6, 8, $\cdots$ 로서 $b_n = 2n$이다. 따라서

$$a_n = 1 + \sum_{k=1}^{n-1} 2k = 1 + 2 \cdot \frac{n(n-1)}{2} = n^2 - n + 1$$

이므로 제n군의 첫째항은 $n^2 - n + 1$이다.

문제 3-22

다음 군수열의 제10군의 첫째항을 구하시오.

$$(3),\ (6,\ 9),\ (12,\ 15,\ 18),\ (21,\ 24,\ 27,\ 30),\ \cdots$$

문제 3-23 기출유형

다음 수열 $\{a_n\}$에 대하여 물음에 답하시오.

$$a_n\ :\ \frac{1}{1},\ \frac{1}{2},\ \frac{2}{1},\ \frac{1}{3},\ \frac{2}{2},\ \frac{3}{1},\ \frac{1}{4},\ \frac{2}{3},\ \frac{3}{2},\ \frac{4}{1},\ \cdots$$

(a) $\dfrac{n}{m}$은 제 몇 군의 몇 번째 수인지 구하시오.

(b) $\dfrac{n}{m}$은 수열 $\{a_n\}$의 몇 번째 항인지 구하시오.

표수열

다양한 규칙으로 이루어진 표 형태의 수열을 표수열이라고 한다. 그리고 군수열을 이용하면 이와 같은 표수열에 대한 문제를 쉽게 해결할 수 있다. 예를 들어 다음과 같이 직사각형 모양으로 주어진 표수열을 생각해 보자.

10	13
21	31

→

15	21
37	57

→

25	37
69	109

→

?	?
?	?

이와 같은 표수열은 4개의 수가 군을 이루는 군수열이다. 즉 위 표수열을 군수열로 나타내면 다음과 같다.

$$(10,\ 13,\ 21,\ 31),\ (15,\ 21,\ 37,\ 57),\ (25,\ 37,\ 69,\ 109),\ \cdots$$

이때 각 군의 수에 2를 곱한 후 5를 뺀 것이 그 다음 군의 수들이 된다. 즉 두 번째 군은 $10\times2-5=15$, $13\times2-5=21$, $21\times2-5=37$, $31\times2-5=57$이다. 이러한 규칙으로 네 번째 군은 다음과 같이 구할 수 있다.

$$25\times2-5=45,\ 37\times2-5=69,\ 69\times2-5=133,\ 109\times2-5=213$$

즉 다음과 같이 표수열로 나타낼 수 있다.

25	37
69	109

→

45	69
133	213

예제 3-15 기출유형

다음 수들의 배열 규칙을 찾아 빈칸에 들어갈 알맞은 수를 구하시오.

−3	5
7	6

→

−3	21
27	?

풀이

각 수에 3을 곱한 후에 6을 더하면

$$-3\times3+6=-3,\ 5\times3+6=21,\ 7\times3+6=27$$

이다. 이와 같은 규칙으로 빈칸에 들어갈 수를 다음과 같이 구할 수 있다.

$$6\times3+6=24$$

따라서 빈칸에 들어갈 수는 24이다.

문제 3-24 기출유형

다음 수들의 배열 규칙을 찾아 빈칸에 들어갈 알맞은 수를 구하시오.

(a)

2	4
6	8

→

17	31
45	?

(b)

9	18
27	36

→

?	−1
2	5

문제 3-25 기출유형

다음 수들의 배열 규칙을 따를 때, 빈칸에 들어갈 알맞은 수는?

	5			6			7	
8		25	9		39	8		?

① 41 ② 42 ③ 43 ④ 44 ⑤ 45

피보나치 수열

다음과 같은 문제를 생각해 보자.

> 어떤 사람이 토끼 1쌍을 우리에 넣었다. 이 토끼 1쌍은 한 달에 새로운 토끼 1쌍을 낳고, 낳은 토끼들도 1달이 지나면 다시 1쌍의 토끼를 낳는다. 그렇다면 1년이 지났을 때 우리 안에는 몇 쌍의 토끼가 있을까?

이 문제를 그림을 그려가며 알아보자. 첫 달은 원래 우리에 넣은 토끼 1쌍만이 있다.

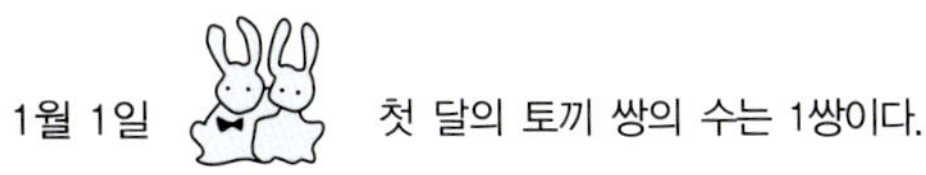

[그림 3-4]

두 달째, 토끼들은 1쌍의 새끼 토끼를 낳을 것이다. 그래서 모두 2쌍의 토끼가 우리에 있다.

[그림 3-5]

다음 달, 원래 토끼 1쌍은 또 다른 새끼 토끼 1쌍을 낳고, 처음 태어난 1쌍의 새끼 토끼가 자랄 것이다. 이제 3쌍의 토끼가 우리에 있다.

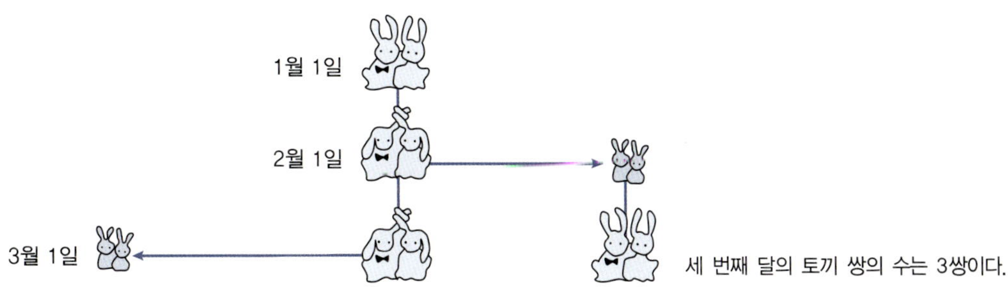

[그림 3-6]

한 달 후, 처음 토끼 1쌍은 또 다른 새끼 토끼 1쌍을 낳고, 2번째 태어난 1쌍은 자랄 것이다. 그리고 첫 번째 태어나서 다 자란 토끼 1쌍은 다른 새끼 토끼 1쌍을 낳는다. 그러면 우리에는 모두 5쌍의 토끼가 있게 된다.

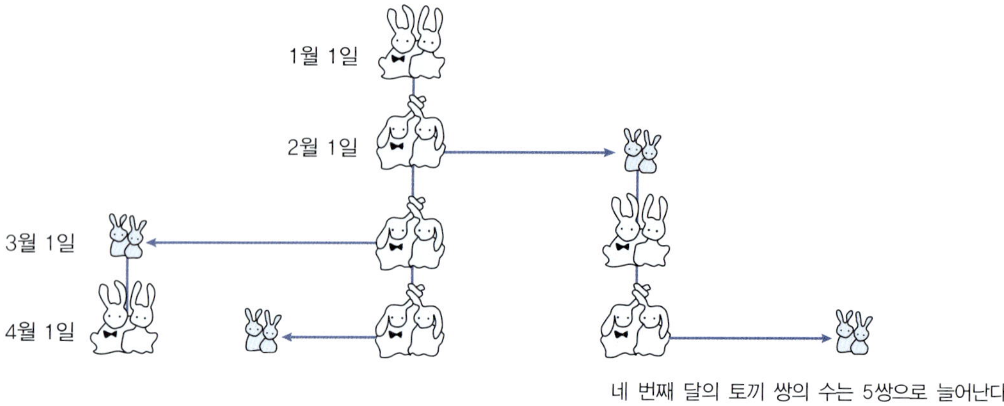

[그림 3-7]

다섯 번째 달에는 8쌍이 되고, 여섯 번째 달에는 13쌍의 토끼가 우리에 있게 된다.

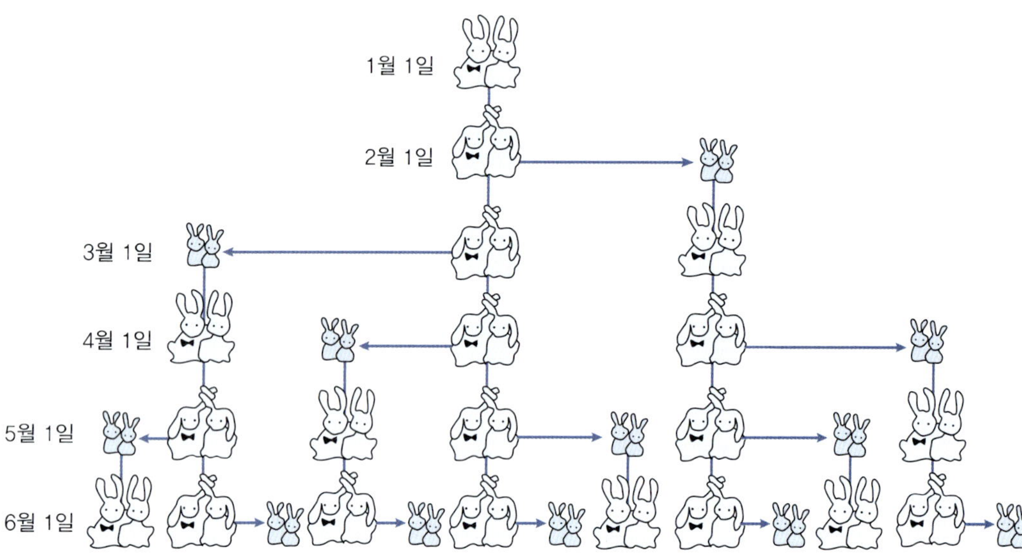

[그림 3-8]

즉 반년이 지난 후 토끼는 모두 13쌍이 된다.

이때 첫째항과 둘째 항을 0과 1로 정하고 셋째 항부터 1, 2, 3, … 등을 배열한 후, 위의 과정을 계속하면 다음과 같은 규칙과 수열을 구할 수 있다.

(0)	(1)	1	2	3	5	8	13	21	34	…
		$0+1$	$1+1$	$1+2$	$2+3$	$3+5$	$5+8$	$8+13$	$13+21$	…

[표 3-1]

달	새끼 토끼 쌍의 수	어미 토끼 쌍의 수	우리 안 토끼 쌍의 수
1달째	0	1	1
2달째	1	1	2
3달째	1	2	3
4달째	2	3	5
5달째	3	5	8
6달째	5	8	13
7달째	8	13	21
8달째	13	21	34
9달째	21	34	55
10달째	34	55	89
11달째	55	89	144
12달째	89	144	233

따라서 앞의 두 달의 토끼 쌍의 수를 합하면 다음 달의 토끼 쌍의 수를 구할 수 있고, 1년이 지난 후인 우리 안에 있는 토끼는 모두 233쌍이 된다.

이와 같이 앞의 두 수의 합이 바로 뒤의 수가 되는 수열을 **피보나치 수열**이라고 하며, 이 수열의 각 항에 있는 수들을 **피보나치 수**라고 한다. 일반적으로 피보나치 수열의 일반항은 피보나치 Fibonacci의 앞 글자를 따서 F_n으로 나타내고, 다음과 같은 식이 성립한다.

$$F_{n+2} = F_{n+1} + F_n$$

즉 $(n+2)$번째 항의 피보나치 수는 $(n+1)$번째와 n번째 피보나치 수의 합과 같다.

예제 3-16 기출유형

박미래 대리는 10층짜리 건물의 벽을 층마다 색칠하려고 한다. 벽은 각 층에 검은색과 흰색의 두 가지 색 중에서 한 가지를 칠하는데, 검은색은 연속된 층에는 칠하지 않으려고 한다. 이를테면 1층에 검은색을 칠했으면 2층에는 검은색은 칠할 수 없고 반드시 흰색을 칠해야 한다. 하지만 흰색은 연속해서 칠할 수 있다고 할 때, 박미래 대리가 10층짜리 건물을 이와 같은 방법으로 칠하는 경우의 수는 모두 몇 가지인지 구하시오.

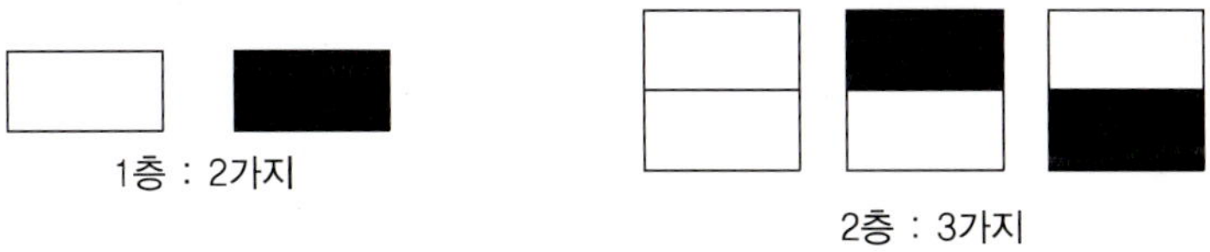

[그림 3-9]

풀이

3층까지 색칠하는 방법은 이미 색칠된 2층을 이용하면 쉽게 구할 수 있다. 2층까지는 3가지 경우가 있고, 모두 흰색으로 칠한 경우에 3층은 흰색과 검은색의 두 가지로 칠할 수 있다. 1층을 흰색, 2층을 검은색으로 칠한 경우에는 3층은 반드시 흰색으로 칠해야 한다. 마지막으로 1층을 검은색, 2층을 흰색으로 칠한 경우에 3층은 흰색과 검은색의 두 가지로 칠할 수 있다.

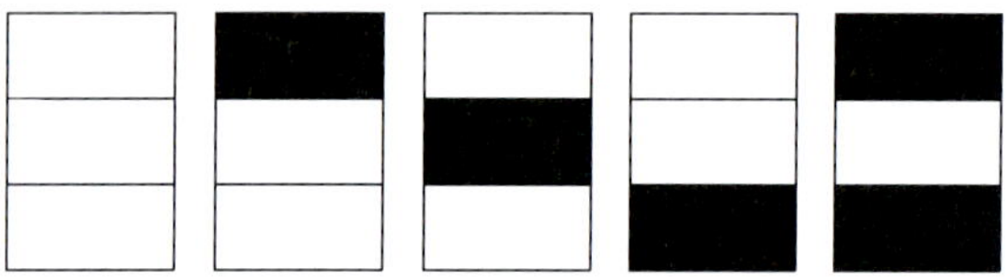

3층 : 5가지

[그림 3-10(a)]

이와 같은 방법으로 4층까지 칠하는 경우의 수는 다음 그림과 같이 모두 8가지이다.

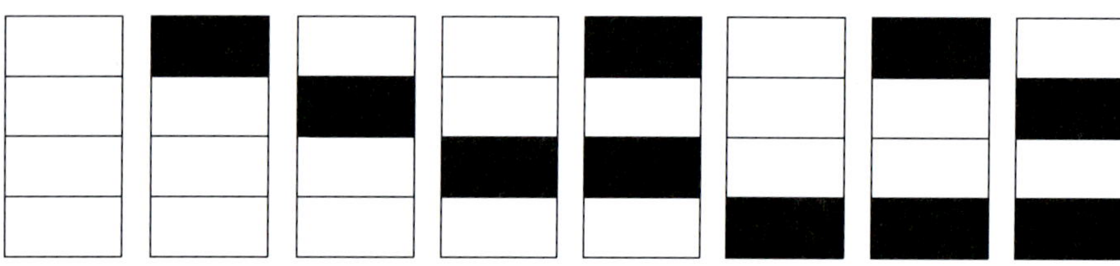

4층 : 8가지

[그림 3-10(b)]

따라서 1층은 2가지, 2층은 3가지, 3층은 5가지, 4층은 8가지이므로 경우의 수만 나열하면 다음과 같은 피보나치 수열이 된다.

2, 3, 5, 8, 13, 21, 34, 55, 89, 144

따라서 10층 건물을 이와 같이 칠하는 경우의 수는 144가지이다.

문제 3-26 기출유형

[그림 3-11]과 같이 두 줄로 연속되어 있는 벌집이 있다. 그림과 같이 벌이 첫 번째 방을 출발하여 마지막 방으로 옮겨 가는 방법은 몇 가지인가? (단, 되돌아가거나 한 번 지나간 방을 다시 가지 않는다.)

① 5 ② 8 ③ 13 ④ 15 ⑤ 18

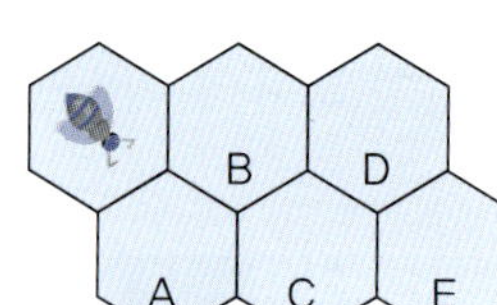

[그림 3-11]

특별한 수열

지금까지 수학과 실생활에서 많이 등장하는 수열에 대하여 알아보았다. 이제 다양한 규칙이 있지만 이름이 붙어 있지 않은 여러 가지 특별한 수열에 대하여 알아보자.

같은 숫자가 하나씩 증가하는 수열은 다음 예제와 같은 방법으로 일반항을 찾는다.

예제 3-17

다음 수열의 일반항 a_n을 구하시오.

$$8,\ 88,\ 888,\ 8888,\ \cdots$$

풀이

$$8=\frac{8}{9}\times 9$$

와 같이 나타낼 수 있으므로 주어진 수열은 다음과 같은 수열로 바꿀 수 있다.

$$(8,\ 88,\ 888,\ 8888,\ \cdots)=\frac{8}{9}(9,\ 99,\ 999,\ 9999,\ \cdots)$$

그런데

$$9=10-1,\ 99=10^2-1,\ 999=10^3-1,\ 9999=10^4-1$$

이므로, 위 수열은 다시 다음과 같이 나타낼 수 있다.

$$\begin{aligned}(8,\ 88,\ 888,\ 8888,\ \cdots)&=\frac{8}{9}(9,\ 99,\ 999,\ 9999,\ \cdots)\\&=\frac{8}{9}(10-1,\ 10^2-1,\ 10^3-1,\ 10^4-1,\cdots)\end{aligned}$$

따라서 일반항은 $a_n=\dfrac{8}{9}(10^n-1)$이다.

문제 3-27

다음 수열의 일반항 a_n을 구하시오.

$$4,\ 44,\ 444,\ 4444,\ \cdots$$

순환마디를 가지고 있으면 다음 예제와 같은 방법으로 일반항을 찾는다.

예제 3-18

다음 수열의 일반항 a_n을 구하시오. (단, $n > 1$이다.)

$$12,\ 1212,\ 121212,\ \cdots$$

풀이

주어진 수열은 다음과 같이 나타낼 수 있다.

$$12,\ 1212 = 12 \times 101,\ 121212 = 12 \times 10101,\ \cdots$$
$$12,\ 12(10^2+1),\ 12(10^4+10^2+1),\ \cdots$$

따라서 $n > 1$일 때 일반항은 다음과 같다.

$$\begin{aligned} a_n &= 12(1+10^2+10^4+\cdots+10^{2n-2}) \\ &= 12 \times \frac{(10^2)^n - 1}{10^2 - 1} = \frac{4}{33}(10^{2n}-1) \end{aligned}$$

문제 3-28

다음 수열의 일반항 a_n을 구하시오.

$$23,\ 2323,\ 232323,\ \cdots$$

일정한 주기를 가지고 있으면 다음 예제와 같은 방법으로 일반항을 찾는다.

예제 3-19

다음 수열의 일반항 a_n을 구하시오.

(a) $1,\ -1,\ 1,\ -1,\ 1,\ -1,\ \cdots$

(b) $-1,\ 1,\ -1,\ 1,\ -1,\ 1,\ \cdots$

(c) $1,\ 0,\ -1,\ 0,\ 1,\ 0,\ -1,\ 0,\ \cdots$

(d) $0,\ -1,\ 0,\ 1,\ 0,\ -1,\ 0,\ 1,\ \cdots$

풀이

(a) $a_n = (-1)^{n-1}$ 또는 $a_n = (-1)^{n+1}$

(b) $a_n = (-1)^n$

(c) $\sin 0 = \sin\pi = \sin 2\pi = \cdots = 0$, $\sin\frac{\pi}{2} = \sin\frac{5\pi}{2} = \sin\frac{9\pi}{2} = \cdots = 1$,

$$\sin\frac{3\pi}{2} = \sin\frac{7\pi}{2} = \sin\frac{11\pi}{2} = \cdots = -1$$

이므로 $a_n = \sin\frac{n\pi}{2}$이다.

(d) $\cos 0 = \cos 2\pi = \sin 4\pi = \cdots = 1$, $\cos\frac{\pi}{2} = \cos\frac{3\pi}{2} = \cos\frac{5\pi}{2} = \cdots = 0$,

$\cos\pi = \cos 3\pi = \cos 5\pi = \cdots = -1$

이므로 $a_n = \cos\frac{n\pi}{2}$이다.

문제 3-29

다음 수열의 일반항 a_n을 구하시오.

(a) $-\frac{1}{2}, \frac{3}{3}, -\frac{5}{4}, \frac{7}{5}, \cdots$

(b) $2, 0, -2, 0, 2, 0, -2, 0, \cdots$

같은 항이 반복되는 수열은 산술평균을 이용하여 다음 예제와 같은 방법으로 일반항을 찾는다.

예제 3-20

다음 수열의 일반항 a_n을 구하시오.

$$3,\ 1,\ 3,\ 1,\ 3,\ 1,\ \cdots$$

풀이

연속된 두 항의 산술평균을 구하면 $\frac{3+1}{2} = 2$이고, 각 항에서 2를 뺀 수열 b_n을 구하면 다음과 같다.

$$b_n : 1,\ -1,\ 1,\ -1,\ 1,\ -1,\ \cdots$$

따라서 $b_n = (-1)^{n-1}$이므로 원래 수열의 일반항은 $a_n = b_n + 2 = (-1)^{n-1} + 2$이다.

문제 3-30

다음 수열의 일반항 a_n을 구하시오.

$$3,\ 0,\ 3,\ 0,\ 3,\ 0,\ 3,\ 0,\ \cdots$$

Section
3.3 문자 추리

이 절에서는 문자로 이루어진 수열이나 식의 값을 구하는 방법에 대하여 알아본다. 문자로 이루어진 수열은 수학적인 아이디어뿐만 아니라 발상의 전환도 필요하기 때문에 매우 다양한 방법으로 해결할 수 있다.

문자로 이루어진 수열

문자로 이루어진 수열의 가장 단순한 형태는 한글 자음과 모음 또는 영어의 알파벳에 차례대로 번호를 붙여 다음과 같이 순서가 반복되도록 나열된 표를 이용하는 것이다.

❶ 한글 자음

1	2	3	4	5	6	7	8	9	10	11	12	13	14	15	16	17	18	19	20
ㄱ	ㄴ	ㄷ	ㄹ	ㅁ	ㅂ	ㅅ	ㅇ	ㅈ	ㅊ	ㅋ	ㅌ	ㅍ	ㅎ	ㄱ	ㄴ	ㄷ	ㄹ	ㅁ	ㅂ

❷ 한글 모음

1	2	3	4	5	6	7	8	9	10	11	12	13	14	15	16	17	18	19	20
ㅏ	ㅑ	ㅓ	ㅕ	ㅗ	ㅛ	ㅜ	ㅠ	ㅡ	ㅣ	ㅏ	ㅑ	ㅓ	ㅕ	ㅗ	ㅛ	ㅜ	ㅠ	ㅡ	ㅣ

❸ 알파벳

1	2	3	4	5	6	7	8	9	10	11	12	13	14	15	16	17	18	19	20
A	B	C	D	E	F	G	H	I	J	K	L	M	N	O	P	Q	R	S	T
21	22	23	24	25	26	27	28	29	30	31	32	33	34	35	36	37	38	39	40
U	V	W	X	Y	Z	A	B	C	D	E	F	G	H	I	J	K	L	M	N

이를테면 한글 자음의 경우, 자음에 1부터 차례대로 번호를 붙이면 ㅎ은 14에 해당한다. 다시 처음 자음인 ㄱ부터 번호 15를 부여한 후에 차례대로 15 이후의 번호를 붙이는 것이다. 이는 결국 자연수 1, 2, 3, 4, ⋯ 대신에 순서가 있는 문자로 바꾼 것과 같다.

예제 3-21

기출유형

일정한 규칙으로 다음과 같이 자음을 나열할 때, □ 안에 알맞은 자음을 구하시오.

ㄱ, ㄹ, ㅅ, ㅊ, ㅍ, □

풀이

각 자음에 부여된 수를 나타내면 1, 4, 7, 10, 13이다. 따라서 다음에 나올 수는 16이고, 16에 해당하는 자음은 ㄴ이다. 따라서 □ 안에 알맞은 자음은 ㄴ이다.

문제 3-31

기출유형

일정한 규칙으로 다음과 같이 모음을 나열할 때, □ 안에 알맞은 모음을 구하시오.

ㅑ, ㅕ, ㅜ, □, ㅛ

문제 3-32

기출유형

일정한 규칙으로 다음과 같이 알파벳을 나열할 때, □ 안에 알맞은 알파벳을 구하시오.

C, □, K, O, S

① D ② G ③ H ④ M ⑤ R

문자로 이루어진 수열 중에는 단어나 문자의 모양을 규칙으로 하는 것도 있다. 이와 같은 문제를 해결할 때는 발상의 전환이 필요하다.

예제 3-22

일정한 규칙으로 다음과 같이 문자를 나열할 때, □ 안에 알맞은 문자를 구하시오.

(a) ㅎ, ㄷ, ㅅ, ㄴ, ㄷ, □ (b) J, F, M, A, M, □

풀이

(a) 하나, 둘, 셋, 넷, 다섯, 여섯의 규칙으로 자음이 나열되어 있으므로 □ 안에 알맞은 문자는 ㅇ이다.

(b) January, February, March, April, May, June과 같이 각 달의 영어 단어이므로 □ 안에 알맞은 문자는 J이다.

문제 3-33 기출유형

일정한 규칙으로 다음과 같이 문자를 나열할 때, □ 안에 알맞은 문자를 구하시오.

(a) ㅇ, ㅎ, ㅅ, ㅁ, ㄱ, □

(b) D, R, M, F, S, □

문제 3-34 기출유형

일정한 규칙으로 다음과 같이 알파벳을 나열할 때, □ 안에 알맞은 알파벳을 차례대로 구하시오.

A B C E D F G H J I K L M O N P □ □ □

지금까지 소개한 다양한 형태의 수열 이외에도 일정한 규칙으로 수를 나열한 것도 있다. 이와 같은 나열에 일반적인 규칙은 없으며 주어진 수의 나열에서 규칙을 찾아야 한다.

예제 3-23 기출유형

다음과 같이 일정한 규칙으로 수를 나열할 때, □ 안에 알맞은 수를 구하시오.

10 : 45 8 : 40 □ : □ 4 : 30

풀이

$a : b$라 할 때, a는 2씩, b는 5씩 작아지는 규칙이므로

10 : 45 8 : 40 6 : 35 4 : 30

이다.

따라서 □ : □ = 6 : 35이다.

문제 3-35 기출유형

다음과 같이 일정한 규칙으로 수를 나열할 때, □ 안에 알맞은 수를 구하시오.

(a) 1 : 7 □ : □ 9 : 27 27 : 37

(b) 32 : 64 16 : 32 8 : 16 □ : □

예제 3-24 기출유형

다음과 같이 일정한 규칙으로 수를 나열할 때, □ 안에 알맞은 수를 구하시오.

$$22,\quad 24,\quad 28,\quad 36,\quad 42,\quad \square$$

풀이

이전 항의 일의 자리를 더한 값이 다음 항이 되는 규칙이다.

$$22+2=24,\ 24+4=28,\ 28+8=36,\ 36+6=42$$

이므로 □ 안에 알맞은 수는 $42+2=44$이다.

문제 3-36 기출유형

다음과 같이 일정한 규칙으로 수를 나열할 때, □ 안에 알맞은 수를 구하시오.

(a) 31, 33, 39, 57, 71, □

(b) $16+88=179$, $98+60=\square$

문제 3-37 기출유형

다음 표의 빈칸에 알맞은 수를 써넣으시오.

4	5	6	7	8	9
61		63		46	

복면산

수학을 이용하는 다양한 퍼즐 중에서 문자를 이용한 **복면산**覆面算은 문자를 이용하여 표현된 수식에서 각 문자가 나타내는 숫자를 알아내는 문제이다. 숫자 대부분을 문자로 숨겨서 나타내므로 숫자가 '복면'을 쓰고 있는 연산이라는 뜻에서 복면산이라 부른다.

복면산의 예로는 듀드니Henry Dudeny, 1857~1930가 1924년 7월에 발표한 다음 문제가 특히 유명하다.

예제 3-25

다음 식에서 같은 문자는 같은 수를 나타낸다. 다음 문자들을 수로 바꾸어 식이 성립하도록 하시오 (단, S와 M은 0이 아니고, 문자가 다르면 서로 다른 수를 나타낸다).

$$\begin{array}{r} S\ E\ N\ D \\ +\ M\ O\ R\ E \\ \hline M\ O\ N\ E\ Y \end{array}$$

풀이

① 두 개의 네 자리 수를 더하여 다섯 자리 수가 나왔으므로 M은 1이다.

$$\begin{array}{r} S\ E\ N\ D \\ +\ 1\ O\ R\ E \\ \hline 1\ O\ N\ E\ Y \end{array}$$

② 두 개의 네 자리 수를 더할 때, 둘 중 하나 이상의 수의 천의 자리 숫자가 1이라면 그 합이 아무리 커도 12,000 이상이 될 수가 없다. 이때 O가 1이면 S가 0이 되므로 조건에 모순이다. 따라서 O는 0이다.

$$\begin{array}{r} S\ E\ N\ D \\ +\ 1\ 0\ R\ E \\ \hline 1\ 0\ N\ E\ Y \end{array}$$

③ 두 개의 네 자리 수를 더하여 다섯 자리 수가 되고 뒤의 숫자가 '10RE'이면, 앞의 숫자는 9END 혹은 89ND인데, 89ND인 경우 N = 0이어야 한다. 그런데 0은 이미 O를 나타내는 수이므로, 앞의 숫자는 9END이다. 따라서 S는 9이다.

$$\begin{array}{r} 9\ E\ N\ D \\ +\ 1\ 0\ R\ E \\ \hline 1\ 0\ N\ E\ Y \end{array}$$

④ E + 0 = N인데, E와 N은 다른 수이므로 받아올림을 생각하면 N은 E보다 1 큰 수이다. 또 N + R = 10 + E, 즉 (E + 1) + R = 10 + E이면 R은 9이어야 하는데, 9는 이미 S를 나타내는 수이다. 그래서 D와 E의 합은 10 이상이므로 N + R + 1 = E가 되어 R을 나타내는 수는 8임을 알 수 있다.

$$\begin{array}{r} 9\ E\ N\ D \\ +\ 1\ 0\ 8\ E \\ \hline 1\ 0\ N\ E\ Y \end{array}$$

⑤ 이미 0과 1이 각각 O와 M을 나타내는 수이므로 Y는 0과 1이 될 수 없다. 즉 D와 E의 합은 12 이상이다. 남아 있는 2 이상 7 이하의 숫자 중 합을 12 이상으로 만들 수 있는 조합은 5+7과 6+7이고, 따라서 D와 E 중 하나는 7이다. E가 7이면 N이 8이 되어야 하는데, 이미 R이 8이므로 E는 7이 될 수 없다. 따라서 D가 7이 된다. 그리고 E는 5 아니면 6이 되어야 한다.

$$\begin{array}{r} 9\ E\ N\ 7 \\ +\ \ 1\ 0\ 8\ E \\ \hline 1\ 0\ N\ E\ Y \end{array}$$

⑥ E가 6이면 N이 7이 되어야 하는데, 이미 D가 7이므로 E는 6이 될 수 없다. 따라서 E는 5가 되고, N은 6이 된다. 이때 Y는 2이다.

$$\begin{array}{r} 9\ 5\ 6\ 7 \\ +\ \ 1\ 0\ 8\ 5 \\ \hline 1\ 0\ 6\ 5\ 2 \end{array}$$

①~⑥에 의해 D는 7, E는 5, M은 1, N은 6, O는 0, R은 8, S는 9, Y는 2이다.

문제 3-38 기출유형

다음 식에서 같은 문자는 같은 수를 나타낸다. 다음 문자들을 수로 바꾸어 식이 성립하도록 할 때, C의 값은? (단, 문자가 다르면 서로 다른 수를 나타낸다.)

$$\begin{array}{r} A\ B\ C\ D\ E \\ \times\ \ \ \ \ \ \ \ \ \ \ 4 \\ \hline E\ D\ C\ B\ A \end{array}$$

① 5 ② 6 ③ 7 ④ 8 ⑤ 9

문제 3-39 기출유형

다음 식에서 같은 문자는 같은 수를 나타낸다. 다음 문자들을 수로 바꾸어 식이 성립하도록 할 때, I의 값은? (단, 문자가 다르면 서로 다른 수를 나타낸다.)

$$\begin{array}{r} S\ N\ I\ P \\ -\ N\ I\ P\ S \\ \hline P\ I\ N\ S \end{array}$$

① 0 ② 2 ③ 4 ④ 6 ⑤ 8

Section
3.4 도형 추리

도형수열

수열은 자연수 1, 2, 3, ⋯ 의 각각에 a_1, a_2, a_3, ⋯ 의 수를 하나씩 대응시켜서 만든 수의 나열이다. 그런데 여러 가지 도형이나 표 또는 특별한 모양으로 수를 배열할 경우도 있는데, 이와 같은 수의 배열을 **도형수열**이라고 한다. 도형수열의 항을 추리하는 방법은 크게 하나의 도형이나 표가 제시된 경우와 여러 개의 도형이나 표가 제시된 경우로 나누어 생각할 수 있다. 각각의 경우에 다음과 같은 흐름으로 수열의 규칙을 추론하면 편리하다.

■ 하나의 도형이 제시된 경우

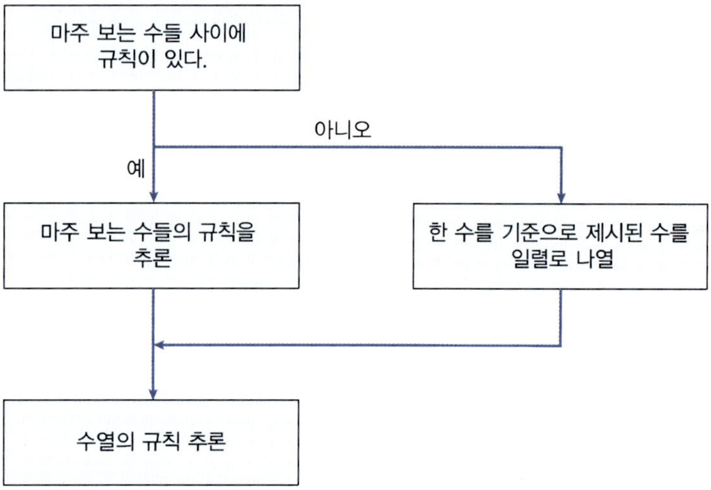

[그림 3-12]

예를 들어 [그림 3-13]과 같이 도형 하나만 제시된 경우, '?'에 들어갈 알맞은 수를 찾아보자.

?	1	4
49		9
36	25	16

[그림 3-13]

그림에서 제시된 수를 차례로 나열하면 다음과 같다.

1, 4, 9, 16, 25, 36, 49, ?

이 수들은 각각 1, 2, 3, 4, 5, 6, 7의 제곱이므로 '?'에 알맞은 수는 8의 제곱인 64임을 알 수 있다.

■ 여러 개의 도형이 제시된 경우

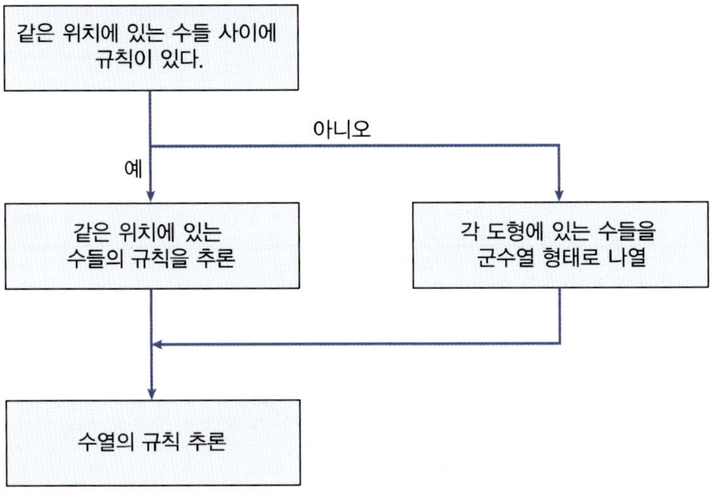

[그림 3-14]

예를 들어 [그림 3-15]와 같이 여러 개의 도형이 제시된 경우, '?'에 알맞은 수를 찾아보자.

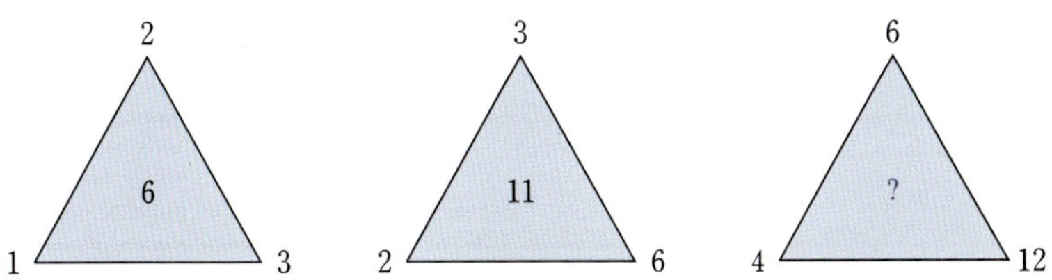

[그림 3-15]

각 도형의 꼭짓점에 제시된 세 수를 더하면 도형의 가운데에 있는 수가 된다. 즉

$$1+2+3=6,\ 2+3+6=11$$

이므로 '?'에 알맞은 수는 $4+6+12=22$임을 알 수 있다.

예제 3-26 기출유형

다음 수들의 배열 규칙을 찾아 빈칸에 들어갈 알맞은 수를 구하시오.

(a)

(b)

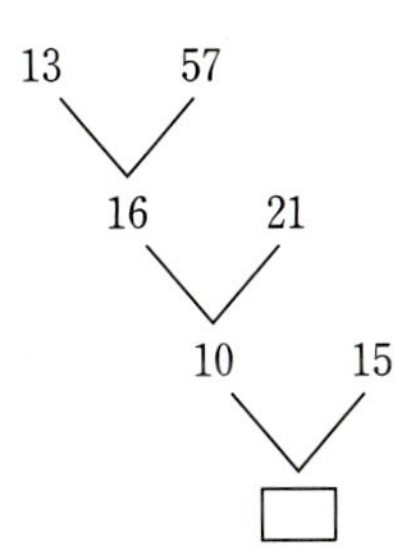

풀이

(a) 시계 방향으로 돌아가며 소수를 나열한 것이므로 빈칸에 알맞은 수는 13이다.

(b) 첫 행에서 13, 57을 이용하면 1+3+5+7=16이고, 16 + 5 = 21이다. 마찬가지 방법으로 계속 배열하면 (빈칸에 알맞은 수)=1 + 0 + 1 + 5 = 7이다.

문제 3-40

기출유형

다음 수들의 배열 규칙을 찾아 빈칸에 들어갈 알맞은 수를 구하시오(단, 빈칸에 들어가는 수는 두 자리 자연수이다).

(a)

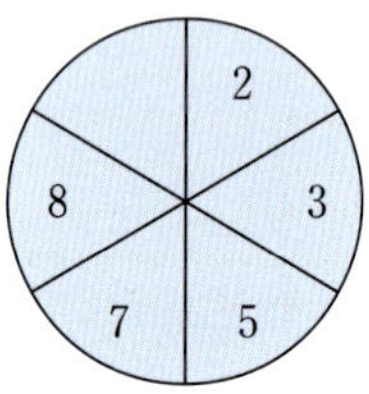

(b)

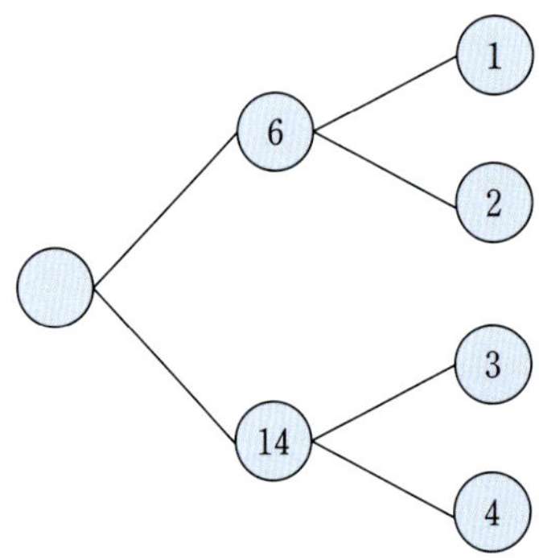

예제 3-27

기출유형

다음 수들의 배열 규칙을 찾아 빈칸에 들어갈 알맞은 수를 구하시오.

(a)

13	23
33	39

→

31	32
33	

(b)

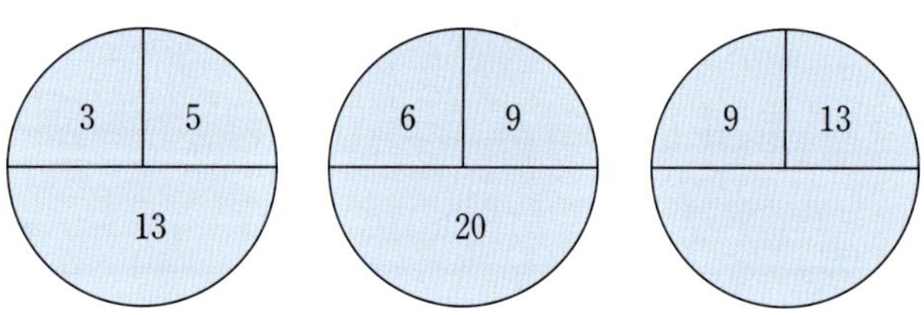

풀이

(a) 왼쪽 표에 있는 각 수의 자리를 바꾸어 쓰면 13은 31, 23은 32, 33은 33이다. 따라서 빈칸에 알맞은 수는 39의 자리를 바꾸어 쓴 93이다.

(b) 첫 번째 원에서 (3 + 5) + 5 = 13, 두 번째 원에서 (6 + 9) + 5 = 20이므로 빈칸에 알맞은 수는 (9+13)+5=27이다.

문제 3-41 기출유형

다음 수들의 배열 규칙을 찾아 '?'에 들어갈 알맞은 수를 구하시오.

(a)

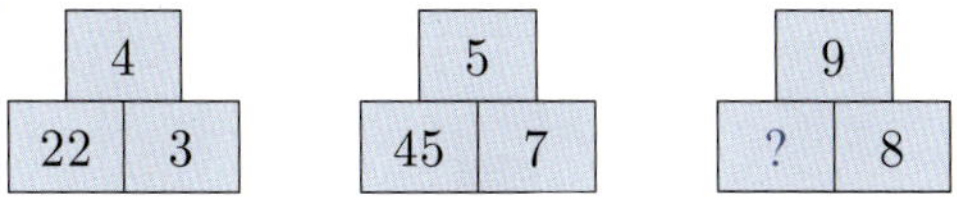

(b)

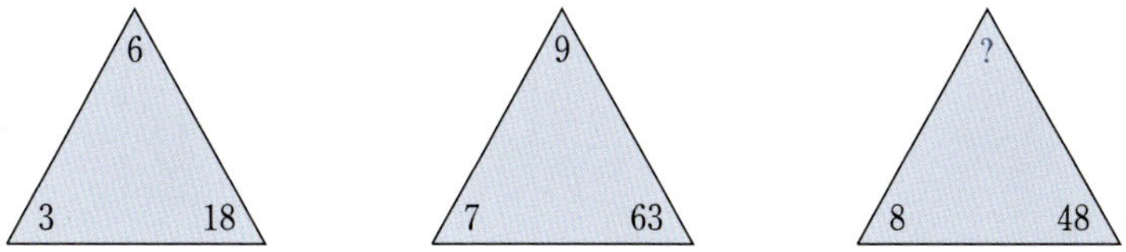

문제 3-42 기출유형

다음은 사람을 형상화하여 그린 그림이다. 이 그림에서 빈칸에 알맞은 수는?

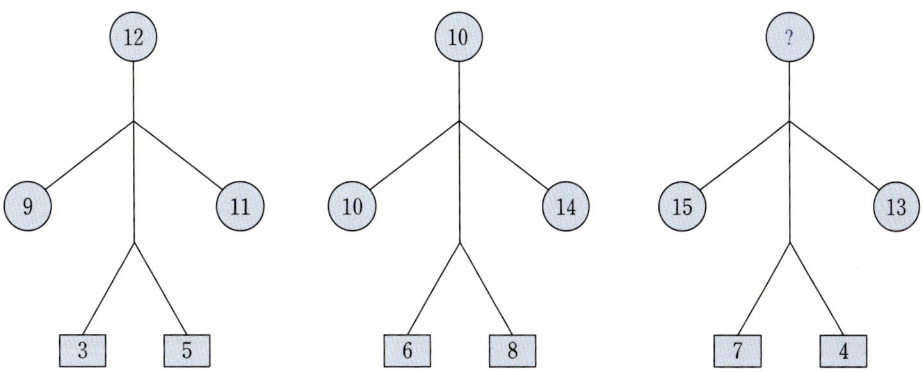

도형 움직이기

사무실의 분위기를 바꾸기 위해 예쁜 꽃이 그려진 액자를 벽에 걸려고 할 때, 위치가 잘 맞지 않아서 왼쪽, 오른쪽, 위, 아래로 이리 저리 옮기며 위치를 잡는다고 생각해 보자. 이 때 액자를 이리 저리 옮겨도 액자의 크기나 그려진 꽃의 모양은 변하지 않는다. 액자처럼 도형을 위, 아래, 왼쪽, 오른쪽으로 옮기는 것을 '**도형 옮기기**를 했다.'고 한다. [그림 3-16]은 가운데 도형을 위, 아래, 왼쪽, 오른쪽으로 옮기기를 한 것이다.

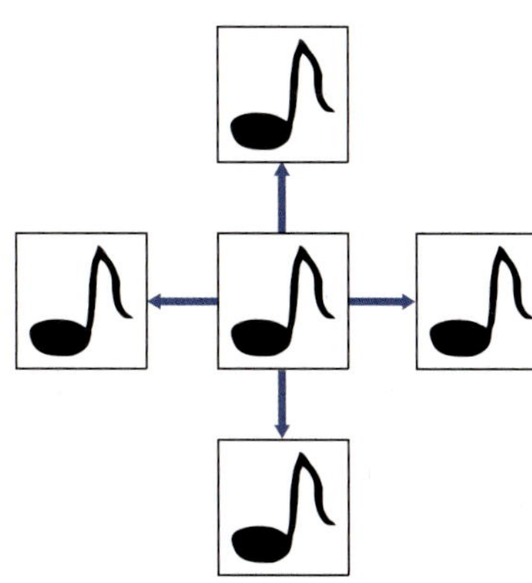

[그림 3-16]

또, 옷을 뒤집어 입으면 안과 겉이 바뀌는 것처럼 도형을 왼쪽과 오른쪽으로 뒤집어 보면 오른쪽과 왼쪽이 서로 바뀐 모양이 만들어진다. 마찬가지로 위쪽과 아래쪽으로 뒤집기를 하면 위쪽과 아래쪽이 각각 서로 바뀐 모양이 만들어진다. 옷을 뒤집어 입는 것처럼 도형을 뒤집는 것을 '**도형 뒤집기**를 했다.'고 한다. [그림 3-17]은 가운데 도형을 뒤집기 한 것이다.

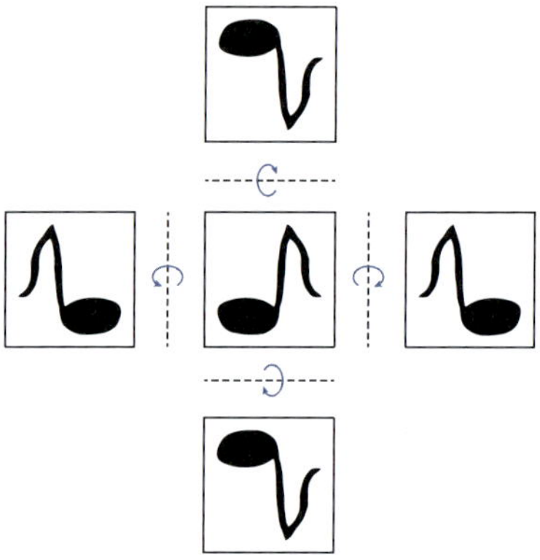

[그림 3-17]

한편, 도형을 시계 방향이나 시계 반대 방향으로 90°, 180°, 270°, 360° 돌릴 수도 있다. 어떤 도형을 한 점을 중심으로 돌리는 것을 '**도형 돌리기**를 했다.'고 한다. 예를 들어 [그림 3-18]은 가운데 도형을 시계 방향으로 각각 90°, 180°, 270°, 360°로 돌린 것이다.

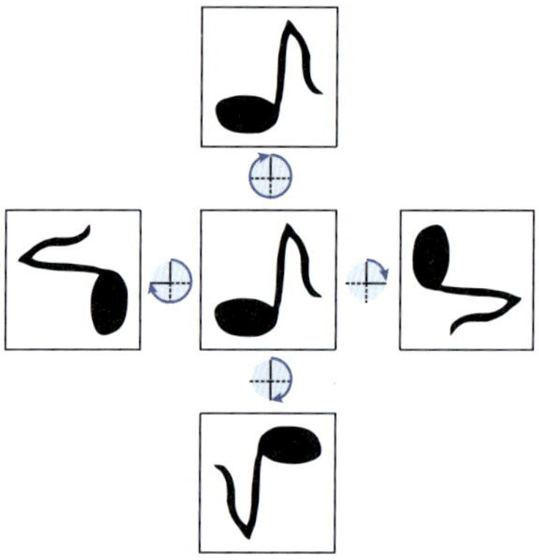

[그림 3-18]

예제 3-28 기출유형

[그림 3-19]는 알파벳 F를 그려 오려 놓은 것이다. F의 왼쪽에 거울을 놓고 보았을 때, 거울에 비친 모양을 그리시오.

[그림 3-19]

풀이

왼쪽에 거울을 놓고 보는 것은 왼쪽으로 뒤집는 것과 같으므로 다음 그림과 같다.

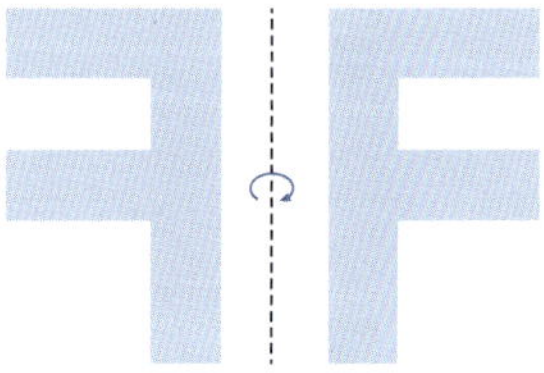

문제 3-43 기출유형

박미래 대리는 회사의 체육대회에서 카드섹션을 하기 위해 오른쪽 그림과 같은 자음 ㅋ을 종이로 오렸다. 카드섹션은 다음과 같은 방법으로 하려고 한다.

[그림 3-20]

❶ 오른쪽으로 뒤집기

❷ 시계 반대 방향으로 90° 돌리기

이때 ❶을 먼저 하고 ❷를 한 결과와, ❷를 먼저하고 ❶을 한 결과가 같은지 알아보시오.

문제 3-44 기출유형

다음 중 숫자카드 19 를 위로 뒤집은 후에 시계 방향으로 180° 돌린 것은?

①  ②  ③  ④  ⑤ 

쌓기나무

쌓기나무는 정육면체 모양의 입체도형이다. 쌓기나무를 이용하여 쌓은 모양과 사용한 쌓기나무 개수를 알아보는 것은 실생활에서 많이 활용된다.

쌓기나무는 보는 위치에 따라 그 모양이 다르다. 먼저 위에서 본 모양으로 쌓기나무 1층의 모양을 알 수 있고, 앞에서 본 모양과 옆에서 본 모양을 볼 때는 왼쪽부터 쌓기나무의 층을 살펴보면 된다. 예를 들어 다음 쌓기나무 모양의 앞에서 본 모양은 왼쪽부터 3층, 1층, 1층으로 보이고, 옆에서 본 모양은 왼쪽부터 1층, 2층, 3층으로 보인다.

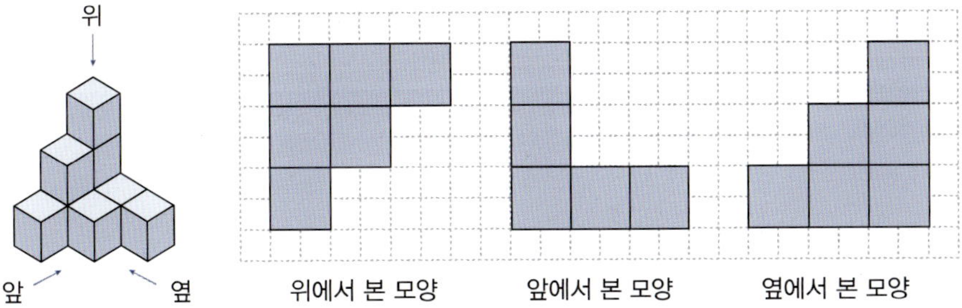

[그림 3-21]

예제 3-29

[그림 3-22]는 쌓기나무를 위에서 본 바탕그림을 쌓기나무의 아래에 그린 것이다. 쌓기나무의 총 개수를 구하시오.

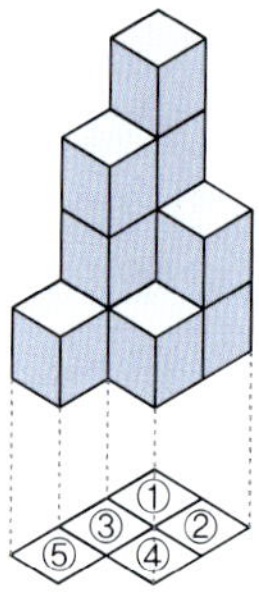

[그림 3-22]

풀이

①번 자리에 4개, ②번 자리에 2개, ③번 자리에 3개, ④번 자리에 1개, ⑤번 자리에 1개이므로 쌓기나무는 모두 4+2+3+1+1=11(개)이다.

문제 3-45

기출유형

박미래 대리는 상품 포장박스를 [그림 3-23]과 같은 모양으로 쌓았다. 박미래 대리가 쌓은 포장박스는 모두 몇 개인가?

① 6개 ② 7개 ③ 8개 ④ 9개 ⑤ 10개

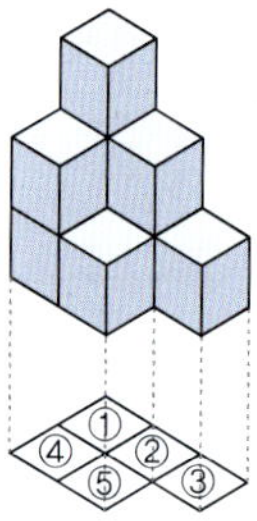

[그림 3-23]

문제 3-46

기출유형

박미래 대리는 부장님으로부터 상품이 포장된 박스를 오른쪽 그림과 같이 전시해 놓으라는 임무를 부여받았다. 박미래 대리가 쌓아야 할 상자의 모양을 그리시오.

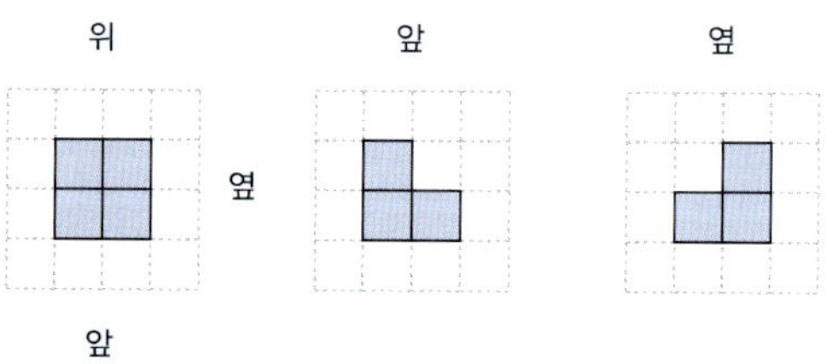

[그림 3-24]

Section 3.5 겨냥도와 전개도

어떤 상품을 만들거나 포장할 때, 우리는 그 상품의 모양이나 형태를 짐작할 수 있도록 그림으로 나타낸다. 이때 필요한 것이 입체도형의 겨냥도와 전개도이다.

■ 겨냥도

직육면체는 면이 6개, 모서리가 12개, 꼭짓점이 8개이지만 직육면체를 위에서 비스듬히 바라보면 3개, 모서리 9개, 꼭짓점 7개만 보인다. 이때 보이지 않는 면이나 모서리, 꼭짓점을 마치 보이는 것처럼 생각하여 점선으로 표현할 수 있다. 그러면 면 6개, 모서리 12개, 꼭짓점 8개를 모두 나타낼 수 있다. 이와 같이 입체도형의 모양을 잘 알 수 있도록 하기 위해 평행인 모서리는 평행이 되게 그리고, 보이는 모서리는 실선으로, 보이지 않는 모서리는 점선으로 그린 그림을 입체도형의 겨냥도라고 한다.

다음 그림과 같이 직육면체뿐 아니라 각기둥이나 각뿔도 보이지 않는 모서리를 점선으로 나타내서 겨냥도를 그릴 수 있다. 마찬가지로 모서리가 없는 원기둥이나 원뿔도 보이지 않는 부분을 점선으로 나타낸다.

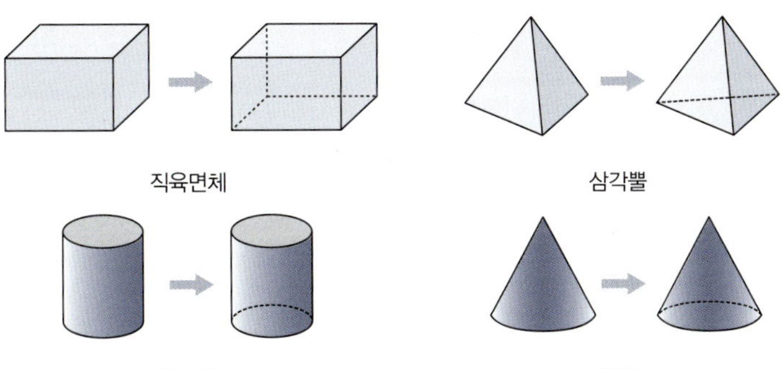

[그림 3-25]

예제 3-30

[그림 3-26]과 같은 오각기둥이 있다. 이 오각기둥의 겨냥도를 그리시오.

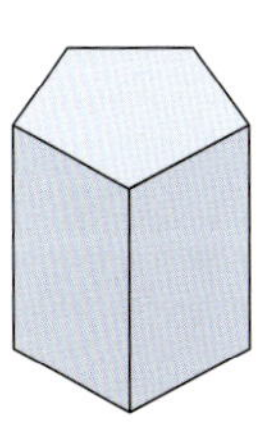

[그림 3-26]

풀이

오각기둥에서 평행인 모서리는 평행이 되게 그리고, 보이는 모서리는 실선으로, 보이지 않는 모서리는 점선으로 그리면 오른쪽 그림과 같다.

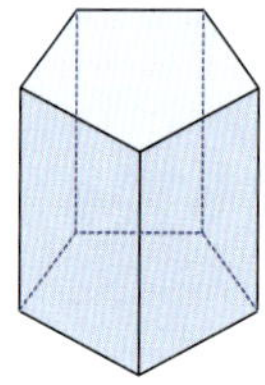

문제 3-47 기출유형

박미래 대리는 오른쪽 그림과 같은 사각뿔 모양의 펜던트를 개발하고 있다. 박미래 대리가 개발할 펜던트의 겨냥도를 그리시오.

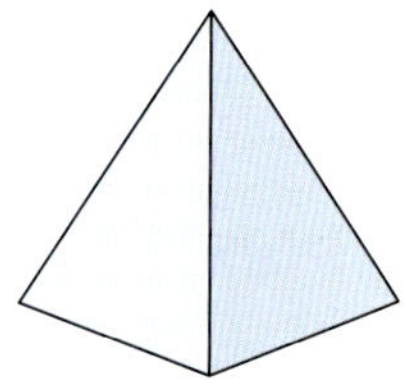

[그림 3-27]

■ **전개도**

입체도형의 겉면을 적당히 잘라 내어 한 평면 위에 펼쳐서 그린 그림을 **전개도**라고 한다. 예를 들어 [그림 3-28]과 같이 정육면체로 된 종이 상자의 모서리를 따라 잘라서 펼쳐 보자. 정사각형이 6개 이어진 모양을 한 한 장의 종이가 나온다. 이것이 정육면체의 전개도이다.

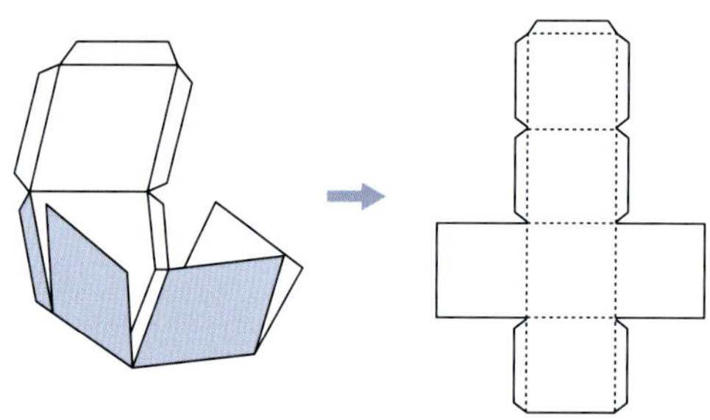

[그림 3-28]

직육면체의 전개도는 6개의 직사각형으로 되어 있으며, 삼각기둥의 전개도는 2개의 삼각형(밑면)과 3개의 사각형(옆면)으로 되어 있다. [그림 3-29]는 각기둥의 전개도이다.

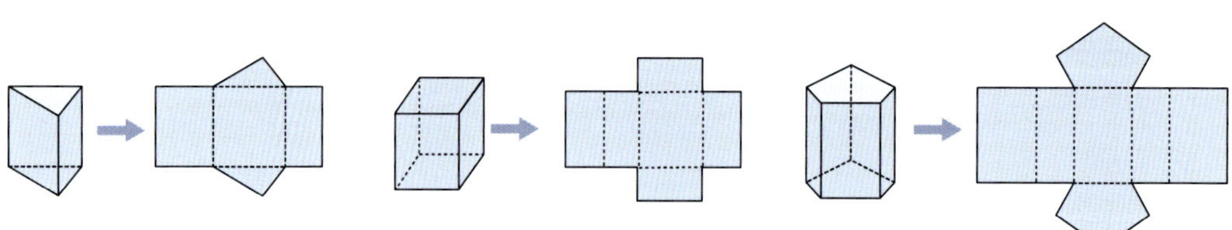

[그림 3-29]

또 삼각뿔의 전개도는 4개의 삼각형으로 되어 있다. 원기둥의 전개도는 똑같은 2개의 원과 1개의 직사각형으로 이루어져 있다. 이때 직사각형의 가로의 길이는 밑면의 원주 길이와 같으며, 세로의 길이는 원기둥의 높이와 같다. 원뿔의 전개도는 부채꼴과 원으로 이루어져 있다. 정다면체의 전개도는 모두 합동인 평면도형들로 되어 있다. 그러나 구처럼 곡면으로만 되어 있는 입체는 전개도를 그릴 수 없다. [그림 3-30]은 각뿔, 원기둥, 원뿔의 전개도이다.

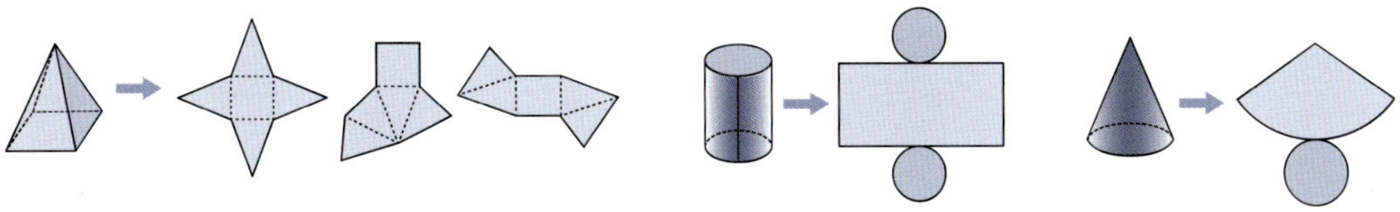

[그림 3-30]

평면을 입체도형으로 만들려면 먼저 전개도를 그리고, 그 그림을 따라 오려낸 것을 접어 합치면 된다. 종이로 상자를 만들 때에도 풀칠할 곳을 잘 생각하여 이와 같은 방법으로 전개도를 그리면 된다. 그밖에 전개도는 입체의 겉넓이를 계산하는 데도 쓰인다.

예제 3-31

오른쪽 직육면체의 전개도를 그리시오.

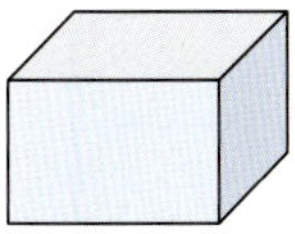

[그림 3-31]

풀이

주어진 직육면체로 된 종이 상자의 모서리를 따라 잘라서 펼친다. 그러면 오른쪽 그림과 같이 6개의 직사각형으로 되어 있는 직육면체의 전개도를 얻을 수 있다.

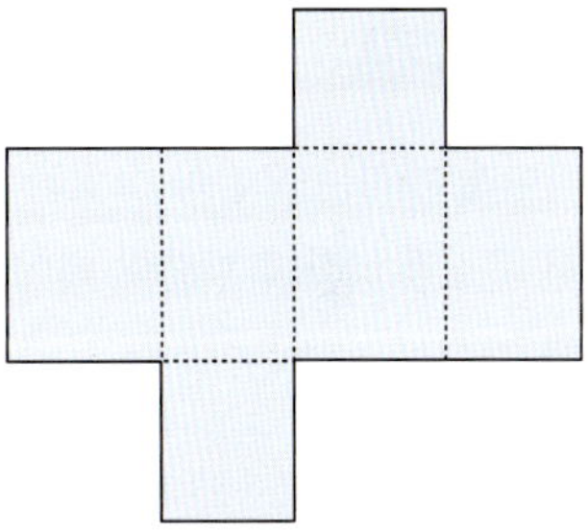

문제 3-48

기출유형

다음과 같은 전개도로 정육면체를 만들었을 때, 마주 보는 면에 있는 점의 수의 합이 7이 되도록 점을 그려 넣으시오.

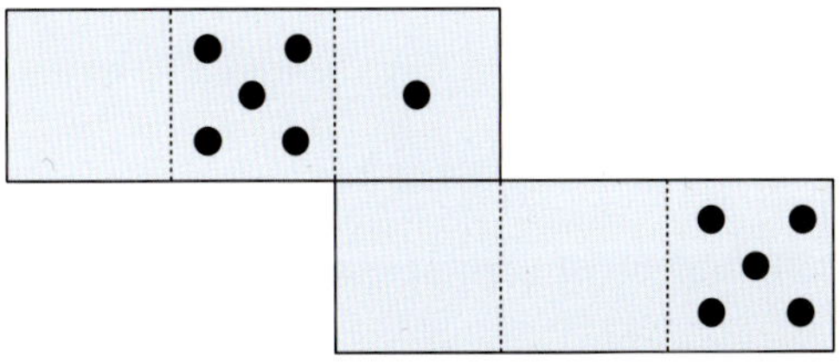

[그림 3-32]

 기출유형

박미래 대리는 오른쪽 그림과 같이 색 테이프가 붙어 있는 직육면체를 만들기 위하여 전개도 **가**를 그리고 색 테이프를 붙였다. 전개도 **가**의 어느 부분에 색 테이프를 더 붙여야 하는가?

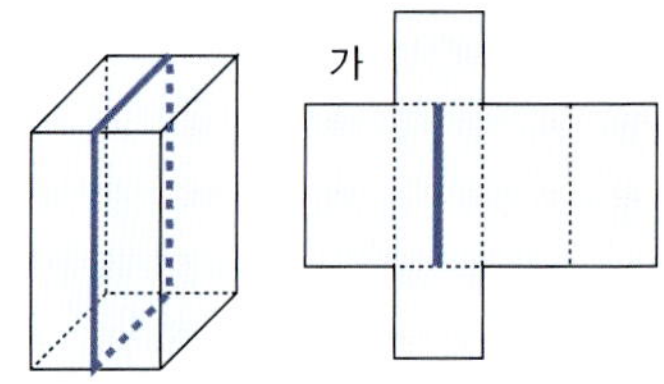

[그림 3-33]

①
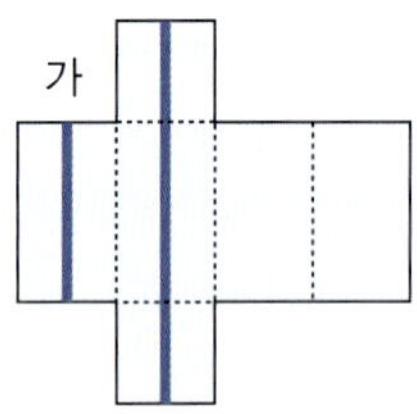

②
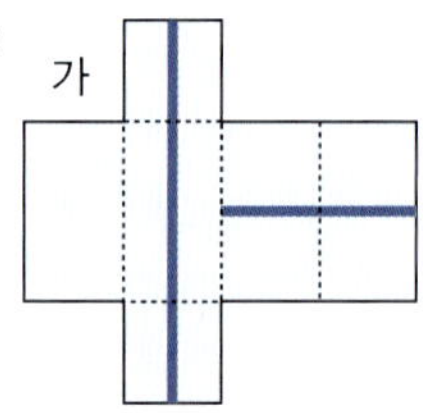

③
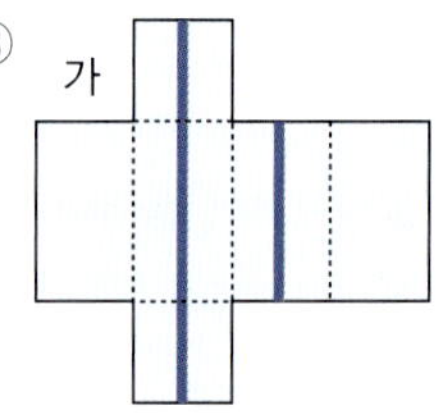

④
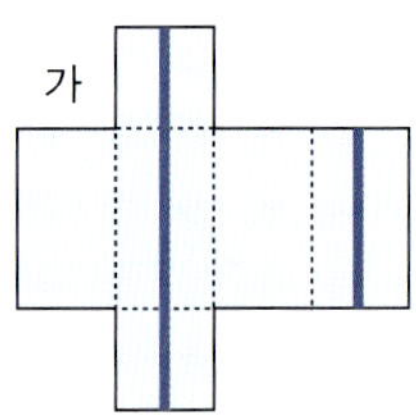

⑤
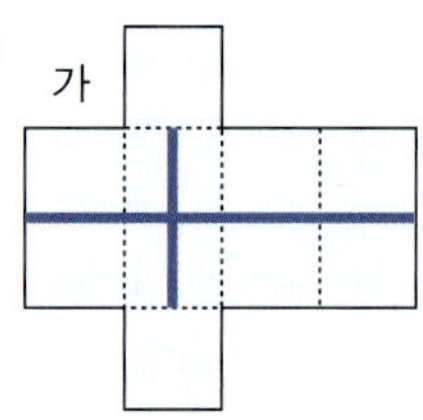

문제 3-50 기출유형

박미래 대리는 오른쪽 그림과 같이 정육면체 모양의 종이상자에 꼭짓점 **가**에서 꼭짓점 **나**까지 파란색 테이프를 붙이려고 한다. 다음 중 테이프를 가장 짧게 붙이는 방법은?

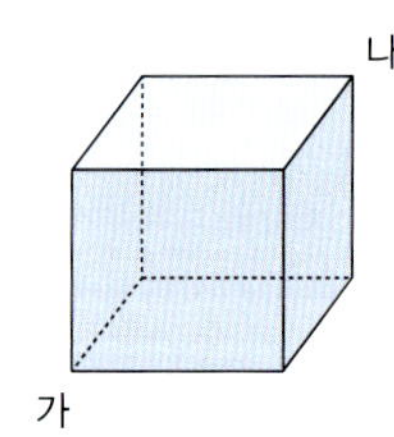

[그림 3-34]

①
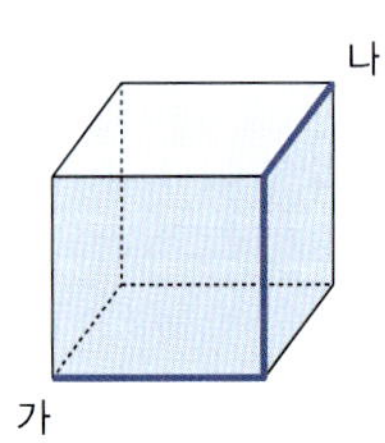

②
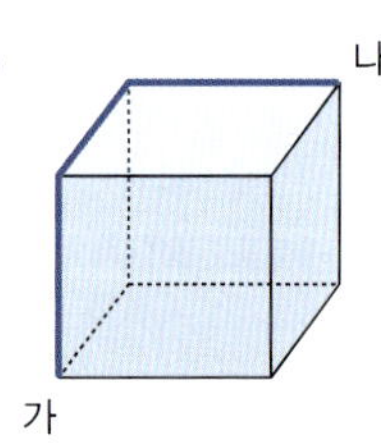

③
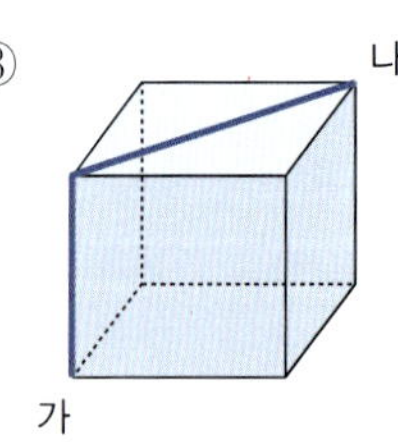

④
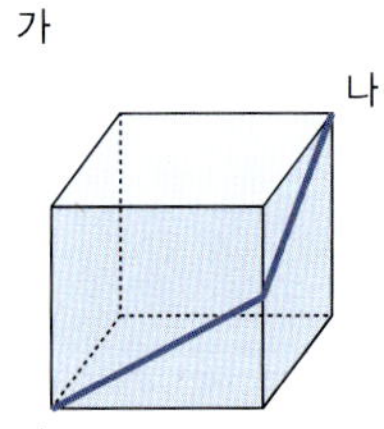

⑤
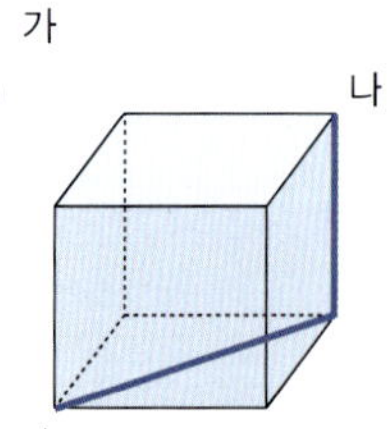

Chapter 03 연습문제

※ **(문제 1~2)** 다음과 같이 일정한 규칙으로 수를 나열할 때, [?] 안에 알맞은 수는?

1.

1, 16, 81, [?], 625

① 248 ② 256 ③ 264 ④ 272 ⑤ 280

2.

2, 5, 10, 17, [?], 37

① 26 ② 27 ③ 28 ④ 29 ⑤ 30

3. 다음과 같이 일정한 규칙으로 수를 나열할 때, 0은 몇 번째 항인가?

−99, −96, −91, −84, −75, ⋯

① 9 ② 10 ③ 11 ④ 12 ⑤ 13

※ **(문제 4~5)** 다음과 같이 원 안에 일정한 규칙으로 수를 나열할 때, '?' 안에 알맞은 수는?

4.

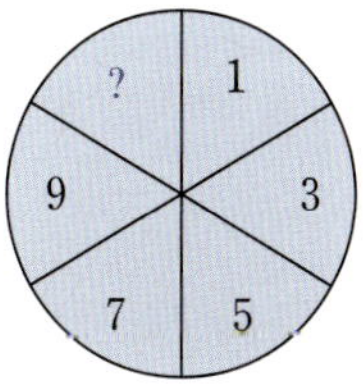

① 10 ② 11
③ 12 ④ 13
⑤ 14

5.

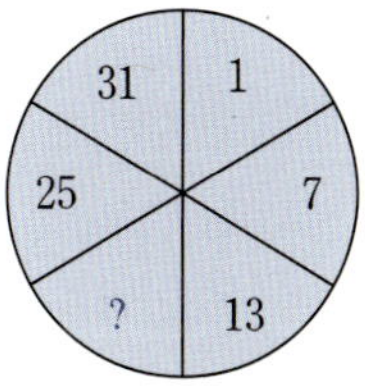

① 19 ② 20
③ 21 ④ 22
⑤ 23

※ **(문제 6~7)** 다음과 같이 일정한 규칙으로 수를 나열할 때, '?'에 알맞은 수는?

6.

2, 3, 6, 3, 4, 12, 5, ?, 45

① 8　② 9　③ 10　④ 11　⑤ 12

7.

2, 7, −3, 5, −8, 1, 27, ?, −10

① −1　② 0　③ 1　④ 2　⑤ 3

※ **(문제 8~9)** 다음과 같은 표에 일정한 규칙으로 수를 나열할 때, '?' 안에 알맞은 수는?

8.

<table><tr><td>13</td><td>23</td></tr><tr><td>25</td><td>39</td></tr></table>

→

<table><tr><td>21</td><td>31</td></tr><tr><td>33</td><td>?</td></tr></table>

① 45　② 46　③ 47　④ 48　⑤ 49

9.

<table><tr><td>3</td><td>15</td></tr><tr><td>21</td><td>33</td></tr></table>

→

<table><tr><td>9</td><td>?</td></tr><tr><td>45</td><td>69</td></tr></table>

① 31　② 32　③ 33　④ 34　⑤ 35

※ **(문제 10~11)** 다음과 같은 일정한 규칙으로 수를 나열할 때, '?' 안에 알맞은 수는?

10.

<table><tr><td colspan="2">7</td></tr><tr><td>31</td><td>3</td></tr></table>

<table><tr><td colspan="2">4</td></tr><tr><td>46</td><td>9</td></tr></table>

<table><tr><td colspan="2">8</td></tr><tr><td>?</td><td>5</td></tr></table>

① 10　② 20　③ 30　④ 40　⑤ 50

11.

<table><tr><td colspan="2">9</td></tr><tr><td>3</td><td>78</td></tr></table>

<table><tr><td colspan="2">6</td></tr><tr><td>4</td><td>?</td></tr></table>

<table><tr><td colspan="2">5</td></tr><tr><td>2</td><td>23</td></tr></table>

① 31　② 32　③ 33　④ 34　⑤ 35

12. 다음과 같이 일정한 규칙으로 수를 나열할 때, [?] 안에 알맞은 수는?

1, 3, 4, 7, 11, 18, [?]

① 25　② 26　③ 27　④ 28　⑤ 29

13. 다음과 같이 일정한 규칙으로 수를 나열할 때, 빈칸에 알맞은 수는?

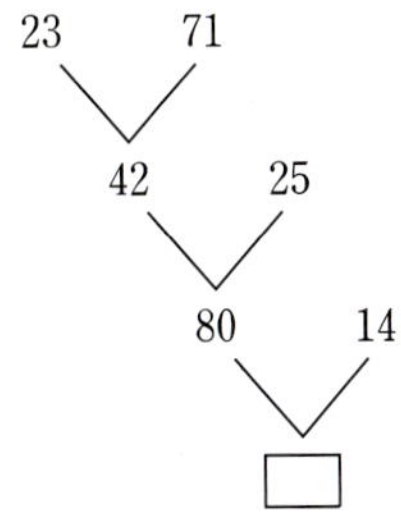

① -4　② -3　③ -2　④ -1　⑤ 0

※ **(문제 14~15)** 다음과 같이 일정한 규칙으로 수를 나열할 때, [?] 안에 알맞은 것은?

14.

27 : 36　25 : 30　[?]　21 : 18

① 21 : 21　② 22 : 21　③ 23 : 22　④ 23 : 24　⑤ 24 : 21

15.

$16+88=179$, $98+60=$ [?]

① 95　② 125　③ 155　④ 185　⑤ 215

16. 다음과 같이 일정한 규칙으로 수를 나열할 때, $a-b\div 2$의 값은?

- $7,\ 2,\ -2,\ -5,\ a,\ -8$
- $2,\ 4,\ 3,\ \frac{7}{2},\ b,\ \frac{27}{8}$

① $-\frac{69}{8}$　② -8　③ $-\frac{59}{8}$　④ $-\frac{27}{4}$　⑤ $-\frac{49}{8}$

17. 오른쪽과 같은 표에 일정한 규칙으로 수를 나열할 때, '?' 안에 알맞은 수는?

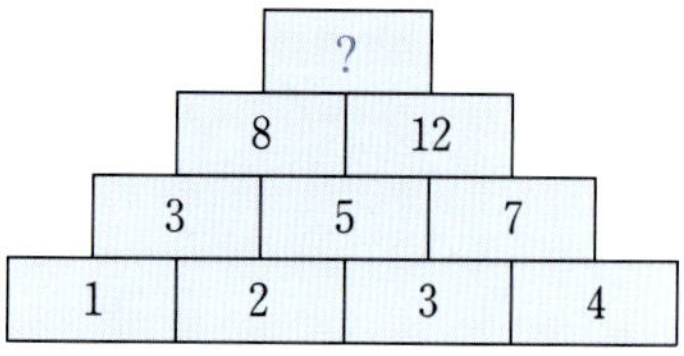

① 17　　② 20　　③ 23
④ 26　　⑤ 29

18. 다음 그림과 같이 삼각형 안에 수를 일정한 규칙으로 나열할 때, '?'에 알맞은 수는?

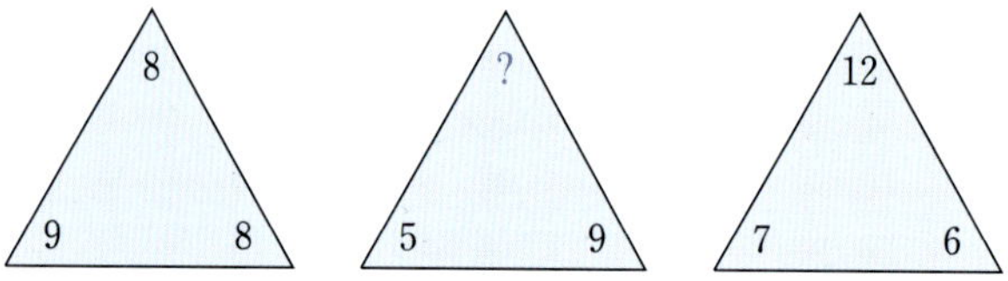

① 11　　② 12　　③ 13　　④ 14　　⑤ 15

19. [그림 3-35]는 가로와 세로로 화살표를 배열하여 진행 방향을 나타낸 것이다. 어떤 위치에서 출발하면 모든 정사각형을 한 번씩 지나갈 수 있는가?

① 1A　　② 1C　　③ 2B
④ 2C　　⑤ 3A

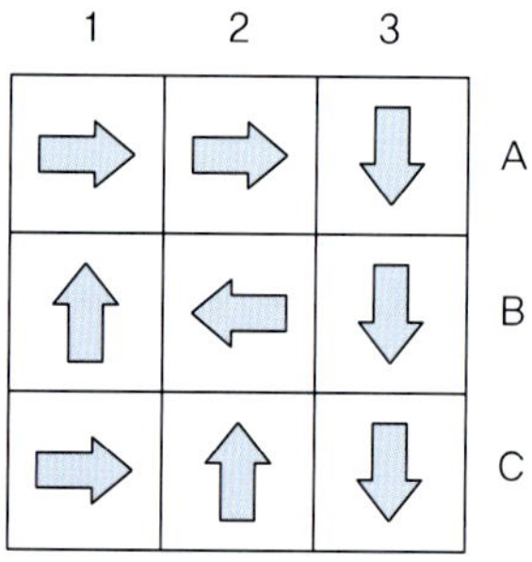

[그림 3-35]

※ **(문제 20~21)** 다음은 사람을 형상화하여 그린 그림이다. '?' 안에 알맞은 수는?

20.

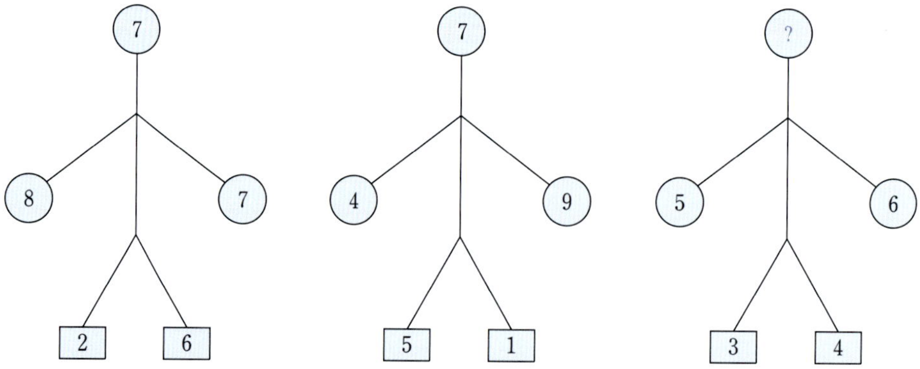

① 1　　② 2　　③ 3　　④ 4　　⑤ 5

21.

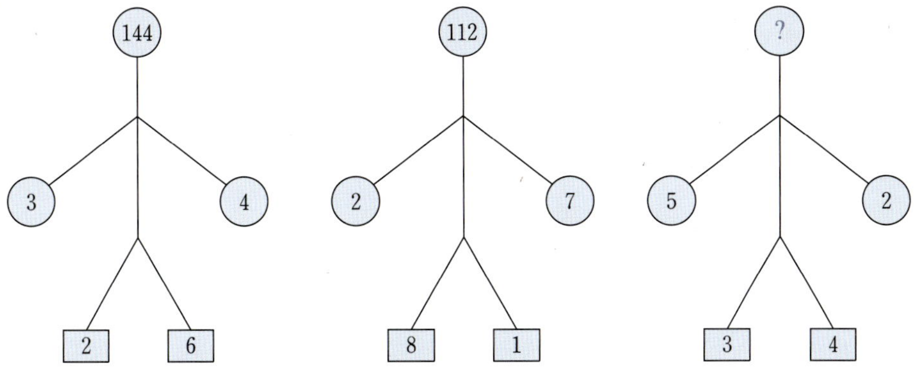

① 120 ② 124 ③ 128 ④ 130 ⑤ 132

※ (문제 22~24) 다음과 같이 일정한 규칙으로 문자와 숫자를 나열할 때, [?] 안에 알맞은 것은?

22. 8, 5, 4, 9, 1, 7, 6, [?], 2, 0

① 1 ② 2 ③ 3 ④ 4 ⑤ 5

23. ㄷ, ㅅ, ㅋ, ㄱ, ㅁ, [?]

① ㄴ ② ㄹ ③ ㅇ ④ ㅈ ⑤ ㅍ

24. O, T, T, F, F, S, S, [?]

① A ② B ③ C ④ D ⑤ E

25. 다음 계산에서 같은 문자는 같은 숫자를 나타낼 때, C에 알맞은 수는? (단, 다른 문자는 서로 다른 수를 나타내며, S는 0이 아니다.)

```
      7 U 7 I 0
+     7 U 7 I 0
---------------
    S C H 4 4 L
```

① 1 ② 2 ③ 3 ④ 4 ⑤ 5

26. 다음 계산에서 같은 문자는 같은 숫자를 나타낼 때, E에 알맞은 수는? (단, 다른 문자는 서로 다른 수를 나타내며, B는 0이 아니다.)

$$\begin{array}{r} \text{B A 8 E} \\ +\quad \text{B A 5 5} \\ \hline \text{1 A 9 E 8} \end{array}$$

① 1 ② 2 ③ 3 ④ 4 ⑤ 5

27. 오른쪽 직육면체의 겨냥도에서 보이는 모서리의 수를 a, 보이지 않는 면의 수를 b라 할 때, $a \div b$의 값은?

① 1 ② 2 ③ 3 ④ 4 ⑤ 5

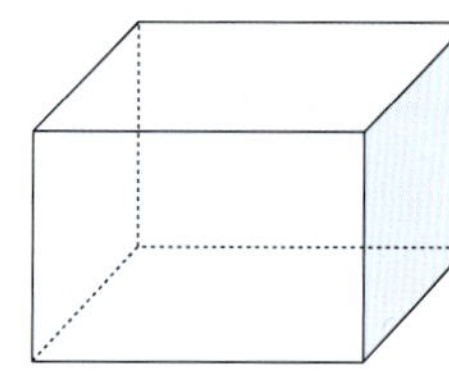

[그림 3-36]

28. 오른쪽 정십이면체의 겨냥도에서 보이는 모서리의 수와 면의 수를 각각 a와 b, 보이지 않는 모서리의 수와 면의 수를 각각 c, d라 할 때, $a \times b - c \times d$의 값은?

① 55 ② 60 ③ 65 ④ 70 ⑤ 75

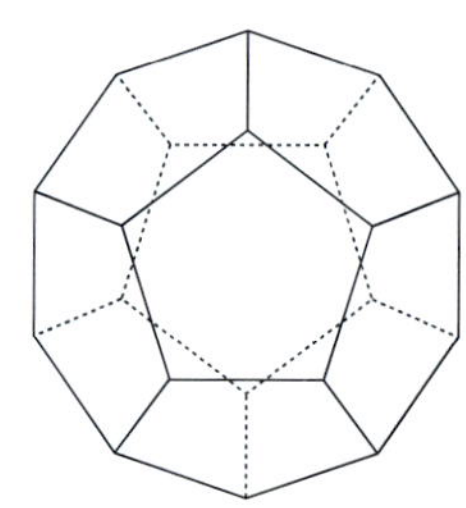

[그림 3-37]

29. 오른쪽 그림은 박미래 대리가 그린 정육면체의 전개도이다. 다음 중 이 전개도로 만들 수 없는 정육면체는?

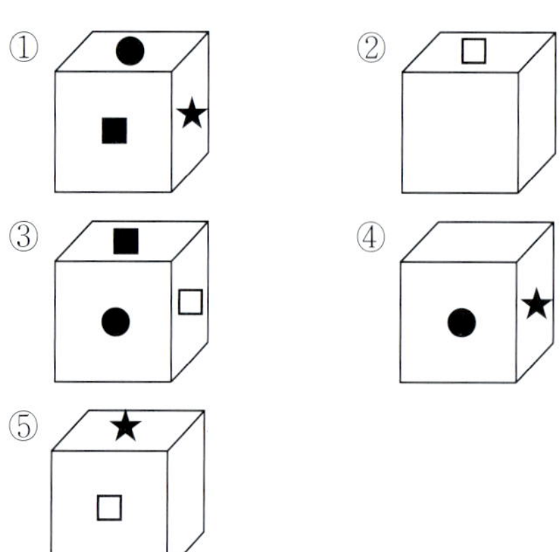

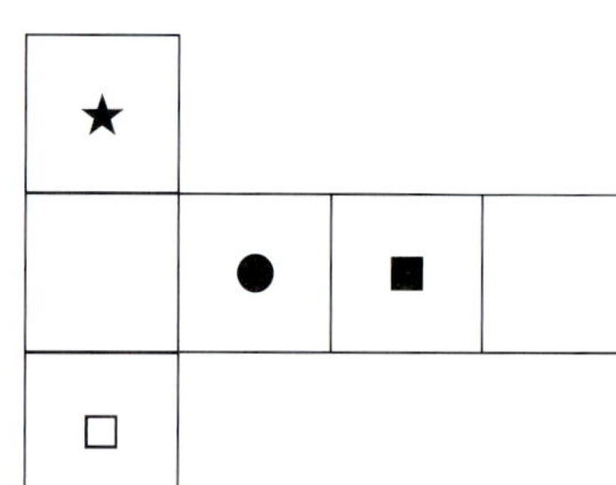

[그림 3-38]

30. 박미래 대리는 오른쪽 그림과 같은 칠교조각 중 몇 개를 변끼리 서로 맞붙여서 여러 가지 직각삼각형을 만들었다. 박미래 대리가 만들 수 있는 크기가 서로 다른 직각삼각형은 모두 몇 가지인가?

① 5　② 6　③ 7
④ 8　⑤ 9

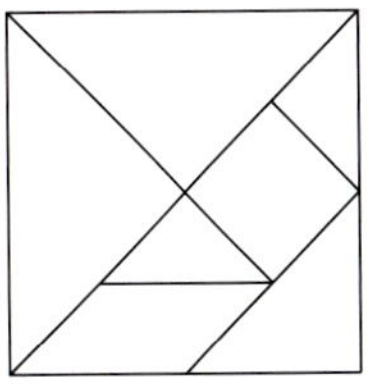

[그림 3-39]

31. 다음 중 [그림 3-40]의 '?' 안에 알맞은 그림은?

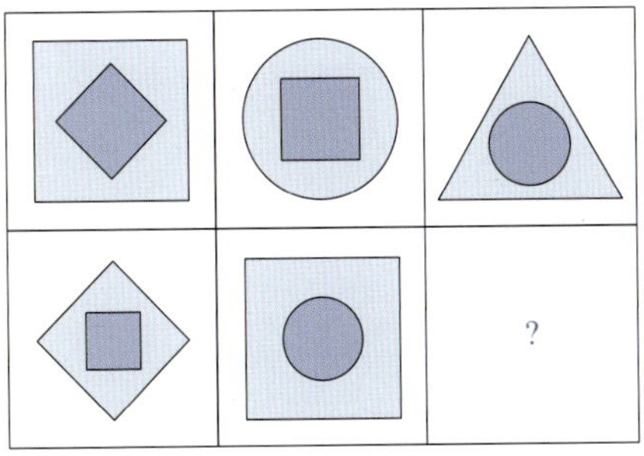

[그림 3-40]

① 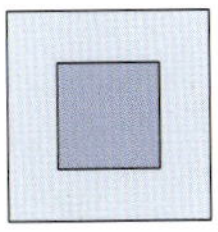
② 
③ 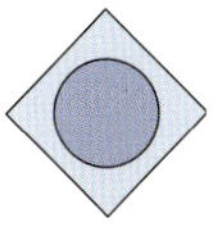
④ 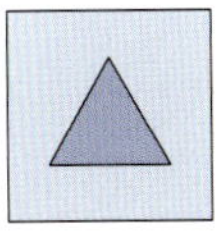
⑤ 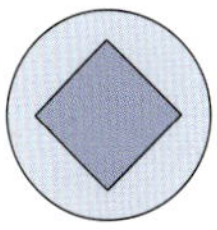

32. 오른쪽 도형을 아래쪽으로 뒤집은 모양은 어느 것인가?

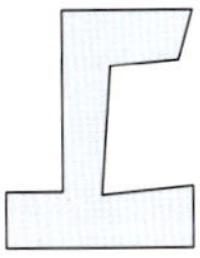

[그림 3-41]

① 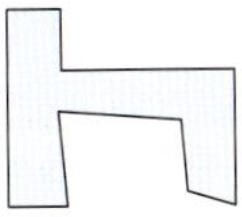
② 
③ 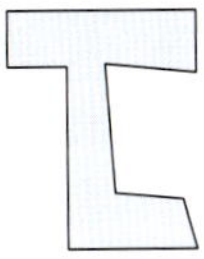
④ 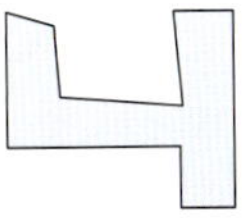
⑤ 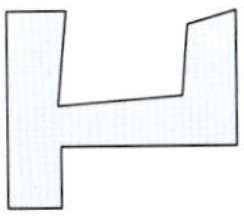

33. 오른쪽 도형을 위로 뒤집은 후에 시계 방향으로 90° 돌린 모양은 어느 것인가?

[그림 3-42]

① 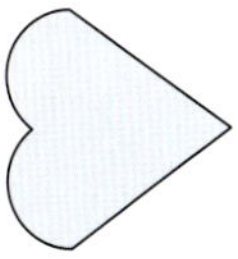
② 
③ 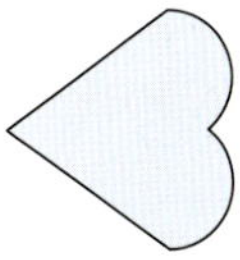
④ 
⑤ 

34. 박미래 대리는 특별한 방법으로 정육면체를 만들었다. 박미래 대리가 만든 정육면체는 크기가 같은 작은 정육면체 125개를 [그림 3-43]과 같이 가로, 세로, 높이로 각각 5줄씩 배열한 것이다. 그런데 그림의 도형에서 앞, 옆, 위에 붙인 ☺ 모양 스티커는 각각 가로방향, 세로방향, 아랫방향으로 놓여 있는 정육면체 5개에 ☺ 모양 스티커가 모두 표시되어 있음을 나타낸다. 박미래 대리가 만든 정육면체에서 ☺ 모양 스티커가 표시된 작은 정육면체는 모두 몇 개인가?

① 45개　② 46개　③ 47개
④ 48개　⑤ 49개

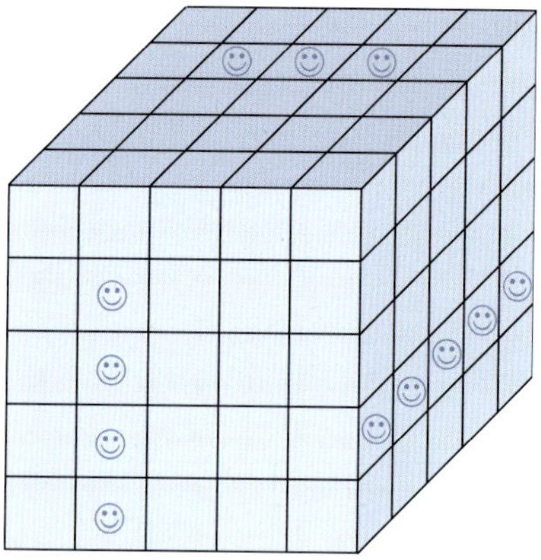

[그림 3-43]

35. 박미래 대리는 똑같은 주사위 3개를 [그림 3-44]와 같이 층을 이루게 쌓고 위에서부터 차례로 A, B, C로 표시했다. 그런데 A와 B가 만나는 두 면의 수의 합과 B와 C가 만나는 두 면의 수의 합은 모두 5였다. 박미래 대리가 쌓여 있는 주사위를 살펴보니 주사위 A의 한 면이 1이라는 것이 정확하게 보였다. 이때 주사위 C의 맨 윗면에는 어떤 수가 표시되어 있는가?

① 2　② 3　③ 4
④ 5　⑤ 6

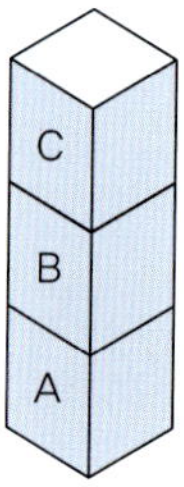

[그림 3-44]

※ **(문제 36~37)** 박미래 대리는 그림과 같은 모양으로 쌓여 있는 종이상자를 보고 쌓인 종이상자의 개수를 구하려고 한다. 종이상자의 개수는?

36.

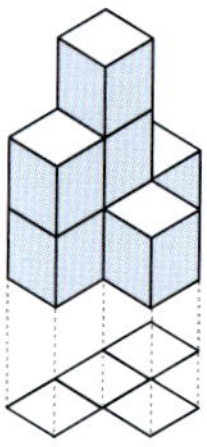

[그림 3-45]

① 6　② 7
③ 8　④ 9
⑤ 10

37.

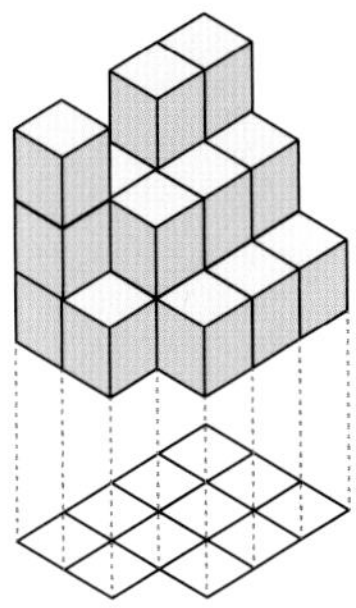

[그림 3-46]

① 20　② 21
③ 22　④ 23
⑤ 24

38. 박미래 대리는 [그림 3-47]과 같이 정육면체 모양에서 종이상자를 몇 개 빼었더니 그림의 오른쪽과 같은 모양이 되었다. 빼낸 종이상자의 개수는?

① 48　② 49　③ 50
④ 51　⑤ 52

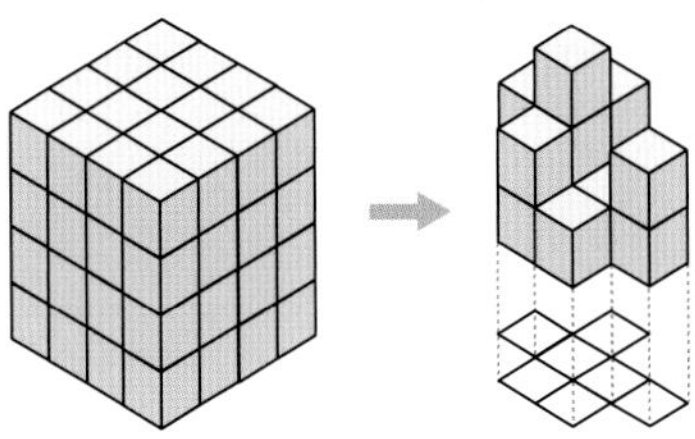

[그림 3-47]

39. 박미래 대리는 [그림 3-48]과 같은 모양으로 쌓여 있는 종이상자를 보고 앞에서 본 모양을 그렸다. 박미래 대리가 그린 그림은?

① 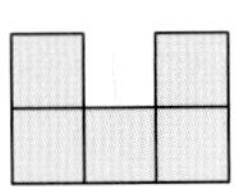
② 
③ 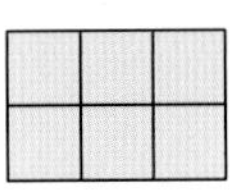
④ 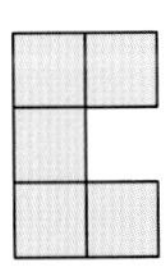
⑤ 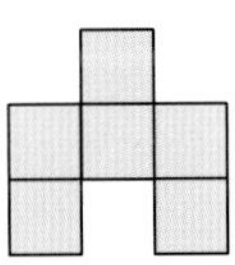

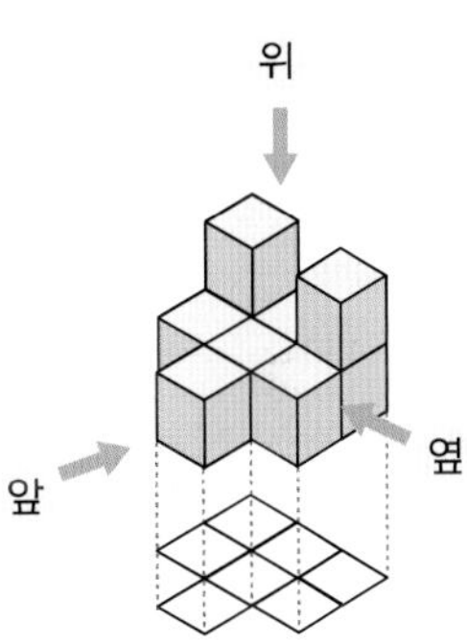

[그림 3-48]

40. [그림 3-49]는 우리나라의 독립문이다. 이 독립문을 앞에서 본 모양인 것으로 가장 적당한 것은?

① 
② 
③ 
④ 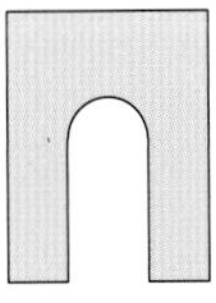
⑤ 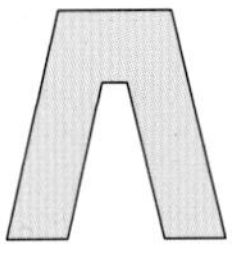

[그림 3-49]

Chapter 03 실전문제

1. 다음과 같이 일정한 규칙으로 수를 나열할 때, [?] 안에 알맞은 수는?

15, 20, 10, [?], 5, 30, 0

① 5　　② 10　　③ 15　　④ 20　　⑤ 25

2. 다음과 같이 일정한 규칙으로 수를 나열할 때, 111번째 항의 수는?

$\frac{3}{9}, \frac{1}{18}, -\frac{1}{27}, -\frac{3}{36}, -\frac{5}{45}, \cdots$

① $-\frac{217}{999}$　　② $-\frac{218}{999}$　　③ $-\frac{73}{333}$　　④ $-\frac{220}{999}$　　⑤ $-\frac{221}{999}$

3. 오른쪽과 같이 원 안에 일정한 규칙으로 수를 나열할 때, '?' 안에 알맞은 수는?

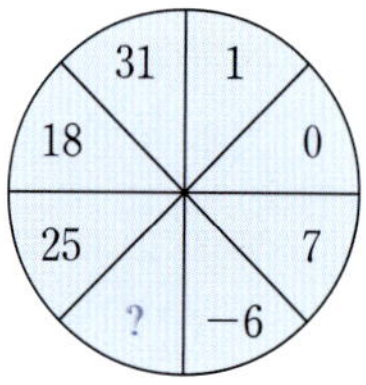

① 21　　② 22　　③ 23
④ 24　　⑤ 25

4. 다음과 같이 일정한 규칙으로 수를 나열할 때, [?] 안에 알맞은 수는?

2, 0, 1, 5, 3, 125, 7, 2, [?]

① 14　　② 35　　③ 49　　④ 189　　⑤ 280

5. 다음과 같이 표에 일정한 규칙으로 수를 나열할 때, '?' 안에 알맞은 수는?

313	217
225	339

→

202	106
?	228

① 111　　② 112　　③ 113　　④ 114　　⑤ 115

6. 오른쪽 그림에서 빈칸에 알맞은 수는?

① 7　② 8　③ 9
④ 10　⑤ 11

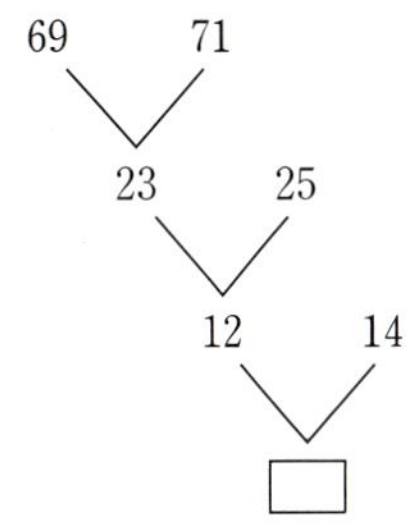

7. 다음과 같이 일정한 규칙으로 수를 나열할 때, $a \times b + 3$의 값은?

- 2, 4, 8, 2, 4, a
- 2, 4, 6, 8, b, 12

① 81　② 82　③ 83　④ 84　⑤ 85

8. 다음과 같이 도형과 수를 일정한 규칙으로 나열할 때, '?'에 알맞은 수는?

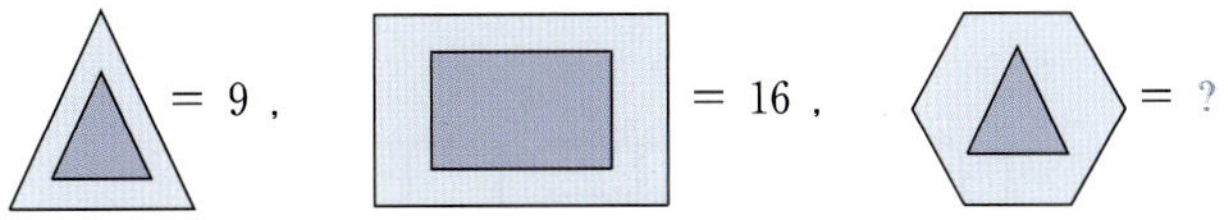

① 9　② 12　③ 15　④ 18　⑤ 21

9. 다음과 같이 도형과 수를 일정한 규칙으로 나열할 때, '?'에 알맞은 수는?

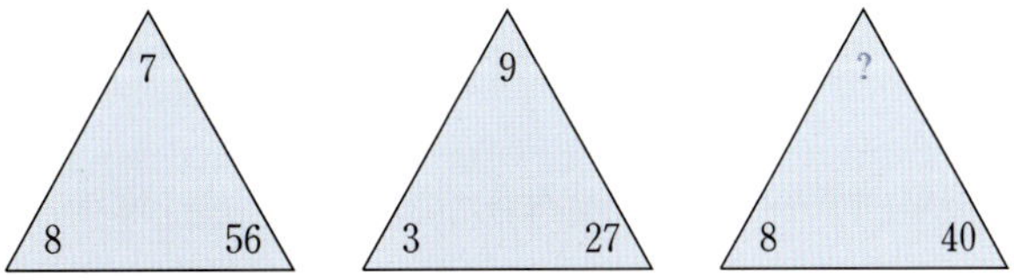

① 3　② 5　③ 7　④ 9　⑤ 11

10. 오른쪽 그림은 가로와 세로로 화살표를 배열하여 진행 방향을 나타낸 것이다. 어떤 위치에서 출발하면 모든 정사각형을 한 번씩 지나갈 수 있는가?

① 1A　② 2A　③ 4A
④ 1C　⑤ 3C

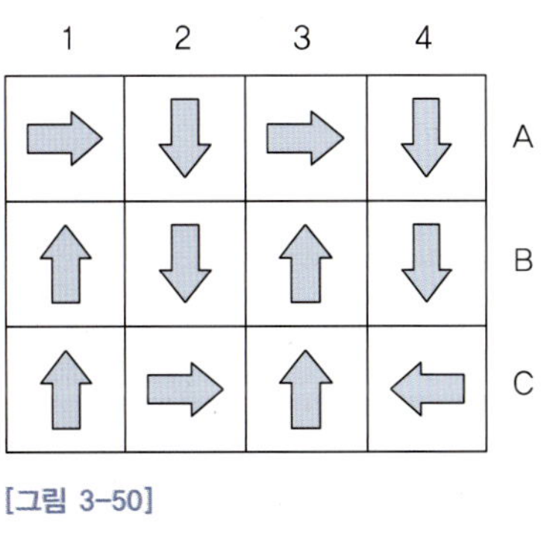

[그림 3-50]

11. 다음은 사람을 형상화하여 그린 그림이다. '?' 안에 알맞은 수는?

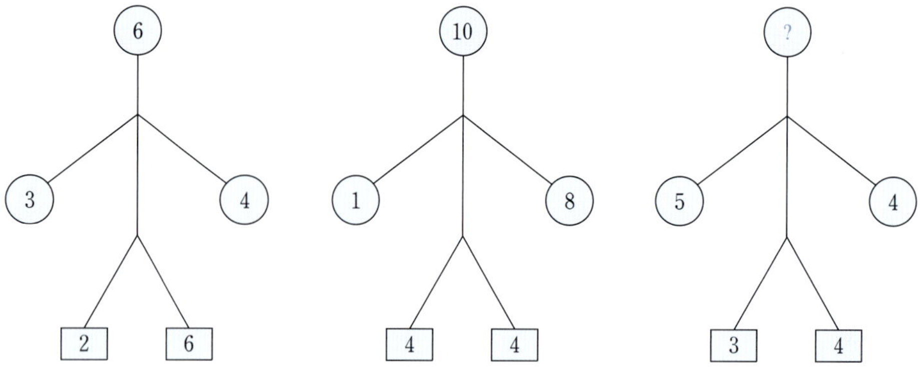

① 11　　② 12　　③ 13　　④ 14　　⑤ 15

12. 다음 그림과 같이 어떤 모양들이 일정한 규칙으로 나열되어 있다. 다음에 그려야 할 그림으로 적당한 것은?

[그림 3-51]

① 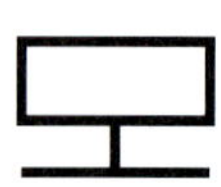　② 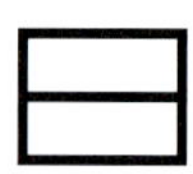　③ 　④ 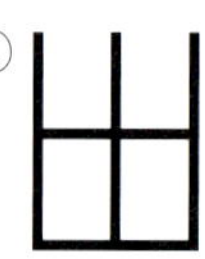　⑤ 

13. 다음과 같이 일정한 규칙으로 문자와 숫자를 나열할 때, [?] 안에 알맞은 문자는?

F28, M31, A30, M31, [?]

① F30　　② G31　　③ H30　　④ I31　　⑤ J30

14. 다음과 같이 일정한 규칙으로 문자와 숫자를 나열할 때, [?] 안에 들어갈 가장 적당한 것은?

A, ㄴ, B, iii, ㄷ, C, 四, iv, ㄹ, D, 五, v, [?], ㅁ, E

① 5　　② 6　　③ i　　④ ii　　⑤ 六

CHAPTER 04

경우의 수와 확률

||| 목차 |||

||| 학습목표 |||

- 경우의 수를 구할 수 있고, 이를 직무에 활용하여 문제를 해결할 수 있다.
- 순열과 조합, 이항정리를 이해하고, 이를 직무에 활용하여 문제를 해결할 수 있다.
- 확률을 이해하고, 이를 직무에 활용하여 문제를 해결할 수 있다.
- 조건부확률을 이해하고, 이를 직무에 활용하여 문제를 해결할 수 있다.

CHAPTER 04에서는 무엇을 배울까?

이 장에서는 직무에서 경우의 수를 활용할 수 있는 다양한 문제를 해결하고, 확률을 활용하는 방법을 배운다. 또한 순열과 조합의 의미를 이해하고, 이항정리를 활용하는 방법도 알아본다. 특히 확률은 실생활뿐만 아니라 직무에서도 빈번하게 등장하므로 다양한 실무를 완수하기 위해 반드시 학습하는 것이 좋다. 확률을 활용하여 직무를 수행할 때, 주어진 상황이 조건부확률에 해당하는지 정확하게 이해해야 한다. 특히 확률은 통계를 활용하는 기초가 된다.

Section
4.1 경우의 수

경우의 수

한 개의 주사위를 던질 때 나온 눈의 수가 3 이하인 경우는 1, 2, 3의 3가지이고, 5 이상인 경우는 5, 6의 2가지이다. 여기서 '3 이하의 눈이 나온다.', '5 이상의 눈이 나온다.' 등과 같이 어떤 실험이나 관찰에 의하여 일어나는 결과를 **사건**이라고 하고, 사건이 일어나는 가짓수를 **경우의 수**라고 한다.

사건	경우	경우의 수
3 이하의 눈이 나온다.	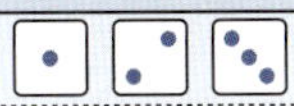	3
5 이상의 눈이 나온다.	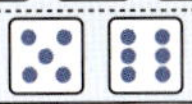	2

[그림 4-1]

예제 4-1 기출유형

금나래 씨는 500원짜리 동전 4개와 1,000원짜리 지폐 4장을 갖고 가게에서 3,000원짜리 물건을 한 개 샀다. 금나래 씨가 물건 값을 지불하는 경우의 수를 구하시오.

풀이

1,000원짜리 지폐의 수에 따라 지불하는 경우를 생각해 보면 다음과 같다.

- 1,000원짜리를 3장 지불하는 경우 
- 1,000원짜리를 2장 지불하는 경우 
- 1,000원짜리를 1장 지불하는 경우 

따라서 금나래씨가 물건 값을 지불하는 경우의 수는 3이다.

문제 4-1 기출유형

박미래 씨가 운영하는 식당에는 후식으로 아이스크림, 케이크, 떡이 준비되어 있다. 식사를 마친 손님 2명이 서로 다른 2가지 후식을 선택하는 경우의 수를 구하시오.

합의 법칙

1부터 10까지의 숫자가 적혀 있는 공이 들어 있는 주머니에서 공 한 개를 꺼내는 시행을 할 때 3의 배수가 나오는 경우는 3, 6, 9의 3가지이고, 5의 배수가 나오는 경우는 5, 10의 2가지이다. 이 두 사건은 동시에 일어나지 않으므로 3의 배수 또는 5의 배수가 나오는 경우의 수는 $3+2=5$이다. 이를 **합의 법칙**이라 한다.

일반적으로 사건 A 또는 사건 B가 일어나는 경우의 수는 다음과 같다.

합의 법칙

❶ 두 사건 A, B가 일어나는 경우의 수가 각각 m, n이고 A와 B가 동시에 일어나지 않을 때, 사건 A 또는 B가 일어나는 경우의 수는 $m+n$이다.

❷ 두 사건 A, B가 일어나는 경우의 수가 각각 m, n이고 A와 B가 동시에 일어나는 경우의 수가 k일 때, 사건 A 또는 B가 일어나는 경우의 수는 $m+n-k$이다.

예제 4-2 기출유형

한 개의 주사위를 던질 때, 나온 눈의 수가 홀수 또는 4의 배수인 경우의 수를 구하시오.

풀이

홀수가 나오는 경우는 1, 3, 5의 3가지이고, 4의 배수가 나오는 경우는 4의 1가지이다. 그런데 두 사건이 동시에 일어나지 않으므로 $3+1=4$이다. 따라서 홀수 또는 4의 배수가 나오는 경우의 수는 4이다.

문제 4-2 기출유형

금나래 씨는 소설책 3권, 수필 3권, 시집 4권을 가지고 있다. 이 중에서 한 권을 택하는 경우의 수를 구하시오.

예제 4-3

한 개의 주사위를 던질 때, 나온 눈의 수가 홀수 또는 3의 배수인 경우의 수를 구하시오.

풀이

홀수가 나오는 경우는 1, 3, 5의 3가지이고, 3의 배수가 나오는 경우는 3, 6의 2가지이다. 그런데 동시에 일어나는 경우는 3의 1가지이므로 구하는 경우의 수는 $3+2-1=4$이다.

문제 4-3

1부터 12까지의 숫자가 적혀 있는 카드에서 한 장을 뽑을 때, 3의 배수 또는 4의 배수가 나오는 경우의 수를 구하시오.

이제 경우의 수에 대한 합의 법칙을 집합의 개념을 이용하여 알아보자. 사건 X가 일어나는 경우의 집합을 A, 사건 Y가 일어나는 경우의 집합을 B로 나타내면 두 사건 X, Y가 일어나는 경우의 수는 각각 $n(A)$, $n(B)$와 같다. 이때 사건 X 또는 사건 Y가 일어나는 경우의 집합은 $A \cup B$, 두 사건 X와 Y가 동시에 일어나는 경우의 집합은 $A \cap B$로 나타낼 수 있으므로 사건 X 또는 사건 Y가 일어나는 경우의 수는

$$n(A \cup B) = n(A) + n(B) - n(A \cap B)$$

이다. 한편 두 사건 X와 Y가 동시에 일어나지 않을 때에는 $A \cap B = \varnothing$이므로

$$n(A \cap B) = 0$$

이다. 따라서 두 사건 X와 Y가 동시에 일어나지 않을 때, 사건 X 또는 사건 Y가 일어나는 경우의 수는

$$n(A \cup B) = n(A) + n(B)$$

이다.

예제 4-4 기출유형

금나래 씨는 손님을 대상으로 두 상품 A, B의 선호도를 조사했더니 상품 A를 좋아하는 손님은 7명, 상품 B를 좋아하는 손님은 10명이었고, 상품 A 또는 상품 B를 좋아하는 손님이 12명이었다. 상품 A와 상품 B를 모두 좋아하는 손님은 몇 명인지 구하시오.

풀이

상품 A를 좋아하는 손님의 집합을 A, 상품 B를 좋아하는 손님의 집합을 B라 하면 $n(A) = 7$, $n(B) = 10$, $n(A \cup B) = 12$이다. 합의 법칙에 의하여 $n(A \cup B) = n(A) + n(B) - n(A \cap B)$이므로 $n(A \cap B) = 5$이다. 따라서 상품 A와 상품 B를 모두 좋아하는 손님은 5명이다.

문제 4-4 기출유형

금나래 씨는 회사 체육대회의 부서 대항 축구 경기에 나갈 공격수와 수비수를 뽑으려고 한다. 모두 13명이 지원했는데, 그 중에서 공격수를 지원한 직원은 9명, 수비수를 지원한 직원은 8명이었다. 공격수와 수비수를 모두 지원한 직원은 몇 명인지 구하시오.

예제 4-5

크기가 다른 두 개의 주사위를 동시에 던질 때, 나온 눈의 수의 합이 4 또는 8이 되는 경우의 수를 구하시오.

풀이

큰 주사위의 눈의 수를 x, 작은 주사위의 눈의 수를 y라고 할 때, 이를 순서쌍 $(x,\ y)$로 나타내자. 눈의 수의 합이 4인 사건을 X라 하면 사건 X의 집합 A는 $A=\{(1,\ 3),\ (2,\ 2),\ (3,\ 1)\}$이다. 눈의 수의 합이 8인 사건을 Y라고 하면 사건 Y의 집합 B는 $B=\{(2,\ 6),\ (3,\ 5),\ (4,\ 4),\ (5,\ 3),\ (6,\ 2)\}$이다.

이때 두 사건 X와 Y는 동시에 일어나지 않으므로 구하는 경우의 수는 다음과 같다.

$$n(A\cup B)=n(A)+n(B)=3+5=8$$

문제 4-5

한 개의 주사위를 두 번 던져 나온 눈의 수의 합에 대해 다음 경우의 수를 구하시오.

(a) 눈의 수의 합이 5의 배수인 경우 (b) 눈의 수의 합이 10 이상인 경우

문제 4-6 기출유형

[표 4-1]은 금나래 씨 회사 직원 30명을 대상으로 직무교육에 참여한 직원 수를 조사하여 나타낸 것이다. MOS 교육과 알고리즘 교육 중에서 어느 것도 참여하지 않은 직원이 3명일 때, MOS 교육만 참여한 직원은 몇 명인지 구하시오.

[표 4-1]

직무교육	직원(명)
MOS 교육	22명
알고리즘 교육	16명

곱의 법칙

1부터 10까지의 숫자가 적혀 있는 공이 들어 있는 두 개의 주머니에서 공 한 개를 꺼내는 시행을 할 때 첫 번째 주머니에서 3의 배수가 나오는 경우는 3, 6, 9의 3가지이고, 두 번째 주머니에서 5의 배수가 나오는 경우는 5, 10의 2가지이다. 이 두 사건은 동시에 일어나므로 두 주머니에서 각각 3의 배수와 5의 배수가 나오는 경우의 수는 $3\times 2=6$이다. 이를 **곱의 법칙**이라 한다.

일반적으로 두 사건 A, B가 동시에 일어나는 경우의 수는 다음과 같다.

곱의 법칙

사건 A가 일어나는 경우의 수가 m이고, 그 각각에 대하여 사건 B가 일어나는 경우의 수가 n일 때, 두 사건 A, B가 동시에 일어나는 경우의 수는 $m \times n$이다.

참고 k가지 시행을 할 때 각 시행에서 나올 수 있는 경우가 각각 n_i가지($i=1, 2, \cdots, k$)일 때 나올 수 있는 경우의 수는 $n_1 \times n_2 \times \cdots \times n_k$이다.

예제 4-6 기출유형

주사위 2개를 동시에 던질 때 나올 수 있는 경우의 수를 구하시오.

풀이

각 주사위를 던질 때 나오는 경우의 수가 6이므로 $6 \times 6 = 36$이다. 이때 주사위 2개를 동시에 던질 때 나올 수 있는 모든 경우를 순서쌍으로 나타내면 다음과 같다.

$$\begin{array}{llllll} (1, 1), & (1, 2), & (1, 3), & (1, 4), & (1, 5), & (1, 6), \\ (2, 1), & (2, 2), & (2, 3), & (2, 4), & (2, 5), & (2, 6), \\ (3, 1), & (3, 2), & (3, 3), & (3, 4), & (3, 5), & (3, 6), \\ (4, 1), & (4, 2), & (4, 3), & (4, 4), & (4, 5), & (4, 6), \\ (5, 1), & (5, 2), & (5, 3), & (5, 4), & (5, 5), & (5, 6), \\ (6, 1), & (6, 2), & (6, 3), & (6, 4), & (6, 5), & (6, 6) \end{array}$$

문제 4-7 기출유형

금나래 씨는 의류매장에서 옷을 구입하려고 한다. 의류매장에서 금나래 씨는 마음에 드는 티셔츠 6종류와 바지 5종류를 골랐다. 이 중에서 금나래 씨가 티셔츠와 바지를 각각 1개씩 구입하는 경우의 수를 구하시오.

이제 경우의 수에 대한 곱의 법칙을 집합의 개념을 이용하여 알아보자. 사건 X가 일어나는 경우의 집합을 $A = \{a_1, a_2, \cdots, a_s\}$, 사건 Y가 일어나는 경우의 집합을 $B = \{b_1, b_2, \cdots, b_t\}$라고 하자. 두 사건 X, Y가 동시에 일어나는 것은 A의 각 원소에 대하여 $b_1, b_2, \cdots, b_t$가 대응되는 것과 같으므로 두 사건 X, Y가 동시에 일어나는 경우를 순서쌍으로 나타내면 다음과 같다.

$$\begin{array}{cccc} (a_1, b_1), & (a_1, b_2), & \cdots, & (a_1, b_t) \\ (a_2, b_1), & (a_2, b_2), & \cdots, & (a_2, b_t) \\ \vdots & \vdots & & \vdots \\ (a_s, b_1), & (a_s, b_2), & \cdots, & (a_s, b_t) \end{array}$$

따라서 두 사건 X, Y가 동시에 일어나는 경우의 수는 다음과 같다.

$$n(A)\times n(B)=s\times t$$

예제 4-7

두 자리 자연수 중 십의 자리 수는 3의 배수이고, 일의 자리 수는 홀수인 자연수의 개수를 구하시오.

풀이

십의 자리 수로 가능한 수의 집합을 A, 일의 자리 수로 가능한 수의 집합을 B라 하면

$$A=\{3,\ 6,\ 9\},\ B=\{1,\ 3,\ 5,\ 7,\ 9\}$$

따라서 구하는 자연수의 개수는 곱의 법칙에 의하여 다음과 같다.

$$n(A)\times n(B)=3\times 5=15$$

문제 4-8 기출유형

금나래 씨 회사 앞 아이스크림 가게에는 딸기, 바닐라, 초코의 세 종류의 아이스크림과 아이스크림에 얹어 먹을 수 있는 크런치, 감자칩의 두 종류의 과자를 판매하고 있다. 가게에 온 손님이 한 종류의 아이스크림과 한 종류의 과자를 선택할 때, 몇 가지 방법으로 고를 수 있는지 구하시오.

문제 4-9 기출유형

다음 그림과 같이 금나래 씨 회사의 네 매장 A, B, C, D를 연결하는 도로가 있다. 매장 A에서 매장 D로 가는 경우의 수를 구하시오.

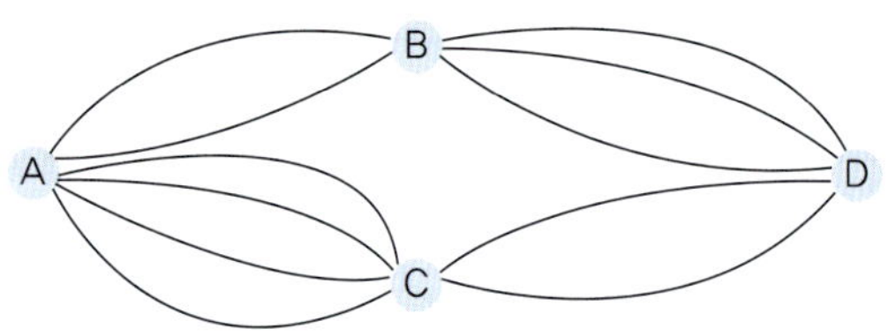

[그림 4-2]

복원추출과 비복원추출

1부터 9까지의 숫자가 적혀 있는 카드에서 두 장을 뽑아 두 자리 수를 만들 때, 두 가지 경우를 생각할 수 있다. 첫 번째는 뽑은 카드를 제자리에 놓은 후 다시 뽑을 수 있도록 허용하는 방법이고, 두 번째는 뽑은 카드를 다시 뽑을 수 없도록 하는 방법이다.

서로 다른 n개 중에서 2개 이상을 선택할 때, 첫 번째 추출에서 1개를 선택한 후 선택한 것을 집어넣고, 다시 n개 중에서 두 번째 추출을 하는 방법을 **복원추출**이라 한다. 이때 한 개를 선택한 후에 다시 집어넣지 않고 남아 있는 $(n-1)$개 중에서 두 번째 추출을 하는 방법을 **비복원추출**이라 한다.

복원추출에서는 같은 것이 여러 번 뽑힐 수 있으나, 비복원추출에서는 같은 것이 또 뽑힐 수는 없다.

복원추출과 비복원추출

복원추출은 서로 다른 n개에서 r개를 택할 때 1개를 택한 후 다시 집어넣고 다음 것을 선택하는 경우이고, 비복원추출은 선택했던 것을 다시 집어넣지 않고 남아 있는 것에서 선택하는 경우이다.

예제 4-8

1부터 9까지의 숫자가 적혀 있는 카드에서 세 장을 뽑아 세 자리 수를 만들 때, 다음 각각의 경우에서 만들 수 있는 세 자리 수의 개수를 구하시오.

(a) 복원추출인 경우　　(b) 비복원추출인 경우

풀이

(a) 복원추출의 경우 9장의 카드에서 계속 숫자를 선택할 수 있으므로 만들 수 있는 세 자리 수의 개수는 $9\times9\times9=729$이다.

(b) 비복원추출의 경우 처음에 9장에서 하나를 선택하고, 남은 8장의 카드에서 다시 한 장을 선택한다. 마지막으로 남아 있는 7장의 카드에서 한 장을 선택해야 하므로 만들 수 있는 세 자리 수의 개수는 $9\times8\times7=504$이다.

문제 4-10 기출유형

금나래 씨는 동아리 회원 10명에게 추첨을 통해 서로 다른 2개의 경품을 나누어 주려고 한다. 금나래 씨는 다음의 두 가지 방법으로 추첨하려 한다. 다음 각각의 경우의 수를 구하시오.

(a) 한 사람이 경품 2개를 모두 받을 수 있도록 추첨하는 경우

(b) 한 사람이 경품 1개만 받을 수 있도록 추첨하는 경우

Section 4.2 순열

순열이란?

어느 축구 시합에서 승부차기 할 5명의 선수 A, B, C, D, E를 선발하였다. 선발된 5명의 선수 중에서 가장 먼저 공을 차게 될 선수와 가장 마지막에 차게 될 선수를 정하는 경우의 수를 구해 보자. 선발된 공을 차는 순서대로 5명의 선수에게 1부터 5까지 번호를 붙이면, 1번 키커를 정하는 경우의 수는 5, 그 각각에 대하여 5번 키커를 정하는 경우의 수는 4이므로 5명 중에서 1번과 5번 키커를 정하는 경우의 수는

$$5 \times 4 = 20$$

이다. 이와 같이 n개 중에서 r개를 택하여 순서대로 나열하는 것을 **순열**이라고 한다.

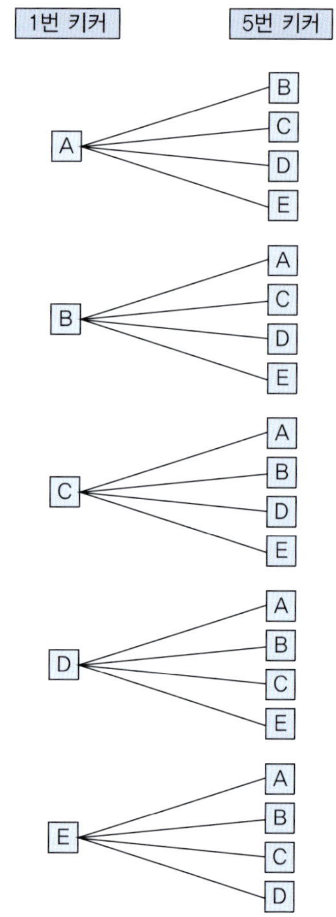

[그림 4-3]

순열

서로 다른 n개에서 $r(0 \le r \le n)$개를 택하여 순서대로 나열하는 것을 n 개에서 r 개를 택하는 **순열**permutation이라고 하며, 이 순열의 수를 기호로 다음과 같이 나타낸다.

$$_{n}\mathrm{P}_{r}$$

앞에서 예로 든 승부차기와 같이 서로 다른 5개에서 2개를 택하는 순열의 수는 $_{5}\mathrm{P}_{2}$이다.

이제 순열의 수 $_{n}\mathrm{P}_{r}$을 구하는 방법에 대하여 알아보자. 서로 다른 n개에서 r개를 택하여 순서대로 나열할 때, 첫 번째 자리에 올 수 있는 것은 n가지이고, 그 각각에 대하여 두 번째 자리에 올 수 있는 경우는 첫 번째 자리에 놓인 1개를 제외한 $(n-1)$가지, 세 번째 자리에 올 수 있는 경우는 앞의 두 자리에 놓인 2개를 제외한 $(n-2)$가지이다. 이와 같은 과정을 계속하면 r번째 자리에 올 수 있는 것은 $(n-r+1)$가지이다.

첫 번째	두 번째	세 번째	…	r 번째
↑	↑	↑		↑
n 가지	$(n-1)$ 가지	$(n-2)$ 가지	…	$\{n-(r-1)\}$ 가지

따라서 서로 다른 n개에서 r개를 택하는 순열의 수는 곱의 법칙을 이용하여 다음과 같이 구한다.

순열의 수 (1)

서로 다른 n개에서 r개를 택하는 순열의 수는

$$_{n}P_{r}=\underbrace{n(n-1)(n-2)\cdots(n-r+1)}_{r\text{개}} \quad (\text{단, } 0 \le r \le n)$$

예제 4-9

1부터 9까지의 숫자가 적혀 있는 카드에서 세 장을 뽑아 만들 수 있는 세 자리 수는 몇 개인지 구하시오(단, 뽑은 카드는 다시 넣지 않는다).

풀이

세 자리 수는 $_{9}P_{3}=9\times8\times7=504$(개)이다.

문제 4-11 기출유형

30명으로 이루어진 금나래 씨의 동아리에서 회장, 부회장, 총무를 뽑을 수 있는 경우의 수를 구하시오(단, 한 사람이 하나의 직책만 맡을 수 있다).

서로 다른 n개에서 n개를 모두 택하는 순열의 수 $_{n}P_{n}$은 다음과 같다.

$$_{n}P_{n}=n(n-1)(n-2)\cdot\cdots\cdot3\cdot2\cdot1$$

이와 같이 1부터 n까지의 자연수를 차례대로 곱한 것을 n의 **계승(팩토리얼)**factorial이라고 하며, 이것을 기호로 $\boldsymbol{n!}$과 같이 나타낸다. 즉 다음과 같다.

$$\begin{aligned} _{n}P_{n}&=n\times(n-1)\times(n-2)\times\cdots\times3\times2\times1 \\ &=n! \end{aligned}$$

한편 $0<r<n$일 때 순열의 수 $_{n}P_{r}$을 계승을 이용하여 다음과 같이 나타낼 수 있다.

$$_{n}P_{r}=n(n-1)(n-2)\cdots(n-r+1)$$

$$= \frac{n \times (n-1) \times (n-2) \times \cdots \times (n-r+1) \times (n-r) \times \cdots \times 3 \times 2 \times 1}{(n-r) \times \cdots \times 3 \times 2 \times 1}$$

$$= \frac{n!}{(n-r)!}$$

이때 $0! = 1$로 정의하면 ${}_nP_n = \frac{n!}{0!} = n!$이므로 위의 식은 $r = n$일 때에도 성립한다.
또 ${}_nP_0 = 1$로 정의하면 ${}_nP_0 = \frac{n!}{n!} = 1$이므로 위의 식은 $r = 0$일 때에도 성립한다.

지금까지의 내용을 정리하면 다음과 같다.

순열의 수 (2)

❶ ${}_nP_r = \frac{n!}{(n-r)!}$ (단, $0 < r < n$)

❷ ${}_nP_n = n!$, $0! = 1$, ${}_nP_0 = 1$

예제 4-10

5개의 숫자 1, 2, 3, 4, 5를 한 번씩 써서 다섯 자리 수를 만들 때, 다음 각각의 경우에서 만들 수 있는 다섯 자리 수의 개수를 구하시오.

(a) 다섯 자리 수가 홀수인 경우

(b) 짝수 두 개가 이웃하는 경우

풀이

(a) 홀수가 되는 것은 일의 자리의 숫자가 1, 3, 5인 세 가지 경우이다. 이때 나머지 4개의 숫자를 배열하는 방법의 수는 4개에서 4개를 택하는 순열의 수이므로 ${}_4P_4$이다. 따라서 곱의 법칙에 의하여 구하는 경우의 수는 다음과 같다.

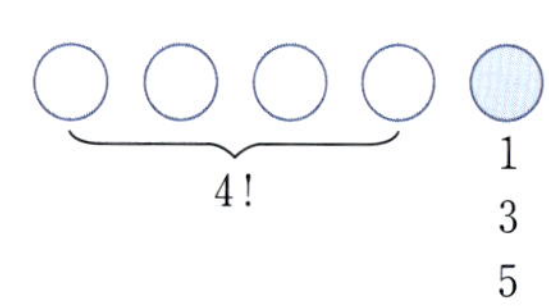

[그림 4-4(a)]

$$3 \times {}_4P_4 = 3 \times 4! = 72$$

(b) 이웃하는 짝수를 하나로 묶어서 생각하면 짝수 묶음을 만드는 방법의 수는 ${}_2P_2$이고, 그 각각에 대하여 홀수 3개와 짝수 묶음 1개를 일렬로 배열하는 순열의 수는 ${}_4P_4$이다. 따라서 곱의 법칙에 의하여 구하는 경우의 수는 다음과 같다.

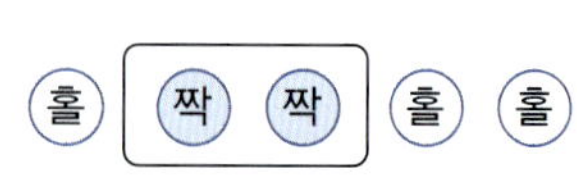

[그림 4-4(b)]

$${}_2P_2 \times {}_4P_4 = 2! \times 4! = 48$$

문제 4-12 기출유형

박미래 대리가 근무하고 있는 티켓 박스에서 어느 날 6명의 손님 A, B, C, D, E, F가 티켓을 구매하였다. 그들은 극장 좌석에 한 줄로 나란히 앉기를 원했다. 다음 각각의 경우의 수를 구하시오.

(a) A, F가 서로 이웃하게 앉는 경우

(b) B, D가 양 끝에 앉는 경우

문제 4-13 기출유형

오른쪽 그림은 금나래 씨가 택배를 배달하기 위하여 방문할 5개의 가구 A, B, C, D, E를 연결하는 도로를 나타낸 것이다. 이 도로를 이용하여 5개의 가구를 모두 방문하는 경우의 수를 구하시오(단, 한 번 방문한 가구는 다시 지나가지 않는다).

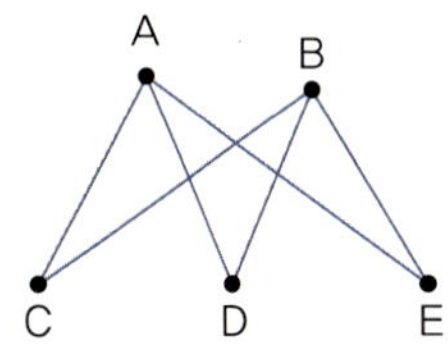

[그림 4-5]

원순열

A, B, C, D, E 다섯 사람이 손을 잡고 강강술래를 할 때, 둥글게 서는 방법은 모두 몇 가지인지 알아보자.

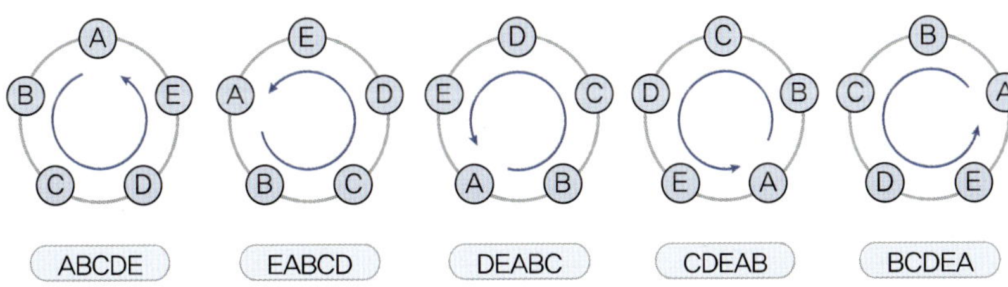

[그림 4-6]

둥글게 세울 때에는 처음과 끝의 구별이 없다. 그리고 위 그림과 같이 회전해도 서로의 순서는 바뀌지 않는다. 따라서 위의 5가지 경우는 모두 같은 방법으로 생각한다. A, B, C, D, E 다섯 사람을 한 줄로 세우는 방법은 ${}_5P_5$가지이지만, 둥글게 세울 때에는 위에서 알아본 것과 같이 5가지씩 중복된 경우가 생기므로, 구하는 경우의 수는 다음과 같다.

$$\frac{{}_5P_5}{5} = \frac{5!}{5} = 4! = 24$$

일반적으로 서로 다른 n개를 원형으로 배열하는 순열을 **원순열**이라고 한다. 이때 다음이 성립한다.

원순열의 수

서로 다른 n개를 원형으로 배열하는 원순열의 수는 다음과 같다.

$$\frac{{}_n\mathrm{P}_n}{n} = (n-1)!$$

예제 4-11 기출유형

금나래 씨 부서의 직원은 부장과 과장을 포함하여 모두 5명이다. 금나래 씨 부서의 다섯 명이 원탁에 둘러앉을 때, 다음 각각의 경우에서 5명이 앉는 경우의 수를 구하시오.

(a) 다섯 명이 앉는 경우

(b) 부장과 과장이 이웃하게 앉는 경우

풀이

(a) 다섯 명이 원탁에 둘러앉는 경우의 수는 원순열의 수이므로 $(5-1)! = 4! = 24$이다.

(b) 부장과 과장을 한 사람으로 생각하면 모두 네 명이고, 네 명이 원탁에 둘러앉는 경우의 수는 $(4-1)! = 3! = 6$이다. 이때 각 경우에 대하여 부장과 과장이 자리를 바꾸는 경우의 수가 $2!$이므로 구하는 경우의 수는 $6 \cdot 2! = 12$이다.

문제 4-14 기출유형

금나래 씨 부서의 직원은 부장과 과장을 포함하여 모두 6명이다. 6명의 사원이 원탁에 둘러앉아 회의를 하려고 한다. 다음 각각의 경우에 6명이 앉는 방법의 수를 구하시오.

(a) 부장과 과장이 이웃하여 앉는 경우

(b) 부장과 과장이 서로 마주보게 앉는 경우

다각형으로 배열하기

원순열을 이용하면 원탁에 앉는 경우의 수를 구할 수 있다. 또 다각형의 테이블에 앉는 경우도 원순열을 이용하면 쉽게 구할 수 있다. 이제 원순열을 이용하여 다각형으로 배열하는 경우의 수를 구해 보자. 다각형으로 배열하는 경우의 수는 다음과 같이 대칭을 이용하여 구할 수 있다.

❶ 정삼각형 모양의 테이블에 n명이 둘러앉는 경우의 수

n명이 원탁에 둘러앉는 방법의 수는 $(n-1)!$이고, 정삼각형 모양의 테이블에서는 각 경우에 대하여 서로 다른 경우가 $\frac{n}{3}$가지씩 있으므로 구하는 경우의 수는 다음과 같다.

$$(n-1)! \times \frac{n}{3} = \frac{n!}{3}$$

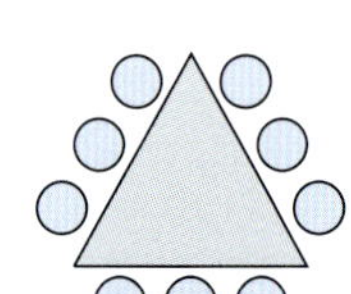

[그림 4-7(a)]

이를테면 [그림 4-7(a)]와 같이 9명이 정삼각형 모양의 탁자에 둘러앉는 경우의 수는 $\frac{9!}{3}$이다.

❷ 정사각형 모양의 테이블에 n명이 둘러앉는 경우의 수

n명이 원탁에 둘러앉는 방법의 수는 $(n-1)!$이고, 정사각형 모양의 테이블에서는 각 경우에 대하여 서로 다른 경우가 $\frac{n}{4}$가지씩 있으므로 구하는 경우의 수는 다음과 같다.

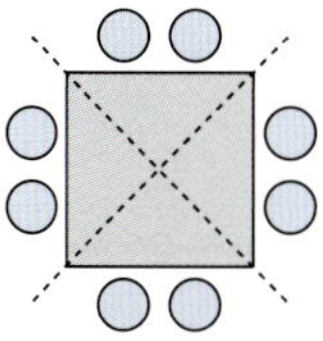

[그림 4-7(b)]

$$(n-1)! \times \frac{n}{4} = \frac{n!}{4}$$

이를테면 오른쪽 그림과 같이 8명이 정사각형 모양의 탁자에 둘러앉는 경우의 수는 $\frac{8!}{4}$이다.

❸ 직사각형 모양의 테이블에 n명이 둘러앉는 경우의 수

n명이 원탁에 둘러앉는 방법의 수는 $(n-1)!$이고, 직사각형 모양의 테이블에서는 각 경우에 대하여 서로 다른 경우가 $\frac{n}{2}$가지씩 있으므로 구하는 경우의 수는 다음과 같다.

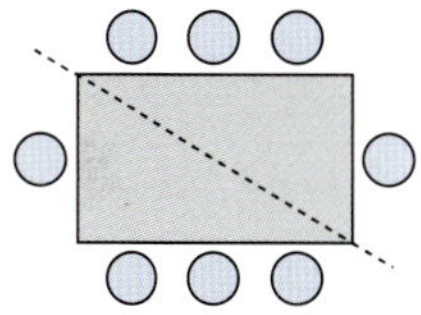

[그림 4-7(c)]

$$(n-1)! \times \frac{n}{2} = \frac{n!}{2}$$

이를테면 오른쪽 그림과 같이 8명이 정사각형 모양의 탁자에 둘러앉는 경우의 수는 $\frac{8!}{2}$이다.

예제 4-12 기출유형

오른쪽 그림과 같은 직사각형 모양의 탁자에 6명이 둘러앉는 경우의 수를 구하시오.

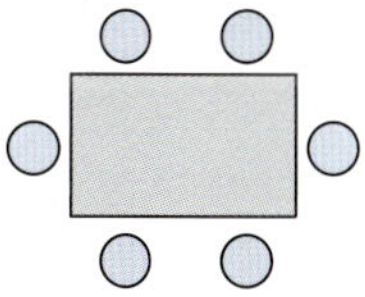

[그림 4-8]

풀이

6명이 원탁에 둘러앉는 경우의 수는 $(6-1)! = 5! = 120$이다.
이때 직사각형 모양의 탁자에서는 각 경우에 대하여 [그림 4-9]와 같이 서로 다른 경우가 3가지씩 존재한다. 따라서 구하는 경우의 수는 $120 \cdot 3 = 360$이다.

마찬가지로 위 공식을 이용하면 $\frac{6!}{2} = 360$이다.

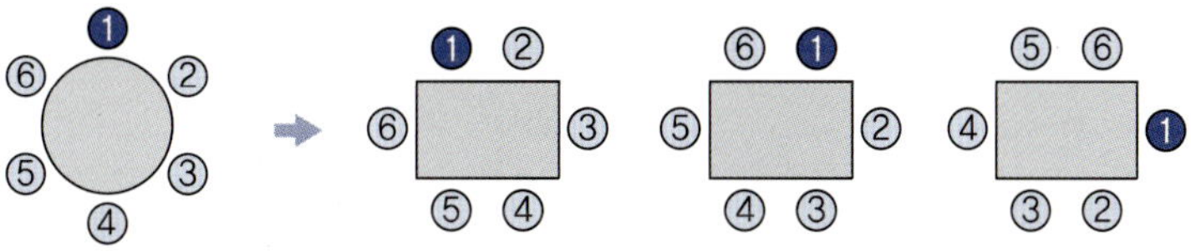

[그림 4-9]

문제 4-15 기출유형

오른쪽 그림과 같은 정삼각형 모양의 탁자에 6명이 둘러앉는 경우의 수를 구하시오.

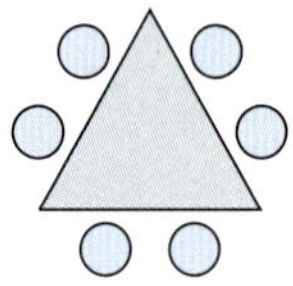

[그림 4-10]

중복순열

5개의 숫자 3, 4, 5, 6, 7을 사용하여 세 자리 자연수를 만들 때, 같은 숫자를 중복하여 쓸 수 있다고 하면 세 자리 자연수는 모두 몇 개를 만들 수 있는지 알아보자. 백의 자리 수를 택하는 방법은 5가지이고, 그 각각에 대하여 십의 자리 수를 택하는 방법도 5가지이다. 또 이들 각각에 대하여 일의 자리 수를 택하는 방법도 5가지이다. 따라서 세 자리 자연수의 개수는 곱의 법칙에 의해

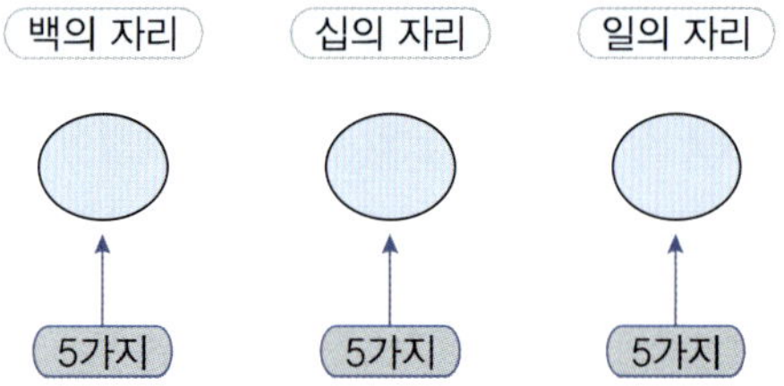

[그림 4-11]

$$5 \times 5 \times 5 = 5^3 = 125$$

이다. 일반적으로 서로 다른 n개에서 중복을 허락하여 r개를 택하는 순열을 **중복순열**이라고 하고, 그 수를 기호로 다음과 같이 나타낸다.

$${}_n\Pi_r$$

이제 중복순열의 수를 구하는 방법에 대하여 알아보자. 서로 다른 n개에서 중복을 허용하여 r개를 택하여 일렬로 나열할 때, 첫 번째, 두 번째, 세 번째, …, r번째에 올 수 있는 경우는 각각 n가지씩이다. 따라서 곱의 법칙에 의해 다음이 성립한다.

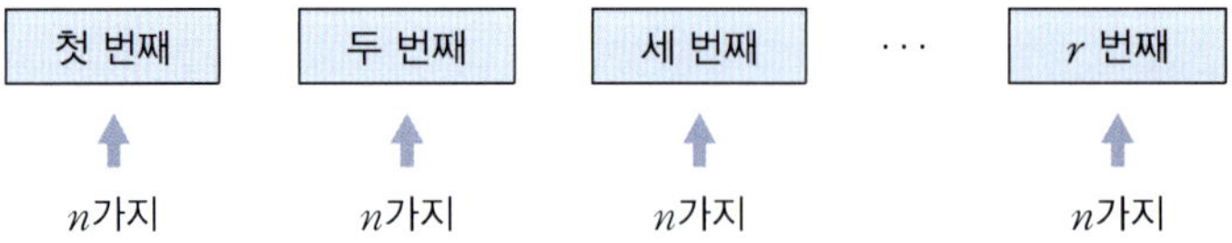

$${}_n\Pi_r = \underbrace{n \cdot n \cdot n \cdot \cdots \cdot n}_{r\text{개}} = n^r$$

지금까지의 내용을 정리하면 다음과 같다.

중복순열의 수

서로 다른 n개에서 r개를 택하는 중복순열의 수는 다음과 같다.

$${}_n\Pi_r = n^r$$

예제 4-13 기출유형

금나래 씨는 회사의 기밀문서를 보관하기 위하여 다섯 개의 숫자 0, 1, 2, 3, 4에서 중복을 허용하여 네 자리 비밀번호를 만들려고 한다. 이때 마지막 자리 수가 홀수인 비밀번호의 개수를 구하시오.

풀이

마지막 자리 수가 될 수 있는 것은 1, 3의 2개이다.
또 각 경우에 대하여 첫 번째 자리, 두 번째 자리, 세 번째 자리 수를 택하는 경우의 수는 0, 1, 2, 3, 4에서 3개를 택하는 중복순열의 수인 ${}_5\Pi_3$이다.

따라서 구하는 비밀번호의 개수는 $2 \times {}_5\Pi_3 = 2 \times 5^3 = 250$이다.

문제 4-16 기출유형

금나래 씨는 사무실 직원 4명에게 A, B, C 세 가지 선물 중에서 한 가지씩을 나누어 주려고 한다. 금나래 씨가 나누어 줄 수 있는 경우의 수를 구하시오.

문제 4-17 기출유형

금나래 씨는 3통의 편지를 두 우체통 A 또는 B에 넣으려고 한다. 금나래 씨가 우체통에 편지를 넣을 수 있는 경우의 수를 구하시오.

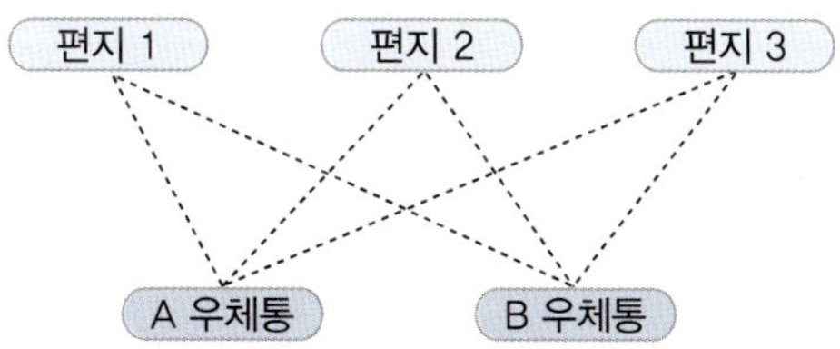

[그림 4-12]

같은 것이 있는 순열

모양과 크기가 같은 빨간 공 2개와 파란 공 3개를 일렬로 나열하는 순열의 수를 구해 보자. 구하는 순열의 수를 k라 하고, k가지의 배열 중 하나인 ⓟ빨ⓟ빨ⓟ파ⓟ파ⓟ파에 대하여 생각해 보자. ⓟ빨ⓟ빨ⓟ파ⓟ파ⓟ파에서 빨간 공 2개를 구별하여 (빨1), (빨2)라 하고 파란 공 3개를 구별하여 (파1), (파2), (파3)이라고 하면, 빨간 공을 나열하는 경우의 수는 2!이고 파란 공을 나열하는 경우의 수는 3!이다. 따라서 빨간 공 2개와 파란 공 3개를 구별하여 (빨)(빨)(파)(파)(파)와 같이 나열하는 경우의 수는 $2!\cdot 3!$이다.

마찬가지로 k가지의 배열 각각에 대해서도 $2!\cdot 3!$가지씩 있으므로 빨간 공 2개와 파란 공 3개를 구별하여 일렬로 나열하는 경우의 수는 다음과 같다.

$$k\cdot(2!\cdot 3!)$$

한편 서로 다른 5개의 공을 일렬로 나열하는 경우의 수는 5!이고, 이것은 위 식과 같으므로

$$k\cdot(2!\cdot 3!)=5!$$

이다. 따라서 구하는 순열의 수는 $k=\dfrac{5!}{2!\cdot 3!}=10$이다.

일반적으로 같은 것이 있는 순열의 수는 다음과 같다.

같은 것이 있는 순열의 수

n개 중에서 같은 것이 각각 p개, q개, $\cdots$, r개씩 있을 때, n개를 일렬로 나열하는 순열의 수는

$$\frac{n!}{p!\,q!\cdots r!}\ (\text{단, } p+q+\cdots+r=n)$$

예제 4-14 기출유형

금나래 씨는 8명의 직원을 세 가지 업무 A, B, C에 각각 3명, 3명, 2명씩 배정하려고 한다. 금나래 씨가 직원을 배정할 수 있는 경우의 수를 구하시오.

풀이

조건에 맞게 업무에 배정된 8명을 어떤 특정한 한 순서로 나열하고 각각 자기가 배정된 업무의 알파벳이 쓰여 있는 표지판을 들게 하면 A, A, A, B, B, B, C, C를 일렬로 나열한 것과 같게 된다. 따라서 구하는 경우의 수는 $\dfrac{8!}{3!\,3!\,2!}=560$ 이다.

문제 4-18 기출유형

success에 있는 7개의 문자를 일렬로 나열할 때, 다음 각각의 경우의 수를 구하시오.

(a) 맨 앞에 알파벳 s가 오도록 나열하는 경우

(b) 양 끝에 모음이 오도록 나열하는 경우

예제 4-15 기출유형

오른쪽 그림과 같은 도로가 있다. A지점에서 B지점까지 가려고 할 때, 최단 거리로 가는 경우의 수를 구하시오.

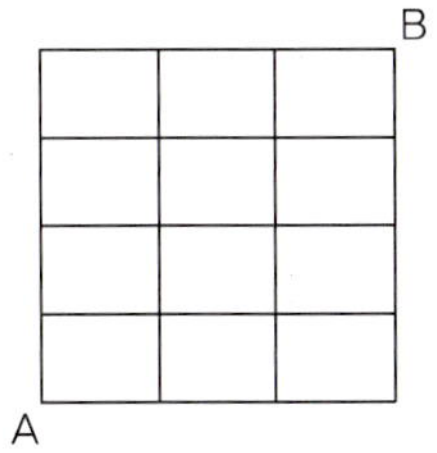

[그림 4-13]

풀이

[그림 4-14]와 같이 오른쪽으로 한 칸 가는 것을 a, 위쪽으로 한 칸 가는 것을 b로 놓으면, A지점에서 B지점까지 최단 거리로 가는 경우의 수는 3개의 a, 4개의 b를 일렬로 배열하는 순열의 수와 같다. 따라서 구하는 경우의 수는 $\frac{7!}{3!\,4!}=35$ 이다.

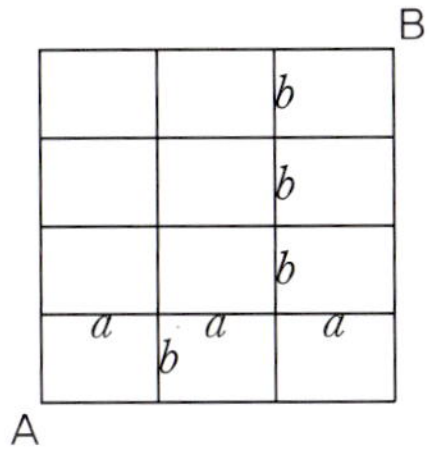

[그림 4-14]

문제 4-19 기출유형

오른쪽 그림과 같은 도로망이 있다. A 지점에서 B지점까지 최단 거리로 갈 때, C지점을 지나지 않고 가는 경우의 수를 구하시오.

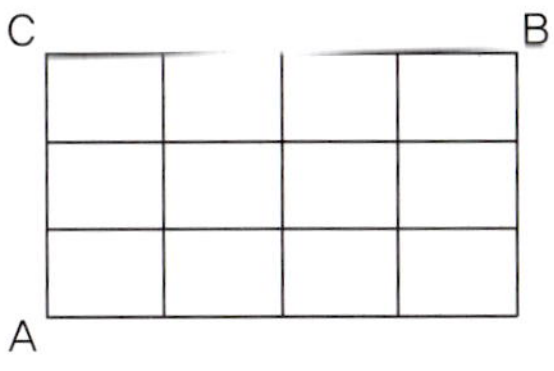

[그림 4-15]

Section

4.3 조합

조합이란?

순열에서 서로 다른 n개에서 r개를 택하여 순서를 생각하여 배열하는 경우의 수를 다루었다. 이제 순서를 생각하지 않고 택하는 경우의 수에 대하여 알아보자. 예를 들어 바닐라, 초콜릿, 딸기, 아몬드의 네 가지 종류의 아이스크림을 판매하는 어느 아이스크림 전문점에서 아이스크림을 주문하려고 한다. 네 가지 종류의 아이스크림에서 두 개를 택하여 일렬로 배열하는 경우의 수는 ${}_4\mathrm{P}_2 = 12$이지만 순서를 생각하지 않고 두 개를 택하는 경우는 다음과 같이 6가지가 있다.

{바닐라, 초콜릿}, {바닐라, 딸기}, {바닐라, 아몬드}, {초콜릿, 딸기},
{초콜릿, 아몬드}, {딸기, 아몬드}

이와 같이 서로 다른 n개 중에서 순서를 생각하지 않고 r개를 택하는 것을 **조합** combination이라고 한다.

조합

서로 다른 n개에서 순서를 생각하지 않고 r개를 택하는 것을 n개에서 r개를 택하는 조합이라고 하며, 이 조합의 수를 기호로 다음과 같이 나타낸다.

$$ {}_n\mathrm{C}_r \text{ 또는 } \binom{n}{r} \quad (\text{단, } 0 \le r \le n) $$

이제 순열과 조합의 관계를 이용하여 조합의 수를 구하는 방법에 대하여 알아보자. 네 문자 a, b, c, d 중에서 세 개를 택하는 조합의 수는 ${}_4\mathrm{C}_3$이고, 그 각각에 대하여 $3!$가지의 순열을 만들 수 있다.

조합		순열
$\{a, b, c\}$	일렬로 나열 →	abc, acb, bac, bca, cab, cba
$\{a, b, d\}$	일렬로 나열 →	abd, adb, bad, bda, dab, dba
$\{a, c, d\}$	일렬로 나열 →	acd, adc, cad, cda, dac, dca
$\{b, c, d\}$	일렬로 나열 →	bcd, bdc, cbd, cdb, dbc, dcb

그런데 4개에서 3개를 택하는 순열의 수는 ${}_4\mathrm{P}_3$이므로 ${}_4\mathrm{C}_3 \cdot 3! = {}_4\mathrm{P}_3$이다.

일반적으로 서로 다른 n개에서 $r(0 < r \leq n)$개를 택하는 조합의 수는 ${}_n\mathrm{C}_r$이고, 그 각각에 대하여 r개를 일렬로 나열하는 경우의 수는 $r!$이다. 그런데 서로 다른 n개에서 r개를 택하는 순열의 수는 ${}_n\mathrm{P}_r$이므로

$$ {}_n\mathrm{C}_r \cdot r! = {}_n\mathrm{P}_r $$

이다. 이로부터 다음을 얻는다.

$$ {}_n\mathrm{C}_r = \frac{{}_n\mathrm{P}_r}{r!} = \frac{n!}{r!(n-r)!} = \frac{n(n-1)(n-2)\cdots(n-r+1)}{r!} $$

또 $0! = 1$, ${}_n\mathrm{P}_0 = 1$이므로, ${}_n\mathrm{C}_0 = 1$로 정의하면 위 식은 $r = 0$일 때도 성립한다.

지금까지의 내용으로부터 조합은 다음이 성립함을 알 수 있다.

조합의 수

서로 다른 n개에서 r개를 택하는 조합의 수는 다음과 같다.

$$ {}_n\mathrm{C}_r = \frac{{}_n\mathrm{P}_r}{r!} = \frac{n!}{r!(n-r)!} \quad (\text{단, } 0 \leq r \leq n) $$

예제 4-16 기출유형

금나래 씨 회사의 동아리 회원 30명에 대하여 다음을 구하시오.

(a) 회장과 부회장을 뽑는 경우의 수 (b) 대의원 두 명을 뽑는 경우의 수

풀이

(a) 30명에서 두 명을 뽑아 일렬로 배열한 후 첫 번째 사람을 회장, 두 번째 사람을 부회장으로 뽑으면 되므로 구하는 경우의 수는 30명에서 두 명을 뽑아 일렬로 배열하는 순열의 수 ${}_{30}\mathrm{P}_2 = 870$과 같다.

(b) 두 명의 대의원 사이에는 구별이 없으므로 구하는 경우의 수는 30명에서 두 명을 뽑는 조합의 수 ${}_{30}\mathrm{C}_2 = 435$와 같다. 이는 위 (a)에서 구한 ${}_{30}\mathrm{P}_2 = 870$을 2로 나눈 값과 같다.

문제 4-20 기출유형

금나래 씨는 새로운 상품을 포장하는 데 필요한 포장지의 색깔을 무지개의 7가지 색 중에서 4가지를 선택하여 만들기로 했다. 금나래 씨가 선택할 수 있는 경우의 수를 구하시오.

예제 4-17 기출유형

금나래 씨 회사의 중창단원 모집에 남자사원 5명, 여자사원 8명이 지원하였다. 이 중에서 남자사원 2명, 여자사원 3명을 뽑는 경우의 수를 구하시오.

풀이

남자사원 5명 중에서 2명을 뽑는 경우의 수는 ${}_5C_2$이고, 여자사원 8명 중에서 3명을 뽑는 경우의 수는 ${}_8C_3$이므로 구하는 경우의 수는 다음과 같다.

$${}_5C_2 \cdot {}_8C_3 = \frac{5 \cdot 4}{2 \cdot 1} \cdot \frac{8 \cdot 7 \cdot 6}{3 \cdot 2 \cdot 1} = 10 \cdot 56 = 560$$

문제 4-21 기출유형

남자 4명과 여자 5명 중에서 3명의 대표를 뽑을 때, 다음을 구하시오.

(a) 남자 1명, 여자 2명을 뽑는 경우의 수

(b) 적어도 1명의 남자를 포함하는 경우의 수

조합의 성질

이제 조합에 대한 두 가지 중요한 성질을 알아보자.

정리 1

$0 \le r \le n$일 때, 다음 등식이 성립한다.

$${}_nC_r = {}_nC_{n-r}$$

증명

${}_nC_r = \dfrac{n!}{r!(n-r)!}$에서 r 대신에 $(n-r)$을 대입하면

$${}_nC_{n-r} = \frac{n!}{(n-r)!\{n-(n-r)\}!} = \frac{n!}{(n-r)!r!}$$

이다. 그런데 ${}_nC_r = \dfrac{n!}{r!(n-r)!}$이므로 ${}_nC_r = {}_nC_{n-r}$이다. ■

정리 2

$1 \le r < n$일 때, 다음 등식이 성립한다.

$$_{n}C_{r} = {}_{n-1}C_{r} + {}_{n-1}C_{r-1}$$

증명

$_{n}C_{r}$은 1, 2, ⋯, n 에서 r개를 뽑는 조합의 수이므로 다음과 같이 두 경우로 나누어 생각할 수 있다.

❶ n이 뽑히지 않을 경우 : n을 제외한 나머지 $(n-1)$개의 수에서 r개를 뽑아야 하고, 이 경우의 수는 $_{n-1}C_{r}$이다.

❷ n이 뽑힐 경우 : n이 이미 뽑혔으므로 나머지 $(n-1)$개의 수에서 $(r-1)$개를 뽑아야 하고, 이 경우의 수는 $_{n-1}C_{r-1}$이다.

위의 ❶과 ❷는 동시에 일어나지 않으므로 합의 법칙에 의하여 다음이 성립한다.

$$_{n}C_{r} = {}_{n-1}C_{r} + {}_{n-1}C_{r-1}$$ ■

조합에 대한 위 두 정리로부터 다음과 같은 성질을 얻을 수 있다.

조합의 수의 성질

❶ $0 \le r \le n$일 때, $_{n}C_{r} = {}_{n}C_{n-r}$

❷ $1 \le r < n$일 때, $_{n}C_{r} = {}_{n-1}C_{r} + {}_{n-1}C_{r-1}$

예제 4-18

1부터 9까지의 자연수가 하나씩 적힌 9개의 공 중에서 4개의 공을 꺼낼 때, 다음 각각의 경우에 대하여 공을 꺼내는 방법의 수를 구하시오.

(a) 1, 2가 적힌 공이 모두 포함되는 경우

(b) 1, 2가 적힌 공이 모두 포함되지 않는 경우

풀이

(a) 1, 2가 적힌 공이 포함되므로 1, 2를 제외한 7개의 공 중에서 2개의 공을 꺼내는 경우의 수와 같다. 따라서 구하는 방법의 수는 다음과 같다.

$$_{7}C_{2} = \frac{7 \times 6}{2 \times 1} = 21$$

(b) 1, 2가 적힌 공이 포함되지 않으므로 1, 2를 제외한 7개의 공 중에서 4개의 공을 꺼내는 경우의 수와 같다. 따라서 구하는 방법의 수는 다음과 같다.

$$_{7}C_{4} = {}_{7}C_{3} = \frac{7 \times 6 \times 5}{3 \times 2 \times 1} = 35$$

문제 4-22 기출유형

금나래 씨 회사 체육대회에서 8개의 부서가 토너먼트 방식으로 게임을 하려고 한다. 오른쪽 그림과 같이 대진표를 작성하는 경우의 수를 구하시오.

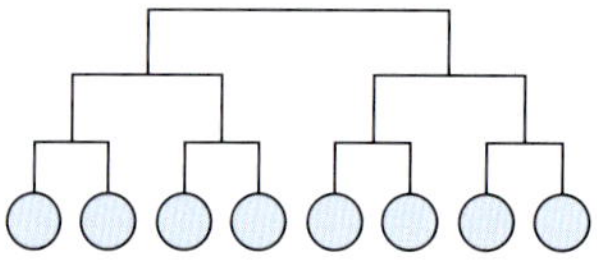

[그림 4-16]

중복조합

중복순열과 같이 조합에서도 같은 것을 중복하여 택하는 경우를 생각할 수 있다. a, b, c의 세 문자를 중복을 허락하여 4개를 뽑는 경우를 이용하여 이러한 조합의 수에 대하여 알아보자. a, b, c의 세 문자에서 중복을 허락하여 4개를 선택하는 가능한 모든 경우를 쓰면 다음과 같이 15가지이다.

$$\begin{array}{ccccc} aaaa & aaab & aaac & aabb & aabc \\ aacc & abbb & abbc & abcc & accc \\ bbbb & bbbc & bbcc & bccc & cccc \end{array}$$

이때 각 조합에서 선택된 네 문자를 a, b, c 순으로 나열한 후, 문자를 ●로 나타내고 서로 다른 세 문자의 경계에는 ▮를 사용하여 나타내어 보자. 즉 왼쪽부터 첫 번째 ▮의 왼쪽의 ●는 a, 첫 번째 ▮와 두 번째 ▮ 사이의 ●는 b, 두 번째 ▮의 오른쪽의 ●는 c로 나타내면 다음과 같다.

$aabc$ ↔ ● ● ▮ ● ▮ ●, $aacc$ ↔ ● ● ▮ ▮ ● ●

이와 같은 방법으로 a, b, c의 세 문자에서 중복을 허락하여 4개를 선택하는 가능한 모든 경우를 나타내면 다음과 같다.

[그림 4-17]

그러면 세 문자 a, b, c에서 중복을 허락하여 네 문자를 택하는 조합은 4개의 ●와 2개의 ▮로 이루어진 순열과 같다. 따라서 구하는 조합의 수는 같은 것이 있는 순열의 수를 구하는 식에 의해 $\dfrac{(4+(3-1))!}{4!(3-1)!}=\dfrac{6!}{4!2!}=15$이다. 그런데 이것은 조합의 수 ${}_6\mathrm{C}_4=15$와 같다.

이와 같이 서로 다른 n개에서 중복을 허락하여 r개를 뽑는 조합을 **중복조합**이라 하고, 그 수를 기호로

$$ {}_n\mathrm{H}_r $$

로 나타낸다. 이는 r개의 ●와 경계를 나타내는 $(n-1)$개의 ▮로 이루어진 같은 것이 있는 순열의 수와 같으므로 다음 등식이 성립한다.

$$ {}_n\mathrm{H}_r=\frac{\{r+(n-1)!\}}{r!(n-1)!}={}_{r+(n-1)}\mathrm{C}_r={}_{n+r-1}\mathrm{C}_r $$

지금까지의 내용을 정리하면 다음과 같다.

중복조합의 수

서로 다른 n개에서 r개를 뽑는 중복조합의 수는

$$ {}_n\mathrm{H}_r={}_{n+r-1}\mathrm{C}_r $$

예제 4-19 기출유형

금나래 씨는 직원들의 후식으로 흰 우유, 초코 우유, 딸기 우유, 바나나 우유 중에서 중복을 허용하여 2개를 선택하게 하려고 한다. 직원들이 우유를 선택할 수 있는 경우의 수를 구하시오.

풀이

서로 다른 4개 중에서 중복을 허용하여 2개를 택하는 중복조합의 수와 같으므로 구하는 경우의 수는 다음과 같다.

$$ {}_4\mathrm{H}_2={}_{4+2-1}\mathrm{C}_2={}_5\mathrm{C}_2=\frac{5\times4}{2\times1}=10 $$

문제 4-23 기출유형

사탕, 쿠키, 초콜릿의 3종류의 간식에서 중복을 허용하여 2개를 택하는 경우의 수를 구하시오.

예제 4-20

다항식 $(a+b+c)^4$의 전개식에서 서로 다른 항은 몇 개인지 구하시오.

풀이

$(a+b+c)^4$을 전개할 때 생기는 항들은 a^4, a^3b, a^2bc, bc^3, $\cdots$ 등으로 모두 4차식이다. 이는 각각 $aaaa$, $aaab$, $aabc$, $bccc$, $\cdots$ 로 볼 수 있으므로, 서로 다른 항의 개수는 a, b, c의 세 문자에서 중복을 허락하여 4개를 뽑는 중복조합의 수와 같다. 따라서 항의 개수는 다음과 같다.

$$_3H_4 = {}_{3+4-1}C_4 = {}_6C_4 = \frac{6!}{4!2!} = 15$$

문제 4-24

$(a+b+c+d)^6$을 전개할 때 생기는 서로 다른 항은 몇 개인지 구하시오.

중복조합의 활용

두 집합이 주어졌을 때 한 집합에서 다른 집합으로 가는 일대일 대응이 존재하면 두 집합의 원소의 개수는 같다. 이 사실을 이용하면 다음 경우의 수는 모두 같음을 보일 수 있다.

(a) 세 숫자 1, 2, 3 중에서 중복을 허락하여 7개의 숫자를 뽑는 경우의 수
(b) 똑같은 공 7개를 서로 다른 세 상자 X, Y, Z에 넣는 경우의 수
(c) 방정식 $r+s+t=7$을 만족하는 음이 아닌 정수해 (r, s, t)의 개수
(d) 7개의 ●와 2개의 ▮를 일렬로 배열하는 경우의 수
(e) 1, 2, 3, 4, 5, 6, 7, 8, 9 중에서 서로 다른 7개의 숫자를 뽑는 경우의 수

위의 다섯 가지 경우가 모두 같음을 다음과 같은 다섯 집합 A, B, C, D, E를 이용하여 확인해 보자.

$A = \{x \mid x$는 1, 2, 3 중에서 중복을 허락하여 7개의 숫자를 뽑은 조합$\}$
$B = \{x \mid x$는 똑같은 공 7개를 서로 다른 세 상자 X, Y, Z에 넣는 방법$\}$
$C = \{x \mid x$는 방정식 $r+s+t=7$을 만족하는 음이 아닌 정수해 $(r, s, t)\}$
$D = \{x \mid x$는 7개의 ●와 2개의 ▮를 일렬로 배열하는 방법$\}$
$E = \{x \mid x$는 1, 2, 3, 4, 5, 6, 7, 8, 9 중에서 서로 다른 7개의 숫자를 뽑는 방법$\}$

여기서는 예를 통하여 위 다섯 집합 사이의 일대일 대응을 만들어 위 다섯 가지 집합의 원소의 수가 모두 같음을 알아보자.

❶ $A \Leftrightarrow B$: 세 숫자 1, 2, 3 중 중복을 허락하여 7개의 숫자 1, 2, 2, 3, 3, 3, 3을 뽑았다고 하자. 세 상자 X, Y, Z에 각각 1, 2, 2, 3, 3, 3, 3에서 1의 개수인 1개, 2의 개수인 2개, 3의 개수인 4개씩 공을 넣는다.
역으로, 세 상자 X, Y, Z에 공이 각각 1개, 2개, 4개씩 있으면 1을 한 번, 2를 두 번, 3을 네 번 뽑아 1, 2, 2, 3, 3, 3, 3을 만든다.
위 두 대응은 분명히 서로 역이므로 일대일 대응이다.

❷ $B \Leftrightarrow C$: 세 상자 X, Y, Z에 공이 각각 2개, 2개, 3개씩 있을 때, $r=2$, $s=2$, $t=3$으로 놓으면 (r, s, t)는 $r+s+t=7$의 해이다.
역으로, $r+s+t=7$의 하나의 해 $r=2$, $s=2$, $t=3$에 대하여 세 상자 X, Y, Z에 공을 각각 2개, 2개, 3개씩 넣는다.
위 두 대응도 서로 역이므로 일대일 대응이다.

❸ $C \Leftrightarrow D$: $r+s+t=7$의 하나의 해 $r=2, s=4, t=1$에 대하여 7개의 ●와 2개의 ▮를 ●●▮●●●●▮●와 같이 배열한다.
역으로, 7개의 ●와 2개의 ▮가 ▮●●▮●●●●●로 배열되었을 때, $r=0$, $s=2$, $t=5$로 놓으면 이는 분명히 $r+s+t=7$의 해이다.
위 두 대응도 서로 역이므로 일대일 대응이다.

❹ $D \Leftrightarrow E$: 7개의 ●와 2개의 ▮가 ●●▮●●●●▮●로 배열되었을 때, 처음부터 번호를 붙여 ●에 해당하는 1, 2, 4, 5, 6, 7, 9를 뽑으면 1, 2, 3, 4, 5, 6, 7, 8, 9 중에서 서로 다른 7개의 숫자를 뽑은 것이다.
역으로, 1, 2, 3, 4, 5, 6, 7, 8, 9에서 서로 다른 7개의 숫자 1, 2, 3, 5, 6, 8, 9를 뽑으면 첫 번째, 두 번째, 세 번째, 다섯 번째, 여섯 번째, 여덟 번째, 아홉 번째 자리엔 ●를, 나머지 자리에는 ▮를 넣어 ●●●▮●●▮●●로 배열하면 7개의 ●와 2개의 ▮를 일렬로 배열한 것이 된다.
위 두 대응도 분명히 서로 역이므로 일대일 대응이다.

❺ $E \Leftrightarrow A$: 1, 2, 3, 4, 5, 6, 7, 8, 9에서 서로 다른 7개의 숫자 2, 3, 4, 5, 6, 8, 9를 뽑으면 처음 수는 그대로, 두 번째 수에는 1을, 세 번째 수에는 2를, …, 마지막 수에는 6을 각각 빼어 2, 2, 2, 2, 2, 3, 3을 만들면 세 숫자 1, 2, 3 중에서 중복을 허락하여 7개의 숫자를 뽑은 것이 된다.
이제 1, 2, 3 세 숫자 중에서 중복을 허락하여 7개의 숫자 1, 1, 2, 2, 3, 3, 3을 뽑았다면 처음 수는 그대로, 두 번째 수에는 1을, 세 번째 수에는 2를, …, 마지막 수에는 6을 각각 더하여 1, 2, 4, 5, 7, 8, 9를 만들면 1, 2, 3, 4, 5, 6, 7, 8, 9에서 서로 다른 7개의 숫자를 뽑은 것이 된다.
위 두 대응도 분명히 서로 역이므로 일대일 대응이다.

다섯 집합 A, B, C, D, E 중 어느 두 집합 사이에도 일대일 대응이 존재하므로 다섯 집합의 원소의 개수는 모두 같다. 한편, 정의에 의하여 집합 A의 원소의 수는 ${}_3\mathrm{H}_7$이므로 위의 조건을 만족하는 경우의 수는 모두 ${}_3\mathrm{H}_7$이다.

예제 4-21 기출유형

금나래 씨는 똑같은 축구공 20개를 서로 다른 4개의 상자에 넣어 포장하려고 한다. 이때 빈 상자가 없도록 넣는 경우의 수를 구하시오.

풀이

우선 빈 상자가 없도록 각 상자에 공을 하나씩 넣고 남은 16개의 똑같은 공을 서로 다른 4개의 상자에 넣는다. 이런 경우의 수는 다음과 같다.

$$ {}_4\mathrm{H}_{16} = {}_{19}\mathrm{C}_{16} = {}_{19}\mathrm{C}_3 = 969 $$

문제 4-25

n, r이 자연수일 때 방정식 $x_1 + x_2 + \cdots + x_n = r$ 의 자연수인 해 x_1, x_2, $\cdots$, x_n의 개수를 구하시오(단, $r > n$).

문제 4-26 기출유형

불량품 5개를 포함한 20개의 제품을 서로 다른 A, B 2개의 상자에 10개씩 넣어 포장하려고 한다. 이때 상자 A의 불량품의 개수를 x, 상자 B의 불량품의 개수를 y라 할 때, 순서쌍 (x, y)의 개수를 구하시오.

Section 4.4 이항정리

이항정리

다항식 $(a+b)^n$의 전개식을 조합의 수를 이용하여 나타내는 방법에 대해 알아보자. 다항식 $(a+b)^3$을 전개하면

$$\begin{aligned}(a+b)^3 &= (a+b)(a+b)(a+b)\\ &= a^3+3a^2b+3ab^2+b^3\end{aligned}$$

이므로 다음과 같은 네 종류의 항이 생긴다.

$$a^3,\quad a^2b,\quad ab^2,\quad b^3$$

$(a+b)\ (a+b)\ (a+b)$ ➡ $a^3={}_3C_0a^3$

$\left.\begin{aligned}&(a+b)\ (a+b)\ (a+b)\\&(a+b)\ (a+b)\ (a+b)\\&(a+b)\ (a+b)\ (a+b)\end{aligned}\right\}$ ➡ $3a^2b={}_3C_1a^2b$

$\left.\begin{aligned}&(a+b)\ (a+b)\ (a+b)\\&(a+b)\ (a+b)\ (a+b)\\&(a+b)\ (a+b)\ (a+b)\end{aligned}\right\}$ ➡ $3ab^2={}_3C_2ab^2$

$(a+b)\ (a+b)\ (a+b)$ ➡ $b^3={}_3C_3b^3$

이때 a^2b는 세 개의 인수 $(a+b)$, $(a+b)$, $(a+b)$ 중 2개의 인수에서 a를, 남은 1개의 인수에서 b를 택하여 곱한 경우이다. 즉 a^2b의 계수는 3개의 인수 중 1개의 인수에서 b를 택하는 조합의 수인 ${}_3\mathrm{C}_1=3$과 같다. 같은 방법으로 a^3, ab^2, b^3의 계수는 각각 ${}_3\mathrm{C}_0$, ${}_3\mathrm{C}_2$, ${}_3\mathrm{C}_3$과 같음을 알 수 있다.

따라서 $(a+b)^3$의 전개식을 조합의 수를 이용하여 나타내면 다음과 같다.

$$(a+b)^3={}_3\mathrm{C}_0a^3+{}_3\mathrm{C}_1a^2b+{}_3\mathrm{C}_2ab^2+{}_3\mathrm{C}_3b^3$$

일반적으로 $(a+b)^n$의 전개식은 n개의 인수 $(a+b)$에서 각각 a 또는 b를 하나씩 택하여 곱한 항을 모두 더한 것이다. 이때 n개의 인수 $(a+b)$ 중의 r개에서 b를 택하고 남은 $(n-r)$개에서 a를 택하여 이를 곱하면 $a^{n-r}b^r$이므로, 이 항의 계수는 서로 다른 n개에서 r개를 택하는 조합의 수인 ${}_n\mathrm{C}_r$과 같다. 따라서 다음과 같은 전개식을 얻을 수 있다.

$$(a+b)^n={}_n\mathrm{C}_0a^n+{}_n\mathrm{C}_1a^{n-1}b^1+\cdots+{}_n\mathrm{C}_ra^{n-r}b^r+\cdots+{}_n\mathrm{C}_nb^n$$

지금까지의 내용을 정리하면 다음과 같고, 이를 **이항정리**라고 한다.

이항정리

n이 자연수일 때,

$$(a+b)^n = {}_nC_0a^n + {}_nC_1a^{n-1}b + {}_nC_2a^{n-2}b^2 + \cdots + {}_nC_ra^{n-r}b^r + \cdots + {}_nC_nb^n$$
$$= \sum_{r=0}^{n} {}_nC_ra^{n-r}b^r$$

$(a+b)^n$의 전개식에서 각 항의 계수

$${}_nC_0,\ {}_nC_1,\ \cdots,\ {}_nC_r,\ \cdots,\ {}_nC_n$$

을 **이항계수**라고 하며,

$${}_nC_ra^{n-r}b^r$$

을 $(a+b)^n$의 전개식의 **일반항**이라고 한다.

예제 4-22

이항정리를 이용하여 $(a-2b)^4$을 전개하시오.

풀이

$$(a-2b)^4 = \{a+(-2b)\}^4$$
$$= {}_4C_0a^4 + {}_4C_1a^3(-2b) + {}_4C_2a^2(-2b)^2 + {}_4C_3a(-2b)^3 + {}_4C_4(-2b)^4$$
$$= a^4 - 8a^3b + 24a^2b^2 - 32ab^3 + 16b^4$$

문제 4-27

이항정리를 이용하여 $(a-3b)^4$을 전개하시오.

파스칼의 삼각형

이항계수 사이의 관계에 대하여 알아보자. $n=0,\ 1,\ 2,\ 3,\ 4,\ \cdots$일 때 $(a+b)^n$의 이항계수를 차례대로 다음과 같이 배열할 수 있다.

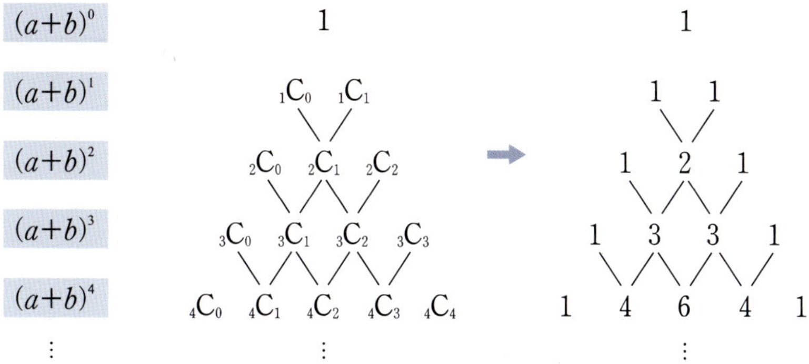

[그림 4-18]

이와 같은 이항계수의 배열을 **파스칼의 삼각형**이라고 한다.

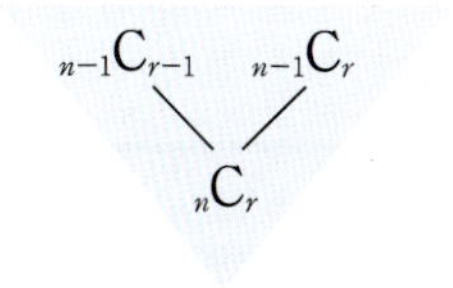

[그림 4-19]

파스칼의 삼각형을 이용하면 이항계수를 쉽게 구할 수 있다.
${}_nC_r = {}_nC_{n-r}$이므로 파스칼의 삼각형에서 각 단계의 배열은 좌우대칭임을 알 수 있다. 또

$${}_{n-1}C_{r-1} + {}_{n-1}C_r = {}_nC_r$$

이므로 각 단계에서 이웃하는 두 수의 합은 그 두 수의 아래쪽 중앙에 있는 수와 같음을 알 수 있다.

[그림 4-20]은 각 육각형 안에 $n=0,\ 1,\ 2,\ 3,\ \cdots,$ 12일 때의 $(a+b)^n$의 이항계수를 차례대로 써넣은 파스칼의 삼각형을 나타낸 것이다. 이 파스칼의 삼각형을 살펴보면 다음과 같은 조합의 성질을 확인할 수 있다.

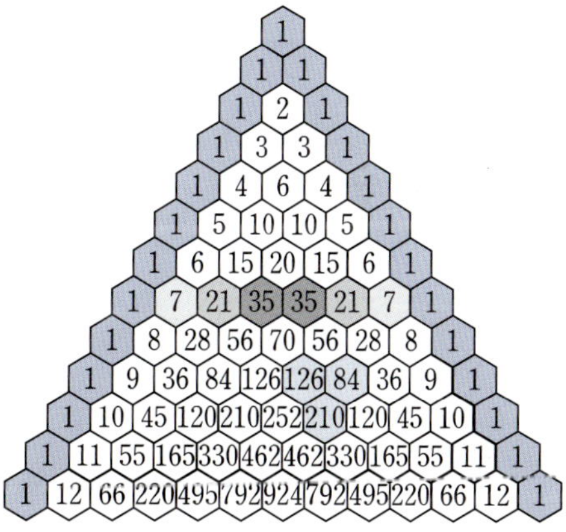

[그림 4-20]

❶ 각 줄의 양 끝에 있는 수는 모두 1이다. 즉,

$${}_nC_0 = 1, \quad {}_nC_n = 1$$

❷ 각 줄에 있는 수의 배열은 좌우대칭이다. 즉,

$${}_nC_r = {}_nC_{n-r}\ (0 \le r \le n)$$

❸ 각 줄에서 이웃하는 두 수의 합은 두 수의 바로 아래에 있는 수와 같다. 즉,

$${}_{n-1}C_{r-1} + {}_{n-1}C_r = {}_nC_r\ (1 \le r < n)$$

예제 4-23

파스칼의 삼각형을 이용하여 다음 값을 구하시오.

$${}_4C_0 + {}_5C_1 + {}_6C_2 + {}_7C_3 + {}_8C_4$$

풀이

${}_4C_0 = {}_5C_0$이므로

$$\begin{aligned} {}_4C_0 + {}_5C_1 + {}_6C_2 + {}_7C_3 + {}_8C_4 &= {}_5C_0 + {}_5C_1 + {}_6C_2 + {}_7C_3 + {}_8C_4 \\ &= {}_6C_1 + {}_6C_2 + {}_7C_3 + {}_8C_4 = {}_7C_2 + {}_7C_3 + {}_8C_4 \\ &= {}_8C_3 + {}_8C_4 = {}_9C_4 = 126 \end{aligned}$$

문제 4-28

파스칼의 삼각형을 이용하여 다음 값을 구하시오.

$${}_2C_0 + {}_3C_1 + {}_4C_2 + {}_5C_3 + {}_6C_4 + {}_7C_5$$

예제 4-24

기출유형

$\left(x + \frac{2}{x}\right)^7$의 전개식에서 x^3의 계수를 구하시오.

풀이

전개식의 r번째 항은

$${}_7C_r x^{7-r}\left(\frac{2}{x}\right)^r = {}_7C_r x^{7-r}\frac{2^r}{x^r} = {}_7C_r 2^r x^{7-2r}$$

$x^{7-2r} = x^3$이므로 $r = 2$이다. 따라서 x^3의 계수는

$${}_7C_2 2^2 = \frac{7 \cdot 6}{2 \cdot 1} \cdot 2^2 = 84$$

문제 4-29

$\left(2x^2 - \frac{1}{x}\right)^4$의 전개식에서 x^2의 계수를 구하시오.

Section 4.5 확률

확률이란?

실생활에서 어떤 일이 일어나는 가능성을 수치로 나타내는 경우가 흔히 있는데, 이와 같은 가능성을 수학에서는 **확률**이라고 한다. 이제 확률을 좀 더 수학적으로 명확하게 정의해 보자.

동전 한 개를 던져 앞면이 나올 가능성은 $\frac{1}{2}$로 예측할 수 있다. 이때 이 값은 동전을 여러 번 던질 때, 던진 횟수에 대한 앞면이 나온 횟수의 비율을 구할 수 있다. 여기서 동전을 던지는 횟수에 대해 어떤 앞면이 나온 횟수가 차지하는 비율을 **상대도수**라고 한다. 이를테면 동전을 50번 던질 때 앞면이 나온 횟수가 27번인 경우에 상대도수는 $\frac{27}{50} = 0.54$이다. 상대도수에 대한 보다 자세한 내용은 5장 통계 부분에서 다룬다.

[표 4-2]는 동일한 조건에서 한 개의 동전을 여러 번 던졌을 때, 앞면이 나온 횟수와 그에 대한 상대도수를 나타낸 것이다. 이 표에서 상대도수를 그래프로 나타내면 [그림 4-21]과 같다.

[표 4-2]

던진 횟수	50	100	200	300	500	1000
앞면이 나온 횟수	27	46	106	141	260	503
상대도수	0.54	0.46	0.53	0.47	0.52	0.50

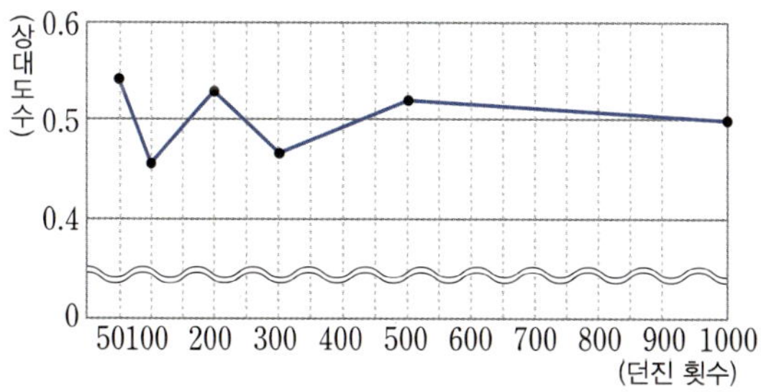

[그림 4-21]

이 실험에서 동전을 던진 횟수가 많아질수록 상대도수는 점점 일정한 값 0.5에 가까워짐을 알 수 있다. 이와 같이 같은 조건에서 많은 횟수의 실험이나 관찰을 할 때, 어떤 사건이 일어나는 상대도수가 일정한 값에 가까워지면 이 일정한 값을 그 사건이 일어날 **확률**이라고 한다. 이를테면 앞에서 살펴본 것과 같이 동전 한 개를 던질 때 앞면이 나올 확률은 $\frac{1}{2}$이다.

한편 여러 번의 실험이나 관찰을 하지 않고도 경우의 수를 이용하여 확률을 구할 수 있다. 예를 들어 주사위 한 개를 던질 때 일어나는 모든 경우의 수는 6이고, 2의 눈이 나오는 경우의 수는 1이다.

이때 1부터 6까지의 각 눈이 나올 가능성은 모두 같으므로 2의 눈이 나올 가능성은 $\frac{1}{6}$이고, 이 값은 앞에서 상대도수로 구한 확률과 같다.

일반적으로 어떤 실험이나 관찰에서 일어나는 모든 경우의 수가 n이고 각 경우가 일어날 가능성이 모두 같을 때, 사건 A가 일어나는 경우의 수가 a이면 사건 A가 일어날 확률 $\mathrm{P}(A)$는 다음과 같다.

$$\mathrm{P}(A)=\frac{(\text{사건 } A\text{가 일어나는 경우의 수})}{(\text{일어나는 모든 경우의 수})}=\frac{a}{n}$$

예제 4-25 기출유형

1부터 9까지의 자연수가 각각 하나씩 적힌 9개의 공이 주머니에 들어 있다. 주머니에서 한 개의 공을 꺼낼 때, 짝수가 적힌 공이 나올 확률을 구하시오.

풀이

일어나는 모든 경우의 수는 9이고, 각 공이 나올 가능성은 모두 같다. 이때 짝수가 적힌 공이 나오는 경우는 2, 4, 6, 8의 4가지이므로 구하는 확률은 $\frac{4}{9}$이다.

문제 4-30 기출유형

두 개의 주사위 A, B를 동시에 던질 때, 모두 짝수의 눈이 나올 확률을 구하시오.

수학적 확률, 통계적 확률

■ 수학적 확률

주사위나 동전을 던지는 것처럼 같은 조건에서 반복할 수 있고 그 결과가 우연에 의하여 결정되는 실험이나 관찰을 **시행**이라고 한다. 또 어느 시행에서 일어날 수 있는 모든 결과의 집합을 **표본공간**이라고 한다. 이때 시행의 결과인 **사건**은 표본공간의 부분집합이다.

표본공간이 S인 어떤 시행에서 각 결과가 일어날 가능성이 모두 같은 정도로 기대될 때, 사건 A가 일어날 확률 $\mathrm{P}(A)$를

$$\mathrm{P}(A)=\frac{n(A)}{n(S)}$$

로 정의하고, 이를 표본공간 S에서 사건 A가 일어날 **수학적 확률**이라고 한다.

예제 4-26 기출유형

한 개의 동전을 세 번 던지는 시행에서 동전의 앞면이 한 번 나올 확률을 구하시오.

풀이

한 개의 동전을 세 번 던지는 시행에서 동전의 앞면을 H, 뒷면을 T로 나타내면 표본공간 S는

$$S = \{\mathrm{HHH},\ \mathrm{HHT},\ \mathrm{HTH},\ \mathrm{THH},\ \mathrm{HTT},\ \mathrm{THT},\ \mathrm{TTH},\ \mathrm{TTT}\}$$

앞면이 한 번 나오는 사건을 A라고 하면

$$A = \{\mathrm{HTT},\ \mathrm{THT},\ \mathrm{TTH}\}$$

따라서 사건 A가 일어날 수학적 확률은 $\mathrm{P}(A) = \dfrac{n(A)}{n(S)} = \dfrac{3}{8}$ 이다.

문제 4-31 기출유형

서로 다른 두 개의 주사위를 동시에 던질 때, 나오는 눈의 수의 합이 8이 될 확률을 구하시오.

문제 4-32 기출유형

금나래 씨는 고객 200명을 대상으로 상품에 대한 만족도를 조사하여 오른쪽 그래프로 나타내었다. 설문에 답한 고객 중 임의로 한 명을 선택할 때, 그 고객이 '보통' 또는 '만족'이라고 응답했을 확률을 구하시오.

[그림 4-22]

■ **통계적 확률**

수학적 확률은 어떤 시행에서 각 결과가 일어날 가능성이 모두 같은 정도로 기대된다는 가정에서 정의하였다. 그러나 비가 올 가능성 같은 자연 현상이나 질병이 발생할 가능성 같은 사회 현상과 관련된 사건처럼, 일어날 가능성이 같은 정도로 기대될 수 없는 경우도 있다. 이와 같은 경우에는 많은 자료를 수집하여 조사하거나 같은 시행을 여러 번 반복함으로써 얻어지는 상대도수를 통하여 그 사건이 일어나는 경향을 알아볼 수 있다.

같은 시행을 n번 반복할 때 사건 A가 일어난 횟수를 r_n이라고 하자. 시행 횟수 n이 한없이 커짐에 따라 상대도수 $\dfrac{r_n}{n}$이 일정한 값 p에 가까워질 때, 이 값 p를 사건 A의 **통계적 확률**이라고 한다.

실제로 시행 횟수 n을 한없이 크게 할 수 없으므로 n이 충분히 클 때의 상대도수 $\frac{r_n}{n}$을 통계적 확률로 생각한다.

일반적으로 시행 횟수가 충분히 클 때 통계적 확률은 수학적 확률에 가까워진다. 따라서 수학적 확률을 구하기 어려운 경우에 통계적 확률을 대신 사용할 수 있다.

예제 4-27

기출유형

2015년 우리나라에서 태어난 신생아는 438,420명이었고, 그중 다태아(쌍둥이 이상)로 태어난 신생아는 16,166명이었다. 다태아가 태어날 확률을 반올림하여 소수 둘째 자리까지 나타내시오.

풀이

신생아 438,420명 중 다태아로 태어난 신생아가 16,166명이므로 구하는 확률은 $\frac{16,166}{438,420}=0.03687\cdots$이므로 반올림하여 소수 둘째 자리까지 나타내면 0.04이다.

문제 4-33

기출유형

[표 4-3]은 2013년 1월에 인천 공항을 통하여 우리나라에 입국한 외래객의 국적을 조사하여 나타낸 표의 일부이다. 이 외래객 중에서 임의로 한 명을 택할 때, 국적이 러시아일 확률을 반올림하여 소수 셋째 자리까지 나타내시오.

[표 4-3] 2013년 1월 외래객

(단위 : 명)

중국	116,262
일본	111,697
미국	43,423
영국	8,245
러시아	7,547
⋮	⋮
합계	500,549

(출처 : 한국관광공사)

문제 4-34

기출유형

금나래 씨는 새로운 유아용품을 기획하기 위하여 2015년의 신생아 수를 조사하여 [표 4-4]와 같이 나타냈다. 금나래 씨가 신상품의 홍보를 위하여 신생아 중 한 명을 선정할 때, 그 신생아가 경기도나 인천에서 태어났을 확률을 반올림하여 소수 둘째 자리까지 나타내시오.

[표 4-4]

시도별	2015	시도별	2015
	계		계
전국	438,420	경기도	113,495
서울특별시	83,005	강원도	10,929
부산광역시	26,645	충청북도	13,563
대구광역시	19,438	충청남도	18,604
인천광역시	25,491	전라북도	14,087
광주광역시	12,441	전라남도	15,061
대전광역시	13,774	경상북도	22,310
울산광역시	11,732	경상남도	29,537
세종특별자치시	2,708	제주특별자치도	5,600

(출처 : 2015년 통계청)

배반사건과 여사건

표본공간 S의 두 사건 A, B에 대하여 A 또는 B가 일어나는 사건을 $A \cup B$와 같이 나타내고, A와 B가 동시에 일어나는 사건을 $A \cap B$와 같이 나타낸다. 이때 사건 $A \cup B$를 A와 B의 **합사건**이라고 하며, 사건 $A \cap B$를 A와 B의 **곱사건**이라고 한다.

한편 사건 A와 사건 B가 동시에 일어나지 않을 때, 즉

$$A \cap B = \varnothing$$

일 때, 사건 A와 사건 B는 서로 **배반사건**이라고 한다([그림 4-23(a)]).

또 사건 A에 대하여 A가 일어나지 않는 사건을 A의 **여사건**이라고 하며, 이것을 기호로 다음와 같이 나타낸다([그림 4-23(b)]).

$$A^C$$

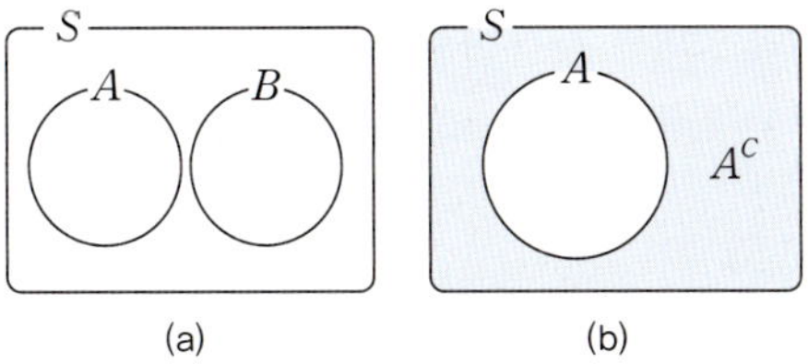

[그림 4-23]

이때 $A \cap A^C = \varnothing$ 이므로 A와 그 여사건 A^C는 서로 배반사건이다. 예를 들어 한 개의 주사위를 던지는 시행에서 표본공간은 $S = \{1, 2, 3, 4, 5, 6\}$이고, 짝수의 눈이 나오는 사건을 A, 홀수의 눈이 나오는 사건을 B라고 하면

$$A = \{2,\ 4,\ 6\},\ B = \{1,\ 3,\ 5\}$$

이다. 여기서 $A \cap B = \varnothing$이므로 A와 B는 서로 배반사건이고, A의 여사건은 B이며 B의 여사건은 A이다.

예제 4-28 기출유형

한 개의 주사위를 던지는 시행에서 4의 약수의 눈이 나오는 사건을 A, 3의 배수의 눈이 나오는 사건을 B라 할 때, 다음 물음에 답하시오.

(a) A와 B는 서로 배반사건인가?

(b) A^C와 B^C를 각각 구하시오.

풀이

(a) $A = \{1,\ 2,\ 4\}$, $B = \{3,\ 6\}$ 이고, $A \cap B = \varnothing$이므로 두 사건 A와 B는 서로 배반사건이다.

(b) $A^C = \{3,\ 5,\ 6\}$이고, $B^C = \{1,\ 2,\ 4,\ 5\}$이다.

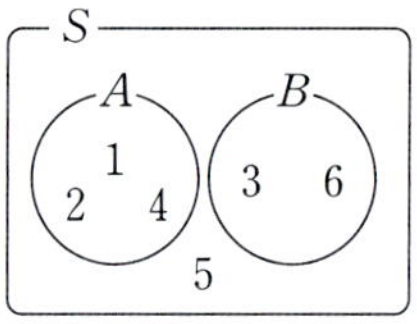

[그림 4-24]

문제 4-35 기출유형

1부터 9까지의 자연수가 각각 하나씩 적힌 9개의 공이 들어 있는 상자에서 임의로 한 개의 공을 꺼낼 때, 공에 적힌 수가 6의 약수인 사건을 A, 8의 약수인 사건을 B라고 하자. 다음을 구하시오.

(a) $A \cap B$

(b) $A \cup B$

(c) A^C

(d) $A^C \cup B^C$

확률의 기본 성질

이제 확률의 기본 성질에 대하여 알아보자. 표본공간 S의 임의의 사건 A에 대하여 $\varnothing \subset A \subset S$이므로 다음이 성립한다.

$$0 \le n(A) \le n(S)$$

이 부등식의 각 변을 $n(S)$로 나누면

$$0 \le \frac{n(A)}{n(S)} \le 1,\quad \text{즉 } 0 \le \mathrm{P}(A) \le 1$$

이다. 특히 $A = S$이면 $\mathrm{P}(S) = \dfrac{n(S)}{n(S)} = 1$ 이고, $A = \varnothing$ 이면 $\mathrm{P}(\varnothing) = \dfrac{n(\varnothing)}{n(S)} = 0$ 이다.

확률의 기본 성질

표본공간 S에서

❶ 임의의 사건 A에 대하여 $0 \le \mathrm{P}(A) \le 1$

❷ 반드시 일어나는 사건 S에 대하여 $\mathrm{P}(S)=1$

❸ 절대로 일어나지 않는 사건 $\varnothing$에 대하여 $\mathrm{P}(\varnothing)=0$

표본공간 S의 두 사건 A, B에 대하여 사건 A 또는 사건 B가 일어날 확률을 구해 보자. 두 사건 A와 B에 대하여

$$n(A \cup B) = n(A) + n(B) - n(A \cap B)$$

이므로 양변을 $n(S)$로 나누면

$$\frac{n(A \cup B)}{n(S)} = \frac{n(A)}{n(S)} + \frac{n(B)}{n(S)} - \frac{n(A \cap B)}{n(S)}$$

이다. 따라서 사건 A 또는 사건 B가 일어날 확률 $\mathrm{P}(A \cup B)$는 다음과 같다.

$$\mathrm{P}(A \cup B) = \mathrm{P}(A) + \mathrm{P}(B) - \mathrm{P}(A \cap B)$$

특히 두 사건 A와 B가 서로 배반사건이면 $\mathrm{P}(A \cap B)=0$이므로 다음과 같다.

$$\mathrm{P}(A \cup B) = \mathrm{P}(A) + \mathrm{P}(B)$$

확률의 덧셈정리

표본공간 S의 두 사건 A, B에 대하여

$$\mathrm{P}(A \cup B) = \mathrm{P}(A) + \mathrm{P}(B) - \mathrm{P}(A \cap B)$$

특히 두 사건 A, B가 서로 배반사건이면

$$\mathrm{P}(A \cup B) = \mathrm{P}(A) + \mathrm{P}(B)$$

예제 4-29 기출유형

금나래 씨는 직원 36명의 통근 수단을 조사하였더니 버스를 이용하는 직원은 18명, 지하철을 이용하는 직원은 15명, 버스와 지하철을 모두 이용하는 직원은 6명이었다. 직원 36명 중에서 임의로 한 명을 선택하였을 때, 그 직원이 버스 또는 지하철을 타고 통근할 확률을 구하시오.

풀이

36명의 직원 중에서 임의로 한 명을 선택하였을 때, 선택된 직원이 버스를 이용하는 사건을 A, 지하철을 이용하는 사건을 B라고 하면 $n(A)=18$, $n(B)=15$, $n(A\cap B)=6$이므로

$$\mathrm{P}(A)=\frac{18}{36},\ \mathrm{P}(B)=\frac{15}{36},\ \mathrm{P}(A\cap B)=\frac{6}{36}$$

이다. 따라서 구하는 확률은 다음과 같다.

$$\mathrm{P}(A\cup B)=\mathrm{P}(A)+\mathrm{P}(B)-\mathrm{P}(A\cap B)=\frac{18}{36}+\frac{15}{36}-\frac{6}{36}=\frac{27}{36}=\frac{3}{4}$$

문제 4-36 기출유형

1부터 50까지의 자연수가 각각 하나씩 적힌 50장의 카드 중에서 임의로 한 장의 카드를 뽑을 때, 다음을 구하시오.

(a) 카드에 적힌 수가 4의 배수이거나 5의 배수일 확률

(b) 카드에 적힌 수가 3 이하이거나 45 이상일 확률

문제 4-37 기출유형

금나래 씨의 어머니가 운영하는 미용실을 방문한 손님 중에서 30%는 파마를 하고, 40%는 염색을 하며, 20%는 파마와 염색을 모두 한다고 한다. 한 손님이 방문하였을 때, 파마 또는 염색을 할 확률을 구하시오.

여사건의 확률

표본공간 S의 사건 A에 대하여 여사건 A^C의 확률을 구하는 방법을 알아보자.

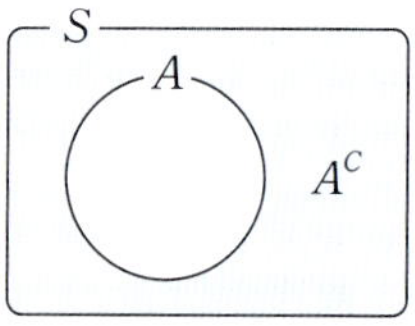

[그림 4-25]

사건 A와 그 여사건 A^C는 서로 배반사건이므로 확률의 덧셈정리에 의하여

$$\mathrm{P}(A\cup A^C)=\mathrm{P}(A)+\mathrm{P}(A^C)$$

이다. 이때 $\mathrm{P}(A\cup A^C)=\mathrm{P}(S)=1$이므로 다음이 성립한다.

$$\mathrm{P}(A)+\mathrm{P}(A^C)=1,\quad 즉\ \mathrm{P}(A^C)=1-\mathrm{P}(A)$$

여사건의 확률

사건 A의 여사건 A^C에 대하여

$$P(A^C) = 1 - P(A)$$

예제 4-30 기출유형

유통기한이 4일 남은 우유가 10개, 3일 남은 우유가 4개 있는 진열대에서 임의로 3개의 우유를 선택할 때, 유통기한이 3일 남은 우유가 1개 이상 포함될 확률을 구하시오.

풀이

유통기한이 4일 남은 우유만 3개 선택하는 사건을 A라고 하면, 유통기한이 3일 남은 우유가 1개 이상 포함되는 사건은 사건 A의 여사건 A^C이다.

$$P(A) = \frac{{}_{10}C_3}{{}_{14}C_3} = \frac{120}{364} = \frac{30}{91}$$

이므로 구하는 확률은 $P(A^C) = 1 - P(A) = 1 - \frac{30}{91} = \frac{61}{91}$ 이다.

문제 4-38 기출유형

5개의 당첨 제비가 포함된 20개의 제비 중에서 임의로 두 개의 제비를 뽑을 때, 적어도 한 개가 당첨 제비일 확률을 구하시오.

문제 4-39 기출유형

송편 45개 중에서 29개에는 콩이 들어 있고, 나머지에는 깨가 들어 있다. 금나내 씨가 이중에서 임의로 두 개를 택할 때, 적어도 하나에는 콩이 들어 있을 확률을 구하시오.

문제 4-40 기출유형

전체 직원이 30명인 어느 회사에서는 직원들을 A, B, C 세 등급으로 나누어 성과급을 차등 지급하고 있고, 각 등급에 속하는 인원수의 비율은 3 : 4 : 3이라고 한다. 이 회사 직원 중에서 임의로 4명을 선택하였을 때, A등급을 받은 직원이 적어도 1명 포함되어 있을 확률을 구하시오.

Section 4.6 조건부확률

조건부확률

일반적으로 두 사건 A, B에 대하여, 사건 A가 일어났다고 가정할 때 사건 B가 일어날 확률을 사건 A가 일어났을 때 사건 B의 **조건부확률**이라고 하며, 이것을 기호로

$$\mathrm{P}(B|A)$$

와 같이 나타낸다.

표본공간이 S인 어떤 시행에서 각 결과가 일어날 가능성이 모두 같은 정도로 기대될 때, 사건 A가 일어났을 때 사건 B의 조건부확률은

$$\mathrm{P}(B|A) = \frac{n(A \cap B)}{n(A)}$$

이다. 이 식의 우변의 분자와 분모를 각각 $n(S)$로 나누면

$$\mathrm{P}(B|A) = \frac{\dfrac{n(A \cap B)}{n(S)}}{\dfrac{n(A)}{n(S)}} = \frac{\mathrm{P}(A \cap B)}{\mathrm{P}(A)}$$

이다. 따라서 조건부확률은 다음과 같이 계산한다.

조건부확률

사건 A가 일어났을 때 사건 B의 조건부확률은

$$\mathrm{P}(B|A) = \frac{\mathrm{P}(A \cap B)}{\mathrm{P}(A)} \quad (\text{단, } \mathrm{P}(A) > 0)$$

예제 4-31 기출유형

한 개의 주사위를 던져서 홀수의 눈이 나왔을 때, 그 눈의 수가 소수일 확률을 구하시오.

풀이

홀수의 눈이 나오는 사건을 A, 소수의 눈이 나오는 사건을 B라고 하면

$$A=\{1,\ 3,\ 5\},\quad B=\{2,\ 3,\ 5\},\quad A\cap B=\{3,\ 5\}$$

이고, 따라서

$$\mathrm{P}(A)=\frac{3}{6}=\frac{1}{2},\quad \mathrm{P}(A\cap B)=\frac{2}{6}=\frac{1}{3}$$

이다. 구하는 확률은 사건 A가 일어났을 때 사건 B의 조건부확률이므로 다음과 같다.

$$\mathrm{P}(B\,|\,A)=\frac{\mathrm{P}(A\cap B)}{\mathrm{P}(A)}=\frac{\frac{1}{3}}{\frac{1}{2}}=\frac{2}{3}$$

문제 4-41 기출유형

금나래 씨 회사의 신입사원 중에서 C 지역 출신이 차지하는 비율은 20%이고, C 지역 출신 남자 직원은 전체의 9%라고 한다. 금나래 씨 회사의 신입사원 중에서 임의로 뽑은 한 직원이 C 지역 출신이었을 때, 이 사원이 남자 직원일 확률을 구하시오.

문제 4-42 기출유형

금나래 씨 부서 직원 34명은 오른쪽 표와 같이 중국어와 일본어 중에서 한 가지 언어를 할 수 있다고 한다. 이 부서 직원 중에서 임의로 택한 한 명이 중국어를 할 수 있다고 할 때, 이 직원이 여직원일 확률을 구하시오.

[표 4-5]

	중국어	일본어
남직원 수	10	7
여직원 수	8	9

확률의 곱셈정리

두 사건 A, B에 대하여 사건 $A\cap B$의 확률을 조건부확률을 이용하여 구하는 방법을 알아보자.

$\mathrm{P}(B\,|\,A)=\dfrac{\mathrm{P}(A\cap B)}{\mathrm{P}(A)}$의 양변에 $\mathrm{P}(A)$를 곱하면

$$P(A \cap B) = P(A)P(B|A)$$

가 성립한다. 마찬가지로 $P(A|B)$에 대해서도 다음이 성립한다.

$$P(A \cap B) = P(B)P(A|B)$$

따라서 조건부확률을 이용하면 두 사건 A, B가 동시에 일어나는 확률을 구할 수 있다.

확률의 곱셈정리

두 사건 A, B에 대하여 $P(A) > 0$, $P(B) > 0$일 때,

$$\begin{aligned} P(A \cap B) &= P(A)P(B|A) \\ &= P(B)P(A|B) \end{aligned}$$

예제 4-32 기출유형

상자 안에 모양과 크기가 같은 커피 맛 사탕이 6개, 박하 맛 사탕이 4개 들어 있다. 이 상자 안에서 차례대로 2개의 사탕을 꺼낼 때, 2개 모두 커피 맛 사탕일 확률을 구하시오(단, 꺼낸 사탕은 다시 넣지 않는다).

풀이

첫 번째 꺼낸 사탕이 커피 맛 사탕인 사건을 A, 두 번째 꺼낸 사탕이 커피 맛 사탕인 사건을 B라고 하자. 첫 번째에 커피 맛 사탕을 꺼낼 확률은 $P(A) = \frac{6}{10} = \frac{3}{5}$이다.

첫 번째에 꺼낸 사탕이 커피 맛 사탕일 때, 두 번째에 꺼낸 사탕도 커피 맛 사탕일 확률은 $P(B|A) = \frac{5}{9}$이다.

따라서 구하는 확률은 $P(A \cap B) = P(A)P(B|A) = \frac{3}{5} \times \frac{5}{9} = \frac{1}{3}$이다.

문제 4-43 기출유형

20개의 제비 가운데 4개가 당첨 제비라고 한다. 금나래부터 시작하여 금나래와 박미래의 순서로 한 번씩 제비를 뽑을 때, 금나래가 당첨될 확률과 박미래가 당첨될 확률을 각각 구하시오(단, 뽑은 제비는 다시 넣지 않는다).

사건의 독립과 종속

어떤 사건이 일어나거나 일어나지 않을 확률이 다른 사건이 일어나거나 일어나지 않을 확률에 영향을 미치는 경우가 있고, 그렇지 않은 경우가 있다. 예를 들어 한 개의 동전을 두 번 던질 때 첫 번째에 앞면이 나오는 사건을 A, 두 번째에 앞면이 나오는 사건을 B라고 하자. 이때 사건 A의 결과가 사건 B가 일어날 확률에 영향을 주지 않으므로 다음과 같다.

$$\mathrm{P}(B|A) = \mathrm{P}(B) = \frac{1}{2}, \quad \mathrm{P}(B|A^C) = \mathrm{P}(B) = \frac{1}{2}$$

이와 같이 두 사건 A, B에 대하여 사건 A가 일어나거나 일어나지 않는 것이 사건 B가 일어날 확률에 영향을 주지 않을 때, 즉

$$\mathrm{P}(B|A) = \mathrm{P}(B|A^C) = \mathrm{P}(B)$$

일 때, 두 사건 A와 B는 서로 **독립**이라고 한다.

한편 두 사건 A와 B가 서로 독립이 아닐 때, 즉

$$\mathrm{P}(A|B) \neq \mathrm{P}(A) \text{ 또는 } \mathrm{P}(B|A) \neq \mathrm{P}(B)$$

일 때, 두 사건 A, B는 서로 **종속**이라고 한다.

이제 두 사건이 서로 독립일 조건을 알아보자. 두 사건 A와 B가 서로 독립이면 확률의 곱셈정리에 의하여

$$\mathrm{P}(A \cap B) = \mathrm{P}(A)\mathrm{P}(B|A) = \mathrm{P}(A)\mathrm{P}(B)$$

가 성립한다.

역으로 $\mathrm{P}(A) > 0$, $\mathrm{P}(B) > 0$이고 $\mathrm{P}(A \cap B) = \mathrm{P}(A)\mathrm{P}(B)$이면, $\mathrm{P}(A \cap B) = \mathrm{P}(A)\mathrm{P}(B|A)$에서

$$\mathrm{P}(B) = \mathrm{P}(B|A)$$

이므로 두 사건 A와 B는 서로 독립이다. 따라서 다음이 성립한다.

두 사건이 독립일 조건

두 사건 A와 B가 서로 독립일 필요충분조건은 다음과 같다.

$$\mathrm{P}(A \cap B) = \mathrm{P}(A)\mathrm{P}(B) \ (\text{단, } \mathrm{P}(A) > 0,\ \mathrm{P}(B) > 0)$$

예제 4-33 기출유형

한 개의 주사위를 던져서 소수의 눈이 나오는 사건을 A, 4 이상의 눈이 나오는 사건을 B, 6의 약수의 눈이 나오는 사건을 C라고 하자. 이때 세 사건 A, B, C 중에서 서로 독립인 두 사건을 구하시오.

풀이

$A=\{2,\ 3,\ 5\}$, $B=\{4,\ 5,\ 6\}$, $C=\{1,\ 2,\ 3,\ 6\}$ 이므로

$$\mathrm{P}(A)=\frac{1}{2},\ \mathrm{P}(B)=\frac{1}{2},\ \mathrm{P}(C)=\frac{2}{3}$$

또 $A\cap B=\{5\}$, $B\cap C=\{6\}$, $A\cap C=\{2,\ 3\}$이므로

$$\mathrm{P}(A\cap B)=\frac{1}{6},\ \mathrm{P}(B\cap C)=\frac{1}{6},\ \mathrm{P}(A\cap C)=\frac{1}{3}$$

① $\mathrm{P}(A\cap B)=\frac{1}{6}\neq\mathrm{P}(A)\mathrm{P}(B)=\frac{1}{4}$이므로 사건 A와 B는 서로 종속이다.

② $\mathrm{P}(B\cap C)=\frac{1}{6}\neq\mathrm{P}(B)\mathrm{P}(C)=\frac{1}{3}$이므로 사건 B와 C는 서로 종속이다.

③ $\mathrm{P}(A\cap C)=\frac{1}{3}=\mathrm{P}(A)\mathrm{P}(C)$이므로 사건 A와 C는 서로 독립이다.

따라서 서로 독립인 두 사건은 A, C이다.

문제 4-44

한 개의 주사위를 던져서 2의 배수의 눈이 나오는 사건을 A, 2 이하의 눈이 나오는 사건을 B, 4의 약수의 눈이 나오는 사건을 C라고 할 때, 다음에 답하시오.

(a) 두 사건 A와 B는 서로 독립임을 보이시오.

(b) 두 사건 A와 C는 서로 종속임을 보이시오.

독립시행의 확률

주사위나 동전을 여러 번 던지는 경우와 같이 동일한 조건으로 같은 시행을 반복할 때, 각 시행의 결과가 다른 시행의 결과에 영향을 미치지 않는 경우가 있다. 이와 같이 어떤 시행을 반복하는 경우 매 시행마다 일어나는 사건이 서로 독립일 때, 이러한 시행을 **독립시행**이라고 한다. 독립시행에서는 각 시행에서 일어나는 사건들이 서로 독립이므로 각각의 확률을 곱하여 확률을 계산할 수 있다.

한 개의 주사위를 네 번 던지는 독립시행에서 1의 눈이 두 번 나올 확률을 구해 보자. 1의 눈이 나오는 경우를 ○, 1의 눈이 나오지 않는 경우를 ×로 나타내면, 한 개의 주사위를 네 번 던지는 독립시행에서 1의 눈이 두 번 나오는 경우는 [표 4-6]과 같이 6가지이다. 이때 각 사건은 서로 독립이고 ○의 확률은 $\frac{1}{6}$, ×의 확률은 $\frac{5}{6}$이므로 각 사건이 일어날 확률은 $\left(\frac{1}{6}\right)^2\left(\frac{5}{6}\right)^2$이다. 그리고 ${}_4C_2 = 6$(가지)의 사건은 서로 배반사건이므로, 네 번 던지는 독립시행에서 1의 눈이 두 번 나올 확률은 다음과 같다.

[표 4-6]

1회	2회	3회	4회
○	○	×	×
○	×	○	×
○	×	×	○
×	○	○	×
×	○	×	○
×	×	○	○

$${}_4C_2\left(\frac{1}{6}\right)^2\left(\frac{5}{6}\right)^2$$

일반적으로 독립시행의 확률은 다음과 같이 구할 수 있다.

독립시행의 확률

어떤 시행에서 사건 A가 일어날 확률이 p일 때, 이 시행을 n회 반복하는 독립시행에서 사건 A가 r회 일어날 확률은 다음과 같다.

$${}_nC_r\, p^r(1-p)^{n-r} \quad (\text{단, } r = 0,\ 1,\ 2,\ \cdots,\ n)$$

예제 4-34

사격 선수인 금나래 씨는 총을 한 발 사격할 때, 과녁의 10점 부분에 맞힐 확률이 $\frac{7}{10}$이라고 한다. 금나래 선수가 5발을 사격하여 과녁의 10점 부분에 3번 맞힐 확률을 구하시오.

풀이

5발을 사격하여 과녁의 10점 부분에 3번 맞힐 확률은 독립시행의 확률에 의하여 다음과 같이 구할 수 있다.

$${}_5C_3\times\left(\frac{7}{10}\right)^3\left(\frac{3}{10}\right)^2 = 10\times\frac{343}{1000}\times\frac{9}{100} = \frac{3087}{10000}$$

문제 4-45

금나래 씨는 오타가 있는 문자 메시지를 전송할 확률이 한 건당 25 %라고 한다. 금나래 씨가 문자 메시지를 네 번 전송할 때, 오타가 있는 메시지를 한 번 전송할 확률을 구하시오.

Chapter 04 연습문제

1. 세 개의 주사위를 던져 나온 눈의 합이 15 이상이 나오는 경우의 수는?
① 10　② 15　③ 20　④ 25　⑤ 30

2. 빨간색 티셔츠 2개와 파란색 티셔츠 2개를 네 명의 아이에게 하나씩 임의로 나누어 줄 수 있는 경우의 수는?
① 6　② 8　③ 10　④ 12　⑤ 15

3. 나래는 색이 다른 셔츠 3개와 색이 다른 바지 4개를 가지고 있다. 나래가 셔츠와 바지 한 벌을 골라 입을 수 있는 경우의 수는?
① 6　② 8　③ 10　④ 12　⑤ 15

4. [그림 4-26]과 같은 도로망에서 A를 출발하여 B로 가는 경로의 수는?

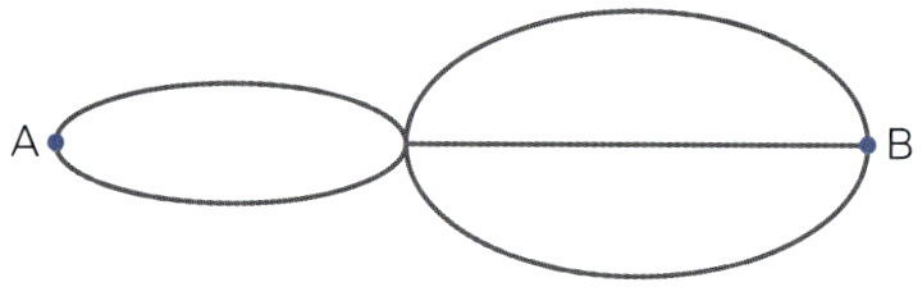

[그림 4-26]

① 4　② 5　③ 6　④ 8　⑤ 10

5. 5인 가족이 원탁에 둘러앉는 방법의 수는?
① 24　② 30　③ 36　④ 72　⑤ 120

6. [그림 4-27]과 같은 모양의 사각형에 서로 다른 네 가지 색의 물감 중 세 가지 사용하여 색칠하려고 한다. 경계선의 양쪽 면의 색을 다르게 색칠하는 방법의 수는?

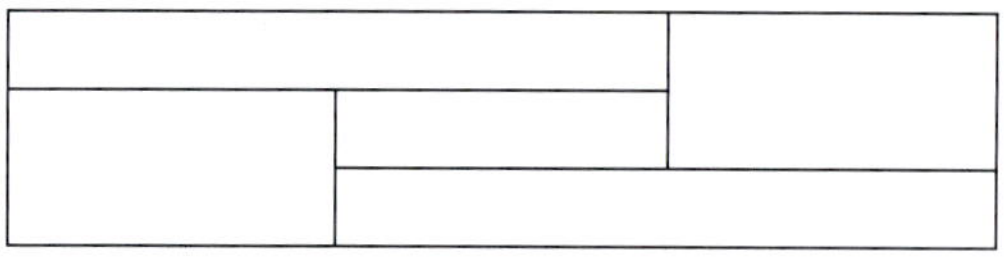

[그림 4-27]

① 12　② 18　③ 24　④ 36　⑤ 48

7. 1부터 9까지의 숫자가 적혀 있는 카드에서 세 장을 뽑아 만들 수 있는 세 자리 수 중 홀수를 만드는 경우의 수는? (단, 뽑은 카드는 다시 넣지 않는다.)
① 280　② 300　③ 350　④ 400　⑤ 420

8. 5명의 사원에게 3종류의 티켓을 나누어 주는 방법의 수는?

① 60　② 81　③ 125　④ 144　⑤ 243

9. [그림 4-28]과 같은 꽃 모양에 서로 다른 6가지 물감을 모두 사용하여 색칠하는 경우의 수는? (단, 모든 색은 적어도 한 번씩 사용해야 한다.)

① 60　② 72　③ 96

④ 144　⑤ 150

[그림 4-28]

10. 사탕 5개와 과자 7개를 색이 다른 3개의 박스에 나누어 넣으려고 한다. 모든 박스에 사탕과 과자를 최소 1개씩은 넣어야 하고 모든 박스에 4개씩 넣을 때의 경우의 수는?

① 2　② 3　③ 4　④ 5　⑤ 6

11. [그림 4-29]와 같은 정삼각형 모양의 탁자에 3쌍의 부부가 앉는 경우의 수는? (단, 부부는 같은 면에 앉는다.)

① 8　② 10　③ 12

④ 16　⑤ 24

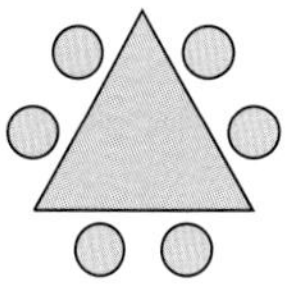

[그림 4-29]

12. $\left(x^2 - \dfrac{1}{x}\right)^9$의 전개식에서 상수항은?

① 1　② -63　③ 63　④ -84　⑤ 84

13. [그림 4-30]과 같은 원판을 서로 다른 3가지 색의 물감을 모두 사용하여 색칠하는 방법의 수는? (단, 경계선의 양쪽 면은 다르게 색칠하고 3가지 색의 물감은 두 개 면씩 칠한다.)

① 1　② 2　③ 3

④ 4　⑤ 5

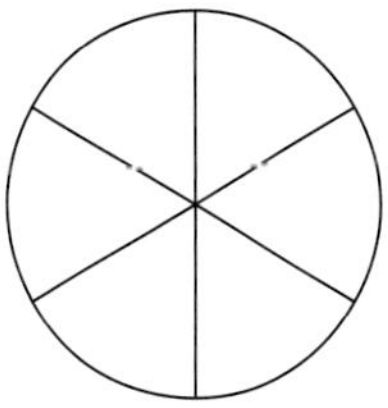

[그림 4-30]

14. 1부터 9까지의 숫자가 적혀 있는 숫자카드 9장이 있다. 이 중 3장을 뽑아 세 자리 자연수를 만들 때, 3의 배수가 나오는 경우의 수는?

① 60　② 90　③ 120　④ 150　⑤ 180

15. 엄마의 생일은 8월 6일, 아빠의 생일은 2월 7일이고, 석이의 생일은 5월 6일이다. 석이는 엄마와 아빠의 생일의 수를 한 개씩과 본인의 생일 두 수를 사용하여 네 자리 비밀번호를 만들려고 한다. 만들 수 있는 비밀번호의 개수는?

① 8 ② 12 ③ 24 ④ 36 ⑤ 72

16. [그림 4-31]과 같은 도로망에서 영아가 집을 출발하여 미정이네 집에 들러 미정이와 함께 학교에 가고자 한다. 최단 경로의 수는?

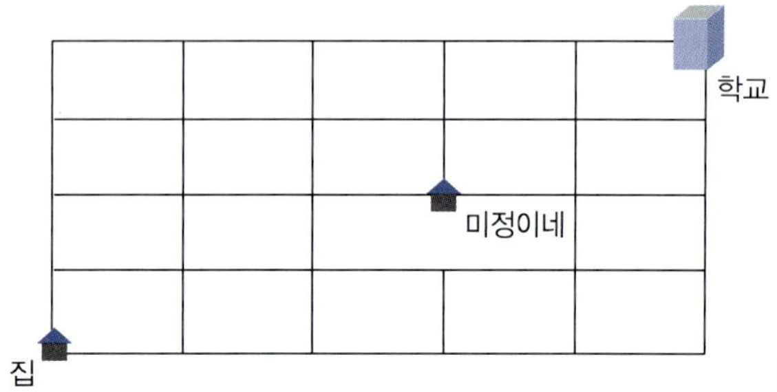

[그림 4-31]

① 32 ② 33 ③ 34 ④ 35 ⑤ 36

17. [그림 4-32]와 같이 8개의 영역으로 나눠진 정사각형 모양에 서로 다른 8가지 물감을 모두 사용하여 색칠하는 경우의 수는? (단, 경계선의 양쪽 면은 서로 다른 색으로 칠한다.)

① 1,800 ② 3,600 ③ 5,430
④ 7,290 ⑤ 10,080

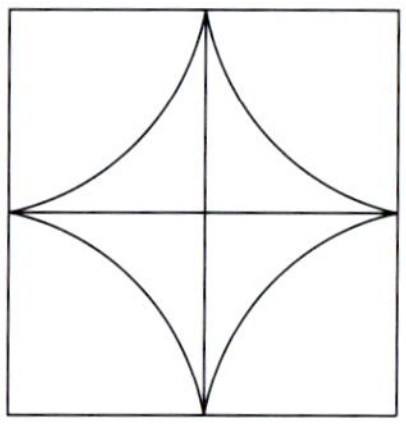

[그림 4-32]

18. 어떤 회사원은 3일간 4곳의 거래처를 방문해야 한다. 3일 중 하루는 오전, 오후에 각각 한 곳의 거래처를 방문하고, 나머지 이틀은 남은 두 곳의 거래처를 하루에 하나씩 방문한다고 할 때, 이 회사원이 3일간 4곳의 거래처를 방문하는 방법의 수는?

① 24 ② 36 ③ 54 ④ 72 ⑤ 96

19. 50,000원짜리 지폐 3장, 10,000원짜리 지폐 4장, 5,000원짜리 지폐 1장, 1,000원짜리 지폐 3장을 가지고 거스름돈이 생기지 않게 지불할 수 있는 금액은 모두 몇 가지인가?

① 125가지 ② 144가지 ③ 159가지 ④ 175가지 ⑤ 180가지

20. 금나래 씨 부서에서 근무하는 5명의 회사원이 3주 중 한 주를 선택하여 휴가를 가려고 한다. 한 주에 두 명 이하로 휴가를 신청할 수 있을 때, 5명이 휴가를 다녀오는 방법의 수는?

① 60 ② 72 ③ 90 ④ 112 ⑤ 120

21. [그림 4-33]과 같이 10개의 영역으로 나눠진 모양에 서로 다른 10가지 물감을 모두 사용하여 색칠하는 경우의 수는? (단, 경계선의 양쪽 면은 서로 다른 색으로 칠하고 회전해서 모양이 일치하면 같은 것으로 본다.)

① 10,800 ② 65,700 ③ 105,480
④ 576,900 ⑤ 1,209,600

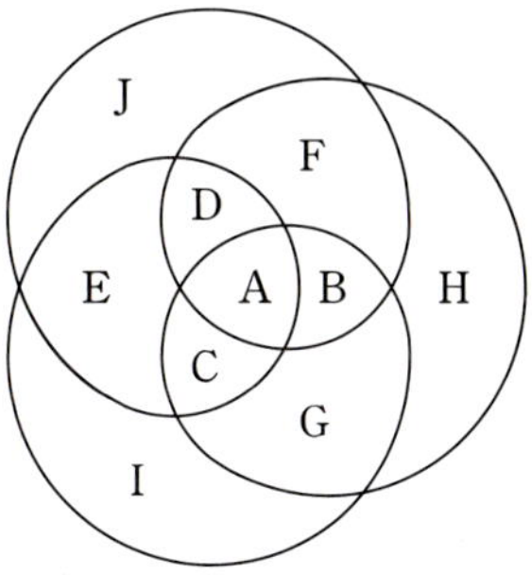

[그림 4-33]

22. 5,700원짜리 물건을 사고 1,000원짜리 지폐 x장, 500원짜리 동전 y개와 100원짜리 동전 z개로 지불하였다. 1,000원짜리 지폐, 500원짜리 동전과 100원짜리 동전을 적어도 한 개씩은 사용해야 한다고 할 때, 거스름돈이 생기지 않게 지불하는 방법의 수는? (단, x, y, z는 모두 7 이하이다.)

① 5 ② 6 ③ 7 ④ 8 ⑤ 9

23. [그림 4-34]와 같은 직사각형 모양의 탁자에 가족 6명(부모 2명, 아이 4명)이 앉는 경우의 수는? (단, 부모는 오른쪽 그림의 빗금친 자리에서 서로 마주보고 앉는다.)

① 8 ② 10 ③ 12
④ 16 ⑤ 24

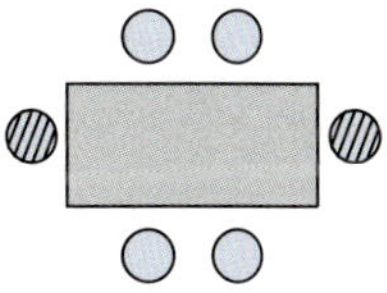

[그림 4-34]

24. [그림 4-35]의 같은 도로망에서 A를 출발하여 C를 지나 B로 가는 최단 경로의 수는?

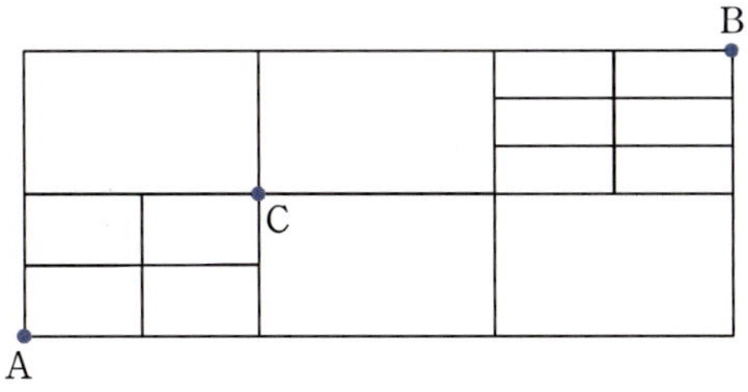

[그림 4-35]

① 36 ② 48 ③ 66 ④ 72 ⑤ 96

25. 금나래 씨가 근무하는 부서에서 6명의 사원을 3개 지역에 나누어 출장을 보내려고 한다. 1개 지역에 적어도 1명의 직원을 보내야 한다고 할 때 출장을 보내는 방법의 수는?

① 540 ② 360 ③ 240 ④ 120 ⑤ 90

26. 금나래 씨 회사에서 10명의 사원에게 추석선물로 와인세트, 한우세트, 수산물세트 중 1개 씩 나누어 주려고 한다. 회사에서 준비한 추석선물이 5개의 와인세트, 3개의 한우세트와 2개의 수산물세트라 할 때, 나누어 주는 방법의 수는?

① 1,200 ② 1,260 ③ 2,400 ④ 2,520 ⑤ 5,040

27. 앞면이 나올 때까지 동전을 던지는 시행을 할 때, 동전을 5번 이상 던질 확률은?

① $\frac{1}{2}$ ② $\frac{1}{4}$ ③ $\frac{1}{8}$ ④ $\frac{1}{16}$ ⑤ $\frac{1}{32}$

28. 주머니에 빨간색 공 6개와 파란색 공 4개가 들어 있다. 이 주머니에서 공을 하나씩 꺼내는 시행을 할 때, 첫 번째 공과 두 번째 공이 모두 빨간색일 확률은? (단, 꺼낸 공은 다시 넣지 않는다.)

① $\frac{3}{10}$ ② $\frac{2}{5}$ ③ $\frac{1}{3}$ ④ $\frac{4}{9}$ ⑤ $\frac{5}{9}$

29. 0부터 9까지 적힌 숫자카드 10장이 있다. 이 중 3장을 중복을 허락하여 뽑아 세 자리 자연수를 만들 때, 9의 배수가 나올 확률은?

① $\frac{1}{10}$ ② $\frac{1}{9}$ ③ $\frac{101}{900}$ ④ $\frac{11}{90}$ ⑤ $\frac{2}{15}$

30. 남학생 4명과 여학생 4명이 둥글게 둘러앉을 때 남녀가 번갈아 가며 앉을 확률은?

① $\frac{1}{35}$ ② $\frac{3}{35}$ ③ $\frac{1}{7}$ ④ $\frac{1}{5}$ ⑤ $\frac{9}{35}$

31. 다음 표는 양궁선수 A, B, C 3명이 10점에 적중시킬 확률을 나타낸 것이다. 3명의 선수가 각각 1발씩 쏠 때 적어도 한 명이 10점에 적중시킬 확률은? (단, 각 선수가 화살을 쏘는 사건은 독립이다.)

[표 4-7]

선수	A	B	C
10점에 적중할 확률	80%	70%	50%

① $\frac{19}{20}$ ② $\frac{24}{25}$ ③ $\frac{97}{100}$ ④ $\frac{49}{50}$ ⑤ $\frac{99}{100}$

32. 서로 다른 주사위 2개를 동시에 던질 때, 나온 눈의 수 중 적어도 하나가 짝수일 확률은?

① $\frac{1}{4}$ ② $\frac{1}{3}$ ③ $\frac{1}{2}$ ④ $\frac{2}{3}$ ⑤ $\frac{3}{4}$

33. 정육각형의 꼭짓점 A, B, C, D, E, F 중에서 임의의 세 점을 연결하여 삼각형을 만들 때, 만들어진 삼각형이 이등변삼각형일 확률은?

① $\frac{1}{4}$ ② $\frac{1}{2}$ ③ $\frac{1}{5}$

④ $\frac{2}{5}$ ⑤ $\frac{4}{5}$

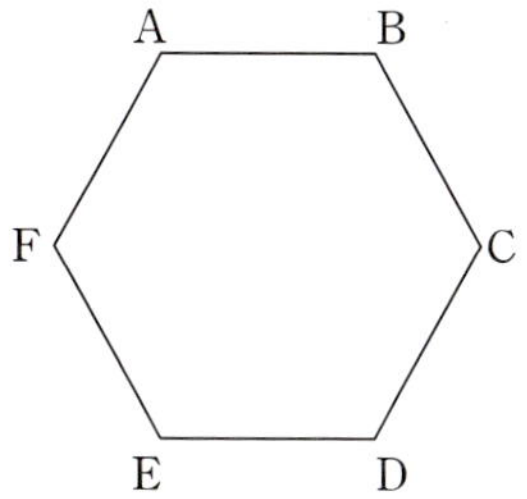

[그림 4-36]

34. 주머니에 빨간색 공 6개와 파란색 공 4개가 들어 있다. 이 주머니에서 공을 하나씩 꺼내는 시행을 할 때, 두 번째 공이 파란색일 확률은? (단, 꺼낸 공은 다시 넣지 않는다.)

① $\frac{1}{3}$ ② $\frac{2}{5}$ ③ $\frac{7}{15}$ ④ $\frac{4}{9}$ ⑤ $\frac{3}{5}$

35. 승률이 60%인 A팀과 승률이 40%인 B팀이 5전 3선승제의 플레이오프를 치를 때, 5번째 경기가 열릴 확률은? (단, 각 경기는 서로 다른 경기에 영향을 미치지 않는다.)

① $\frac{36}{625}$ ② $\frac{72}{625}$ ③ $\frac{108}{625}$ ④ $\frac{168}{625}$ ⑤ $\frac{216}{625}$

36. 빨간색, 노란색, 파란색의 주사위 세 개가 있다. 이 세 개의 주사위를 던질 때, 빨간색 주사위의 눈의 수와 파란색 주사위의 눈의 수의 차가 노란색 주사위의 눈의 수와 같을 확률은?

① $\frac{1}{6}$　② $\frac{5}{36}$　③ $\frac{1}{9}$　④ $\frac{1}{12}$　⑤ $\frac{1}{18}$

37. 주머니에 빨간색 공 6개와 파란색 공 4개가 들어 있다. 이 주머니에서 공을 하나 꺼내어 보고 꺼냈던 공과 같은 색의 공 5개를 추가로 더 넣은 후 다시 공을 꺼내는 시행을 한다. 즉 첫 번째 공이 빨간색 공인 경우에 두 번째 공은 빨간색 공 11개와 파란색 공 4개가 들어 있는 주머니에서 꺼낸다. 이 시행에서 두 번째 공이 파란색일 확률은?

① $\frac{4}{15}$　② $\frac{3}{10}$　③ $\frac{1}{3}$　④ $\frac{11}{30}$　⑤ $\frac{2}{5}$

38. 부모와 아이 3명이 가족사진을 찍기 위해 한 줄로 설 때, 엄마와 아빠가 이웃하게 설 확률은?

① $\frac{1}{4}$　② $\frac{2}{5}$　③ $\frac{1}{2}$　④ $\frac{3}{5}$　⑤ $\frac{3}{4}$

39. 다음은 석이가 다니는 학교의 방과 후 수업 시간표이다. 이 학교 학생은 모두 방과 후 수업에 예체능 수업 한 시간과 국어, 영어, 수학 수업 각 한 시간씩을 포함한 네 시간을 신청해야 한다. 오직 수요일에만 1, 2교시를 모두 신청할 수도 있고 1교시만 신청할 수도 있다고 할 때, 석이가 화요일에 수학을 신청할 확률은?

[표 4-8]

	월	화	수	목
1교시	국어 / 영어	수학 / 영어	국어 / 미술	체육 / 음악
2교시			수학 / 체육	

① $\frac{1}{8}$　② $\frac{1}{4}$　③ $\frac{3}{8}$　④ $\frac{1}{3}$　⑤ $\frac{1}{2}$

40. 어떤 자격증을 취득하려면 1차, 2차, 3차의 시험을 순서대로 치러야 한다고 한다. 1차에 합격한 경우 2차 시험의 기회는 2회 주어지나 3차 시험의 기회는 1번뿐이라고 한다. 금나래 씨가 이 자격증의 1차, 2차, 3차 시험에서 합격할 확률이 각각 0.8, 0.6, 0.7이라고 할 때, 금나래 씨가 자격증을 취득할 확률은?

① 0.4704　② 0.4806　③ 0.4952　④ 0.5004　⑤ 0.5422

Chapter 04 실전문제

1. 정오각형의 꼭짓점 A, B, C, D, E 중에서 세 점을 연결하여 만들 수 있는 삼각형의 개수는?

① 6 ② 7 ③ 8 ④ 9 ⑤ 10

2. [그림 4-37]과 같은 정삼각형 모양의 탁자에 3쌍의 부부가 앉는 경우의 수는? (단, 부부는 같은 면에 앉는다.)

① 8 ② 10 ③ 12
④ 16 ⑤ 24

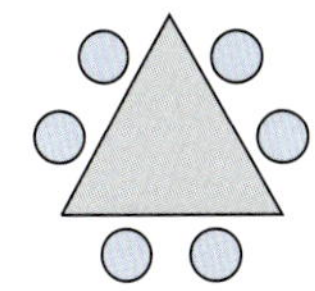

[그림 4-37]

3. [그림 4-38]과 같은 도로망에서 집배원이 우체국을 출발하여 A, B, C, D 네 집에 각각 편지를 배달하고 우체국으로 돌아오는 최단 경로의 수는?

① 2 ② 3 ③ 4
④ 6 ⑤ 8

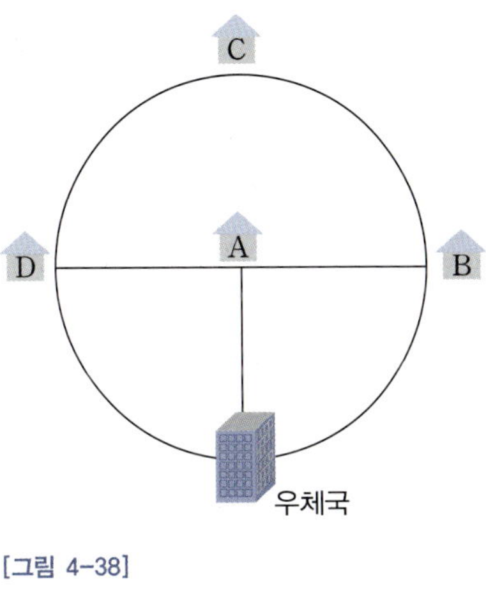

[그림 4-38]

4. 나래는 신입사원 연수에 참여한 8명의 신입사원을 [그림 4-39]와 같은 숙소에 배정하려고 한다. 8명의 신입사원 중 2명의 여자 신입사원은 한 방에 배정하고, 나머지 6명의 남자 신입사원을 한 방에 두 명씩 배정하는 방법의 수는?

104호	회의실	
101호	102호	103호

[그림 4-39]

① 60 ② 120 ③ 240 ④ 360 ⑤ 480

5. 다음 표는 금나래 씨가 월요일, 화요일, 수요일 3일간 처리해야 할 7개의 업무와 소요시간을 나타낸 것이다. 금나래 씨는 하루에 8시간을 근무하고 각각의 업무는 하루에 끝내야 한다고 할 때, 7개의 업무를 처리하는 모든 방법의 수는? (단, 한 업무를 처리하는 중간에 다른 업무는 하지 않는다.)

[표 4-9]

업무	소요시간
A	7
B	6
C	4
D	3
E	2
F	1
G	1

① 288 ② 504 ③ 840 ④ 1,680 ⑤ 2,520

6. [그림 4-40]과 같이 정사각형 모양의 공간 12개로 이루어진 공간에 금나래 씨는 A, B, C 3개 부서의 공간과 1개의 회의실 공간으로 나누어 배치하고자 한다. A, B 두 개의 부서 공간은 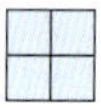와 같이 정사각형 4개 공간을 합친 정사각형 모양을 배치하고, 회의실과 C 부서의 공간은 두 개의 정사각형 공간을 합친 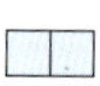 모양의 공간을 배치하고자 할 때, 공간을 나누는 모든 경우의 수를 구하시오.

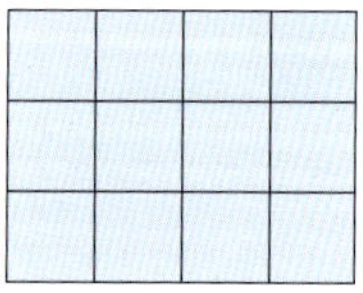

[그림 4-40]

① 10 ② 12 ③ 16 ④ 18 ⑤ 24

7. 4명의 여자 신입사원과 2명의 남자 신입사원을 3개 부서에 2명씩 배치하려고 할 때, 3개 부서에 모두 여자 신입사원이 한 명 이상씩 배치되는 경우의 수는?

① 66 ② 72 ③ 78 ④ 84 ⑤ 90

8. 남학생 6명과 여학생 4명의 회원으로 이루어진 동아리에서 회장 한 명과 2명의 임원을 뽑으려고 할 때, 회장은 남학생, 임원 2명은 남학생 1명과 여학생 1명으로 선출될 확률은?

① $\frac{1}{6}$ ② $\frac{1}{5}$ ③ $\frac{1}{4}$ ④ $\frac{1}{3}$ ⑤ $\frac{1}{2}$

9. 3명의 여성 신입사원과 3명의 남성 신입사원을 3개 부서에 2명씩 배치하려고 할 때, 3개 부서에 모두 여성이 배치될 확률은?

① $\frac{1}{5}$ ② $\frac{1}{4}$ ③ $\frac{2}{5}$ ④ $\frac{1}{2}$ ⑤ $\frac{3}{5}$

10. 실력이 같은 A, B, C, D 네 팀이 다음과 같이 토너먼트를 치를 때, A, B 두 팀이 결승전을 치를 확률은? (단, 리그전에서 무승부는 없다.)

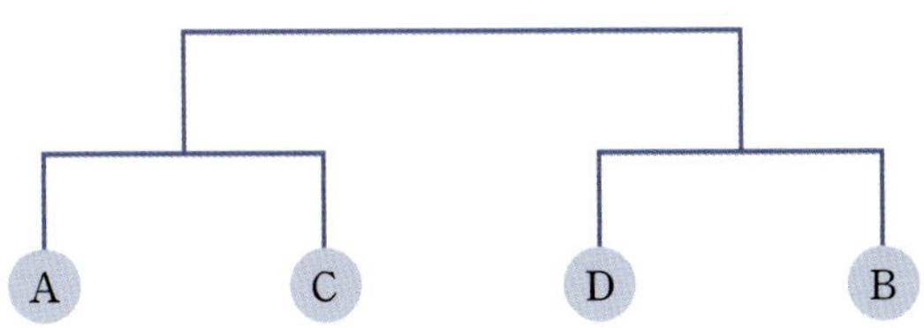

[그림 4-41]

① $\frac{1}{6}$ ② $\frac{1}{4}$ ③ $\frac{1}{3}$ ④ $\frac{3}{8}$ ⑤ $\frac{1}{2}$

11. [그림 4-42]와 같은 도로망에서 A를 출발하여 B까지 최단 경로로 갈 때, C 지점을 피하여 갈 확률은?

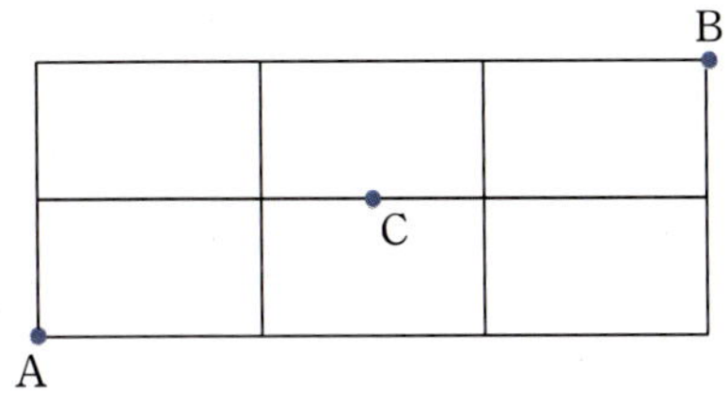

[그림 4-42]

① $\frac{1}{5}$ ② $\frac{1}{4}$ ③ $\frac{2}{5}$ ④ $\frac{1}{2}$ ⑤ $\frac{3}{5}$

12. 금나래 씨 가족 3명이 여름휴가를 가다가 휴게소에서 점심을 먹기로 하였다. 휴게소에는 한식 3가지 메뉴와 분식 3가지 메뉴가 준비되어 있고, 가족 3명은 각각 임의로 1가지 메뉴를 주문한다고 하자. 3명의 가족이 모두 한식 메뉴를 주문할 확률은?

① $\frac{1}{8}$ ② $\frac{1}{6}$ ③ $\frac{1}{4}$ ④ $\frac{1}{3}$ ⑤ $\frac{1}{2}$

13. 승률이 60%인 A팀과 승률이 40%인 B팀이 7전 4선승제의 한국시리즈를 치를 때, 5번째 경기에서 승부가 결정될 확률은? (단, 각 경기는 서로 다른 경기에 영향을 미치지 않는다.)

① $\frac{98}{625}$ ② $\frac{108}{625}$ ③ $\frac{138}{625}$ ④ $\frac{168}{625}$ ⑤ $\frac{216}{625}$

14. 사탕 2개와 과자 4개를 석이, 훈이와 정이에게 2개씩 나누어 줄 때, 석이가 사탕 1개와 과자 1개를 받을 확률은? (단, 사탕과 과자끼리는 각각 서로 구별하지 않는다.)

① $\frac{1}{4}$ ② $\frac{1}{3}$ ③ $\frac{2}{5}$ ④ $\frac{1}{2}$ ⑤ $\frac{2}{3}$

15. 어떤 편의점에서 A, B, C 3종의 라면을 팔고 있다. 다음 표는 이 편의점의 A, B, C 3종의 라면에 대한 판매율을 나타낸 것이다. 3명의 고객이 각각 1개의 라면을 산다고 할 때, B는 하나도 팔리지 않을 확률은?

[표 4-10]

라면	A	B	C
판매율	50%	30%	20%

① 0.3 ② 0.343 ③ 0.51 ④ 0.63 ⑤ 0.7

16. 어떤 회사의 입사시험은 1차, 2차, 3차의 3단계를 순서대로 치른다고 한다. 취업 준비생 A가 이 회사의 입사시험을 치를 때 1차, 2차, 3차 단계에서 합격할 확률이 각각 0.8, 0.6, 0.5라고 한다. A가 이 입사시험에 통과하지 못할 확률은? (단, 한 단계에서 불합격하면 다음 단계에 응시할 수 없다.)

① 0.28 ② 0.44 ③ 0.56 ④ 0.65 ⑤ 0.76

17. 다음은 어떤 옷가게에서 팔고 있는 상품의 가격표이다. 나래가 임의로 티셔츠와 바지를 1개씩 골랐을 때 40,000원으로 살 수 있을 확률은?

[표 4-11]

	티셔츠		바지	
가격(원)	A	15,000	ㄱ	25,000
	B	12,000	ㄴ	24,000
	C	20,000	ㄷ	30,000
	D	16,000	ㄹ	27,000
	E	10,000	ㅁ	25,000

① $\frac{9}{25}$ ② $\frac{2}{5}$ ③ $\frac{13}{25}$ ④ $\frac{14}{25}$ ⑤ $\frac{3}{5}$

18. 금나래 씨는 A, B, C 3명의 직원에게 임의로 3가지 업무를 1개씩 나누어 주려고 한다. 다음 표는 각 직원의 업무처리 시간을 나타낸 것이라 할 때, A가 업무를 가장 먼저 끝낼 확률은?

[표 4-12]

직원	업무1	업무2	업무3
A	2	3	2.5
B	4	2.5	3
C	2.5	1	3.5

① $\frac{1}{6}$ ② $\frac{1}{5}$ ③ $\frac{1}{4}$ ④ $\frac{1}{3}$ ⑤ $\frac{1}{2}$

19. [그림 4-43]과 같은 말판에서 말이 A를 출발하여 주사위를 한 번 던질 때마다 다음 규칙에 따라 움직여서 B에 도착하면 끝나는 게임을 한다. 게임이 끝났을 때 주사위를 7번 던졌을 확률은?

게임 규칙

1. 나온 눈의 수가 홀수이면 오른쪽으로 한 칸을 간다.
2. 나온 눈의 수가 짝수이면 위로 한 칸을 간다.
3. 오른쪽으로 움직일 수 없을 때 나온 눈의 수가 홀수이면 움직이지 않는다.
4. 위쪽으로 움직일 수 없을 때 나온 눈의 수가 짝수이면 움직이지 않는다.

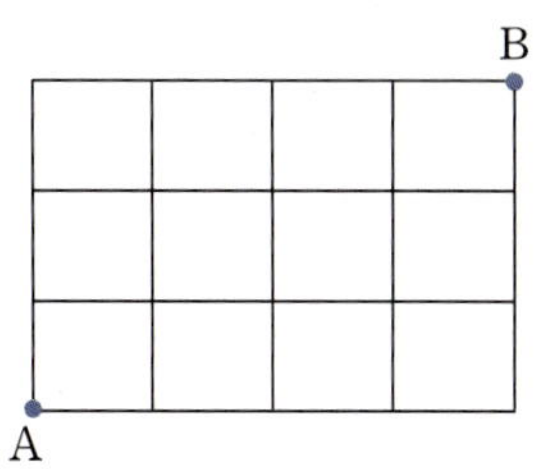

[그림 4-43]

① $\frac{35}{128}$ ② $\frac{15}{64}$ ③ $\frac{1}{16}$ ④ $\frac{1}{8}$ ⑤ $\frac{1}{4}$

20. 석이, 훈이, 철이가 직원식당에서 점심을 먹기로 하였다. 직원식당의 점심메뉴가 다음과 같고, 석이, 훈이, 철이는 각각 임의로 1가지 메뉴를 주문한다고 하자. 3명이 각각 한식 1개, 중식 1개와 양식 1개를 주문할 확률은?

[표 4-13]

오늘의 메뉴	
한식	백반 갈비탕
중식	짜장면 짬뽕
양식	돈가스 파스타

① $\frac{1}{9}$ ② $\frac{1}{6}$ ③ $\frac{1}{4}$ ④ $\frac{2}{9}$ ⑤ $\frac{8}{27}$

CHAPTER 05

자료의 정리와 기초통계

||| 목차 |||

||| 학습목표 |||

- 자료의 특성에 알맞게 수집하고 정리하여 표나 그래프로 나타낼 수 있다.
- 줄기와 잎 그림과 도수분포표를 그릴 수 있고, 이를 직무에 활용할 수 있다.
- 상대도수와 누적도수, 대푯값과 산포도를 이해하고, 이를 직무에 활용할 수 있다.
- 산점도와 상관관계를 이해하고, 이를 직무에 활용할 수 있다.
- 확률변수와 확률분포를 이해하고, 이산확률변수와 연속확률변수를 직무에 활용할 수 있다.
- 정규분포를 이해하고, 이를 직무에 활용할 수 있다.
- 모집단과 표본을 이해하고, 모평균과 미비율을 추정할 수 있다.

CHAPTER 05에서는 무엇을 배울까?

이 장에서는 직무에서 발생하는 여러 가지 자료를 수집하고 특성에 맞게 정리하는 방법을 학습한다. 또한 수집된 자료를 다양한 방법으로 표현해 보고, 이를 다양한 직무 예제에 적용해 봄으로써 직무를 원활히 수행할 수 있는 기본기를 다진다. 상대도수와 누적도수를 이해하고 이를 직무에 활용하여 문제를 해결할 수 있으며, 대푯값과 산포도를 활용할 수 있고, 여러 가지 자료를 서로 비교할 수 있다.

또한 확률변수와 확률분포를 이해하고, 이항분포와 정규분포 사이의 관계를 이해하여 직무에 활용할 수 있다. 특히 모집단과 표본, 모평균과 모비율의 추정은 직무 상황에서 자주 발생하지는 않지만, 이를 이해하면 수집된 자료를 바탕으로 보다 합리적인 판단을 내릴 수 있는 기초가 된다.

Section
5.1 자료의 정리

기본 개념

자료를 수집하고 정리하기 위해 필요한 기본적인 개념인 평균, 비율, 변화량, 백분율(%) 등에 대해 간단히 알아보자.

❶ **평균** : 평균에는 기하평균, 조화평균 등 여러 종류가 있지만, 여기서는 산술평균에 대해서만 알아본다. **산술평균**은 전체 자료의 합을 전체 자료의 개수로 나눈 값이다.

$$(\text{평균}) = \frac{(\text{전체 자료의 합})}{(\text{전체 자료의 개수})}$$

❷ **비율** : 기준량에 대한 비교하는 양의 크기를 비율이라고 한다.

$$(\text{비율}) = \frac{(\text{비교하는 양})}{(\text{기준량})}$$

❸ **백분율(%)** : 기준량을 100으로 볼 때의 비율을 백분율이라고 하며 기호 %를 이용하여 나타낸다. 백분율을 구할 때는 비율을 소수나 분수로 나타낸 다음 100을 곱하면 된다. 이때 백분율은 '퍼센트'라고 읽는다. 한편 '퍼센트 포인트(%p)'는 퍼센트 사이의 차이를 말한다. 이를테면 20%와 30% 사이에는 10%p의 차이가 있는 것이다.

$$(\text{백분율})(\%) = (\text{비율}) \times 100$$

❹ **변화량** : 기준 시점의 자료와 비교 시점의 자료의 차이를 나타낸다.

$$(\text{변화량}) = (\text{비교 시점의 자료}) - (\text{기준 시점의 자료})$$

변화율은 변화량에 대한 비율을 이용하여 다음과 같이 나타낸다.

$$(\text{변화율})(\%) = \frac{(\text{변화량})}{(\text{기준 시점의 자료의 수})} \times 100$$

자료의 수집과 정리

원래 통계학은 국가 정책을 수립하기 위해 인구 수 등의 자료를 수집하던 것으로부터 비롯되었으며, 고대 로마의 인구센서스, 중국 한나라 시대의 호구조사 등을 예로 들 수 있다.

오늘날 우리는 매일 엄청난 양의 통계 자료를 접하고 있는데, 때로는 그 자료들이 어디에서 온 것인지, 또 신뢰할 만한 자료인지 혼동될 때가 많다. 현대의 통계는 정확한 자료의 수집과 분석에 기반해 사회의 모든 분야에 적용되어 합리적인 의사결정을 내리는 데 밑바탕이 된다. 이처럼 통계가 사회의 다양한 분야에 적용되기 위해서는 올바른 자료를 수집하여 정확하게 분석하는 것이 가장 중요하다. 예를 들어 우리나라 사람들이 하루에 먹는 물의 양을 조사하려면 어떻게 설문하는 것이 좋을까? 먹는 물의 양을 조사하려면 물을 몇 병 마셨는지 묻는 것보다 하루에 먹는 물의 양이 몇 L인지를 조사하는 것이 더 바람직하다. 이와 같이 통계 자료를 수집할 때는 목적에 맞게 적절하고 믿을 수 있는 자료를 수집해야 하며, 자료의 출처와 수집 방법 등을 분명하게 밝혀서 그 자료가 올바른 것임을 설명할 필요가 있다.

주어진 자료를 수집하여 정리할 때는 표를 많이 사용한다. 자료를 표로 나타낼 때에는 표의 가로축과 세로축에 자료에 대한 정보나 종류 등을 나타내고, 해당 자료에 대한 수치를 직사각형 모양으로 나열한다. 자료를 표로 나타내는 유형은 크게 자료 수치에 따른 분류와 자료 측정 시점에 따른 분류의 두 가지로 나눌 수 있다.

■ 자료 수치에 따른 분류

자료 수치에 따른 분류는 다시 절대 자료, 비율 자료, 지수 자료, 대비 자료의 네 가지로 나눌 수 있다.

❶ **절대 자료 :** 개수, 인원수와 같이 각 수치가 품목의 실제 크기나 개수를 나타내는 자료이다. 예를 들어 다음 표는 관람산업의 업종유형별 업체 수 및 취업자 수를 조사하여 나타낸 표이다.

[표 5-1] 관람산업의 업종유형별 업체 수 및 취업자 수

구분	업체 수(개)	취업자 수(명)
테마파크	47	36,834
유원지	114	10,014
동 · 식물원	27	1,845
기타	67	4,752

❷ **비율 자료 :** 전체를 100 %로 놓을 때, 각 부분의 상대적 크기를 백분율로 표시한 자료이다. 예를 들어 다음 표는 각 정당별 지지도를 나이대별로 정리한 것이다.

[표 5-2] 정당별 지지도 (단위: %)

구분	A정당	B정당	C정당	D정당	지지정당 없음
20~30대	45.0	9.2	14.4	30.4	1.0
40~50대	20.6	30.3	40.3	6.7	2.1
60대 이상	27.2	64.8	2.4	4.2	1.4

❸ **지수 자료 :** 특정 대상이나 특정 시점의 값을 100으로 놓을 때, 비교하려는 값의 상대적인 크기를 나타낸 자료이다. 예를 들어 다음 표는 우리나라를 100으로 놓고, 각 분야별로 일본의 기술경쟁력을 비교한 것이다.

[표 5-3] 우리나라와 일본의 기술경쟁력 비교

비교 국가	구분	분류	제품설계	소재 관련	부품 관련
일본	기업규모	대기업	128	128	124
		중소기업	124	122	120
	업종	조선	110	115	120
		정보통신	121	112	119
		자동차/부품	123	125	123

❹ **대비 자료 :** 1인당 쌀 소비량이나 교사 1인당 학생 수와 같은 자료로 특정 기준에 대해 계산된 값을 나타낸 자료이다. 이는 절대적 자료처럼 보이지만 실제로는 상대적 자료이다. 예를 들어 다음 표는 주요국가의 교사 1인당 학생 수를 나타낸 것이다.

[표 5-4] 주요국가의 교사 1인당 학생 수 (단위: 명)

구분	유치원	초등학교	중학교	고등학교
미국	18.7	15.8	16.3	14.1
일본	18.8	20.9	16.8	14.0
우리나라	23.1	32.1	21.5	20.9
OECD 평균	15.5	17.7	15.0	13.9

■ 자료 측정 시점에 따른 분류

자료 측정 시점에 따른 분류는 일반적 자료와 시계열 자료로 나눌 수 있다.

❶ **일반적 자료 :** 동일한 시점에서 여러 항목을 측정한 것으로 최댓값과 최솟값, 대소 비교 및 순서 비교, 비중 계산, 항목 간의 관계 등을 파악할 수 있다. 예를 들어 다음 표는 서울 몇 개 구에 대한 미세먼지 농도를 나타낸 것이다.

[표 5-5] 2017년 3월 서울의 미세먼지 농도 (단위: $\mu g/m^3$)

지역	중구	종로구	중랑구	동대문구	은평구	마포구	영등포구	동작구
미세먼지 농도	38	40	38	34	36	50	38	37

❷ **시계열 자료 :** 하나의 항목을 중심으로 여러 시점에 따라 자료를 측정한 것으로 연도별, 반기별, 분기별, 월별, 주별, 일별 등 다양한 시간 단위로 제공된다. 시계열 자료로부터 시점 간의 변화를 알 수 있다. 예를 들어 다음 표는 우리나라와 일본의 1인당 쌀 소비량을 나타낸 것이다.

[표 5-6] 우리나라와 일본의 1인당 쌀 소비량 (단위 : 석/년)

연도	우리나라 1인당 쌀 소비량	일본 1인당 쌀 소비량
1920	0.54	1.13
1921	0.45	1.11
1922	0.47	1.08

예제 5-1

기출유형

다음은 한국수자원공사에서 조사한 2016년 소양강댐의 수질 정보에 대한 자료를 표로 나타낸 것이다. 다음 중 옳지 않은 것은?

[표 5-7] 2016년 소양강댐의 수질 정보

월	수온(℃)	용존산소량(mg/L)	생화학적 산소요구량(mg/L)	화학적 산소요구량(mg/L)
1	5	12.0	1.4	4.1
2	5	11.5	1.1	4.5
3	8	11.3	1.3	5.0
4	13	12.1	1.5	4.6
5	21	9.4	1.5	6.1
6	23	7.9	1.3	4.1
7	27	7.3	2.2	8.9
8	29	7.1	1.9	6.3
9	23	6.4	1.7	6.6
10	20	9.4	1.7	6.9
11	14	11.0	1.5	5.2
12	9	11.6	1.4	6.9

① 조사 기간 중 1월과 2월의 수온이 가장 낮다.

② 용존산소량이 가장 많을 때와 가장 적을 때의 차이는 5.7 mg/L 이다.

③ 소양강댐의 용존산소량은 생화학적 산소요구량보다 적었다.

④ 소양강댐의 용존산소량은 화학적 산소요구량보다 대체로 많았다.

⑤ 7월 대비 12월의 소양강댐의 용존산소량 증가율은 30 % 이상이다.

풀이

③ 소양강댐의 용존산소량은 생화학적 산소요구량보다 많았다.

⑤ 7월 대비 12월의 소양강댐의 용존산소량 증가율은 $\frac{11.6-7.3}{7.3}=0.58\cdots$ 에서 약 58 % 이다.

따라서 옳지 않은 것은 ③이다.

문제 5-1 기출유형

다음은 우체국에서 택배를 보낼 때 무게에 따른 지역별 요금 체계를 나타낸 표이다. 다음 중 옳지 않은 것은? (단, 제주는 타지역에서 제외한다.)

[표 5-8] 무게에 따른 지역별 요금

중량(크기)	2kg까지 (60cm 까지)	5kg까지 (80cm 까지)	10kg까지 (120cm 까지)	20kg까지 (140cm 까지)	30kg까지 (160cm 까지)
동일 지역	4,000원	5,000원	6,000원	7,000원	8,000원
타지역	5,000원	6,000원	7,000원	8,000원	9,000원
제주항공	6,000원	7,000원	8,000원	9,000원	11,000원
제주선편(D+2일)	5,000원	6,000원	7,000원	8,000원	9,000원

① 2 kg 까지는 제주항공으로 보내는 것이 가장 비싸다.
② 무게가 9 kg 인 물건을 서울에서 강원도로 보내려면 7,000원이 필요하다.
③ 크기가 130 cm 인 물건을 인천에서 부산으로 보내려면 8,000원이 필요하다.
④ 제주도는 항공보다 배로 보내는 것이 어느 경우에도 더 싸다.
⑤ 무게가 25 kg 인 물건을 서울에서 부산으로 보내는 것보다 대전에서 제주도로 보내는 것이 더 비싸다.

문제 5-2 기출유형

다음은 우리나라의 연도별 출생자 수와 사망자 수를 십의 자리에서 반올림하여 나타낸 표이다. 이 표로부터 미래에 우리나라의 전체인구수가 어떻게 변할지 말하시오.

[표 5-9] 연도별 출생자 수와 사망자 수 (단위: 명)

연도	사망자 수	출생자 수
2011	257,400	471,300
2012	267,200	484,600
2013	266,300	436,500
2014	267,700	435,400
2015	275,900	438,400
2016	281,000	406,300

자료의 특성에 알맞은 그래프로 나타내기

수집된 자료는 자료의 특성에 알맞은 다양한 그래프로 나타낼 수 있다. 수집된 자료에 대하여 자료의 특성에 알맞은 그래프를 예제를 통해 알아보자.

■ 선 그래프

선 그래프는 어떤 항목에 대한 시간적 추이를 나타낼 때 사용한다. 선의 기울기를 통해 변화의 정도를 쉽게 파악할 수 있고, 조사하지 않은 중간 지점의 수치도 유추할 수 있다.

예제 5-2

기출유형

다음 표는 2011년부터 2016년까지 5대 광역시의 흡연율을 나타낸 것이다. 이 자료를 선 그래프를 이용하여 나타내고, 자료의 특성을 말하시오.

[표 5-10] 5대 광역시의 흡연율 현황 (단위 : %)

구분	2011	2012	2013	2014	2015	2016
서울특별시	22.3	22.2	21.7	20.6	19.4	19.5
부산광역시	24.3	23.5	23.1	22.3	20.6	20.5
인천광역시	25.9	25.8	24.3	25.4	23.8	24.1
광주광역시	22.7	23.0	21.9	22.2	18.6	18.8
대전광역시	22.0	23.4	23.3	21.7	20.6	20.3

(출처 : 통계청)

풀이

제시된 자료를 선 그래프로 나타내면 다음과 같다. 이 그래프로부터 전체 흡연율은 감소하는 추세이고 도시별로 약간의 차이가 있음을 알 수 있다.

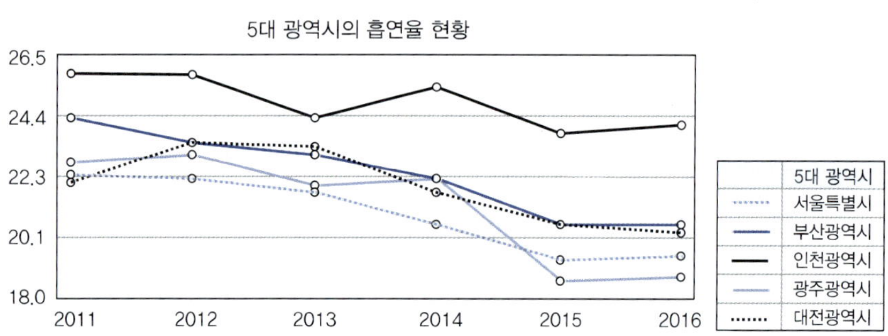

[그림 5-1]

문제 5-3

기출유형

다음은 2011년부터 2015년까지 우리나라 청소년 흡연율을 나타낸 것이다. 이를 선 그래프로 나타내고, 자료의 특성을 말하시오.

[표 5-11] 청소년 흡연율 현황

연도	2011	2012	2013	2014	2015
청소년 흡연율(%)	12.1	11.4	9.7	9.2	7.8

(출처 : 통계청)

■ 막대그래프

막대그래프는 어떤 항목을 영역별로 비교하여 나타낼 때 사용한다. 막대그래프는 비교하고자 하는 수량을 막대 길이로 표시하고, 그 길이를 비교함으로써 각 수량의 대소 관계를 알 수 있다. 막대그래프는 가장 간단한 형태의 그래프로서 내역, 비교, 경과, 도수 등 계열의 크기 변화 및 차이를 한눈에 파악하는 용도로 사용된다.

예제 5-3 기출유형

다음 표는 2016년 초등학생의 월평균 사교육비를 나타낸 것이다. 초등학생 월평균 전체 사교육비는 24.1만 원이고, 예체능을 제외한 일반교과 사교육비는 14.3만 원이라 한다. 일반교과와 주요 과목에 대한 초등학생 사교육비 현황을 막대그래프를 이용하여 나타내고, 자료의 특성을 말하시오.

[표 5-12] 초등학생 월평균 사교육비 현황

과목	국어	영어	수학	일반교과	전체
사교육비(만 원)	1.3	6.7	4.0	14.3	24.1

(출처 : 통계청)

풀이

제시된 자료를 막대그래프로 나타내면 다음과 같다. 이 그래프로부터 주요 과목에 대한 초등학교 사교육비 비중은 영어, 수학, 국어 순임을 알 수 있다.

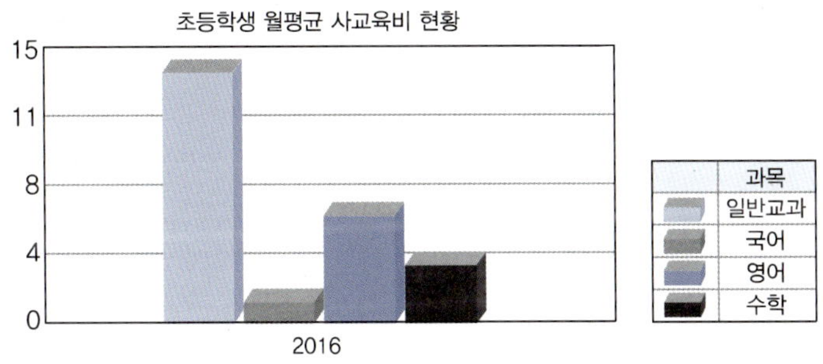

[그림 5-2]

문제 5-4 기출유형

다음 표는 어떤 가전제품 매장의 지난 1, 2분기의 주요제품 판매 현황이다. 각 품목의 분기별 판매 현황을 막대그래프로 나타내고, 자료의 특성을 말하시오.

[표 5-13] 판매 현황 (단위 : 대)

분기	TV	냉장고	에어컨
1	500	450	320
2	625	360	540

■ 원 그래프

원 그래프는 전체에 대한 각 계열의 비율을 부채꼴의 중심각의 크기로 나타낸 그래프로서 어떤 항목을 전체에 대한 영역별 비교를 나타낼 때 사용된다.

예제 5-4 기출유형

다음 표는 2016년도 학교별 교원 수를 나타낸 것이다. 학교별 교원 수를 원 그래프를 이용하여 나타내고, 자료의 특성을 말하시오.

[표 5-14] 2016년도 학교별 교원 수 현황

학교	유치원	초등학교	중학교	고등학교
교원 수(명)	52,923	183,452	109,525	135,427

(출처 : 통계청)

풀이

제시된 자료를 원 그래프로 나타내면 다음과 같다. 이 그래프로부터 초등학교, 고등학교, 중학교, 유치원 순으로 교원 수가 많음을 알 수 있다.

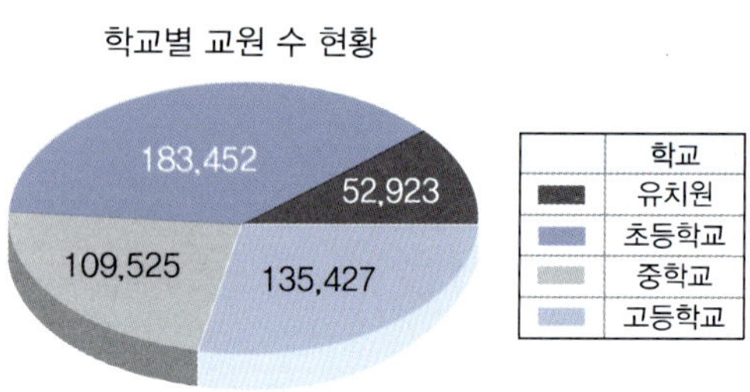

[그림 5-3]

문제 5-5 기출유형

다음 표는 어떤 마트의 품목별 지난달 매출 현황을 나타낸 것이다. 이 매출 현황을 원 그래프를 이용하여 나타내고, 자료의 특성을 말하시오.

[표 5-15] 품목별 매출 현황

품목	식품	공산품	의류	기타
매출액(억 원)	4.3	3.8	2.1	3.2

■ 방사형 그래프

방사형 그래프는 비교하는 수량을 직격 또는 반경으로 나누어 중심에서의 거리에 따라 각 수량의 관계를 나타내는 그래프로서 여러 가지 항목에 대한 척도를 비교하여 나타낼 때 사용된다.

예제 5-5 기출유형

다음은 금나래 사원의 직업기초능력에 대한 진단평가 결과를 나타낸 것이다. 이를 방사형 그래프로 나타내고, 자료의 특성을 말하시오.

[표 5-16] 금나래 직업기초능력에 대한 진단평가 결과

항목	의사소통능력	정보활용능력	자기관리역량	종합적사고력	대인관계역량	글로벌역량
평가 결과	2.3	3.1	3.7	3.0	4.0	1.3

풀이

제시된 자료를 방사형 그래프로 나타내면 다음과 같다. 이 그래프로부터 금나래 사원은 대인관계역량과 자기관리역량은 매우 우수하나 글로벌역량은 미흡함을 알 수 있다.

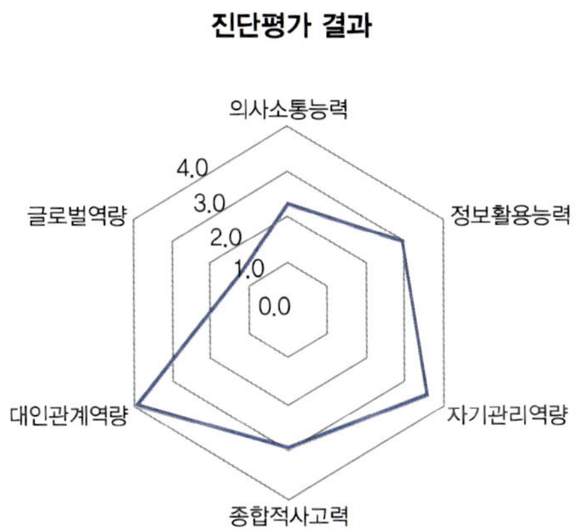

[그림 5-4]

문제 5-6 기출유형

다음은 어떤 휴대폰에 대한 고객 만족도(5점 만점) 조사 결과를 나타낸 것이다. 이를 방사형 그래프를 사용하여 나타내고, 자료의 특성을 말하시오.

[표 5-17] 고객 만족도 조사 결과

항목	편리성	기능성	디자인	가격	고객서비스
만족도(점)	3.25	4.5	3.75	2.12	3.37

■ 누적막대그래프

누적막대그래프는 막대그래프와 비슷하나 한 구간에 해당하는 막대가 누적 형식으로 표현되는 그래프이다. 한 구간이 몇 개의 세부 항목으로 나뉘면서 전체의 합이 의미가 있을 때 사용된다.

예제 5-6

기출유형

다음은 2015년도 월별 교통사고 현황이다. 이를 누적막대그래프로 나타내고, 자료의 특성을 말하시오.

[표 5-18] 2015년도 월별 교통사고 현황 (단위 : 건)

구분	1월	2월	3월	4월	5월	6월	7월	8월	9월	10월	11월	12월
주	8,920	7,966	10,518	10,747	11,931	10,383	11,398	11,269	11,943	12,282	11,120	10,572
야	7,982	6,973	8,098	8,639	8,612	8,266	8,880	8,595	8,868	9,305	10,050	8,718

(출처 : 통계청)

풀이

제시된 자료를 누적막대그래프로 나타내면 다음과 같다. 이 그래프로부터 교통사고는 야간보다 주간에 더 많이 일어났고, 10월에 가장 많이 일어났음을 알 수 있다.

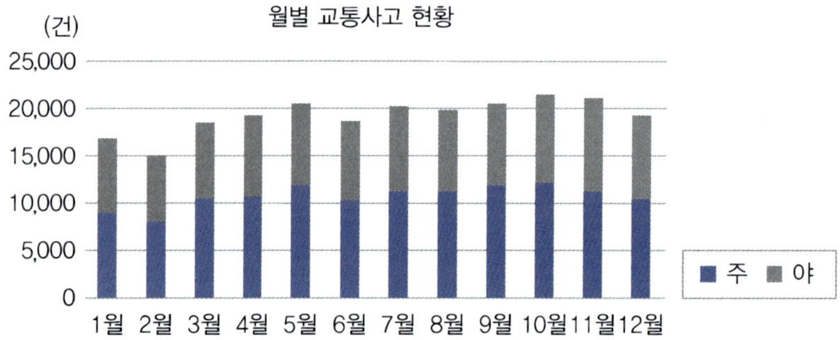

[그림 5-5]

문제 5-7

기출유형

다음 표는 어떤 가전제품 매장의 지난해 각 분기별 주요제품 판매 현황이다. 각 품목의 분기별 판매 현황을 누적막대그래프를 사용하여 나타내고, 자료의 특성을 말하시오.

[표 5-19] 판매 현황 (단위 : 대)

분기	TV	냉장고	에어컨
1	500	450	320
2	625	360	540
3	723	521	120
4	825	296	273

Section

5.2 줄기와 잎 그림과 도수분포표

줄기와 잎 그림

앞에서 우리는 자료를 정리하는 여러 그래프에 대하여 알아보았다. 이제 자료를 정리하는 또 다른 방법에 대해 알아보자. 먼저 줄기와 잎 그림에 대해 알아보자.

통계청에 따르면 우리나라의 평균 수명이 1970년 61.9세에서 2010년 80.8세로 꾸준히 늘어났으며, 2040년에는 90세에 이를 것이라고 전망하고 있다. 다음은 금나래 씨가 살고 있는 마을의 주민 22명을 대상으로 나이를 조사한 것이다.

마을 주민들의 나이

(단위 : 세)

27	62	54	68	72	88	90	18	22	13	43
50	52	76	82	49	51	14	38	72	48	60

위 자료에서 마을 주민의 나이 27, 62, 54, …와 같이 자료를 수량으로 나타낸 것을 **변량**이라고 한다. 우선 [표 5-20(a)]와 같이 나이대별로 자료를 분류한다. 그 다음 [표 5-20(b)]와 같이 세로선을 그어 세로선의 왼쪽에 십의 자리의 숫자인 1, 2, 3, … , 9를 쓰고, 오른쪽에 일의 자리의 숫자를 크기가 작은 것부터 순서대로 쓴다. 이때 세로선의 왼쪽에 있는 십의 자리의 숫자를 **줄기**, 오른쪽에 있는 일의 자리의 숫자를 **잎**이라고 한다.

[표 5-20]

(a) 마을 주민들의 나이

나이대	나이
10대	18, 13, 14
20대	27, 22
30대	38
40대	43, 49, 48
50대	54, 50, 52, 51
60대	62, 68, 60
70대	72, 76, 72
80대	88, 82
90대	90

(b) 마을 주민들의 나이

(1|3은 13세)

줄기	잎
1	3 4 8
2	2 7
3	8
4	3 8 9
5	0 1 2 4
6	0 2 8
7	2 2 6
8	2 8
9	0

이와 같이 줄기와 잎을 이용하여 자료를 나타낸 그림을 **줄기와 잎 그림**이라고 한다. 일반적으로 줄기와 잎 그림은 다음과 같은 순서로 그린다.

줄기와 잎 그림을 그리는 순서

① 십의 자리의 숫자를 줄기로 하여 크기가 작은 수부터 순서대로 세로로 나열한다.

② 줄기의 오른쪽에 세로줄을 긋는다.

③ 십의 자리의 숫자 각각에 해당하는 일의 자리의 숫자를 잎으로 하여 세로줄의 오른쪽에 가로로 나열한다. 이때 중복된 자료의 값은 중복된 횟수만큼 나열한다.

④ 줄기 a와 잎 b에 대하여 그림 위에 $a|b$의 뜻을 설명한다.

예제 5-7 기출유형

다음은 어느 회사 직원 32명이 농장체험에서 딴 사과의 개수를 조사하여 만든 자료이다. 다음 물음에 답하시오.

사과의 개수

(단위 : 개)

9	32	15	45	32	10	20	12
22	31	25	24	8	29	46	11
7	14	42	16	34	28	41	24
14	46	28	34	23	28	36	36

(a) 위 자료를 줄기와 잎 그림으로 나타내시오.

(b) 사과를 36개 이상 딴 직원의 수를 구하시오.

풀이

(a) 사과의 개수에서 십의 자리의 숫자를 줄기로, 일의 자리의 숫자를 잎으로 하여 줄기와 잎 그림을 그리면 다음과 같다.

(2|9는 29개)

줄기	잎
0	7 8 9
1	0 1 2 4 4 5 6
2	0 2 3 4 4 5 8 8 8 9
3	1 2 2 4 4 6 6
4	1 2 5 6 6

(b) 36개, 41개, 42개, 45개, 46개를 딴 직원이 각각 2명, 1명, 1명, 1명, 2명이므로 사과를 36개 이상 딴 직원은 모두 7명이다.

문제 5-8

기출유형

다음은 △△물산 회사 직원들의 1분당 맥박 수를 조사하여 나타낸 것이다. 다음 물음에 답하시오.

1분당 맥박 수

(단위 : 회)

74	76	82	84	72	80	69	68	73
72	68	73	79	67	69	83	67	82

(a) 1분당 맥박 수가 가장 적은 직원과 가장 많은 직원의 횟수를 각각 구하시오.

(b) 줄기와 잎을 무엇으로 정하면 좋을지 말하고, 줄기와 잎 그림으로 나타내시오.

문제 5-9

기출유형

어느 회사에서는 의자를 판매하고 있다. 오른쪽 줄기와 잎 그림은 월요일부터 금요일까지 판매된 의자의 개수를 각각 조사하여 줄기와 잎 그림으로 나타낸 것이다. 물음에 답하시오.

(a) 30개 이상 판매된 의자는 몇 종류인지 구하시오.

(b) 20개 이상 30개 미만으로 판매된 의자의 전체 판매 개수를 구하시오.

(2|6은 26개)

줄기	잎
0	8 8
1	2 4 7 7
2	0 4 6 6 8 8 8
3	0 1 1 4 5
4	2 3

문제 5-10

기출유형

다음은 금나래 씨 부서 직원들이 1년 동안 읽은 책 수를 조사하여 줄기와 잎 그림으로 나타낸 것이다. 물음에 답하시오.

읽은 책 수

(0|4는 4권)

잎(남직원)	줄기	잎(여직원)
8 6 4	0	4 7
8 6 5 3 2	1	0 1 3
9 8 7	2	0 2 3 5 7

(a) 금나래 씨 부서의 남직원과 여직원은 각각 몇 명인가?

(b) 읽은 책 수가 13권 이상 22권 미만인 직원은 모두 몇 명인가?

(c) 남직원과 여직원 중 누가 더 책을 많이 읽었다고 생각하는가?

(d) 남직원과 여직원이 읽은 책 수의 평균을 각각 구하고, (c)의 결과와 비교하시오.

문제 5-11 기출유형

다음은 금나래 씨 회사 근처 지하철역의 평일 오전 열차 시각표이다. 물음에 답하시오.

평일 열차 시각표

시간	평일 열차 시각(분)
5	30 40 50
6	00 09 17 25 32 38 44 50 55
7	00 05 10 15 20 25 30 35 40 45 50 55
8	00 05 10 16 22 29 36 43 50 57
9	04 11 18 25 32 39 46 53
10	00 07 14 21 28 35 42 49 56
11	03 10 17 24 31 38 45 52 59

(a) 굵은 선 왼쪽 부분의 수가 나타내는 것은 무엇인가?

(b) 굵은 선 오른쪽 부분의 수가 나타내는 것은 무엇인가?

(c) 어느 시간대에 열차가 가장 많이 배치되어 있는지 말하고, 그 이유를 설명하시오.

도수분포표

[표 5-21]은 어느 회사 직원 30명을 대상으로 하루 동안 발송한 문자 건수를 조사하여 나타낸 것이다. 발송한 문자 건수를 조사하여 만든 [표 5-21(a)]의 경우, 개개인의 발송 건수는 알 수 있지만 특정 구간에 몇 명이나 있는지 또는 문자 발송 건수가 60건 이상인 직원이 몇 명이나 되는지 알아보기에는 불편하다. 조사한 자료에서 특정한 정보를 쉽게 알아보기 위해서는 목적에 따라 자료를 적절히 정리할 필요가 있다. [표 5-21(b)]는 [표 5-21(a)]의 자료를 10건 간격으로 구분한 다음, 각 구간에 속하는 직원 수를 조사하여 기록한 것이다. 이와 같은 방법으로 자료를 정리하면 자료의 분포 상태를 알아보기에 편리하다.

[표 5-21] 문자 발송 건수

(a) (단위 : 건)

36	58	47	75	37	45	28	79
60	72	57	63	50	58	42	39
64	47	59	55	66	39	32	51
72	27	42	23	54	71		

(b)

발송 건수(건)	직원 수(명)	
20이상 ~ 30미만	///	3
30 ~ 40	𝍸	5
40 ~ 50	𝍸	5
50 ~ 60	𝍸 ///	8
60 ~ 70	////	4
70 ~ 80	𝍸	5
합계	30	

[표 5-21(b)]에서와 같이 변량을 일정한 간격으로 나눈 구간을 **계급**, 구간의 너비를 **계급의 크기**라고 한다. 또 각 계급에 속하는 변량의 개수를 그 계급의 **도수**라 한다. [표 5-21(b)]와 같이 주어진 자료를 몇 개의 계급으로 나누고 각 계급에 속하는 도수를 조사하여 나타낸 표를 **도수분포표**라고 한다. 계급을 대표하는 값으로서 각 계급의 양 끝 값의 중앙의 값을 그 계급의 **계급값**이라고 한다. 계급값은 다음과 같이 구할 수 있다.

$$(\text{계급값}) = \frac{(\text{계급의 양 끝 값의 합})}{2}$$

[표 5-21(b)]의 도수분포표에서 계급은 각각

$$20 \sim 30,\ 30 \sim 40,\ 40 \sim 50,\ 50 \sim 60,\ 60 \sim 70,\ 70 \sim 80$$

이고, 계급의 크기는 10건이다. 또 각 계급의 도수는 차례로 3, 5, 5, 8, 4, 5이다.

그리고 20건 이상 30건 미만인 계급과 50건 이상 60건 미만인 계급의 계급값은 각각 다음과 같다.

$$\frac{20+30}{2} = 25\ (\text{건}),\quad \frac{50+60}{2} = 55\ (\text{건})$$

도수분포표에서 자료의 분포 상태를 파악하기 쉽게 하려면 계급의 크기를 적절히 정해야 한다.

[표 5-22]는 [표 5-21(b)]의 자료에서 계급의 크기를 30건으로 하여 만든 도수분포표이다. 그런데 이 도수분포표는 계급의 개수가 너무 적어서 자료의 분포 상태를 파악하기 어렵다. 반대로 계급의 개수가 너무 많아도 주어진 자료의 분포 상태를 파악하기 어렵다. 따라서 도수분포표를 만들 때, 계급의 개수는 자료의 양에 따라 다르지만 보통 5개에서 15개 정도가 되도록 하여 계급의 크기를 정하는 것이 좋다.

[표 5-22] 문자 발송 건수

발송 건수(건)	직원 수(명)
20이상 ~ 50미만	13
50 ~ 80	17
합계	30

예제 5-8 기출유형

미소 동네에서 지난 한 달간 헌혈한 사람 30명의 나이를 조사하여 다음과 같이 나타냈다.

헌혈한 사람의 나이

(단위 : 세)

23	44	35	41	32	20	22	19	18	46
17	27	56	27	19	17	29	36	28	29
36	32	24	23	18	52	45	36	27	19

(a) 오른쪽 도수분포표를 15세부터 시작하여 계급의 크기가 5세가 되도록 완성하시오.

(b) 도수가 가장 큰 계급과 그 계급의 계급값을 각각 구하시오.

[표 5-23]

헌혈한 사람의 나이(세)	사람 수(명)
15이상 ~ 20미만	
20 ~ 25	
25 ~ 30	
30 ~ 35	
35 ~ 40	
40 ~ 45	
45 ~ 50	
50 ~ 55	
55 ~ 60	
합계	30

풀이

(a) 도수분포표는 오른쪽과 같다.

(b) 도수가 가장 큰 계급은 $15 \sim 20$이다.

따라서 이 계급의 계급값은 $\frac{15+20}{2} = 17.5$ (세)이다.

헌혈한 사람의 나이(세)	사람 수(명)
$15^{이상} \sim 20^{미만}$	7
20 ~ 25	5
25 ~ 30	6
30 ~ 35	2
35 ~ 40	4
40 ~ 45	2
45 ~ 50	2
50 ~ 55	1
55 ~ 60	1
합계	30

문제 5-12 기출유형

건강관리사인 금나래 씨는 회사 직원 40명의 건강관리를 위해 줄넘기 기록을 조사하여 다음과 같이 나타냈다.

줄넘기 기록

(단위: 회)

161	149	122	177	97	194	197	190	207	116
168	146	184	133	127	146	112	102	212	201
96	142	153	152	155	221	179	161	142	183
101	161	182	118	153	175	184	135	135	162

(a) [표 5-24]의 도수분포표를 완성하고, 도수가 가장 큰 계급을 말하시오.

(b) 줄넘기 기록이 135회인 직원이 속하는 계급의 계급값을 구하시오.

(c) 줄넘기 기록이 170회 이상인 직원은 전체의 몇 %인가?

[표 5-24]

줄넘기 기록(회)	직원 수(명)
$90^{이상} \sim 110^{미만}$	
110 ~ 130	
130 ~ 150	
150 ~ 170	
170 ~ 190	
190 ~ 210	
210 ~ 230	
합계	

이제 도수분포표에서 평균을 구하는 방법을 알아보자. 다음은 맹도견 30마리의 몸무게를 측정하여 기록한 자료와 도수분포표이다.

[표 5-25] 맹도견의 몸무게

(a)

(단위 : kg)

36	37	32	38	38	29	34	28
32	31	35	42	28	34	31	33
36	35	29	34	36	32	35	29
35	39	34	33	34	32		

(b)

무게(kg)	맹도견 수(마리)
$27^{이상} \sim 30^{미만}$	5
30 $\sim$ 33	6
33 $\sim$ 36	11
36 $\sim$ 39	6
39 $\sim$ 42	1
42 $\sim$ 45	1
합계	30

위 표로부터 맹도견의 평균 몸무게는 $\dfrac{(\text{맹도견의 무게의 합})}{(\text{맹도견의 수})}$으로 구하면 된다. 그런데 자료가 [표 5-25(b)]와 같이 도수분포표로 주어져 있다면 이와 같은 방법으로 평균을 구할 수 없다. 즉 도수분포표에서 27kg 이상 30kg 미만인 계급에 속하는 맹도견은 5마리인데 이들의 몸무게는 구체적으로 얼마인지 알 수 없다. 이 경우에는 각 맹도견이 속하는 계급의 계급값을 그 맹도견의 몸무게로 생각하고 평균을 구한다.

이를테면 도수분포표에서 27kg 이상 30kg 미만인 계급에 속하는 맹도견 5마리의 몸무게는 각각 얼마인지 알 수 없지만, 이 계급의 계급값 $\dfrac{27+30}{2} = 28.5\,(\text{kg})$을 5마리 각각의 몸무게로 생각한다. 따라서 이 계급에 속하는 5마리의 몸무게의 합은 $28.5 \times 5 = 142.5\,(\text{kg})$이다.

이와 같은 방법으로 각 계급에 속하는 맹도견의 몸무게의 합을 계산하면 다음 표를 얻는다.

[표 5-26] 맹도견의 몸무게

계급(kg)	계급값(kg)	도수(마리)	(계급값)× (도수)
$27^{이상} \sim 30^{미만}$	28.5	5	142.5
30 $\sim$ 33	31.5	6	189
33 $\sim$ 36	34.5	11	379.5
36 $\sim$ 39	37.5	6	225
39 $\sim$ 42	40.5	1	40.5
42 $\sim$ 45	43.5	1	43.5
합계		30	1020

이때 (계급값)×(도수)의 총합은 변량의 총합이 되므로 이것을 도수의 총합으로 나누어 평균을 구할 수 있다. 즉 맹도견의 몸무게의 평균은 다음과 같다.

$$\frac{1020}{30} = 34\,(\text{kg})$$

일반적으로 도수분포표로 주어진 자료의 평균은 다음과 같이 구한다.

도수분포표에서의 평균

$$(\text{평균}) = \frac{\{(\text{계급값})\times(\text{도수})\}\text{의 총합}}{(\text{도수})\text{의 총합}}$$

예제 5-9 기출유형

10월 한 달 동안 ◇◇치과를 방문한 손님 40명의 충치 수를 조사하여 오른쪽과 같은 도수분포표로 나타내었다. 이 표를 보고, 충치 수의 평균을 구하시오.

[표 5-27] 손님의 충치 수

충치 수(개)	손님 수(명)
$0^{\text{이상}} \sim 2^{\text{미만}}$	10
2 ~ 4	16
4 ~ 6	9
6 ~ 8	3
8 ~ 10	2
합계	40

풀이

주어진 자료로부터 다음과 같은 표를 얻는다.

[표 5-28] 손님의 충치 수

계급(개)	계급값(개)	도수(명)	(계급값)×(도수)
$0^{\text{이상}} \sim 2^{\text{미만}}$	1	10	10
2 ~ 4	3	16	48
4 ~ 6	5	9	45
6 ~ 8	7	3	21
8 ~ 10	9	2	18
합계		40	142

따라서 충치 수의 평균은 $\frac{142}{40} = 3.55$ (개)이다.

문제 5-13 기출유형

오른쪽 도수분포표는 어느 날 우리나라 16개 도시의 공기 중 미세먼지 농도를 측정하여 나타낸 것이다. 이 표를 보고 미세먼지 농도의 평균을 구하시오.

[표 5-29] 미세먼지 농도

미세먼지 농도(μg/m^3)	도시 수(개)
$50^{\text{이상}} \sim 60^{\text{미만}}$	3
60 ~ 70	3
70 ~ 80	3
80 ~ 90	4
90 ~ 100	0
100 ~ 110	2
110 ~ 120	1
합계	16

히스토그램과 도수분포다각형

소리의 크기를 나타내는 단위인 데시벨(dB)은 단순히 소리의 크기만을 나타내며, 웨클(WECPNL)은 주변의 소리가 우리에게 어느 정도 영향을 미치는지를 나타내는 단위이다. 특히 웨클은 항공기의 소음도를 측정할 때 이용되는 단위로서 75웨클 이상이면 소음 피해 예상 지역에 해당한다. 다음은 우리나라 공항의 평균 소음도를 조사하여 표와 막대그래프로 나타낸 것이다.

(a)

(단위 : 웨클)

지역	김포	김해	제주	청주	광주	대구	여수	울산	양양	군산	포항	사천	원주	무안	인천
소음도	74	76	76	85	87	82	68	65	56	85	75	68	81	62	63

(출처 : 환경부)

(b)

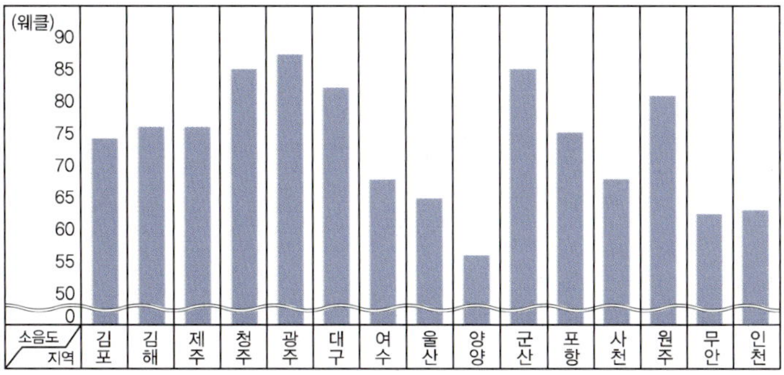

[그림 5-6] 공항 평균 소음도

위 두 자료를 보면, (a)의 표로 나타내는 것보다 (b)의 막대그래프로 나타내는 것이 자료를 비교하기 쉬움을 알 수 있다.

한편 위의 자료를 도수분포표로 나타내면 [표 5-30]과 같다. 이때 도수분포표는 변량이 연속적이기 때문에 앞에서처럼 변량이 하나의 지역이나 수로 표시되는 막대그래프의 형태로 나타내는 것은 적합하지 않다.

[표 5-30] 공항 평균 소음도

소음도(웨클)	지역 수(곳)
51이상 ~ 57미만	1
57 ~ 63	1
63 ~ 69	4
69 ~ 75	1
75 ~ 81	3
81 ~ 87	4
87 ~ 93	1
합계	15

이제 도수의 분포 상태를 보다 쉽게 알아볼 수 있는 그래프를 그려 보자. [그림 5-7(a)]는 [표 5-30]의 도수분포표를 다음 순서에 따라 그린 것이다.

① 가로축에 각 계급의 양 끝값을 차례로 써넣는다.
② 세로축에 도수를 써넣는다.
③ 각 계급의 크기를 가로로, 도수를 세로로 하는 직사각형을 차례로 그린다.

이와 같이 그린 그래프를 **히스토그램**이라고 한다. 히스토그램의 각 직사각형에서 가로의 길이인 계급의 크기가 모두 같으므로 각 직사각형의 넓이는 세로의 길이인 계급의 도수에 정비례한다. 이제 히스토그램을 이용하여 도수분포표를 꺾은선 모양의 그래프로 나타내 보자.

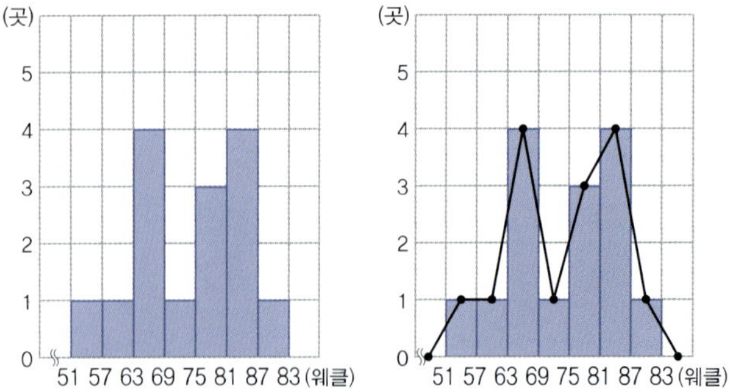

(a) (b)

[그림 5-7] 공항 평균 소음도

[그림 5-7(b)]는 [그림 5-7(a)]의 히스토그램을 이용하여 다음 순서에 따라 도수분포표를 그래프로 나타낸 것이다.

① 히스토그램에서 각 직사각형의 윗변의 중앙에 점을 찍는다.
② 그래프의 양 끝에 도수가 0인 계급이 하나씩 있는 것으로 생각하여 그 중앙에 점을 찍는다.
③ 위에서 찍은 점을 선분으로 연결한다.

이와 같은 방법으로 그린 그래프를 **도수분포다각형**이라고 한다. 도수분포다각형도 히스토그램과 마찬가지로 자료의 분포 상태를 알아보는 방법 중의 하나이다. 도수분포다각형은 히스토그램을 그리지 않고 도수분포표로부터 직접 그릴 수도 있다.

예제 5-10

기출유형

오른쪽 도수분포표는 금나래 씨 회사 직원 40명이 하루 동안 마시는 물의 양을 조사하여 나타낸 것이다. 이 도수분포표를 히스토그램과 도수분포다각형으로 나타내시오.

[표 5-31] 물 섭취량

계급(mL)	도수(명)
600이상 ~ 800미만	6
800 ~ 1000	7
1000 ~ 1200	15
1200 ~ 1400	9
1400 ~ 1600	3
합계	40

풀이

도수분포표를 이용하여 히스토그램과 도수분포다각형을 그리면 다음과 같다.

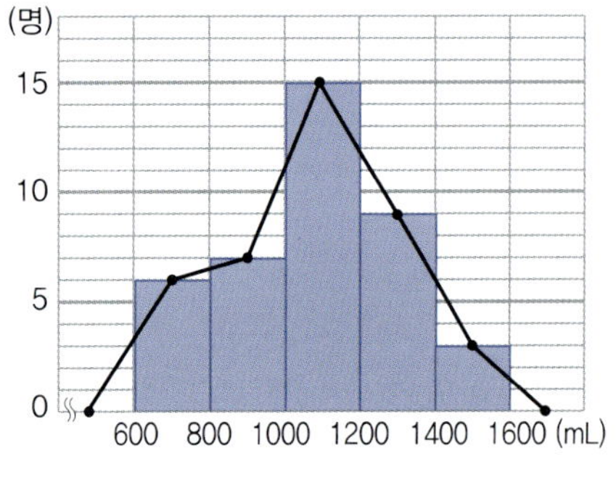

[그림 5-8]

문제 5-14

기출유형

금나래 씨 회사 직원 40명은 건강관리를 위하여 줄넘기를 하기로 했다. 금나래 씨는 줄넘기 기록을 조사하여 오른쪽 도수분포표를 얻었다. 이 도수분포표를 히스토그램과 도수분포다각형으로 나타내시오.

[표 5-32] 줄넘기 기록

줄넘기 기록(회)	직원 수(명)
90이상 ~ 110미만	4
110 ~ 130	5
130 ~ 150	8
150 ~ 170	9
170 ~ 190	7
190 ~ 210	5
210 ~ 230	2
합계	40

문제 5-15

기출유형

A 주민센터에서 20개월 동안 이 지역에 내린 비의 월평균 산성도(pH)를 측정하여 오른쪽 그림과 같이 도수분포다각형으로 나타냈다. 물음에 답하시오.

(a) 월평균 산성도가 4.5pH 이상 5.0pH 미만인 비가 내린 것은 몇 개월인지 말하시오.

(b) 도수가 가장 큰 계급의 계급값을 구하시오.

(c) 산성도가 5.6pH 이하인 비를 산성비라고 한다. 도수분포다각형에서 산성도가 5.5pH 미만인 산성비가 내린 개월 수는 전체의 몇 %인지 구하시오.

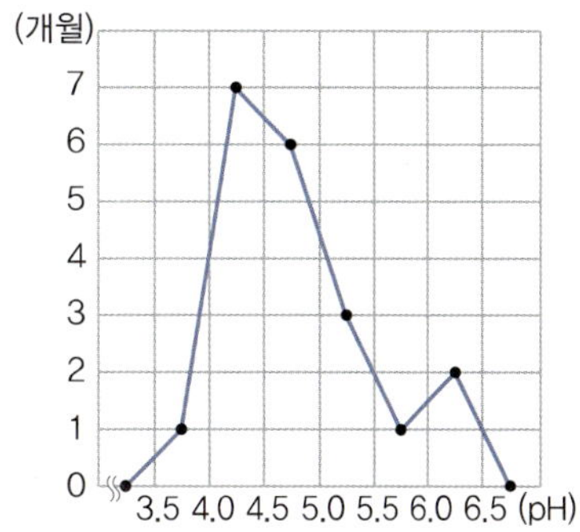

[그림 5-9] 비의 산성도

문제 5-16

기출유형

포도 농장에서 포도의 당도를 측정하여 [표 5-33]과 같이 상품 등급을 정한다고 한다. [그림 5-10]의 도수분포다각형은 금나래 씨가 수확한 포도의 당도를 조사하여 나타낸 것이다. 물음에 답하시오.

[표 5-33] 포도의 당도

당도(도)	등급
18 이상	최상
14 이상~18 미만	상
10 이상~14 미만	중
10 미만	하

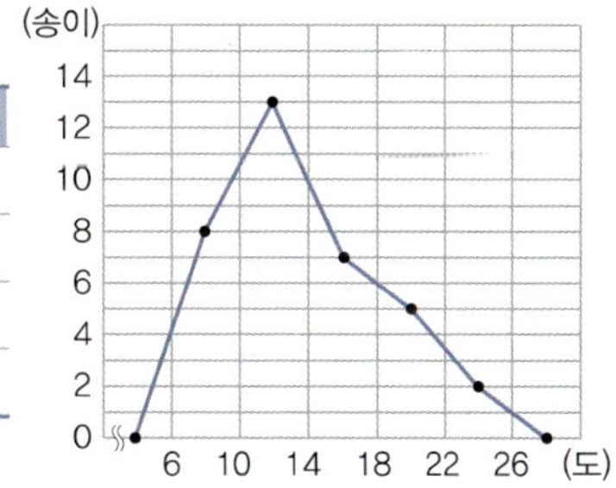

[그림 5-10] 포도의 당도

(a) 계급의 크기를 구하시오.

(b) 당도가 10번째로 높은 포도가 속한 계급의 계급값을 구하시오.

(c) 금나래 씨가 수확한 포도의 당도의 평균을 소수점 아래 한 자리까지 구하시오.

(d) (c)의 결과를 이용하여 금나래 씨가 수확한 포도는 평균적으로 어떤 등급인지 말하시오.

(e) 등급이 최상인 포도는 몇 송이인지 구하시오.

예제 5-11 기출유형

다음은 금나래 씨 회사 직원 40명의 키를 측정한 결과이다. 이 자료에 대한 도수분포표와 히스토그램, 줄기와 잎 그림을 각각 작성하시오.

[표 5-34] 직원 40명의 키 (단위 : cm)

183	183	173	165	176	165	178	145	180	173
165	180	170	160	183	150	152	168	158	185
163	168	160	154	163	165	170	163	170	160
168	171	168	170	165	178	168	170	138	174

풀이

자료의 최댓값은 185이고 최솟값은 138이므로 범위는 47이다. 따라서 자료를 계급의 구간을 130 ~ 140부터 180 ~ 190까지의 도수분포표와 히스토그램으로 나타내면 다음과 같다.

계급 구간	도수
130 ~ 140	1
140 ~ 150	1
150 ~ 160	4
160 ~ 170	16
170 ~ 180	12
180 ~ 190	6
합계	40

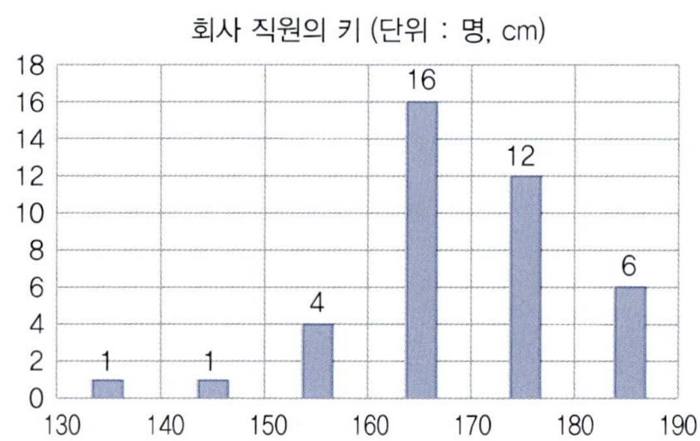

[그림 5-11] 직원 40명 키의 도수분포표와 히스토그램

처음 두 자리의 숫자(백의 자리와 십의 자리)를 줄기로 하고 일의 자리의 숫자를 잎으로 하여 줄기와 잎 그림으로 작성하면 다음과 같다.

직원 40명 키의 줄기와 잎 그림

줄기	잎
13	8
14	5
15	0 2 4 8
16	0 0 0 3 3 3 5 5 5 5 5 8 8 8 8 8
17	0 0 0 0 0 1 3 3 4 6 8 8
18	0 0 3 3 3 5

문제 5-17

기출유형

다음은 금나래 씨 회사 알뜰폰의 수명을 조사하기 위해 전화기 30개를 뽑아 수명을 측정한 결과이다. 이 자료에 대한 도수분포표와 히스토그램, 줄기와 잎 그림을 각각 작성하시오.

[표 5-35] 알뜰폰 30개의 수명 (단위: 년)

4.1	3.6	3.4	3.6	4.8	5.5	4.2	4.6	3.9	2.9
5.2	2.7	2.5	3.6	5.7	4.5	3.7	5.0	5.5	3.8
3.5	3.7	5.3	5.4	3.6	3.1	4.8	4.2	4.3	2.5

문제 5-18

기출유형

오른쪽 그림은 금나래 씨 회사 직원 40명의 한 달 동안 야간 근무 횟수를 조사하여 나타낸 도수분포다각형인데 일부가 찢어졌다. 야간 근무 횟수가 10회 이상 12회 미만인 직원의 수를 구하시오.

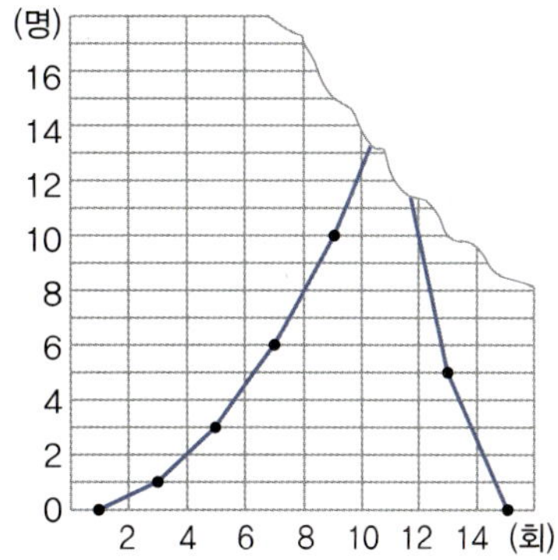

[그림 5-12] 야근 횟수

문제 5-19

기출유형

야구기록원인 금나래 씨는 소속팀 선수들의 홈런 개수를 조사하여 오른쪽 그림과 같이 도수분포다각형으로 나타냈다. 다음 보기에서 옳은 것만을 모두 고른 것은?

보기

ㄱ. 전체 선수는 45명이다.
ㄴ. 계급의 개수는 9개이다.
ㄷ. 홈런 개수가 25개인 선수가 속한 계급의 도수는 6명이다.
ㄹ. 홈런 개수가 15번째로 적은 선수가 속한 계급의 계급값은 22.5개이다.

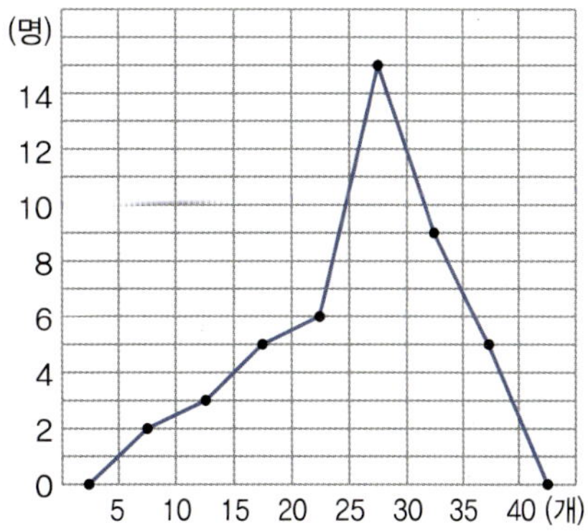

[그림 5-13] 홈런의 개수

① ㄱ, ㄷ ② ㄱ, ㄹ ③ ㄷ, ㄹ ④ ㄱ, ㄴ, ㄷ ⑤ ㄴ, ㄷ, ㄹ

문제 5-20 기출유형

운동복 매장을 지원 나간 금나래 씨는 학생의 키에 맞는 운동복 바지를 준비하기 위해 매장을 방문한 남학생과 여학생의 키를 조사하여 오른쪽 도수분포다각형으로 나타내었다. 금나래 씨가 도수분포다각형으로부터 얻은 정보를 매장 지배인에게 옳게 보고한 것을 다음 보기에서 모두 고르시오.

보기

ㄱ. 남학생 수가 여학생 수보다 많습니다.
ㄴ. 남학생이 여학생보다 키가 더 큰 편입니다.
ㄷ. 키가 가장 큰 학생은 여학생 중에 있습니다.

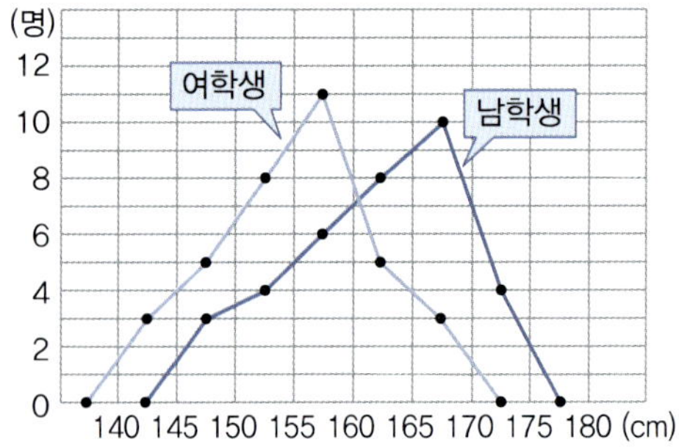

[그림 5-14] 학생의 키

Section

5.3 상대도수와 누적도수

상대도수

오른쪽 도수분포표는 어느 지역의 관광지 중에서 40곳의 단체 입장료를 조사하여 나타낸 것이다. 입장료가 300원 미만인 관광지가 조사한 전체 관광지 중에서 어느 정도의 비중을 차지하는지 알기 위해서는 조사 대상 40곳에 대한 비율을 구하면 된다. 이를테면 오른쪽 도수분포표에서 입장료가 300원 미만인 곳은 17곳이므로 40곳에 대한 300원 미만인 곳의 수의 비율은 $\frac{17}{40} = 0.425$이다.

[표 5-36] 관광지 단체 입장료

입장료(원)	도수(곳)
0이상 ~ 300미만	17
300 ~ 600	14
600 ~ 900	4
900 ~ 1200	3
1200 ~ 1500	1
1500 ~ 1800	1
합계	40

도수분포표는 각 계급의 도수를 알아보기 편리하지만 각 계급의 도수가 전체에서 차지하는 비율까지 파악하기에는 불편함이 있다. 이때 각 계급의 도수가 전체에서 차지하는 비율을 알아보려면 각 계급의 도수를 도수의 합으로 나눈 값을 이용한다. 도수분포표에서 전체 도수에 대한 각 계급의 도수의 비율을 그 계급의 **상대도수**라고 한다. 즉 상대도수는 다음과 같다.

$$(\text{어떤 계급의 상대도수}) = \frac{(\text{그 계급의 도수})}{(\text{전체 도수})}$$

한편

$$\frac{(\text{각 계급의 도수의 합})}{(\text{전체 도수})} = \frac{(\text{전체 도수})}{(\text{전체 도수})} = 1$$

이므로 상대도수의 합은 자료에 관계없이 항상 1이다.

예제 5-12 기출유형

위 관광지 입장료에 대한 도수분포표에서 각 계급의 상대도수를 구하여 오른쪽 표를 완성하고, 물음에 답하시오.

(a) 상대도수가 가장 큰 계급의 계급값을 구하시오.

(b) 입장료가 900원 이상인 관광지는 전체의 몇 %인지 구하시오.

[표 5-37] 관광지의 입장료

입장료(원)	도수(곳)	상대도수
0이상 ~ 300미만	17	0.425
300 ~ 600	14	
600 ~ 900	4	
900 ~ 1200	3	
1200 ~ 1500	1	
1500 ~ 1800	1	
합계	40	1

풀이

먼저 상대도수를 구하면 오른쪽과 같다.

(a) 상대도수가 가장 큰 계급은 0원 이상 300원 미만이다. 따라서 구하는 계급값은 $\frac{0+300}{2}$ $=150$(원)이다.

(b) 입장료가 900원 이상인 관광지는 전체의 $(0.075+0.025+0.025)\times 100=12.5(\%)$ 이다.

입장료(원)	도수(곳)	상대도수
0이상 ~ 300미만	17	0.425
300 ~ 600	14	0.35
600 ~ 900	4	0.1
900 ~ 1200	3	0.075
1200 ~ 1500	1	0.025
1500 ~ 1800	1	0.025
합계	40	1

문제 5-21

기출유형

금나래 씨는 A업종에 종사하는 80명을 대상으로 각자의 직업 만족도를 100점 만점으로 산출한 후, 오른쪽 도수분포표로 정리하였다. 다음을 구하시오.

(a) 상대도수가 가장 큰 계급의 계급값

(b) 직업 만족도가 60점 이상인 인원수가 전체에서 차지하는 비율

[표 5-38] 직업 만족도

계급(점)	도수(명)
30이상 ~ 40미만	4
40 ~ 50	8
50 ~ 60	20
60 ~ 70	36
70 ~ 80	12
합계	80

문제 5-22

기출유형

금나래 씨 회사에서는 다양한 무게의 곰 인형을 생산한다. 오른쪽 표는 곰 인형 200개의 무게를 조사하여 만든 것이다. 물음에 답하시오.

(a) 오른쪽 표를 완성하시오.

(b) 상대도수가 가장 큰 계급의 곰 인형의 개수는 전체의 몇 %인지 구하시오.

(c) 무게가 900 g 이상인 곰 인형의 개수는 전체의 몇 %인지 구하시오.

[표 5-39] 곰 인형 무게

계급(g)	도수(개)	상대도수
600이상 ~ 650미만	10	
650 ~ 700	18	
700 ~ 750	52	
750 ~ 800	65	
800 ~ 850	25	
850 ~ 900	12	
900 ~ 950	10	
950 ~ 1000	8	
합계	200	1

도수분포표를 그래프로 나타내면 자료의 분포 상태를 알아보기 편리한 것처럼, 상대도수의 분포표도 그래프로 나타내면 각 계급이 전체에서 차지하는 비율을 알아보거나 자료를 비교하는 데 편리하다.

상대도수의 분포표를 그래프로 나타내는 방법은 도수분포표를 히스토그램이나 도수분포다각형으로 나타내는 것과 같다. 다만 이때 그래프의 세로축에는 도수 대신 상대도수를 적는다.

[그림 5-15]는 하루 동안 텔레비전 시청 시간에 대한 상대도수의 분포표 [표 5-40]을 다음 순서에 따라 그래프로 나타낸 것이다.

① 가로축에 각 계급의 끝 값을 적는다.
② 세로축에 상대도수를 적는다.
③ 히스토그램이나 도수분포다각형과 같은 방법으로 그린다.

[표 5-40] 하루 평균 텔레비전 시청 시간

시청 시간(분)	도수(명)	상대도수
10이상 ~ 30미만	4	0.2
30 ~ 50	7	0.35
50 ~ 70	4	0.2
70 ~ 90	3	0.15
90 ~ 110	2	0.1
합계	20	1

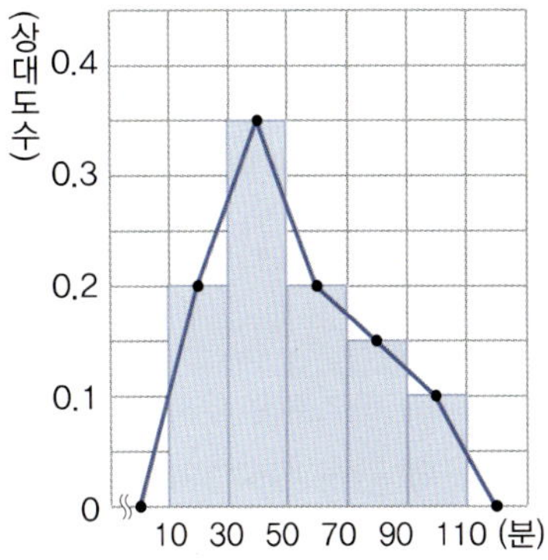

[그림 5-15] 텔레비전 시청 시간

문제 5-23 기출유형

오른쪽 표는 금나래 씨 회사 여직원 40명의 키를 조사하여 나타낸 것이다. 각 계급의 상대도수를 구하여 표를 완성하고, 이것을 상대도수의 분포다각형 모양의 그래프로 나타내시오.

[표 5-41] 여직원의 키

키(cm)	도수(명)	상대도수
140이상 ~ 145미만	8	
145 ~ 150	10	
150 ~ 155	14	
155 ~ 160	4	
160 ~ 165	2	
165 ~ 170	2	
합계	40	

누적도수

앞에서 다룬 관광지 40곳의 단체 입장료를 나타낸 [표 5-36] 도수분포표를 다시 살펴보자. 입장료가 0원 이상 300원 미만인 계급의 도수는 17곳, 300원 이상 600원 미만인 계급의 도수는 14곳, 600원 이상 900원 미만인 계급의 도수는 4곳이므로 처음 계급부터 600원 이상 900원 미만인 계급까지의 도수를 차례로 더하면 $17+14+4=35$(곳)임을 알 수 있다. 즉 입장료가 900원 미만인 관광지는 모두 35곳이다.

이와 같이 도수분포표에서 어떤 계급의 도수나 상대도수를 구하는 대신 처음 계급부터 어떤 계급까지의 도수의 합을 구하는 경우가 있다. 도수분포표에서 처음 계급의 도수부터 어떤 계급까지의 도수를 모두 더한 합을 그 계급의 **누적도수**라고 한다.

[표 5-42]는 [표 5-36]의 도수분포표에서 각 계급의 누적도수를 구하여 나타낸 것이다. 이와 같이 누적도수를 구하여 표로 나타내면 자료가 크기 순서로 배열되어 입장료가 30번째로 적은 관광지는 300원 이상 600원 미만인 계급에 속해 있음을 쉽게 알 수 있다.

[표 5-42] 관광지 단체 입장료

입장료(원)	도수(곳)	누적도수(곳)
0이상 ~ 300미만	17	17
300 ~ 600	14	31
600 ~ 900	4	35
900 ~ 1200	3	38
1200 ~ 1500	1	39
1500 ~ 1800	1	40
합계	40	

도수분포표를 그래프로 나타내면 자료의 분포 상태를 알아보기 편리한 것처럼, 누적도수의 분포표를 그래프로 나타내면 자료가 몇 번째로 적은지 알아보는 데 편리하다. 누적도수의 분포표를 그래프로 나타내는 방법은 다음과 같다.

① 가로축에 계급을, 세로축에 누적도수를 써넣는다.
② 처음 계급의 왼쪽 끝에 세로축의 값이 0인 점을 찍고, 각 계급의 양 끝값 중에서 큰 쪽에 그 계급의 누적도수를 대응시켜 점을 찍는다.
③ ②에서 찍은 점들을 차례로 선분으로 연결한다.

예를 들어 살펴보자. 다음은 금나래 씨가 아르바이트 학생 20명을 대상으로 조사한 최근 1년간 아르바이트 시간에 대한 누적도수의 분포표와 위 방법으로 그린 누적도수 그래프이다.

[표 5-43] 아르바이트 시간

아르바이트 시간(시간)	도수(명)	누적도수(명)
500이상 ~ 650미만	2	2
650 ~ 800	8	10
800 ~ 950	3	13
950 ~ 1100	4	17
1100 ~ 1250	3	20
합계	20	

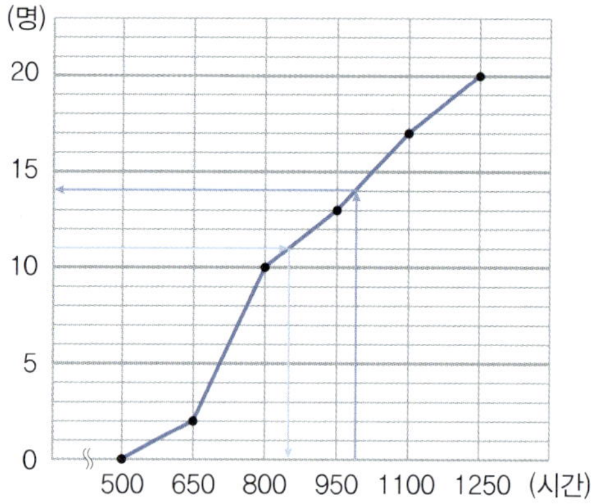

[그림 5-16] 아르바이트 시간

이 그래프로부터 아르바이트 시간이 적은 쪽에서부터 11번째인 학생의 아르바이트 시간은 대략 850시간 정도이고, 아르바이트 시간이 1000시간인 학생은 아르바이트 시간이 적은 쪽으로부터 대략 14번째임을 알 수 있다.

예제 5-13 기출유형

다음 표는 금나래 씨 회사 직원 40명을 대상으로 주말에 독서하는 시간을 조사하여 나타낸 것이다. 각 계급의 누적도수를 구하여 표를 완성하고, 이것을 누적도수의 그래프로 나타내시오.

[표 5-44] 독서 시간

독서 시간(분)	도수(명)	누적도수(명)
0이상 ~ 20미만	4	
20 ~ 40	5	
40 ~ 60	10	
60 ~ 80	12	
80 ~ 100	6	
100 ~ 120	3	
합계	40	

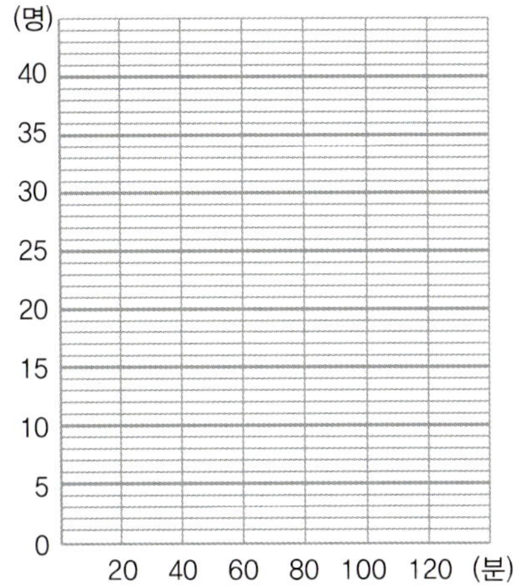

[그림 5-17] 독서 시간

풀이

각 계급의 누적도수를 구하여 표를 완성하고, 이것을 누적도수의 그래프로 나타내면 다음과 같다.

독서 시간(분)	도수(명)	누적도수(명)
0이상 ~ 20미만	4	4
20 ~ 40	5	9
40 ~ 60	10	19
60 ~ 80	12	31
80 ~ 100	6	37
100 ~ 120	3	40
합계	40	

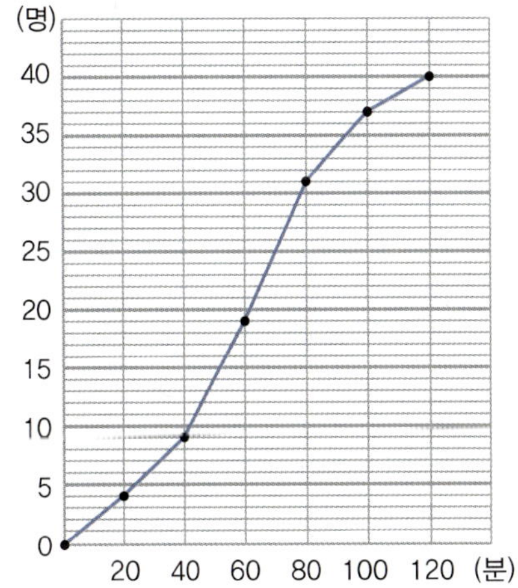

문제 5-24

기출유형

다음 표는 금나래 씨 회사 직원 30명을 대상으로 주말에 컴퓨터를 사용하는 시간을 조사하여 나타낸 것이다. 각 계급의 누적도수를 구하여 표를 완성하고, 이것을 누적도수의 그래프로 나타내시오.

[표 5-45] 컴퓨터 사용 시간

사용 시간(분)	도수(명)	누적도수(명)
40이상 ~ 45미만	3	
45 ~ 50	6	
50 ~ 55	12	
55 ~ 60	5	
60 ~ 65	3	
65 ~ 70	1	
합계	30	

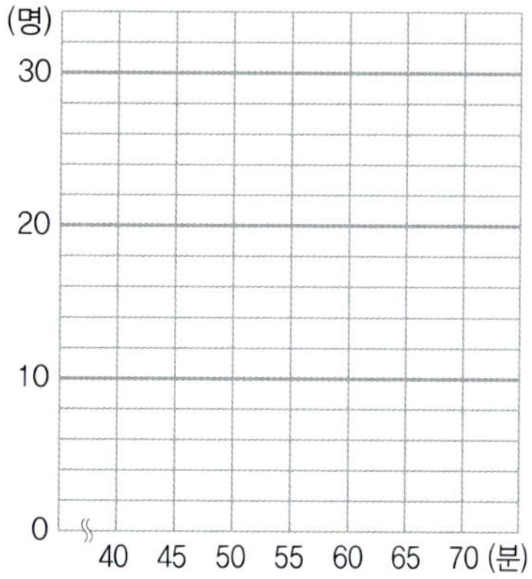

[그림 5-18] 컴퓨터 사용 시간

문제 5-25

기출유형

오른쪽 그림은 박미래 대리가 회사 직원 30명을 대상으로 집에서 인터넷을 사용하는 시간을 조사하여 누적도수의 그래프로 나타낸 것이다. 물음에 답하시오.

(a) 인터넷 사용 시간이 2시간 미만인 직원 수를 말하시오.

(b) 인터넷 사용 시간이 3시간 이상인 직원 수를 말하시오.

(c) 인터넷을 16번째로 적게 사용한 직원의 사용 시간을 구하시오.

(d) 인터넷 사용 시간이 3시간 30분인 직원은 인터넷을 대략 몇 번째로 적게 사용한 것인지 구하시오.

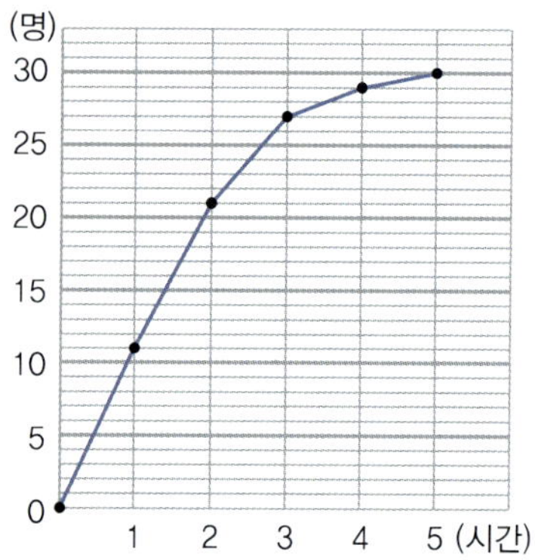

[그림 5-19] 인터넷 사용 시간

Section

5.4 대푯값과 산포도

대푯값

자료 전체의 특징을 하나의 수로 나타낸 값을 **대푯값**이라고 한다. 대푯값에는 평균, 중앙값, 최빈값 등이 있다.

■ 평균

평균은 변량의 총합을 변량의 개수로 나눈 값이다. 즉 전체 자료의 평균은 다음과 같이 구한다.

$$(\text{평균}) = \frac{(\text{변량의 총합})}{(\text{변량의 수})}$$

다음 표는 2006년부터 2009년까지 피겨 스케이팅 선수인 김연아의 점수를 나타낸 것이다.

[표 5-46] 김연아 선수의 점수

시즌	대회명	쇼트 프로그램(점)	프리 스케이팅(점)	종합(점)
2006 ~ 2007	세계 선수권 대회	71.95	114.19	186.14
2007 ~ 2008	그랑프리 파이널	64.62	132.21	196.83
	세계 선수권 대회	59.85	123.38	183.23
2008 ~ 2009	그랑프리 파이널	65.94	120.41	186.35
	세계 선수권 대회	76.12	131.59	207.71

[표 5-46]에서 김연아 선수의 종합 점수의 평균을 구하면 다음과 같다.

$$\begin{aligned}(\text{평균}) &= \frac{(\text{종합 점수의 합})}{(\text{대회의 수})} = \frac{186.14+196.83+183.23+186.35+207.71}{5}\\ &= \frac{960.26}{5} = 192.052(\text{점})\end{aligned}$$

따라서 김연아 선수의 점수는 대회마다 192.052점 정도라고 생각할 수 있다.

■ 중앙값

[표 5-46]에서 김연아 선수의 종합 점수를 낮은 것부터 차례로 나열하면 다음과 같다.

183.23, 186.14, 186.35, 196.83, 207.71

이때 가운데에 위치한 값은 세 번째 값인 186.35이다. 이와 같이 변량을 크기순으로 나열하였을 때, 가운데에 위치한 값을 **중앙값**이라고 한다. 자료의 변량을 작은 값부터 순서대로 나열할 때, 변량의 개수가 홀수인 경우에는 중앙에 위치하는 변량이 한 개이므로 이 값을 중앙값으로 하고, 변량의 개수가 짝수인 경우에는 중앙에 위치하는 변량이 두 개이므로 이 두 값의 평균을 중앙값으로 한다.

예를 들어 주어진 자료의 중앙값은 다음과 같이 구할 수 있다.

- 자료 '1, 1, 3, 4, 6, 7, 9, 10, 26'은 변량이 9개이므로 이 자료의 중앙값은 다섯 번째 값인 6이다.
- 자료 '0, 1, 3, 7, 11, 15, 21, 28'은 변량이 8개이므로 이 자료의 중앙값은 네 번째 값 7과 다섯 번째 값 11의 평균인 9이다.

■ 최빈값

다음은 금나래 씨의 신발가게에서 팔린 여성신발 10켤레의 신발 크기를 조사하여 나타낸 것이다.

신발 크기

(단위 : mm)

225	230	230	235	235	240	240	240	245	250

위 표에서 조사한 신발 크기의 평균은 237mm, 중앙값은 $\frac{235+240}{2}=237.5\text{ mm}$이고, 가장 많이 팔린 신발의 크기는 240mm이다. 이때 금나래 씨의 신발가게에서는 평균이나 중앙값보다 가장 많이 판매한 신발의 크기가 더 의미 있는 값이다. 이와 같이 자료의 변량 중에서 가장 많이 나타나는 것을 그 자료의 **최빈값**이라고 한다.

최빈값은 변량의 개수가 많거나 변량이 중복되어 나타나는 자료, 가장 좋아하는 운동 종목이나 음식 등과 같이 수로 나타낼 수 없는 자료의 대푯값으로 유용하다. 또 값이 하나로 정해지는 평균이나 중앙값과는 달리 최빈값은 자료에 따라 두 개 이상일 수도 있고, 없을 수도 있다.

예를 들어 주어진 자료의 최빈값은 다음과 같이 구할 수 있다.

- 자료 '사과, 배, 사과, 포도, 사과'에서 사과가 가장 많이 나타나므로 이 자료의 최빈값은 사과이다.
- 자료 '6, 9, 7, 2, 7, 9'에서 7과 9가 가장 많이 나타나므로 이 자료의 최빈값은 7과 9이다.
- 자료 '2, 7, 1, 8, 5'에서 변량이 모두 한 번씩만 나타나므로 이 자료의 최빈값은 없다.

일반적으로 평균이 대푯값으로 가장 많이 쓰이지만 자료에 따라 중앙값이나 최빈값이 자료 전체의 특징을 더 잘 나타낼 수도 있다. 따라서 자료의 특성에 따라 적절한 대푯값을 선택하는 것이 중요하다.

지금까지 알아본 자료의 대푯값을 정리하면 다음과 같다.

평균, 중앙값, 최빈값

❶ $(\text{평균}) = \dfrac{(\text{변량의 총합})}{(\text{변량의 수})}$

❷ 변량의 개수가 n인 자료의 중앙값

- n이 홀수인 경우 : 변량을 크기순으로 나열하였을 때, 중앙값은 $\dfrac{n+1}{2}$번째 변량이다.
- n이 짝수인 경우 : 변량을 크기순으로 나열하였을 때, 중앙값은 $\dfrac{n}{2}$번째와 $\left(\dfrac{n}{2}+1\right)$번째 변량의 평균이다.

❸ 최빈값 : 변량 중에서 가장 많이 나타난 값

예제 5-14 기출유형

다음 표는 우리나라에서 연간 규모 3 이상의 지진이 발생한 횟수를 나타낸다. 지진이 발생한 횟수의 평균과 중앙값, 최빈값을 각각 구하시오(단, 평균은 소수점 아래 첫째 자리에서 반올림한다).

[표 5-47] 연도별 지진 발생 횟수

연도(년)	횟수(회)	연도(년)	횟수(회)	연도(년)	횟수(회)
1979	17	1989	13	1999	16
1980	6	1990	3	2000	8
1981	10	1991	7	2001	7
1982	11	1992	7	2002	11
1983	10	1993	7	2003	9
1984	7	1994	11	2004	6
1985	11	1995	11	2005	15
1986	12	1996	14	2006	7
1987	4	1997	8	2007	2
1988	4	1998	7	2008	10

(출처 : 기상청)

풀이

평균은 $\dfrac{271}{30} \approx 9(\text{회})$이다.

지진이 발생한 횟수를 작은 값부터 차례로 나열하면 다음과 같다.

2, 3, 4, 4, 6, 6, 7, 7, 7, 7, 7, 7, 7, 8, 8, 9, 10, 10, 10, 11, 11, 11, 11, 11, 12, 13, 14, 15, 16, 17

따라서 중앙값은 15번째 변량 8과 16번째 변량 9의 평균이므로 $\dfrac{8+9}{2} = 8.5\,(\text{회})$이다.

최빈값은 지진이 발생한 횟수 중 가장 많이 나타난 7회이다.

문제 5-26

기출유형

다음 표는 금나래 씨 집에서 지난 1년 동안 사용한 가스 사용량을 월별로 조사하여 나타낸 것이다. 가스 사용량의 평균과 중앙값, 최빈값을 각각 구하시오.

[표 5-48] 월별 가스 사용량

월	1	2	3	4	5	6	7	8	9	10	11	12
사용량(m^3)	28	26	25	19	18	17	13	16	18	23	26	26

문제 5-27

기출유형

오른쪽 그림은 금나래 씨네 회사 직원 30명이 지난 1년 동안 받은 인센티브 지급 횟수를 조사하여 나타낸 막대그래프인데 일부가 찢어져 보이지 않는다. 이 자료의 평균이 2.8회일 때, 중앙값과 최빈값을 각각 구하시오.

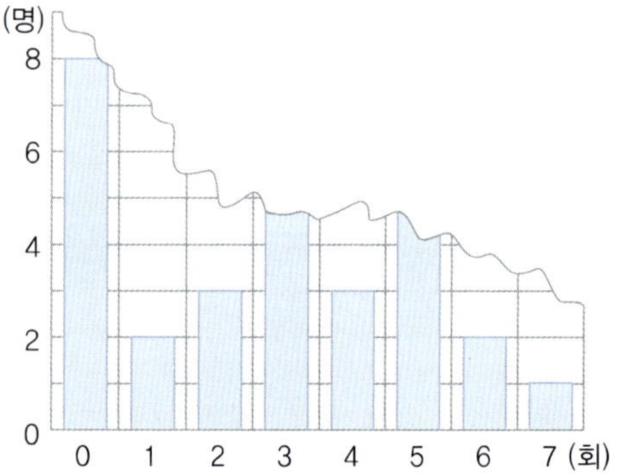

[그림 5-20] 인센티브 지급 횟수

산포도

앞에서 배운 대푯값은 자료 전체의 특징을 나타내기는 하나, 자료가 흩어진 정도를 나타내기엔 충분하지 않다. 예를 들어 A와 B의 중간고사 평균 점수가 같더라도, 점수가 어떤 과목에 집중되어 있는지 또는 전 과목 점수가 고른 편인지의 여부를 알 수 없다. 이렇게 자료들이 흩어져 있는 정도를 알 수 있는 방법에 대해 살펴보자.

다음 표는 금나래 씨와 이루리 씨가 사격을 10회 하여 얻은 점수를 나타낸 것이다.

[표 5-49] 사격점수

회	1	2	3	4	5	6	7	8	9	10
금나래(점)	8	7	6	6	7	7	7	8	6	8
이루리(점)	3	6	4	9	10	9	10	10	4	5

이때 금나래 씨와 이루리 씨의 평균 점수는

<금나래> $\dfrac{8+7+6+6+7+7+7+8+6+8}{10}=7(\text{점})$

<이루리> $\dfrac{3+6+4+9+10+9+10+10+4+5}{10}=7(\text{점})$

로 같지만, 이들의 점수를 각각 그래프로 나타내면 다음과 같이 분포 상태가 서로 다름을 알 수 있다. 즉 금나래 씨의 점수는 평균인 7점 부근에 집중되어 있지만, 이루리 씨의 점수는 평균인 7점을 중심으로 좌우로 넓게 흩어져 있다.

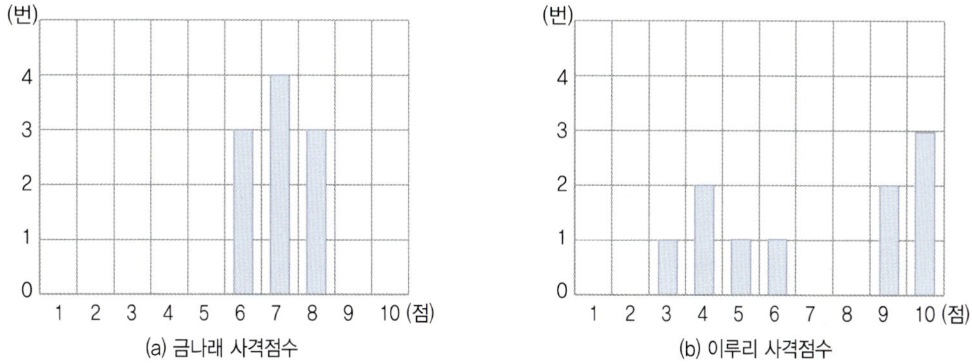

[그림 5-21]

이와 같이 평균과 같은 대푯값만으로는 자료의 분포 상태를 알아보기에 충분하지 않으므로 변량이 흩어져 있는 정도를 알아볼 필요가 있다. 이때 변량이 흩어져 있는 정도를 하나의 수로 나타낸 값을 **산포도**라고 한다. 여기서 변량의 흩어진 정도는 각 변량이 평균으로부터 얼마나 떨어져 있는가를 가지고 알아볼 수 있다. 즉 각 변량과 평균의 차를 이용하여 산포도를 나타낼 수 있는데, 어떤 자료의 각 변량에서 평균을 뺀 값을 그 변량의 **편차**라고 한다.

$$(\text{편차})=(\text{변량})-(\text{평균})$$

앞에서 살펴본 금나래 씨와 이루리 씨의 사격 점수의 편차와 그 편차의 총합을 구하여 표로 나타내면 다음과 같다.

[표 5-50] 사격점수의 편차

회	1	2	3	4	5	6	7	8	9	10	합계
금나래(점)	1	0	−1	−1	0	0	0	1	−1	1	0
이루리(점)	−4	−1	−3	2	3	2	3	3	−3	−2	0

이때 편차는 그 변량이 평균으로부터 얼마나 떨어져 있는지를 알려주지만, 편차의 합은 항상 0이므로 편차의 평균도 0이 된다. 즉 이 값으로는 변량이 흩어져 있는 정도를 알 수 없다. 따라서 편차의 합이 0이 되지 않도록 편차의 제곱을 생각하여 그 평균을 계산한다. 금나래 씨와 이루리 씨의 점수에 대한 편차의 제곱의 평균을 구해 보면 다음과 같다.

〈금나래〉 $\dfrac{1^2+0^2+(-1)^2+(-1)^2+0^2+0^2+0^2+1^2+(-1)^2+1^2}{10}=0.6$

〈이루리〉 $\dfrac{(-4)^2+(-1)^2+(-3)^2+2^2+3^2+2^2+3^2+3^2+(-3)^2+(-2)^2}{10}=7.4$

이때 $7.4>0.6$이므로 이루리 씨의 점수가 금나래 씨의 점수보다 평균을 중심으로 더 넓게 흩어져 있음을 알 수 있다.

이와 같이 평균을 중심으로 각 변량들이 흩어져 있는 정도를 알기 위하여 각 편차의 제곱의 합을 변량의 개수로 나눈 값, 즉 편차의 제곱의 평균을 **분산**이라고 한다. 또 분산의 양의 제곱근을 **표준편차**라고 한다.

지금까지의 내용을 정리하면 다음과 같다.

분산과 표준편차

❶ $(\text{분산})=\dfrac{(\text{편차})^2\text{의 총합}}{(\text{변량})\text{의 개수}}$ ❷ $(\text{표준편차})=\sqrt{(\text{분산})}$

예제 5-15 기출유형

다음은 금나래 선수가 9개의 화살을 쏘아 맞힌 과녁을 나타낸 것이다. 금나래 선수가 얻은 점수의 분산과 표준편차를 각각 구하시오(단, 표준편차는 소수점 아래 둘째 자리에서 반올림한다).

[그림 5-22]

풀이

먼저 평균을 구하면 다음과 같다.

$$(\text{평균})=\frac{9+10+10+8+8+10+8+9+9}{9}=\frac{81}{9}=9(\text{점})$$

각 변량에 대한 편차와 편차의 제곱은 다음과 같다.

변량(점)	9	10	10	8	8	10	8	9	9	합계
편차(점)	0	1	1	−1	−1	1	−1	0	0	0
$(\text{편차})^2$	0	1	1	1	1	1	1	0	0	6

따라서 구하는 분산과 표준편차는 다음과 같다.

$$(\text{분산}) = \frac{(\text{편차})^2\text{의 총합}}{(\text{변량})\text{의 개수}} = \frac{6}{9} = \frac{2}{3}$$

$$(\text{표준편차}) = \sqrt{(\text{분산})} = \sqrt{\frac{2}{3}} = \frac{\sqrt{6}}{3} \approx 0.8(\text{점})$$

문제 5-28 기출유형

금나래 씨는 직원 10명의 1분기 동안 봉사 활동 시간을 조사하여 다음과 같이 나타냈다. 이 자료의 분산과 표준편차를 각각 구하시오.

12 13 11 10 16 10 16 9 8 15

도수분포표에서 분산과 표준편차 구하기

이제 도수분포표에서 분산과 표준편차를 구하는 방법을 알아보자. [표 5-51]의 (a)는 어느 올림픽 경기에서 메달을 많이 획득한 10개국의 메달 수를 조사하여 나타낸 것이고, (b)는 그에 대한 도수분포표이다.

[표 5-51] 나라별 메달 수

(a)

국가	금	은	동	합계
중국	51	21	28	100
미국	36	38	36	110
러시아	23	21	28	72
영국	19	13	15	47
독일	16	10	15	41
오스트레일리아	14	15	17	46
대한민국	13	10	8	31
일본	9	6	10	25
이탈리아	8	10	10	28
프랑스	7	16	17	40

(b)

계급(개)	도수(개국)
20이상 ~ 40미만	3
40 ~ 60	4
60 ~ 80	1
80 ~100	0
100 ~120	2
합계	10

도수분포표로 주어진 자료는 각 계급의 계급값에서 평균을 빼어서 편차를 구한다. 즉

$$(\text{편차}) = (\text{계급값}) - (\text{평균})$$

도수분포표로 주어진 자료의 분산과 표준편차는 표를 만들어서 다음 순서로 구하면 편리하다.

① (계급값)×(도수)의 값을 각각 구하고, 그 총합을 구한다.
② ①에서 구한 총합을 도수의 총합으로 나누어 평균을 구한다.
③ 각 계급값에서 평균을 뺀 편차를 구한다.
④ $(\text{편차})^2 \times (\text{도수})$의 값을 각각 구하고, 그 총합을 구한다.
⑤ ④에서 구한 총합을 도수의 총합으로 나누어 분산을 구한다.
⑥ ⑤에서 구한 분산의 양의 제곱근인 표준편차를 구한다.

예를 들어 [표 5-51]의 자료에 대해 위와 같은 순서로 분산과 표준편차를 구하면 다음과 같다.

[표 5-52] 획득 메달 수

계급(개)	도수(개국)	계급값	① (계급값)×(도수)	③ 편차	$(\text{편차})^2$	④ $(\text{편차})^2\times(\text{도수})$
20이상 ~40미만	3	30	90	−28	784	2352
40 ~60	4	50	200	−8	64	256
60 ~80	1	70	70	12	144	144
80 ~100	0	90	0	32	1024	0
100 ~120	2	110	220	52	2704	5408
합계	10		580			8160

② $(\text{평균}) = \dfrac{580}{10} = 58(\text{개})$

⑤ $(\text{분산}) = \dfrac{8160}{10} = 816$

⑥ $(\text{표준편차}) = \sqrt{816} \approx 28.57(\text{개})$

일반적으로 도수분포표에서의 분산과 표준편차는 다음과 같이 구한다.

도수분포표에서의 분산과 표준편차

❶ $(\text{분산}) = \dfrac{\{(\text{편차})^2 \times (\text{도수})\}\text{의 총합}}{(\text{도수의 총합})}$ ❷ $(\text{표준편차}) = \sqrt{(\text{분산})}$

예제 5-16 기출유형

오른쪽 도수분포표는 어느 날 우리나라 20개 지역의 평균 기온을 조사하여 나타낸 것이다. 평균 기온의 분산과 표준편차를 각각 구하시오(단, 표준편차는 소수점 아래 셋째 자리에서 반올림한다).

[표 5-53] 평균 기온

계급(℃)	도수(곳)
9이상 ~11미만	3
11 ~13	6
13 ~15	8
15 ~17	2
17 ~19	1
합계	20

풀이

다음과 같이 표를 만든다.

계급(℃)	도수(곳)	계급값	(계급값)×(도수)	편차	$(편차)^2$× (도수)
$9^{이상}$~$11^{미만}$	3	10	30	−3.2	30.72
11 ~13	6	12	72	−1.2	8.64
13 ~15	8	14	112	0.8	5.12
15 ~17	2	16	32	2.8	15.68
17 ~19	1	18	18	4.8	23.04
합계	20		264		83.2

위 표에 의해 평균과 분산 및 표준편차를 구하면 다음과 같다.

$$(\text{평균}) = \frac{264}{20} = 13.2(℃),\ (\text{분산}) = \frac{83.2}{20} = 4.16,\ (\text{표준편차}) = \sqrt{4.16} \approx 2.04(℃)$$

문제 5-29 기출유형

오른쪽 도수분포표는 금나래 씨가 회사 직원 40명을 대상으로 1년 동안 실시한 봉사 활동 시간을 조사하여 나타낸 것이다. 봉사 활동 시간의 분산과 표준편차를 각각 구하시오(단, 표준편차는 소수점 아래 첫째 자리에서 반올림한다).

[표 5-54] 봉사 활동 시간

계급(시간)	도수(명)
$0^{이상}$ ~$10^{미만}$	6
10 ~20	8
20 ~30	14
30 ~40	8
40 ~50	4
합계	40

문제 5-30 기출유형

오른쪽 도수분포표는 금나래 씨 회사 직원 30명을 대상으로 지난 두 달 동안의 휴대전화 통화 시간을 조사하여 나타낸 것이다. 물음에 답하시오.

(a) 6월의 휴대전화 통화 시간의 표준편차를 소수점 아래 첫째 자리에서 반올림하여 구하시오.

(b) 7월의 휴대전화 통화 시간의 표준편차를 소수점 아래 첫째 자리에서 반올림하여 구하시오.

(c) 6월과 7월 두 달 중에서 어느 달의 통화 시간이 더 고르다고 할 수 있는가?

[표 5-55] 휴대전화 통화 시간

계급(분)	도수(명)	
	6월	7월
$0^{이상}$ ~$40^{미만}$	12	6
40 ~80	4	5
80 ~120	6	9
120 ~160	6	3
160 ~200	2	7
합계	30	30

Section

5.5 상관관계

산점도와 상관관계

■ 산점도

나이와 키 사이에는 어떤 관계가 있을까? 나이가 많으면 반드시 키가 크다고 할 수 있을까? 이를 알아보기 위해 5세부터 18세까지의 소년 16명의 나이와 키를 조사하여 다음과 같은 표를 얻었다.

[표 5-56] 나이와 키

나이(세)	키(cm)	나이(세)	키(cm)	나이(세)	키(cm)	나이(세)	키(cm)
5	110	8	135	12	155	14	157
6	125	9	133	12	140	15	163
6	120	10	135	13	150	16	150
8	125	11	145	13	136	18	161

각 소년의 나이와 키에 대한 순서쌍 (나이, 키)를 좌표로 하는 점들을 좌표평면 위에 나타내어 보자. 이를 [그림 5-23]과 같이 나타낼 수 있는데, 이러한 그림을 나이와 키에 대한 **산점도**(**상관도**)라고 한다.

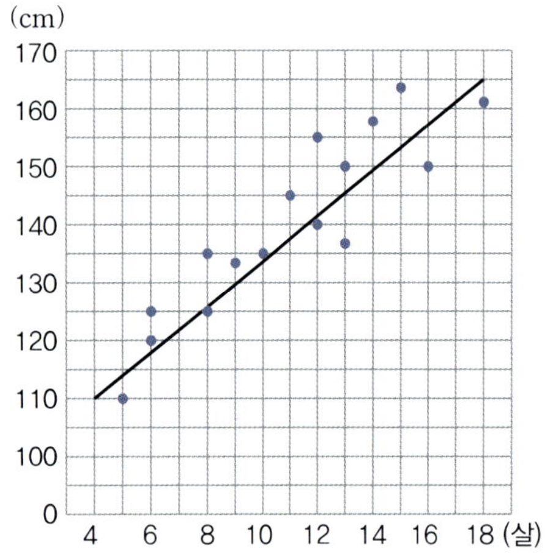

[그림 5-23] 나이와 키의 산점도

■ 상관관계

[그림 5-23]의 산점도를 보면, 점들이 흩어져 있지만 대체로 하나의 직선에 몰려 있다고 볼 수 있다. 다시 말해, 5~18세이면 나이가 많을수록 키도 커짐을 알 수 있다. 즉 사람의 나이와 키 사이에는 어떠한 관계가 있음을 알 수 있는데, 이러한 관계를 **상관관계**라고 한다.

두 변량 x, y에 대한 산점도에서 x의 값이 커짐에 따라 y의 값도 대체로 커지는 관계가 있을 때, 이들 두 변량 x와 y 사이에는 **양의 상관관계**가 있다고 한다. 이와 반대로, x의 값이 커짐에 따라 y의 값이 대체로 작아지는 관계가 있을 때, 두 변량 x와 y 사이에는 **음의 상관관계**가 있다고 한다. 이를테면, 앞에서 생각한 5~18세의 소년의 나이와 키 사이에는 양의 상관관계가 있음을 알 수 있다.

산점도에서 점들이 한 직선 근처에 몰려 있을수록 상관관계는 강하고, 흩어져 있을수록 상관관계가 약하다고 한다. 다음 산점도에서 ①과 ②는 양의 상관관계가 있으며, ①이 ②보다 강한 양의 상관관계가 있다고 한다. 또, ③과 ④는 음의 상관관계가 있으며 ④가 ③보다 약한 음의 상관관계가 있다고 한다.

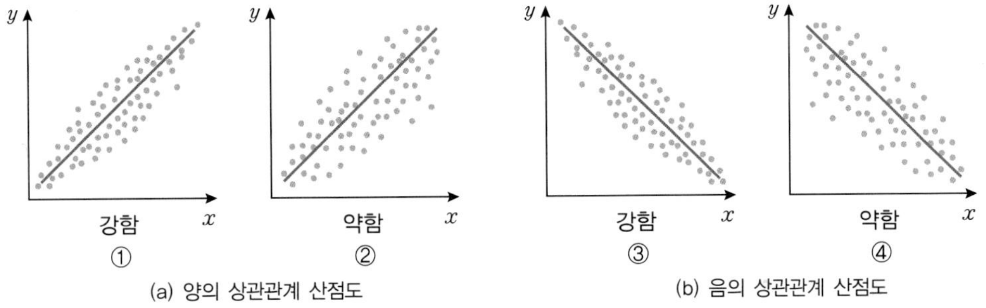

[그림 5-24] 양 · 음의 상관관계 산점도

한편 [그림 5-25]의 산점도와 같이 점들이 한 직선에 가까이 있다고 말하기 어려운 경우와 점들이 x축 또는 y축에 평행한 직선에 가까이 있는 경우에는 두 변량 x와 y 사이에 상관관계가 없다고 한다.

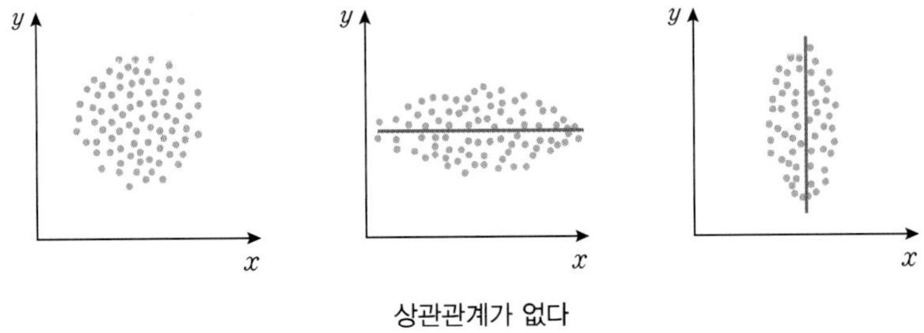

[그림 5-25] 상관관계가 없는 산점도

예제 5-17

기출유형

금나래 씨는 여러 온도에서 사람의 혈액이 응고되는 데 걸리는 시간을 측정하여 다음과 같은 표로 나타냈다. 산점도를 그려서 온도와 혈액이 응고되는 데 걸리는 시간 사이에 어떤 상관관계가 있는지 말하시오(단, 온도와 시간의 단위는 각각 ℃, 초이다).

[표 5-57] 온도에 따른 혈액 응고 시간

온도	시간	온도	시간	온도	시간	온도	시간
20	50	25	42	8	82	19	60
32	17	18	52	18	55	12	62
10	75	28	24	12	76	31	25
15	65	16	53	22	52	9	76

풀이

오른쪽 산점도로부터 온도와 시간 사이에 음의 상관관계가 있음을 알 수 있다. 즉 온도가 높을수록 혈액은 빨리 응고됨을 알 수 있다.

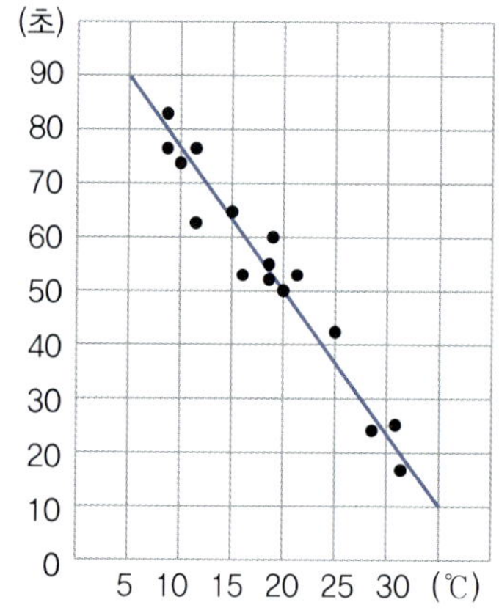

[그림 5-26]

문제 5-31

기출유형

[그림 5-27]은 금나래 씨 회사 직원 15명의 업무 A와 업무 B에 대한 수행 점수를 나타낸 산점도이다. 물음에 답하시오.

(a) 두 업무 사이에는 어떤 상관관계가 있는지 구하시오.

(b) 두 업무 모두 60점 이하인 직원 수를 구하시오.

(c) 업무 A의 수행점수가 업무 B의 수행점수보다 좋은 직원 수를 구하시오.

(d) 두 업무의 수행점수의 합이 170점 이상인 직원은 전체의 몇 %인지 구하시오.

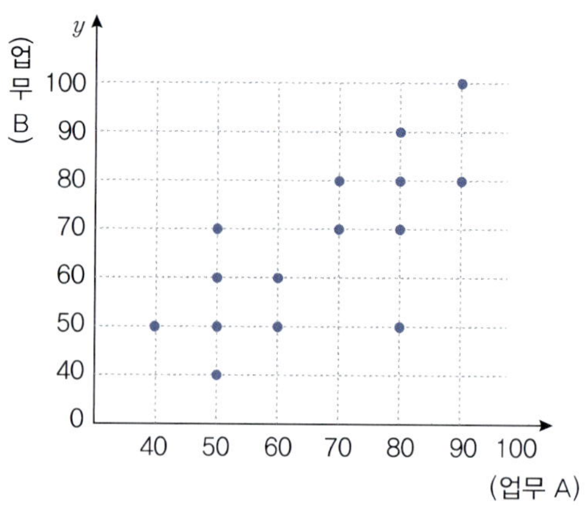

[그림 5-27]

상관표

다음 표는 대학생 48명의 수학 성적과 과학 성적을 나타낸 것이다.

[표 5-58] 수학 성적과 과학 성적

번호	수학	과학	번호	수학	과학	번호	수학	과학	번호	수학	과학
1	72	63	13	44	53	25	60	68	37	54	70
2	36	42	14	58	42	26	66	72	38	28	25
3	65	68	15	69	81	27	40	48	39	84	63
4	92	96	16	86	78	28	92	88	40	72	70
5	78	80	17	90	95	29	73	75	41	86	68
6	85	72	18	73	85	30	64	71	42	64	82
7	66	75	19	65	80	31	82	78	43	72	80
8	73	82	20	72	64	32	76	83	44	86	70
9	88	85	21	81	75	33	52	65	45	69	78
10	71	76	22	55	70	34	85	72	46	75	84
11	90	88	23	48	25	35	60	68	47	63	66
12	69	75	24	60	72	36	90	88	48	72	75

[표 5-58]에서 수학 성적이 60점 이상 70점 미만이고, 과학 성적이 70점 이상 80점 미만인 학생 수를 구하려면 일일이 한 명씩 모두 조사해야 한다. 그러나 두 변량의 분포 상태를 함께 나타낸 도수분포표를 만들면 학생 수를 바로 알 수 있다.

[표 5-59] 수학 성적과 과학 성적

과학 \ 수학	20이상 ~ 30미만	30 ~ 40	40 ~ 50	50 ~ 60	60 ~ 70	70 ~ 80	80 ~ 90	90 ~ 100	합계
90이상 ~ 100미만								2	2
80 ~ 90					3	6	1	3	13
70 ~ 80				2	6	4	6		18
60 ~ 70				1	4	2	2		9
50 ~ 60			1						1
40 ~ 50		1	1	1					3
30 ~ 40									0
20 ~ 30	1		1						2
합계	1	1	3	4	13	12	9	5	48

이 표는 계급의 크기를 10점으로 하여 수학 성적을 가로에, 과학 성적을 세로에 나타내어 해당하는 칸에 인원수를 써넣은 것이다. 위 표에서 보면 수학 성적이 60점 이상 70점 미만이고, 과학 성적이 70점 이상 80점 미만인 학생은 6명임을 바로 알 수 있다. 위 표와 같이 두 변량의 도수분포표를 함께 나타낸 표를 **상관표**라고 한다.

예제 5-18

기출유형

[표 5-59]의 상관표에서 수학 성적과 과학 성적이 모두 80점 이상 90점 미만인 학생은 몇 명인가? 또 수학 성적과 과학 성적은 어떤 상관관계가 있는지 말하시오.

풀이

수학 성적과 과학 성적이 모두 80점 이상 90점 미만인 학생은 1명이다. 수학 성적과 과학 성적은 양의 상관관계가 있다. 즉 수학 성적이 좋은 학생이 과학 성적도 좋다고 할 수 있다.

문제 5-32

기출유형

[표 5-60]은 대학생 50명의 영어 성적과 수학 성적을 조사하여 만든 상관표이다. 물음에 답하시오.

(a) 영어와 수학이 모두 80점 이상인 학생 수를 구하시오.

(b) 영어 성적과 수학 성적의 합이 150점 미만인 학생 수를 구하시오.

(c) 영어 성적이 70점 이상 75점 미만인 학생들의 수학 성적의 평균을 구하시오.

[표 5-60] 영어 성적과 수학 성적

영어 \ 수학	65이상 ~ 70미만	70 ~ 75	75 ~ 80	80 ~ 85	85 ~ 90	90 ~ 95	95 ~ 100	합계
90이상 ~ 95미만						1	2	3
85 ~ 90				2	4	2		8
80 ~ 85			1	3	6	1		11
75 ~ 80		2	4	5	4			15
70 ~ 75	2	2	3	1				8
65 ~ 70	1	2						3
60 ~ 65	2							2
합계	5	6	8	11	14	4	2	50

문제 5-33

기출유형

오른쪽 표는 두 변량 A와 B의 상관표이다. 다음 물음에 답하시오.

(a) a, b, c에 알맞은 값은 각각 구하시오.

(b) A의 평균, 분산, 표준편차를 각각 구하시오.

(c) A와 B의 계급값의 합이 60 미만인 것의 도수를 모두 구하시오.

(d) A와 B에는 어떤 상관관계가 있는지 말하시오.

[표 5-61] 변량 A와 B의 상관표

B \ A	10	20	30	40	50	합계
50	2	1				3
40		6	2			8
30		4	a	3		b
20			4	5		9
10				1	3	4
합계	2	11	c	9	3	40

두 변량 사이의 상관관계의 정도를 나타내는 값을 **상관계수**라 한다. 상관계수는 다음과 같이 구한다.

상관계수(표본상관계수)

측정값 $(x,\ y)$에 대하여 n개의 측정값 $(x_1,\ y_1),\ (x_2,\ y_2),\ \cdots,\ (x_n,\ y_n)$ 이 주어졌을 때, $x,\ y$ 사이의 상관계수는 다음과 같다.

$$r = \frac{\sum_{i=1}^{n}(x_i - \overline{x})(y_i - \overline{y})}{(n-1)s_x s_y}$$

여기서 $\overline{x},\ \overline{y}$는 각각 $x,\ y$의 표본이고, $s_x = \sqrt{\frac{\sum_{i=1}^{n}(x_i - \overline{x})^2}{n-1}}$, $s_y = \sqrt{\frac{\sum_{i=1}^{n}(y_i - \overline{y})^2}{n-1}}$ 은 각각 $x,\ y$의 표본표준편차이다.

예제 5-19 기출유형

다음 표는 남학생 10명의 키와 체중을 측정한 결과이다. 키와 체중 사이의 상관계수를 구하시오.

[표 5-62] 키와 체중

키(cm)	183	165	158	170	173	178	163	180	160	174
체중(kg)	82	52	55	66	60	79	57	79	48	65

풀이

키의 표본평균은 170.4, 표본표준편차는 8.66이고, 체중의 표본평균은 64.3, 표본표준편차는 12.13이다. 따라서 키와 체중 사이의 상관계수는 다음과 같다.

$$r = \frac{(183-170.4)(82-64.3) + \cdots + (174-170.4)(65-64.3)}{9 \times 8.66 \times 12.13} = 0.922$$

문제 5-34 기출유형

다음 표는 10가지 자동차의 무게와 연비를 측정한 결과이다. 자동차의 무게와 연비 사이의 상관계수를 구하시오.

[표 5-63] 자동차 무게와 연비

무게(kg)	2115	1610	1565	1410	1645	1640	1790	1880	2095	1705
연비(km/L)	10.3	14.5	15.0	15.7	12.7	14.3	13.1	11.6	10.5	12.5

Section
5.6 통계

확률변수와 확률분포

주사위나 동전을 던지는 것처럼 같은 조건에서 반복할 수 있고 그 결과가 우연에 의하여 결정되는 실험이나 관찰을 **시행**이라고 한다. 또 어느 시행에서 일어날 수 있는 모든 결과의 집합을 **표본공간**이라고 한다. 이때 시행의 결과인 **사건**은 표본공간의 부분집합이다. 이를테면 한 개의 주사위를 던지는 시행에서 표본공간은 $S=\{1,\ 2,\ 3,\ 4,\ 5,\ 6\}$이고, 짝수의 눈이 나오는 사건을 A라고 하면 $A=\{2,\ 4,\ 6\}$이다. 또 어떤 시행을 여러 번할 때 각 시행의 결과가 다른 시행의 결과에 영향을 주지 않는 시행을 **독립시행**이라 한다.

한 개의 동전을 두 번 던지는 시행에서 동전의 앞면을 H, 뒷면을 T로 나타내면 표본공간 S는 다음과 같다.

$$S=\{\mathrm{HH},\ \mathrm{HT},\ \mathrm{TH},\ \mathrm{TT}\}$$

이 시행에서 두 개의 동전에 대하여 앞면이 나온 횟수를 X라고 하면, 집합 S의 각 원소 HH, HT, TH, TT에 대응하는 X의 값은 각각 2, 1, 1, 0이다. 이때 X는 0, 1, 2 중에서 하나의 값을 가지는 변수이고, 변수 X가 각 값을 가질 확률을 표로 나타내면 다음과 같다.

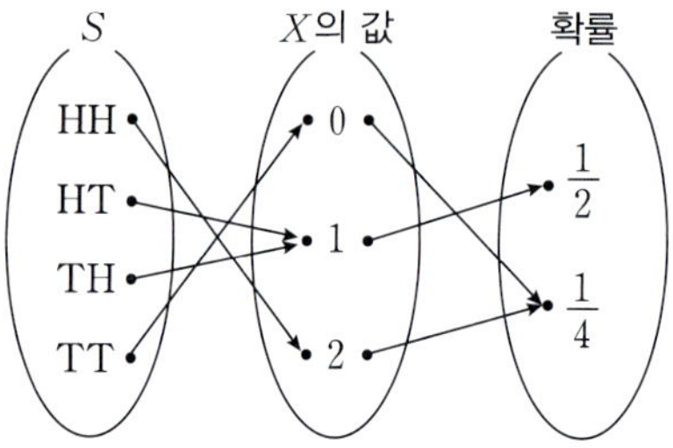

[그림 5-28]

[표 5-64] 확률분포표

X	0	1	2	합계
확률	$\frac{1}{4}$	$\frac{1}{2}$	$\frac{1}{4}$	1

이와 같이 어떤 시행에서 표본공간의 각 원소에 하나의 실수 값을 대응시키는 것을 **확률변수**라고 한다. 확률변수는 보통 $X,\ Y,\ Z$ 등과 같이 대문자로 나타내고, 확률변수가 가질 수 있는 값은 x, y, z 등과 같이 소문자로 나타낸다. 또 확률변수 X가 어떤 값 x를 가질 확률을 기호로 $\mathrm{P}(X=x)$와 같이 나타내며, 확률변수 X가 갖는 값과 X가 이 값을 가질 확률의 대응 관계를 X의 **확률분포**라고 한다.

예제 5-20

두 개의 주사위를 던져서 나온 눈의 수의 합을 X라고 할 때, 확률분포를 다음의 표로 나타내시오.

[표 5-65] 확률분포표

X												합계
확률												

풀이

두 개의 주사위를 던지는 시행의 표본공간은

$$\begin{aligned} S=\{&(1,1),\ (1,2),\ (1,3),\ (1,4),\ (1,5),\ (1,6),\\ &(2,1),\ (2,2),\ (2,3),\ (2,4),\ (2,5),\ (2,6),\\ &(3,1),\ (3,2),\ (3,3),\ (3,4),\ (3,5),\ (3,6),\\ &(4,1),\ (4,2),\ (4,3),\ (4,4),\ (4,5),\ (4,6),\\ &(5,1),\ (5,2),\ (5,3),\ (5,4),\ (5,5),\ (5,6),\\ &(6,1),\ (6,2),\ (6,3),\ (6,4),\ (6,5),\ (6,6)\} \end{aligned}$$

이므로 X가 가질 수 있는 값의 집합은

$$\{2,\ 3,\ 4,\ 5,\ 6,\ 7,\ 8,\ 9,\ 10,\ 11,\ 12\}$$

이고, X의 값이 7일 확률은

$$\mathrm{P}(X=7)=\mathrm{P}\{(1,\ 6),\ (2,\ 5),\ (3,\ 4),\ (4,\ 3),\ (5,\ 2),\ (6,\ 1)\}=\frac{1}{6}$$

이다.

같은 방법으로 확률을 구하여 표로 나타내면 다음과 같다.

X	2	3	4	5	6	7	8	9	10	11	12	합계
확률	$\frac{1}{36}$	$\frac{2}{36}$	$\frac{3}{36}$	$\frac{4}{36}$	$\frac{5}{36}$	$\frac{6}{36}$	$\frac{5}{36}$	$\frac{4}{36}$	$\frac{3}{36}$	$\frac{2}{36}$	$\frac{1}{36}$	1

문제 5-35

두 개의 주사위를 던질 때 나온 눈의 수의 차를 X라고 할 때, 확률분포를 다음의 표로 나타내시오.

[표 5-66] 확률분포표

X	0	1	2	3	4	5	합계
확률							1

이산확률변수

[표 5-64]의 동전 던지기에서 확률변수 X가 가질 수 있는 값은 0, 1, 2의 세 개이고, 그 확률은 각각 다음과 같다.

$$\mathrm{P}(X=0)=\frac{1}{4},\ \mathrm{P}(X=1)=\frac{1}{2},\ \mathrm{P}(X=2)=\frac{1}{4}$$

일반적으로 확률변수 X가 가질 수 있는 값을 셀 수 있을 때, X를 **이산확률변수**라고 한다. 또 이산확률변수 X가 가질 수 있는 모든 값이 $x_1,\ x_2,\ x_3,\ \cdots,\ x_n$일 때 이 값을 가질 확률 $p_1,\ p_2,\ p_3,\ \cdots,\ p_n$에 대응되는 함수

$$\mathrm{P}(X=x_i)=p_i\ (i=1,\ 2,\ \cdots,\ n)$$

를 이산확률변수 X의 **확률질량함수**라고 한다. 이산확률변수 X의 확률분포는 확률질량함수, 표, 그래프 등으로 나타낼 수 있다.

예를 들어 한 개의 동전을 두 번 던지는 시행에서 앞면이 나온 횟수인 이산확률변수 X의 확률질량함수 $\mathrm{P}(X=x)$는 다음과 같다.

$$\mathrm{P}(X=x)=\begin{cases}\frac{1}{4} & (x=0,\ 2)\\ \frac{1}{2} & (x=1)\end{cases}$$

또 이산확률변수 X의 확률분포를 표와 그래프로 나타내면 다음과 같다.

[표 5-67]

X	0	1	2	합계
$\mathrm{P}(X=x)$	$\frac{1}{4}$	$\frac{1}{2}$	$\frac{1}{4}$	1

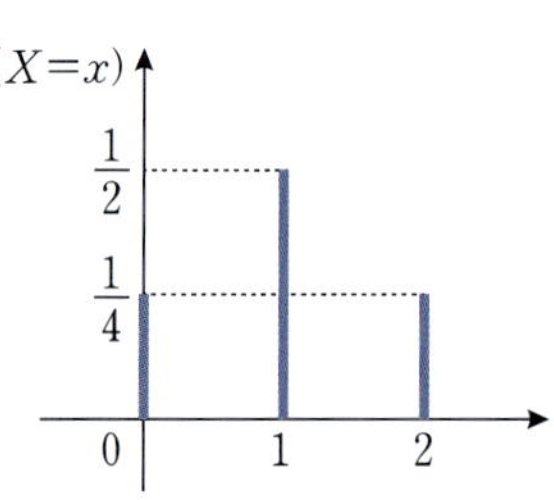

[그림 5-29]

일반적으로 확률질량함수는 다음과 같은 성질을 가진다.

확률질량함수의 성질

이산확률변수 X의 확률질량함수 $\mathrm{P}(X=x_i)=p_i\ (i=1,\ 2,\ \cdots,\ n)$에 대하여

❶ $0\le \mathrm{P}(X=x_i)\le 1$

❷ $\sum_{i=1}^{n}\mathrm{P}(X=x_i)=1$

예제 5-21

흰 공 4개와 검은 공 3개가 들어 있는 주머니에서 임의로 3개의 공을 꺼낼 때 나오는 흰 공의 개수를 확률변수 X라고 하자. 물음에 답하시오.

(a) X의 확률질량함수를 구하시오.

(b) X의 확률분포를 표로 나타내시오.

(c) 흰 공을 2개 이상 꺼낼 확률을 구하시오.

풀이

(a) 확률변수 X가 가질 수 있는 값은 0, 1, 2, 3이다.

7개의 공 중에서 3개의 공을 꺼내는 경우의 수는 ${}_7C_3$이고, 꺼낸 공 중에서 흰 공이 x개인 경우의 수는 ${}_4C_x \cdot {}_3C_{3-x}$이므로 X의 확률질량함수는 다음과 같다.

$$P(X=x)=\frac{{}_4C_x \cdot {}_3C_{3-x}}{{}_7C_3} \quad (x=0,\ 1,\ 2,\ 3)$$

(b)

X	0	1	2	3	합계
$P(X=x)$	$\frac{1}{35}$	$\frac{12}{35}$	$\frac{18}{35}$	$\frac{4}{35}$	1

(c) 흰 공을 2개 이상 꺼낼 확률은 $P(X \geq 2)$이므로

$$\begin{aligned} P(X \geq 2) &= P(X=2)+P(X=3) \\ &= \frac{18}{35}+\frac{4}{35}=\frac{22}{35} \end{aligned}$$

문제 5-36

흰 공 4개와 검은 공 5개가 들어 있는 주머니에서 임의로 3개의 공을 동시에 꺼내려고 한다. 주머니에서 나오는 흰 공의 개수를 확률변수 X라고 할 때, 다음 물음에 답하시오.

(a) X의 확률질량함수를 구하시오.

(b) X의 확률분포를 표로 나타내시오.

(c) 흰 공이 2개 이상 나올 확률을 구하시오.

이산확률변수의 기댓값과 표준편차

어느 재래시장에서는 시장의 활성화를 위하여 추첨 행사를 마련하고, 행운권 1,000장을 다음과 같이 준비하였다.

[표 5-68] 행운권 수

상금(원)	0	10,000	30,000	50,000	합계
행운권 수(장)	872	100	20	8	1,000

행운권 한 장에 대한 상금의 평균은 다음과 같다.

$$\frac{0 \cdot 872 + 10,000 \cdot 100 + 30,000 \cdot 20 + 50,000 \cdot 8}{1000}$$
$$= 0 \cdot \frac{872}{1,000} + 10,000 \cdot \frac{100}{1,000} + 30,000 \cdot \frac{20}{1,000} + 50,000 \cdot \frac{8}{1,000} = 2,000(\text{원})$$

여기서 상금의 평균은 확률변수 X의 각 값과 그에 대응하는 확률을 곱하여 더한 것과 같음을 알 수 있다.

일반적으로 확률변수 X의 확률질량함수가

$$\mathrm{P}(X=x_i)=p_i \ (i=1,\ 2,\ \cdots,\ n)$$

일 때, X의 확률분포를 표로 나타내면 다음과 같다.

[표 5-69] 확률분포표

X	x_1	x_2	$\cdots$	x_n	합계
$\mathrm{P}(X=x_i)$	p_1	p_2	$\cdots$	p_n	1

이때

$$x_1p_1+x_2p_2+\cdots+x_np_n=\sum_{i=1}^{n} x_ip_i$$

를 확률변수 X의 **기댓값** 또는 **평균**이라고 하며, 이것을 기호로 **E(*X*)**와 같이 나타낸다.

한편 확률변수 X의 기댓값 $\mathrm{E}(X)$를 m이라고 할 때, 편차 $(X-m)$의 제곱의 평균

$$\mathrm{E}((X-m)^2)=(x_1-m)^2p_1+(x_2-m)^2p_2+\cdots+(x_n-m)^2p_n$$
$$=\sum_{i=1}^{n}(x_i-m)^2p_i$$

를 확률변수 X의 **분산**이라고 하며, 기호로 **V(*X*)** 와 같이 나타낸다.

또 분산의 양의 제곱근 $\sqrt{V(X)}$를 X의 **표준편차**라고 하며, 기호로 $\sigma(X)$ 와 같이 나타낸다.

지금까지의 내용을 정리하면 다음과 같다.

이산확률변수 X의 기댓값(평균), 분산, 표준편차

이산확률변수 X의 확률질량함수가 다음과 같을 때

$$P(X=x_i)=p_i \ (i=1, 2, \cdots, n)$$

❶ 기댓값(평균) $E(X)=\sum_{i=1}^{n} x_i p_i$

❷ 분산 $V(X)=E((X-m)^2)=\sum_{i=1}^{n}(x_i-m)^2 p_i$ (단, $m=E(X)$)

❸ 표준편차 $\sigma(X)=\sqrt{V(X)}$

예제 5-22

이산확률변수 X의 확률분포가 다음 표와 같을 때, X의 평균, 분산, 표준편차를 각각 구하시오.

[표 5-70] 확률분포표

X	1	2	3	4	합계
$P(X=x)$	$\frac{1}{4}$	$\frac{1}{8}$	$\frac{1}{2}$	$\frac{1}{8}$	1

풀이

$$E(X)=1\times\frac{1}{4}+2\times\frac{1}{8}+3\times\frac{1}{2}+4\times\frac{1}{8}=\frac{5}{2}$$

$$V(X)=\left(1-\frac{5}{2}\right)^2\times\frac{1}{4}+\left(2-\frac{5}{2}\right)^2\times\frac{1}{8}+\left(3-\frac{5}{2}\right)^2\times\frac{1}{2}+\left(4-\frac{5}{2}\right)^2\times\frac{1}{8}=1$$

$$\sigma(X)=\sqrt{V(X)}=1$$

문제 5-37

이산확률변수 X의 확률분포가 [표 5-71]과 같을 때, X의 평균, 분산, 표준편차를 각각 구하시오.

[표 5-71] 확률분포표

X	2	4	6	8	합계
$P(X=x)$	$\frac{1}{10}$	$\frac{1}{5}$	$\frac{3}{10}$	$\frac{2}{5}$	1

한편 확률변수 X의 기댓값이 m일 때,

$$\begin{aligned}\mathrm{V}(X) &= \sum_{i=1}^{n} (x_i - m)^2 p_i \\ &= \sum_{i=1}^{n} (x_i{}^2 - 2mx_i + m^2)p_i \\ &= \sum_{i=1}^{n} x_i{}^2 p_i - 2m\sum_{i=1}^{n} x_i p_i + m^2 \sum_{i=1}^{n} p_i \\ &= \sum_{i=1}^{n} x_i{}^2 p_i - m^2 \\ &= \mathrm{E}(X^2) - \{\mathrm{E}(X)\}^2\end{aligned}$$

이므로 X의 분산을 다음과 같이 구하면 편리하다.

$$\mathrm{V}(X) = \mathrm{E}(X^2) - \{\mathrm{E}(X)\}^2$$

문제 5-38

이산확률변수 X의 확률분포가 다음 표와 같을 때, X의 분산과 표준편차를 각각 구하시오.

[표 5-72] 확률분포표

X	0	1	2	합계
$\mathrm{P}(X=x)$	$\frac{1}{4}$	$\frac{2}{4}$	$\frac{1}{4}$	1

이제 이산확률변수 X의 확률분포를 이용하여 $aX+b$의 평균과 분산 및 표준편차를 구해 보자.

이산확률변수 X의 확률분포가 다음 표와 같이 주어졌다고 하자.

[표 5-73] 확률분포표

X	x_1	x_2	$\cdots$	x_n	합계
$\mathrm{P}(X=x_i)$	p_1	p_2	$\cdots$	p_n	1

이때 $Y=aX+b$ (a, b는 상수, $a \neq 0$)라고 하면 확률변수 Y가 가질 수 있는 값은

$$ax_1+b,\ ax_2+b,\ \cdots,\ ax_n+b$$

이고, 각 값을 가질 확률은

$$\mathrm{P}(Y=ax_i+b)=\mathrm{P}(X=x_i)=p_i\ (i=1,\ 2,\ \cdots,\ n)$$

이므로 확률변수 Y의 확률분포를 표로 나타내면 다음과 같다.

[표 5-74] 확률분포표

Y	ax_1+b	ax_2+b	$\cdots$	ax_n+b	합계
$\mathrm{P}(Y=ax_i+b)$	p_1	p_2	$\cdots$	p_n	1

따라서 확률변수 Y의 평균과 분산 및 표준편차는 다음과 같다.

$$\begin{aligned}\mathrm{E}(Y)&=\sum_{i=1}^{n}(ax_i+b)p_i\\&=a\sum_{i=1}^{n}x_i\,p_i+b\sum_{i=1}^{n}p_i\\&=a\mathrm{E}(X)+b\end{aligned}$$

$$\begin{aligned}\mathrm{V}(Y)&=\sum_{i=1}^{n}\{(ax_i+b)-\mathrm{E}(Y)\}^2p_i\\&=\sum_{i=1}^{n}[(ax_i+b)-\{a\mathrm{E}(X)+b\}]^2p_i\\&=a^2\sum_{i=1}^{n}\{x_i-\mathrm{E}(X)\}^2p_i\\&=a^2\,\mathrm{V}(X)\end{aligned}$$

$$\begin{aligned}\sigma(Y)&=\sqrt{\mathrm{V}(Y)}=\sqrt{a^2\mathrm{V}(X)}\\&=|a|\,\sigma(X)\end{aligned}$$

지금까지의 내용을 정리하면 다음과 같다.

이산확률변수 $aX+b$ 의 평균, 분산, 표준편차

이산확률변수 X와 두 상수 $a(a\neq 0)$, b에 대하여

❶ $\mathrm{E}(aX+b)=a\mathrm{E}(X)+b$

❷ $\mathrm{V}(aX+b)=a^2\mathrm{V}(X)$

❸ $\sigma(aX+b)=|a|\,\sigma(X)$

예제 5-23

확률변수 X에 대하여 $\mathrm{E}(X)=5$, $\mathrm{V}(X)=3$일 때, 확률변수 $-3X+2$의 평균, 분산, 표준편차를 각각 구하시오.

풀이

확률변수 $-3X+2$의 평균과 분산 및 표준편차를 구하면 각각 다음과 같다.

$$\mathrm{E}(-3X+2)=-3\mathrm{E}(X)+2=-13$$
$$\mathrm{V}(-3X+2)=(-3)^2\mathrm{V}(X)=27$$
$$\sigma(-3X+2)=|-3|\sigma(X)=3\sqrt{3}$$

문제 5-39

확률변수 X에 대하여 $\mathrm{E}(X)=5$, $\mathrm{V}(X)=2$일 때, 확률변수 $-2X+10$의 평균, 분산, 표준편차를 각각 구하시오.

이항분포

한 번의 시행에서 사건 A가 일어날 확률이 p로 일정할 때, n번의 독립시행에서 사건 A가 일어나는 횟수를 X라고 하자. 이때 확률변수 X가 가질 수 있는 값은 0, 1, 2, …, n이며, 그 확률질량함수는 다음과 같다.

$$\mathrm{P}(X=x)={}_n\mathrm{C}_x p^x q^{n-x} \quad (x=0,\ 1,\ 2,\ \cdots,\ n,\ q=1-p)$$

이와 같은 확률분포를 **이항분포**라고 하며, 이것을 기호로 다음과 같이 나타낸다.

$$\mathrm{B}(n,\ p)$$

이때 확률변수 X는 이항분포 $\mathrm{B}(n,\ p)$를 따른다고 한다. 여기서 n은 시행 횟수이고, p는 각 시행에서 사건 A가 일어날 확률이다.

이항분포 $\mathrm{B}(n,\ p)$를 따르는 확률변수 X의 확률분포를 표로 나타내면 다음과 같다.

[표 5-75] 이항분포의 확률분포표

X	0	1	2	…	x	…	n	합계
$\mathrm{P}(X=x)$	${}_n\mathrm{C}_0p^0q^n$	${}_n\mathrm{C}_1p^1q^{n-1}$	${}_n\mathrm{C}_2p^2q^{n-2}$	…	${}_n\mathrm{C}_xp^xq^{n-x}$	…	${}_n\mathrm{C}_np^nq^0$	1

[표 5-75]에서 각 확률은 $(q+p)^n$을 이항정리로 전개한 식

$$(q+p)^n = \sum_{x=0}^{n} {}_nC_x p^x q^{n-x}$$
$$= {}_nC_0 p^0 q^n + {}_nC_1 p^1 q^{n-1} + {}_nC_2 p^2 q^{n-2} + \cdots + {}_nC_x p^x q^{n-x} + \cdots + {}_nC_n p^n q^0$$

의 각 항과 같다. 이때 $p+q=1$이므로 $\sum_{x=0}^{n} {}_nC_x p^x q^{n-x} = 1$임을 알 수 있다.

예제 5-24

주사위를 5번 던지는 시행을 할 때, 이산확률변수 X를 주사위의 눈의 수가 1인 횟수라고 하자. X의 확률질량함수를 구하시오.

풀이

X가 가질 수 있는 값은 0, 1, 2, …, 5 이고 주사위를 던질 때 나온 눈의 수가 1일 확률은 $\frac{1}{6}$이다. 따라서 X의 확률질량함수는 다음과 같다.

$$f(k) = P(X=k) = {}_5C_k \left(\frac{1}{6}\right)^k \left(\frac{5}{6}\right)^{5-k} \quad (k=0,\ 1,\ \cdots,\ 5)$$

문제 5-40 기출유형

완치율이 80%인 신약을 5명의 환자에게 투약했을 때, 완치되는 환자 수를 확률변수 X라고 하자. 다음을 구하시오.

(a) X의 확률질량함수 (b) $P(X=3)$

문제 5-41 기출유형

어느 볼링 선수는 공을 한 번 굴렸을 때, 스트라이크를 칠 확률이 0.8이라고 한다. 이 선수가 공을 3번 굴렸을 때, 스트라이크를 친 횟수를 확률변수 X라고 하자. 다음 물음에 답하시오.

(a) 확률변수 X가 따르는 분포를 이항분포 $B(n,\ p)$의 형태로 나타내시오.

(b) 확률변수 X의 확률질량함수를 구하시오.

(c) 스트라이크를 친 횟수가 1 이하일 확률을 구하시오.

확률변수 X가 이항분포 $B(n,\ p)$를 따를 때, X의 평균과 분산 및 표준편차를 구해 보자. 예를 들어 확률변수 X가 이항분포 $B(3,\ p)$를 따를 때, X의 확률분포를 표로 나타내면 다음과 같다 (단, $q=1-p$).

[표 5-76] 확률분포표

X	0	1	2	3	합계
$\mathrm{P}(X=x)$	q^3	$3pq^2$	$3p^2q$	p^3	1

따라서 X의 평균과 분산 및 표준편차는 다음과 같다.

$$\begin{aligned}\mathrm{E}(X)&=0\cdot q^3+1\cdot 3pq^2+2\cdot 3p^2q+3\cdot p^3\\&=3p(p+q)^2=3p\end{aligned}$$

$$\begin{aligned}\mathrm{V}(X)&=0^2\cdot q^3+1^2\cdot 3pq^2+2^2\cdot 3p^2q+3^2\cdot p^3-(3p)^2\\&=3p(p+q)(3p+q)-9p^2=3pq\end{aligned}$$

$$\sigma(X)=\sqrt{3pq}$$

일반적으로 이항분포 $\mathrm{B}(n,\ p)$를 따르는 확률변수 X의 평균과 분산 및 표준편차는 다음과 같다.

이항분포의 평균, 분산, 표준편차

확률변수 X가 이항분포 $\mathrm{B}(n,\ p)$를 따를 때,

$$\mathrm{E}(X)=np,\ \mathrm{V}(X)=npq,\ \sigma(X)=\sqrt{npq}\ \ (\text{단, } q=1-p)$$

예제 5-25

두 개의 동전을 300번 던져서 둘 다 앞면이 나오는 횟수를 확률변수 X라고 할 때, X의 평균과 분산 및 표준편차를 각각 구하시오.

풀이

두 개의 동전을 한 번 던져서 둘 다 앞면이 나올 확률은 $\frac{1}{4}$이고, 매회 시행은 독립시행이다. 따라서 확률변수 X는 이항분포 $\mathrm{B}\left(300,\ \frac{1}{4}\right)$을 따르므로

$$\mathrm{E}(X)=300\times\frac{1}{4}=75,\ \mathrm{V}(X)=300\times\frac{1}{4}\times\frac{3}{4}=\frac{225}{4},$$

$$\sigma(X)=\sqrt{\mathrm{V}(X)}=\sqrt{\frac{225}{4}}=\frac{15}{2}$$

문제 5-42 기출유형

금나래 씨는 발아율이 64%인 고추씨 10,000개를 밭에 뿌리려고 한다. 이때 발아하는 씨앗의 개수를 확률변수 X라고 하자. X의 평균과 표준편차를 각각 구하시오.

연속확률분포

어떤 지역의 강수량이나 어떤 제품의 수명과 같은 값을 갖는 확률변수는 연속된 실수 구간의 값을 갖는다. 이와 같이 어떤 연속하는 범위 안에서 모든 실수의 값을 가지는 확률변수를 **연속확률변수**라고 한다.

예를 들어 배차 간격이 5분인 버스를 타려고 할 때, 버스를 기다리는 시간을 X분이라고 하자. 확률변수 X는 0 이상 5 이하의 모든 값을 가질 수 있으므로 X는 연속확률변수이다. 이때 배차 간격이 5분이므로 버스를 기다리는 시간이 a분과 b분 사이일 확률은 다음과 같다.

$$\mathrm{P}(a \le X \le b) = \frac{b-a}{5} \quad (0 \le a \le b \le 5)$$

따라서 확률 $\mathrm{P}(a \le X \le b)$는 함수 $f(x) = \frac{1}{5}$의 그래프와 x축 및 두 직선 $x=a$, $x=b$로 둘러싸인 도형의 넓이와 같다.

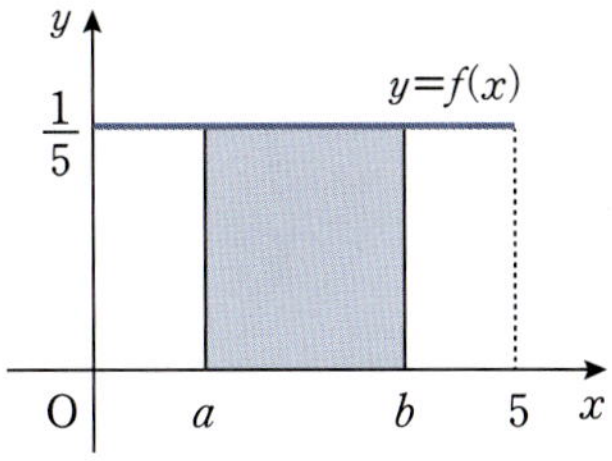

[그림 5-30]

일반적으로 $\alpha \le X \le \beta$에서 모든 실수 값을 가질 수 있는 연속확률변수 X에 대하여 $\alpha \le x \le \beta$에서 정의된 함수 $f(x)$가 다음 세 가지 성질을 만족시킬 때, 함수 $f(x)$를 확률변수 X의 **확률밀도함수**라고 한다.

확률밀도함수의 성질

❶ $f(x) \ge 0$

❷ $y=f(x)$의 그래프와 x축 및 두 직선 $x=\alpha$, $x=\beta$로 둘러싸인 도형의 넓이가 1이다.

❸ $\mathrm{P}(a \le X \le b)$는 $y=f(x)$의 그래프와 x축 및 두 직선 $x=a$, $x=b$로 둘러싸인 도형의 넓이와 같다 (단, $\alpha \le a \le b \le \beta$).

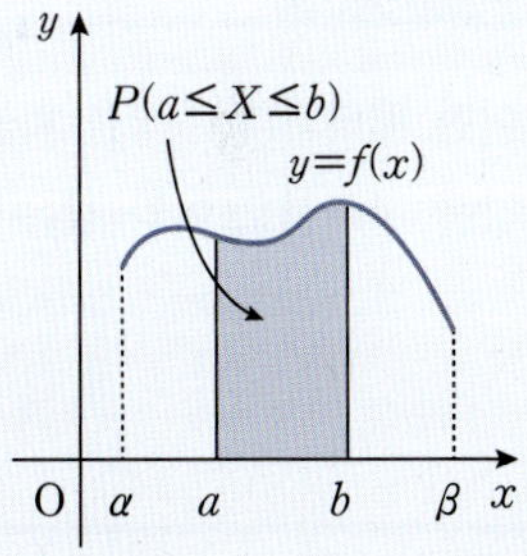

[그림 5-31]

위 성질로부터 함수 $f(x)$에 대하여 다음이 성립함을 알 수 있다.

$$\mathrm{P}(a < X \le b) = \int_a^b f(x)dx$$

한편 연속확률변수 X가 특정한 값을 가질 확률은 0이므로 다음과 같다.

$$\begin{aligned}\mathrm{P}(a \le X \le b) &= \mathrm{P}(a \le X < b) + \mathrm{P}(X=b) \\ &= \mathrm{P}(a \le X < b)\end{aligned}$$

마찬가지 방법으로 다음이 성립한다.

$$P(a \le X \le b) = P(a \le X < b) = P(a < X \le b) = P(a < X < b)$$

예제 5-26

연속확률변수 X의 확률밀도함수가 $f(x) = kx\,(0 \le x \le 2)$일 때, 다음을 구하시오(단, k는 상수).

(a) k의 값 (b) $P(1 \le X \le 2)$

풀이

(a) $f(x) = kx$의 그래프와 x축 및 직선 $x = 2$로 둘러싸인 삼각형의 넓이가 1이므로

$$\frac{1}{2} \cdot 2 \cdot 2k = 1, \quad k = \frac{1}{2}$$

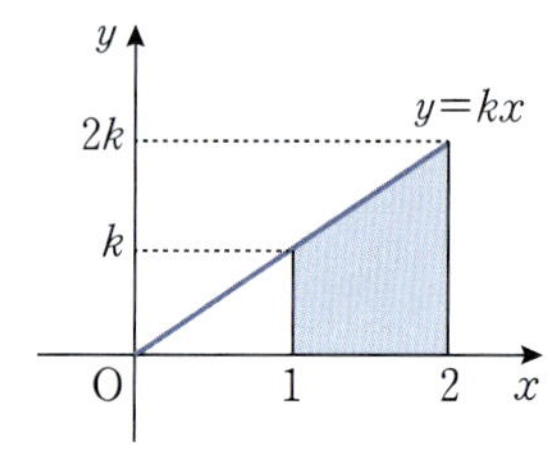

[그림 5-32]

(b) $P(1 \le X \le 2)$는 [그림 5-32]의 색칠한 사다리꼴의 넓이와 같으므로

$$P(1 \le X \le 2) = \frac{1}{2} \cdot \left(\frac{1}{2} + 1\right) \cdot 1 = \frac{3}{4}$$

문제 5-43

어떤 배터리의 수명을 확률변수 X라 할 때, X의 확률밀도함수는 다음과 같다. $P(X \le 100)$의 값을 구하시오(이와 같은 분포를 지수분포라 한다).

$$f(x) = \frac{1}{100}e^{-\frac{x}{100}}\ (x > 0)$$

한편, 연속확률변수의 기댓값과 분산은 다음과 같다.

연속확률변수 X의 기댓값(평균)과 분산

확률변수 X의 확률밀도함수가 $f(x)\ (a \le x \le b)$일 때, X의 기댓값 $E(X)$와 분산 $V(X)$는 각각 다음과 같다.

$$E(X) = \int_a^b xf(x)dx$$

$$V(X) = \int_a^b (x-m)^2 f(x)dx, \ (\text{단, } m = E(X))$$

예제 5-27

연속확률변수 X의 확률밀도함수가 $f(x) = \frac{1}{2}\ (0 \le x \le 2)$일 때, 확률변수 X의 기댓값과 분산을 구하시오.

풀이

$$\mathrm{E}(X) = \int_0^2 x \cdot \frac{1}{2}\,dx = 1$$

$$\mathrm{V}(X) = \int_0^2 (x-1)^2 \cdot \frac{1}{2}\,dx = \frac{1}{3}$$

문제 5-44

[문제 5-43]의 확률변수 X의 기댓값과 분산을 구하시오.

정규분포

■ 정규분포란

많은 자연 현상이나 사회 현상의 확률밀도함수의 그래프는 [그림 5-33]과 같은 형태로 나타난다. 연속확률변수 X의 확률밀도함수가

$$f(x) = \frac{1}{\sqrt{2\pi}\,\sigma} e^{-\frac{(x-m)^2}{2\sigma^2}} \quad (-\infty < x < \infty)$$

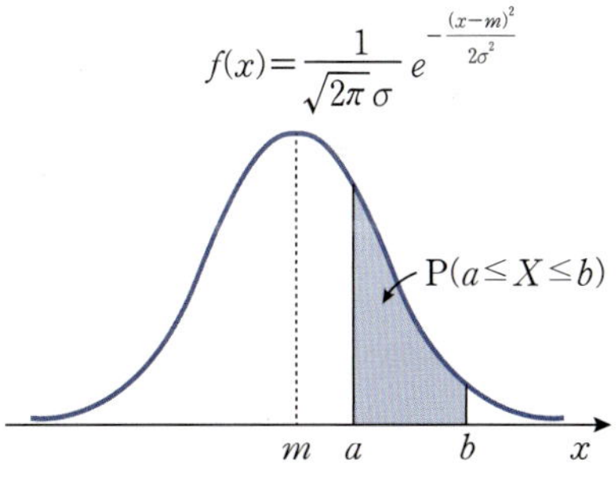

[그림 5-33]

일 때, X의 확률분포를 **정규분포**라고 한다. 여기서 m과 $\sigma\ (\sigma > 0)$는 각각 연속확률변수 X의 평균과 표준편차를 나타내는 상수이다. 이와 같이 평균이 m, 표준편차가 σ인 정규분포를 $\mathrm{N}(m,\ \sigma^2)$으로 나타낸다.

한편 연속확률변수 X가 정규분포 $\mathrm{N}(m,\ \sigma^2)$을 따를 때, 확률 $\mathrm{P}(a \le X \le b)$는 [그림 5-33]에서 정규분포 곡선과 x축 및 두 직선 $x = a$, $x = b$로 둘러싸인 도형의 넓이와 같다. 특히, 평균이 0이고 표준편차가 1인 정규분포를 **표준정규분포**라 한다. 확률변수 Z가 표준정규분포 $\mathrm{N}(0, 1)$을 따를 때, Z의 확률밀도함수는

$$f(z) = \frac{1}{\sqrt{2\pi}} e^{-\frac{z^2}{2}} \quad (-\infty < z < \infty)$$

이고, 그 그래프는 [그림 5-34]와 같다.

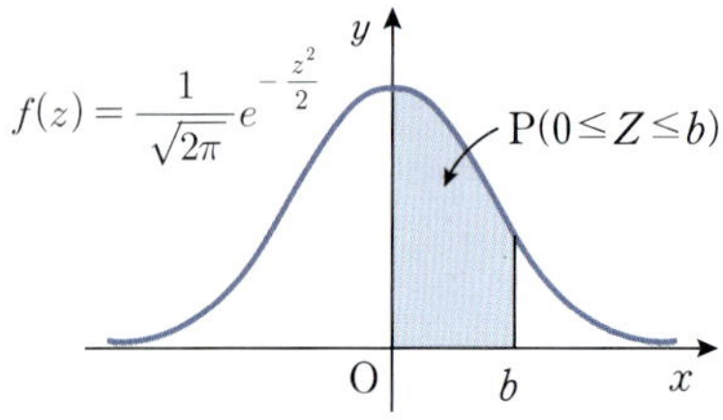

[그림 5-34]

또 양수 z에 대하여 확률 $\mathrm{P}(0 \le Z \le z)$는 [그림 5-34]에서 색칠한 도형의 넓이와 같고, 그 값은 표준정규분포표에서 찾을 수 있다. 예를 들어 [표 5-77] 표준정규분포표에서

$$\mathrm{P}(0 \le Z \le 1.72) = 0.4573$$

임을 알 수 있다.

[표 5-77]

표준정규분포표

z	0.00	0.01	0.02	⋯
⋮				
1.7			0.4573	
⋮				

한편 확률밀도함수 $f(z)$의 그래프는 직선 $z=0$에 대하여 대칭이므로 다음이 성립한다.

$$\mathrm{P}(-z \le Z \le 0) = \mathrm{P}(0 \le Z \le z) \ (\text{단, } z > 0)$$

예제 5-28

확률변수 Z가 표준정규분포 $\mathrm{N}(0,\ 1)$을 따를 때, [부록]의 표준정규분포표를 이용하여 다음 확률을 구하시오.

(a) $\mathrm{P}(Z \le 1)$ (b) $\mathrm{P}(-1.5 \le Z \le 2)$

풀이

(a) $\mathrm{P}(Z \le 1) = \mathrm{P}(Z \le 0) + \mathrm{P}(0 \le Z \le 1)$

$= 0.5 + 0.3413 = 0.8413$

(b) $\mathrm{P}(-1.5 \le Z \le 2) = \mathrm{P}(-1.5 \le Z \le 0) + \mathrm{P}(0 \le Z \le 2)$

$= \mathrm{P}(0 \le Z \le 1.5) + \mathrm{P}(0 \le Z \le 2)$

$= 0.4332 + 0.4772 = 0.9104$

문제 5-45

확률변수 Z가 표준정규분포 $\mathrm{N}(0,\ 1)$을 따를 때, 표준정규분포표를 이용하여 $\mathrm{P}(-1.96 \le Z \le 2)$의 값을 구하시오.

■ 정규분포의 표준화

이제 정규분포와 표준정규분포의 관계에 대하여 알아보자.

정규분포 $\mathrm{N}(m,\ \sigma^2)$을 따르는 연속확률변수 X에 대하여 $Z=\dfrac{X-m}{\sigma}$이라고 하면 확률변수 Z의 평균과 분산은 다음과 같다.

$$\mathrm{E}(Z)=\mathrm{E}\left(\frac{X-m}{\sigma}\right)=\frac{1}{\sigma}\{\mathrm{E}(X)-m\}=0$$

$$\mathrm{V}(Z)=\mathrm{V}\left(\frac{X-m}{\sigma}\right)=\frac{1}{\sigma^2}\mathrm{V}(X)=1$$

또 확률변수 Z도 확률변수 X와 같이 정규분포를 따르므로 확률변수 Z는 표준정규분포 $\mathrm{N}(0,\ 1)$을 따른다. 이와 같이 정규분포 $\mathrm{N}(m,\ \sigma^2)$을 따르는 확률변수 X를 표준정규분포 $\mathrm{N}(0,\ 1)$을 따르는 확률변수 $Z=\dfrac{X-m}{\sigma}$으로 바꾸는 것을 확률변수 X를 **표준화**한다고 한다.

이상을 정리하면 다음과 같다.

정규분포의 표준화

확률변수 X가 정규분포 $\mathrm{N}(m,\ \sigma^2)$을 따를 때, 확률변수

$$Z=\frac{X-m}{\sigma}$$

은 표준정규분포 $\mathrm{N}(0,\ 1)$을 따른다.

예제 5-29

확률변수 X가 정규분포 $\mathrm{N}(10,\ 5^2)$을 따를 때, 표준정규분포표를 이용하여 $\mathrm{P}(0\le X\le 20)$과 $\mathrm{P}(X<19.8)$의 값을 각각 구하시오.

풀이

$\mathrm{P}(0\le X\le 20)=\mathrm{P}\left(\dfrac{0-10}{5}\le\dfrac{X-10}{5}\le\dfrac{20-10}{5}\right)=\mathrm{P}(-2\le Z\le 2)=0.9544$이고,

$\mathrm{P}(X<19.8)=\mathrm{P}\left(\dfrac{X-10}{5}<\dfrac{19.8-10}{5}\right)=\mathrm{P}(Z<1.96)=0.9750$이다.

문제 5-46

확률변수 X가 정규분포 $\mathrm{N}(8,\ 2^2)$을 따를 때, 표준정규분포표를 이용하여 $\mathrm{P}(10 \le X \le 12)$의 값을 구하시오.

문제 5-47

기출유형

금나래 씨가 운영하는 제과점에서 판매하는 샌드위치 한 개의 무게는 평균이 280 g이고 표준편차가 14 g인 정규분포를 따른다고 한다. 금나래 씨의 제과점에서 샌드위치 한 개를 구입할 때, 무게가 275.1 g 이상 304.5 g 이하일 확률을 구하시오.

문제 5-48

기출유형

금나래 씨 회사에서 생산한 두루마리 화장지의 길이는 평균이 50 m, 표준편차가 40 cm 인 정규분포를 따른다고 한다. 이 회사에서 생산한 두루마리 화장지 중에서 한 개를 임의로 선택할 때, 그 길이가 51 m 이상일 확률을 구하시오.

이항분포와 정규분포의 관계

실생활에서 가장 많이 사용되는 정규분포는 여러 분포 중에서 가장 중요한 분포라고 할 수 있다. 시행 횟수가 $n=10,\ 25,\ 50$일 때의 이항분포 $\mathrm{B}\left(n,\ \dfrac{1}{6}\right)$의 확률질량함수의 그래프는 오른쪽 그림과 같다. 이때 이항분포의 그래프는 n의 값이 커질수록 정규분포 곡선에 가까워짐을 알 수 있다. 실제로 확률변수 X가 이항분포 $\mathrm{B}(n,\ p)$를 따를 때, n이 충분히 크면 X는 근사적으로 평균이 np이고 분산이 npq인 정규분포 $\mathrm{N}(np,\ npq)$ $(q=1-p)$를 따른다는 사실이 알려져 있다.

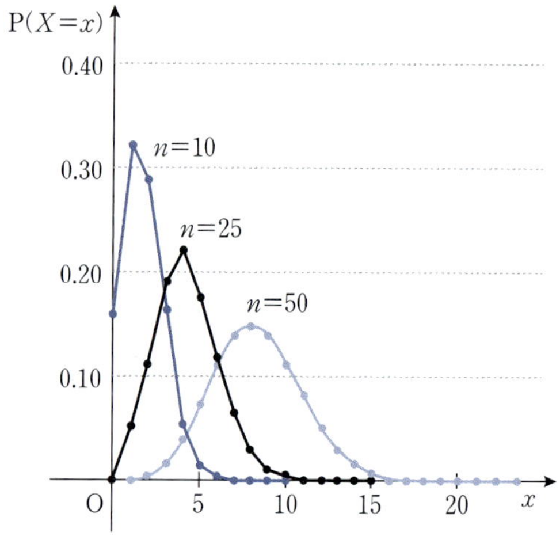

[그림 5-35]

지금까지의 내용을 정리하면 다음과 같다.

이항분포와 정규분포의 관계

확률변수 X가 이항분포 $\mathrm{B}(n,\ p)$ $(0<p<1)$를 따를 때, n의 값이 충분히 크면 X는 정규분포 $\mathrm{N}(np,\ npq)$ $(q=1-p)$를 따른다.

예제 5-30

한 개의 동전을 100번 던질 때, 앞면이 나온 횟수가 40번 이상일 확률을 표준정규분포표를 이용하여 구하시오.

풀이

한 개의 동전을 100번 던져서 나온 앞면의 횟수를 확률변수 X라 하면 X는 이항분포 $\mathrm{B}\left(100,\ \frac{1}{2}\right)$을 따른다. 또한 기댓값과 분산은 각각

$$\mathrm{E}(X) = 100 \times \frac{1}{2} = 50,\ \ \mathrm{V}(X) = 100 \times \frac{1}{2} \times \frac{1}{2} = 25$$

이므로 확률변수 X는 정규분포 $\mathrm{N}(50,\ 5^2)$을 따른다. 따라서 다음과 같다.

$$\mathrm{P}(X \geq 40) = \mathrm{P}\left(\frac{X-50}{5} \geq \frac{40-50}{5}\right) = \mathrm{P}(Z \geq -2) = 0.9772$$

여기서 시행 횟수인 '100'이 충분히 큰 수이므로 이는 정규분포를 따름을 알 수 있다.

문제 5-49

한 개의 주사위를 900번 던질 때, 눈의 수가 3의 배수인 횟수가 300번 이상일 확률을 표준정규분포표를 이용하여 구하시오.

문제 5-50 기출유형

금나래 씨 회사에서 휴일 봉사활동에 참여하는 직원의 비율이 60% 라고 한다. 이 회사 직원 150명 중에서 휴일 봉사활동에 참여하는 직원이 96명 이상일 확률을 구하시오.

모집단과 표본

■ 모집단과 표본이란

통계 조사에서 조사하고자 하는 대상 전체를 **모집단**이라고 하며, 조사하기 위하여 뽑은 모집단의 일부분을 **표본**이라고 한다.

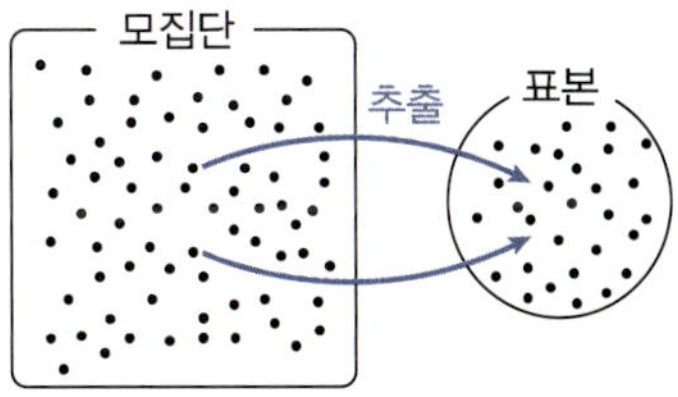

[그림 5-36]

예를 들어 한 달 동안 사용한 휴대 전화 데이터의 양을 다음 두 가지 방법으로 조사하려고 한다.

> [방법 1] 전체 휴대 전화 사용자를 조사한다.
> [방법 2] 임의로 택한 1,000명의 휴대 전화 사용자를 조사한다.

여기서 전체 휴대 전화 사용자가 모집단이며, 임의로 택한 1,000명의 휴대 전화 사용자가 표본이다.

통계 조사에서 모집단 전체를 조사하는 것을 **전수조사**라고 하며, 모집단의 일부분, 즉 표본을 조사하는 것을 **표본조사**라고 한다. 또 표본조사에서 뽑은 표본의 개수를 표본의 크기라고 한다. 전수조사는 모집단에 대한 정확한 정보를 얻을 수 있지만 비용이 많이 들고 시간이 오래 걸린다. 또 자동차 충돌 실험이나 전구의 수명처럼 전수조사가 불가능한 경우도 있다. 따라서 통계 조사에서는 표본조사를 하고, 그 결과를 이용하여 모집단에 대해 추측하는 경우가 많다. 예를 들어 어느 대학교에서 통계학 점수의 평균을 알기 위하여 모든 학생의 점수를 조사하는 것은 전수조사이고, 임의로 50명의 학생을 뽑아 조사하는 것은 표본조사이다. 이때 모집단은 모든 학생의 점수이고, 표본은 임의로 뽑은 50명의 학생의 점수이다.

표본조사의 목적은 모집단 전체를 조사하지 않고 그 일부분인 표본을 조사하여 얻은 정보를 바탕으로 모집단의 특성을 추측하는 데 있다. 따라서 모집단의 특성을 잘 나타내도록 모집단의 어느 한 부분에 편중되지 않게 표본을 추출해야 한다. 모집단에서 표본을 추출하는 여러 가지 방법 중에서 모집단의 각 원소를 같은 확률로 추출하는 것을 **임의추출**이라 하고, 임의추출된 표본을 **임의표본**이라고 한다. 모집단에서 표본을 임의추출하는 방법으로는 제비뽑기, 난수 주사위 사용하기, 난수표 사용하기 등이 있다. 그러나 공학 도구가 발전된 요즈음에는 계산기, 컴퓨터 프로그램을 많이 사용한다.

한편 모집단에서 표본을 추출할 때, 한 개의 자료를 추출한 후 다시 되돌려 놓고 추출하는 것을 **복원추출**이라 하고, 다시 되돌려 놓지 않고 계속 추출하는 것을 **비복원추출**이라고 한다. 모집단의 크기가 충분히 큰 경우에는 비복원추출도 복원추출로 볼 수 있다.

■ 모평균과 표본평균

어느 모집단에서 조사하고자 하는 특성을 나타내는 확률변수를 X라고 할 때, X의 평균, 분산, 표준편차를 각각 **모평균, 모분산, 모표준편차**라고 하며, 이것을 기호로 각각 다음과 같이 나타낸다.

$$m,\ \sigma^2,\ \sigma$$

한편 모집단에서 임의추출한 크기가 n인 표본에서 각 대상을 $X_1,\ X_2,\ \cdots,\ X_n$이라고 할 때, 이들의 평균, 분산, 표준편차를 각각 **표본평균, 표본분산, 표본표준편차**라고 하며, 이것을 기호로 각각

$$\overline{X},\ S^2,\ S$$

와 같이 나타낸다. 이때 $\overline{X},\ S^2,\ S$는 다음과 같이 구한다.

$$\overline{X} = \frac{1}{n}(X_1 + X_2 + \cdots + X_n) = \frac{1}{n}\sum_{i=1}^{n} X_i$$

$$S^2 = \frac{1}{n-1}\left\{(X_1 - \overline{X})^2 + (X_2 - \overline{X})^2 + \cdots + (X_n - \overline{X})^2\right\} = \frac{1}{n-1}\sum_{i=1}^{n}(X_i - \overline{X})^2$$

$$S = \sqrt{S^2} = \sqrt{\frac{1}{n-1}\sum_{i=1}^{n}(X_i - \overline{X})^2}$$

모평균 m은 고정된 상수이지만 표본평균 $\overline{X}$는 추출된 표본에 따라 여러 가지 값을 가질 수 있는 확률변수이다. 따라서 $\overline{X}$의 확률분포, 평균, 표준편차 등을 구할 수 있다.

예를 들어 1부터 3까지의 숫자가 각각 하나씩 적힌 카드 세 장이 들어 있는 상자에서 임의추출한 한 장의 카드에 적힌 숫자를 X라고 하자. 이때 모집단의 확률분포는 오른쪽 표와 같으므로 모평균, 모분산, 모표준편차는 다음과 같다.

[표 5-78]

X	1	2	3	합계
$\mathrm{P}(X=x)$	$\frac{1}{3}$	$\frac{1}{3}$	$\frac{1}{3}$	1

$$m = 2,\ \sigma^2 = \frac{2}{3},\ \sigma = \frac{\sqrt{6}}{3}$$

한편 이 모집단에서 임의추출한 크기가 2인 표본에서 각 대상을 X_1, X_2라고 할 때, 표본평균 $\overline{X} = \frac{X_1 + X_2}{2}$를 구하면 다음과 같다.

[표 5-79]

(X_1, X_2)	(1, 1)	(1, 2)	(1, 3)	(2, 1)	(2, 2)	(2, 3)	(3, 1)	(3, 2)	(3, 3)
$\overline{X}$	1	1.5	2	1.5	2	2.5	2	2.5	3

각 경우의 확률이 $\frac{1}{9}$이므로 표본평균 $\overline{X}$의 확률분포는 다음 표와 같다.

[표 5-80]

$\overline{X}$	1	1.5	2	2.5	3	합계
$\mathrm{P}(\overline{X}=\overline{x})$	$\frac{1}{9}$	$\frac{2}{9}$	$\frac{3}{9}$	$\frac{2}{9}$	$\frac{1}{9}$	1

따라서 표본평균 $\overline{X}$의 평균, 분산, 표준편차는 각각 다음과 같다.

$$\mathrm{E}(\overline{X}) = 2,\ \mathrm{V}(\overline{X}) = \frac{1}{3},\ \sigma(\overline{X}) = \frac{\sqrt{3}}{3}$$

이 값을 모평균, 모분산, 모표준편차와 비교하면 다음이 성립함을 알 수 있다.

$$\mathrm{E}(\overline{X}) = 2 = m,\ \mathrm{V}(\overline{X}) = \frac{1}{3} = \frac{\sigma^2}{n},\ \sigma(\overline{X}) = \frac{\sqrt{3}}{3} = \frac{\sigma}{\sqrt{n}}$$

일반적으로 표본평균 $\overline{X}$의 평균과 분산 및 표준편차에 대하여 다음이 성립한다.

표본평균의 평균, 분산, 표준편차

모평균이 m이고 모표준편차가 σ인 모집단에서 임의추출한 크기가 n인 표본의 표본평균 $\overline{X}$에 대하여 기댓값, 분산, 표준편차는 각각 다음과 같다.

$$\mathrm{E}(\overline{X}) = m,\ \mathrm{V}(\overline{X}) = \frac{\sigma^2}{n},\ \sigma(\overline{X}) = \frac{\sigma}{\sqrt{n}}$$

한편 표본평균 $\overline{X}$의 분포에 대해서는 다음과 같다.

표본평균의 분포

정규분포 $\mathrm{N}(m,\ \sigma^2)$을 따르는 모집단에서 임의추출한 크기가 n인 표본의 표본평균을 $\overline{X}$라고 할 때, $\overline{X}$는 정규분포 $\mathrm{N}\left(m,\ \dfrac{\sigma^2}{n}\right)$을 따른다.

예제 5-31 기출유형

어떤 베어링의 강도는 정규분포 $\mathrm{N}(70,\ 9)$를 따른다고 한다. 25개의 베어링에 대한 강도 테스트를 할 때, 평균이 68.8 이상일 확률을 표준정규분포표를 이용하여 구하시오.

풀이

25개의 베어링의 평균 강도를 확률변수 $\overline{X}$라 하면, $\overline{X}$는 정규분포 $\mathrm{N}\left(70,\ \dfrac{9}{25}\right)$를 따른다. 따라서

$$\mathrm{P}(\overline{X} \geq 68.8) = \mathrm{P}\left(\frac{\overline{X}-70}{3/5} \geq \frac{68.8-70}{3/5}\right) = \mathrm{P}(Z \geq -2) = 0.9772$$

문제 5-51

정규분포 $\mathrm{N}(50,\ 25)$를 따르는 모집단에서 뽑은 100개의 평균이 51 이상일 확률을 표준정규분포표를 이용하여 구하시오.

문제 5-52 기출유형

금나래 씨가 근무하고 있는 항공사의 비행기 탑승객의 짐의 무게는 평균이 18 kg 이고 표준편차가 3 kg 인 정규분포를 따른다고 한다. 이 비행기 탑승객 중에서 36명을 임의추출할 때, 짐의 평균 무게가 17 kg 이상일 확률을 구하시오.

문제 5-53 기출유형

금나래 씨 회사 직원들의 통신비는 평균이 15만 원, 표준편차가 4만 원인 정규분포를 따른다고 한다. 이 회사에서 임의추출한 직원 100명의 통신비의 평균이 16만 원 이상일 확률을 구하시오.

모평균의 추정

모평균, 모표준편차와 같이 모집단의 특성을 나타내는 값을 표본을 이용하여 추측하는 것을 **추정**이라고 한다. 표본평균을 이용하여 모평균을 추정하는 방법을 알아보자.

정규분포 $\mathrm{N}(m,\ \sigma^2)$을 따르는 모집단에서 크기가 n인 표본을 임의추출하였을 때, 표본평균 $\overline{X}$는 정규분포 $\mathrm{N}\left(m,\ \dfrac{\sigma^2}{n}\right)$을 따른다. 따라서 $\overline{X}$를 표준화한 확률변수 Z는 표준정규분포 $\mathrm{N}(0,\ 1)$을 따른다. 한편 표준정규분포에서

$$\mathrm{P}(-1.96 \le Z \le 1.96) = 0.95$$

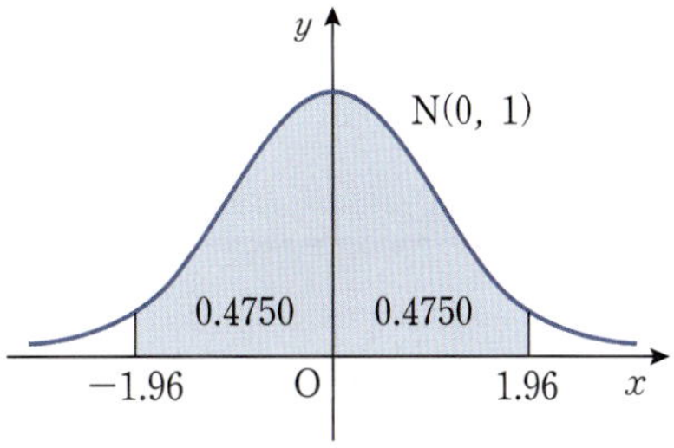

[그림 5-37]

이므로

$$\mathrm{P}\left(-1.96 \le \frac{\overline{X}-m}{\frac{\sigma}{\sqrt{n}}} \le 1.96\right) = 0.95$$

이다. 즉

$$\mathrm{P}\left(\overline{X}-1.96\frac{\sigma}{\sqrt{n}} \le m \le \overline{X}+1.96\frac{\sigma}{\sqrt{n}}\right) = 0.95$$

이다. 이는 $\overline{X}-1.96\dfrac{\sigma}{\sqrt{n}}$ 이상 $\overline{X}+1.96\dfrac{\sigma}{\sqrt{n}}$ 이하인 범위에 모평균 m이 포함될 확률이 0.95임을 나타낸다. 여기서 표본평균 $\overline{X}$의 값을 $\overline{x}$라고 할 때,

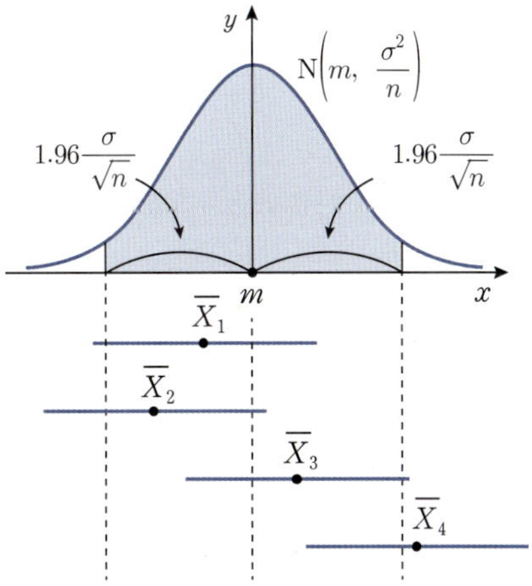

[그림 5-38]

$$\overline{x}-1.96\frac{\sigma}{\sqrt{n}} \le m \le \overline{x}+1.96\frac{\sigma}{\sqrt{n}}$$

를 모평균 m의 **신뢰도 95 %의 신뢰구간**이라고 한다.

표본평균 $\overline{X}$는 확률변수이므로 추출하는 표본에 따라 $\overline{x}$가 달라지고 신뢰구간도 달라진다. 신뢰도 95 %의 신뢰구간은 표본을 여러 번 추출하여 신뢰구간을 만들 때, 이들 중에서 95 % 정도는 모평균 m을 포함한다는 뜻이다.

한편 $\mathrm{P}(-2.58 \leq Z \leq 2.58) = 0.99$임을 이용하여 모평균 m의 신뢰도 99 %의 신뢰구간을 구하면 다음과 같다.

$$\overline{x} - 2.58\frac{\sigma}{\sqrt{n}} \leq m \leq \overline{x} + 2.58\frac{\sigma}{\sqrt{n}}$$

지금까지의 내용을 정리하면 다음과 같다.

모평균의 신뢰구간

정규분포 $\mathrm{N}(m,\ \sigma^2)$을 따르는 모집단에서 임의추출한 크기가 n인 표본의 표본평균 $\overline{X}$의 값이 $\overline{x}$일 때, 모평균 m의 신뢰구간은 다음과 같다.

❶ 신뢰도 95 %의 신뢰구간 : $\overline{x} - 1.96\frac{\sigma}{\sqrt{n}} \leq m \leq \overline{x} + 1.96\frac{\sigma}{\sqrt{n}}$

❷ 신뢰도 99 %의 신뢰구간 : $\overline{x} - 2.58\frac{\sigma}{\sqrt{n}} \leq m \leq \overline{x} + 2.58\frac{\sigma}{\sqrt{n}}$

예제 5-32 기출유형

환경단체에 근무하는 금나래 씨는 주변 하천의 납의 농도를 조사했는데, 이 하천의 납의 농도는 표준편차가 3 μg/L인 정규분포를 따른다고 한다. 금나래 씨는 이 하천에서 납의 농도를 16번 측정했는데 평균 농도는 18 μg/L였다. 이 하천에서 납의 농도에 대한 모평균 m의 신뢰도 95 %의 신뢰구간을 구하시오(단, μg/L는 농도를 나타내는 단위이다).

풀이

$n = 16$, $\overline{x} = 18$, $\sigma = 3$이므로 모평균 m의 신뢰도 95 %의 신뢰구간은 다음과 같다.

$$18 - 1.96\frac{3}{\sqrt{16}} \leq m \leq 18 + 1.96\frac{3}{\sqrt{16}}$$
$$16.53 \leq m \leq 19.47$$

문제 5-54 기출유형

금나래 씨가 운영하는 음식점의 돼지고기 1인분의 무게는 표준편차가 10 g인 정규분포를 따른다고 한다. 이 음식점의 돼지고기 1인분의 무게를 25번 측정한 결과 평균이 195 g이었다고 할 때, 돼지고기 1인분의 평균 무게 m의 신뢰도 95%의 신뢰구간을 구하시오.

모비율의 추정

■ 모비율과 표본비율

특정 후보자에 대한 지지율, 텔레비전 프로그램의 시청률, 제품의 불량률 등과 같이 실생활에서는 전체 집단에서 어떤 특성을 갖는 대상의 비율을 추측하고자 하는 경우를 많이 볼 수 있다. 이와 같이 모집단에서 어떤 사건에 대한 비율을 고려할 때, 이 비율을 그 사건에 대한 **모비율**이라고 하며, 기호로 p와 같이 나타낸다. 또 모집단으로부터 임의추출한 표본에서 어떤 사건에 대한 비율을 **표본비율**이라고 하며, 기호로 $\hat{p}$과 같이 나타낸다.

크기가 n인 표본에서 어떤 사건이 일어나는 횟수를 확률변수 X라고 할 때, 이 사건에 대한 표본비율은

$$\hat{p}=\frac{X}{n}$$

이다. 표본비율 $\hat{p}=\frac{X}{n}$에서 확률변수 X는 크기가 n인 표본에서 어떤 사건이 일어나는 횟수이므로 X가 가질 수 있는 값은 $0, 1, 2, \cdots, n$이고, 모집단에서 그 사건이 일어날 확률은 p이다. 따라서 확률변수 X는 이항분포 $\mathrm{B}(n, p)$를 따르므로 X의 평균과 분산은 각각

$$\mathrm{E}(X)=np, \quad \mathrm{V}(X)=npq \ (q=1-p)$$

이다. 이때 표본비율 $\hat{p}$의 평균과 분산 및 표준편차는 다음과 같다.

$$\mathrm{E}(\hat{p})=\mathrm{E}\left(\frac{X}{n}\right)=\frac{1}{n}\mathrm{E}(X)=\frac{np}{n}=p$$

$$\mathrm{V}(\hat{p})=\mathrm{V}\left(\frac{X}{n}\right)=\frac{1}{n^2}\mathrm{V}(X)=\frac{npq}{n^2}=\frac{pq}{n}$$

$$\sigma(\hat{p})=\sqrt{\mathrm{V}(\hat{p})}=\sqrt{\frac{pq}{n}}$$

일반적으로 표본의 크기 n이 충분히 클 때, 표본비율 $\hat{p}$은 근사적으로 정규분포 $\mathrm{N}\left(p, \frac{pq}{n}\right)$를 따른다고 알려져 있다. 따라서 n이 충분히 클 때, 표본비율 $\hat{p}$을 표준화한 확률변수 Z는 근사적으로 표준정규분포 $\mathrm{N}(0, 1)$을 따른다.

표본비율의 분포

모비율이 p이고 표본의 크기 n이 충분히 클 때, 표본비율 $\hat{p}$은 근사적으로 정규분포 $\mathrm{N}\left(p, \frac{pq}{n}\right)$를 따른다. 따라서 확률변수 $Z=\frac{\hat{p}-p}{\sqrt{\frac{pq}{n}}}$는 근사적으로 표준정규분포 $\mathrm{N}(0, 1)$을 따른다 (단, $q=1-p$).

참고 n이 충분히 크다는 것은 일반적으로 $np \geq 5$, $nq \geq 5$일 때를 뜻한다.

예제 5-33 기출유형

어느 회사에 근무하는 직원 중에서 혈액형이 A형인 사람의 비율은 25% 라고 한다. 이 지역에 사는 사람 중에서 임의추출한 300명의 혈액형을 조사했을 때, 혈액형이 A형인 사람의 비율이 25% 이상 30% 이하일 확률을 구하시오.

풀이

임의추출한 300명 중에서 혈액형이 B형인 직원의 비율을 $\hat{p}$이라고 하면 $p=0.25$, $n=300$이므로

$$\mathrm{E}(\hat{p})=p=0.25$$

$$\mathrm{V}(\hat{p})=\frac{pq}{n}=\frac{0.25\times0.75}{300}=(0.025)^2$$

이다. 이때 $n=300$이므로 $np\geq5$, $nq\geq5$이다. 따라서 표본비율 $\hat{p}$은 정규분포 근사적으로 $\mathrm{N}(0.25,(0.025)^2)$을 따른다. 따라서 구하는 확률은 다음과 같다.

$$\begin{aligned}\mathrm{P}(0.25\leq\hat{p}\leq0.3)&=\mathrm{P}\left(\frac{0.25-0.25}{0.025}\leq\frac{\hat{p}-0.25}{0.025}\leq\frac{0.3-0.25}{0.025}\right)\\&=\mathrm{P}(0\leq Z\leq2)=0.4772\end{aligned}$$

문제 5-55 기출유형

어느 아파트의 주민 중에서 50% 는 태양광발전기 시설 설치를 찬성한다고 한다. 이 아파트 주민 중에서 64명을 임의추출할 때, 태양광발전기 시설 설치를 찬성하는 주민의 비율이 42.5% 이상 60% 이하일 확률을 구하시오.

■ 모비율의 추정

표본평균을 이용하여 모평균을 추정할 수 있듯이 표본비율을 이용하여 모비율을 추정할 수 있다.

어느 모집단에서 크기가 n인 표본을 임의추출할 때, n이 충분히 크면 $Z=\dfrac{\hat{p}-p}{\sqrt{\dfrac{pq}{n}}}$는 근사적으로 표준정규분포 $\mathrm{N}(0,\ 1)$을 따른다. 또 표본의 크기 n이 충분히 크면 $\hat{p}$의 표준편차 $\sqrt{\dfrac{pq}{n}}$에서 모비율 p 대신에 표본비율 $\hat{p}$을 이용한 $Z=\dfrac{\hat{p}-p}{\sqrt{\dfrac{\hat{p}\hat{q}}{n}}}$도 근사적으로 표준정규분포 $\mathrm{N}(0,\ 1)$을 따른다고 알려져 있다.

한편 표준정규분포에서

$$\mathrm{P}(-1.96 \le Z \le 1.96) = 0.95$$

이므로

$$\mathrm{P}\left(-1.96 \le \frac{\hat{p}-p}{\sqrt{\frac{\hat{p}\hat{q}}{n}}} \le 1.96\right) = 0.95$$

이다. 즉

$$\mathrm{P}\left(\hat{p}-1.96\sqrt{\frac{\hat{p}\hat{q}}{n}} \le p \le \hat{p}+1.96\sqrt{\frac{\hat{p}\hat{q}}{n}}\right) = 0.95$$

이다. 이는 $\hat{p}-1.96\sqrt{\frac{\hat{p}\hat{q}}{n}}$ 이상 $\hat{p}+1.96\sqrt{\frac{\hat{p}\hat{q}}{n}}$ 이하인 범위에 모비율 p가 포함될 확률이 0.95임을 나타내므로

$$\hat{p}-1.96\sqrt{\frac{\hat{p}\hat{q}}{n}} \le p \le \hat{p}+1.96\sqrt{\frac{\hat{p}\hat{q}}{n}}$$

을 모비율 p의 신뢰도 95 %의 신뢰구간이라고 한다.

한편 $\mathrm{P}(-2.58 \le Z \le 2.58) = 0.99$임을 이용하여 모비율 p의 신뢰도 99 %의 신뢰구간을 구하면 다음과 같다.

$$\hat{p}-2.58\sqrt{\frac{\hat{p}\hat{q}}{n}} \le p \le \hat{p}+2.58\sqrt{\frac{\hat{p}\hat{q}}{n}}$$

모비율의 신뢰구간

모집단에서 임의추출한 크기가 n인 표본의 표본비율 $\hat{p}$에 대하여 표본의 크기 n이 충분히 크면 모비율 p의 신뢰구간은 다음과 같다(단, $\hat{q}=1-\hat{p}$).

❶ 신뢰도 95 %의 신뢰구간 : $\hat{p}-1.96\sqrt{\frac{\hat{p}\hat{q}}{n}} \le p \le \hat{p}+1.96\sqrt{\frac{\hat{p}\hat{q}}{n}}$

❷ 신뢰도 99 %의 신뢰구간 : $\hat{p}-2.58\sqrt{\frac{\hat{p}\hat{q}}{n}} \le p \le \hat{p}+2.58\sqrt{\frac{\hat{p}\hat{q}}{n}}$

참고 n이 충분히 크다는 것은 일반적으로 $n\hat{p} \ge 5$, $n\hat{q} \ge 5$일 때를 뜻한다.

예제 5-34 기출유형

○○ 전자의 사원 중에서 100명을 임의추출하여 결혼 여부를 조사했더니 80명이 기혼자였다. ○○ 전자에서 사원의 기혼자 비율 p의 신뢰도 95%의 신뢰구간을 구하시오.

풀이

$n=100$, $\hat{p}=\dfrac{80}{100}=0.8$이므로, 전체 사원의 기혼자 비율 p의 신뢰도 95%의 신뢰구간은

$$0.8-1.96\sqrt{\frac{0.8\times 0.2}{100}} \le p \le 0.8+1.96\sqrt{\frac{0.8\times 0.2}{100}}$$

이다. 따라서 다음과 같다.

$$0.7216 \le p \le 0.8784$$

문제 5-56 기출유형

△△ 건설의 사원식당에서 영양사로 근무하는 금나래 씨는 사원들의 음식에 대한 선호도를 조사하였다. △△ 건설의 사원 300명을 임의추출하여 음식 선호도를 조사하였더니 180명이 한식을 선호하였다. 이 회사의 전체 사원 중에서 한식을 선호하는 비율 p의 신뢰도 95%의 신뢰구간을 구하시오(단, 소수점 아래 넷째 자리에서 반올림한다).

Chapter 05 연습문제

1. 어떤 경제연구소에서 인턴으로 근무하는 금나래 씨는 다음 회의에서 경제성장률에 대한 발표를 하게 되었다. 다음 표는 금나래 씨가 조사한 최근 10년간의 우리나라 경제성장률을 나타낸 것이다. 경제성장률을 그래프로 바르게 나타낸 것은?

> 경제성장률은 실질 국내총생산(GDP)Gross Domestic Product의 연간 증가율을 백분율로 나타낸 것이다. 즉 금년의 실질 GDP가 작년보다 얼마나 더 증가 혹은 감소하였는지를 나타내는 지표이다.
>
> 한국의 경제성장률은 1998년 외환위기 이전까지는 7% 이상의 높은 수준을 유지하였으나 2000년대 이후에는 약 4%로 감소하였다. 이처럼 장기적으로 성장률이 하락하는 것은 경제가 성숙해짐에 따라 일반적으로 발생하는 현상이다. 한국의 경제성장률은 아직 주요 선진국에 비해서는 높은 편이나 신흥 개발도상국들에 비해서는 낮은 편이다. 2000년대 이후 평균 성장률을 보면 미국은 약 2%, 일본은 약 1%였으며, 중국은 9.4%를 기록하였다.
>
> [표 5-81] 최근 10년간 우리나라 경제성장률 (단위 : %)

	2007	2008	2009	2010	2011	2012	2013	2014	2015	2016
경제성장률	5.5	2.8	0.7	6.5	3.7	2.3	2.9	3.3	2.6	2.7

(출처 : 통계청)

①
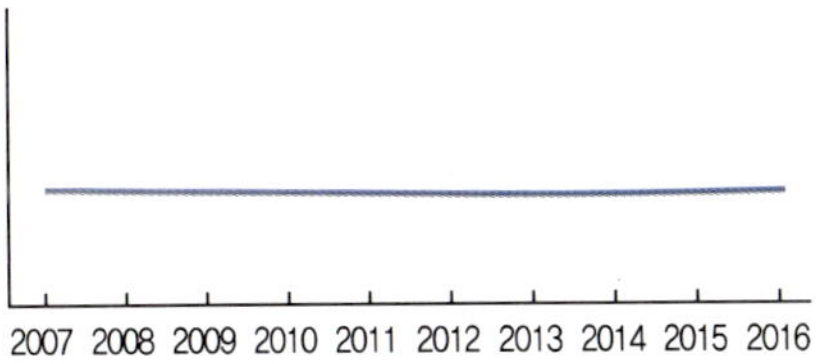

②
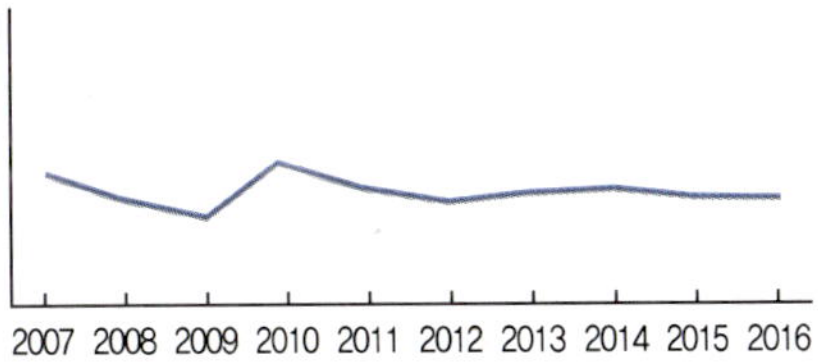

③
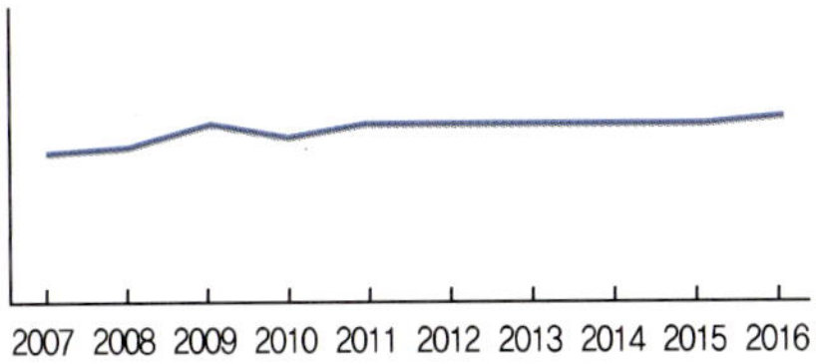

④
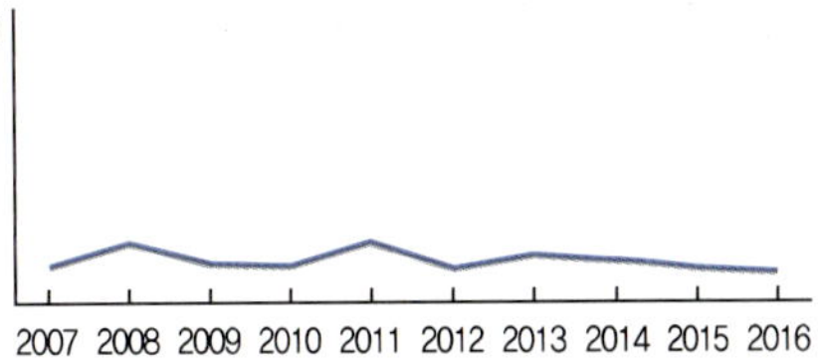

⑤
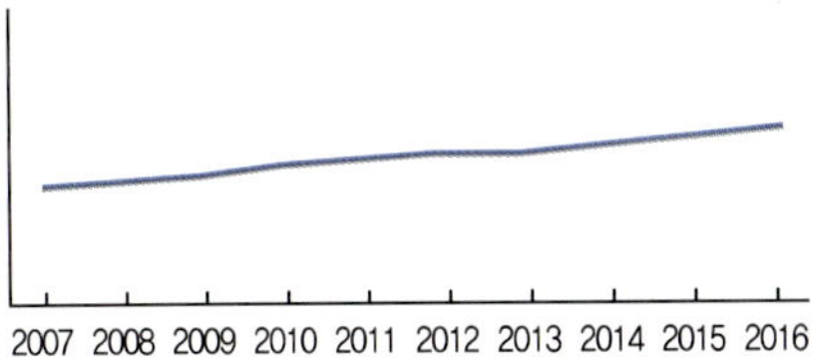

2. 다음 표는 출입국관리소에서 근무하는 금나래 씨가 조사한 최근 10년간 우리나라의 「결혼 이민자 현황」을 나타낸 것이다. 표의 내용을 그래프로 나타낸 것 중 옳지 않은 것은?

[표 5-82] 결혼 이민자 현황 (단위 : 명)

		2007	2008	2009	2010	2011	2012	2013	2014	2015	2016
합계		110,362	122,552	125,087	141,654	144,681	148,498	150,865	150,994	151,608	152,374
성별	남자	13,126	14,753	15,876	18,561	19,650	20,958	22,039	22,801	23,272	23,856
	여자	97,236	107,799	109,211	123,093	125,031	127,540	128,826	128,193	128,336	128,518
지역	경인	62,779	68,374	69,204	77,401	78,372	79,469	79,905	78,802	78,769	78,585
	영남	22,214	25,316	25,654	29,033	29,608	30,642	31,689	32,036	32,506	33,101
	호남	10,878	12,480	13,382	15,317	15,489	15,745	15,852	15,936	16,001	16,145
	충청	10,886	12,240	12,654	14,678	15,283	16,067	16,545	16,528	16,705	16,211
	기타	3,605	4,142	4,193	5,225	5,462	5,668	5,773	5,851	5,981	6,563
국적	중국	63,203	67,787	65,992	66,687	64,173	63,035	62,400	60,663	58,788	56,930
	베트남	21,614	27,092	30,173	35,355	37,516	39,352	39,854	39,725	40,847	41,803
	일본	5,823	5,223	5,074	10,451	11,162	11,746	12,220	12,603	12,861	13,110
	필리핀	5,033	5,819	6,321	7,476	8,367	9,611	10,383	11,052	11,367	11,606
	기타	14,689	16,631	17,527	21,685	23,463	24,754	26,008	26,951	27,745	28,925

(출처 : 통계청)

① 2016년 결혼 이민자의 지역별 현황

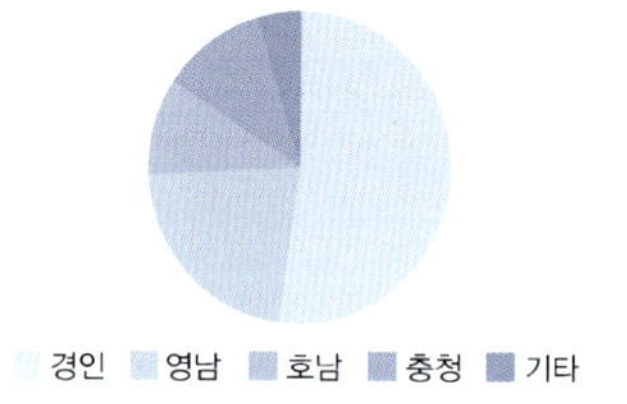

② 2016년 결혼 이민자의 국적별 현황

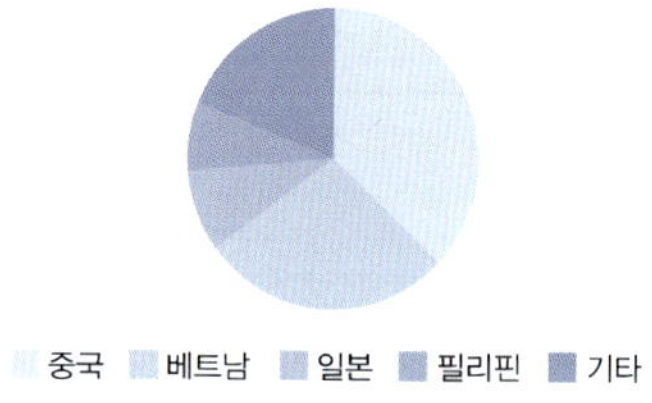

③ 최근 10년간 결혼 이민자 중 여자 이민자 현황

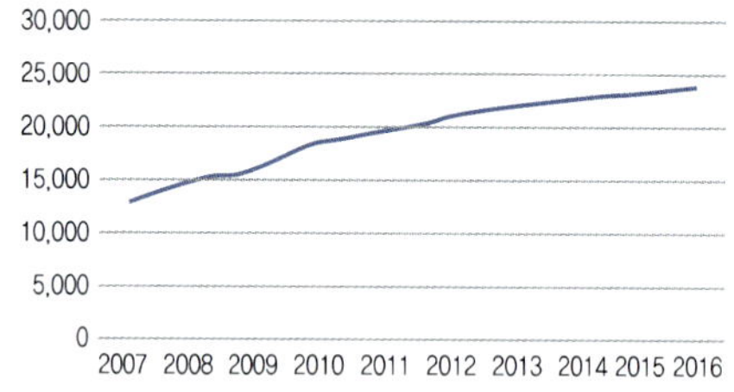

④ 최근 10년간 결혼 이민자 중 중국 이민자 현황

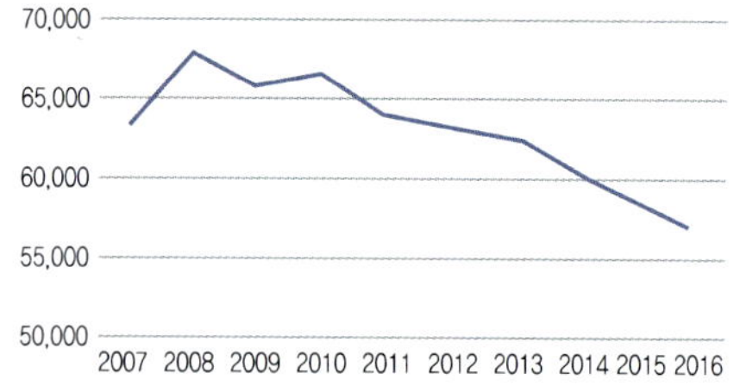

⑤ 최근 10년간 결혼 이민자 현황

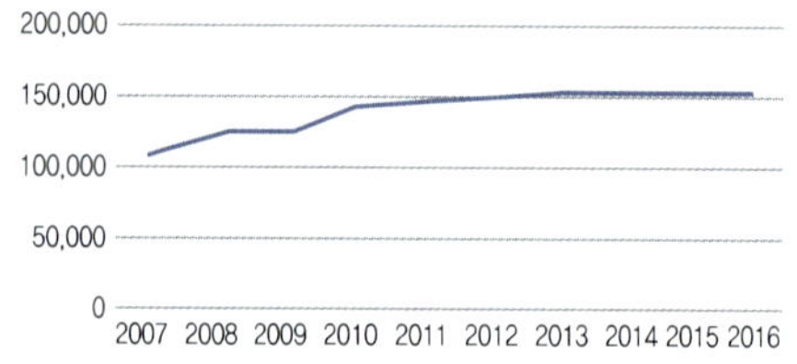

3. 다음은 교육부 직원인 금나래 씨가 조사한 GDP 대비 공교육비 비율에 대한 내용이다. 금나래 씨는 「기간별 증감 현황」을 연도별로 정부와 민간부분의 공교육비 비율을 한눈에 볼 수 있는 그래프로 나타내고자 한다. 바르게 나타낸 그래프는?

> 공교육비는 학부모가 학교 외 교육, 즉 사교육에 지출하는 비용을 제외한 비용으로, 주로 정부 및 민간이 공교육내에서 이루어지는 모든 교육 및 관련 행정지원을 위하여 지출하는 비용으로서 GDP 대비 공교육비 비율은 $\frac{\text{총공교육비}}{\text{우리나라 GDP}} \times 100(\%)$로 산출한다.
>
> 〈 GDP 대비 공교육비 추이 분석 〉
>
> **[표 5-83]** 기간별 증감 현황 (단위 : %)
>
> | 구분 | 2009 | 2010 | 2011 | 2012 | 2013 |
> |---|---|---|---|---|---|
> | 정부 | 4.9 | 4.8 | 4.9 | 4.7 | 4.0 |
> | 민간 | 3.1 | 2.8 | 2.8 | 2.0 | 1.9 |
> | 전체 | 8.0 | 7.6 | 7.6 | 6.7 | 5.9 |

(출처 : 통계청)

①
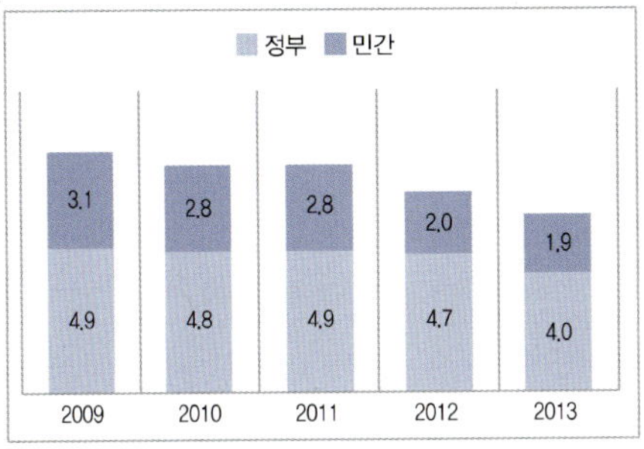

②
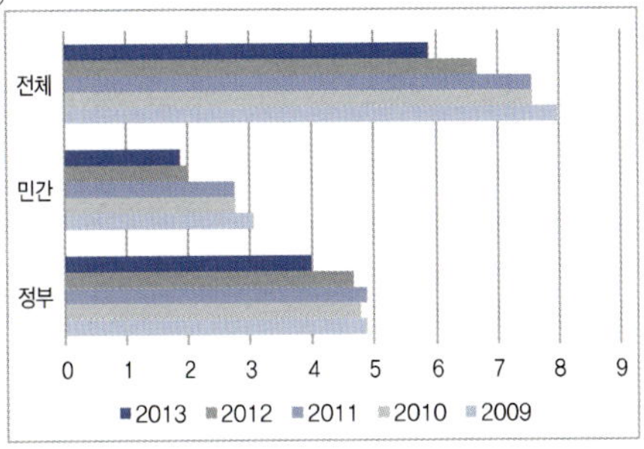

③
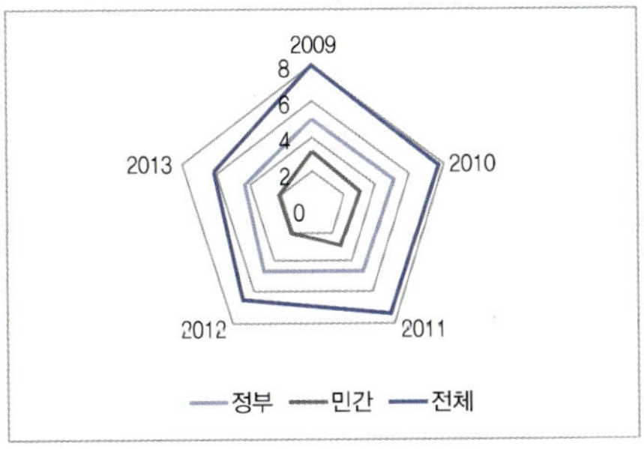

④
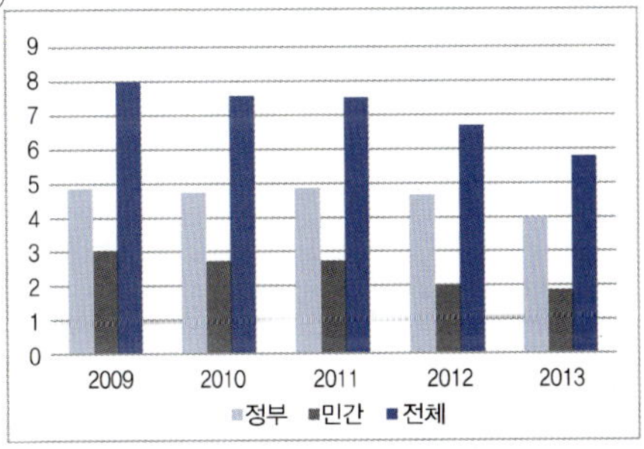

⑤
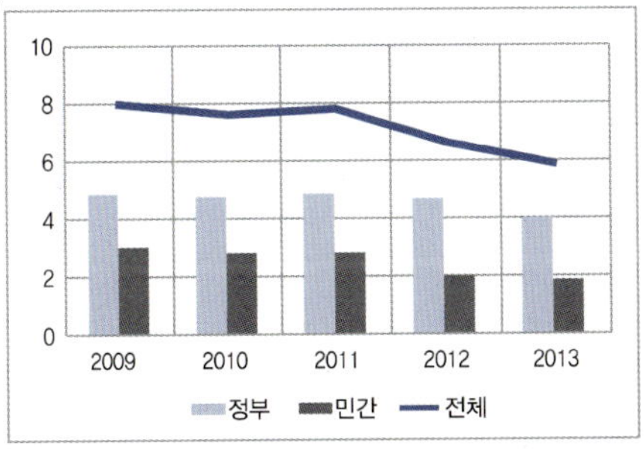

4. 다음 표는 온실가스종합정보센터 직원인 금나래 씨가 언론기관에 발표하기 위해 정리한 「온실가스배출원별 배출량 현황」을 나타낸 자료이다. 이에 대한 금나래 씨의 설명으로 옳지 않은 것은?

[표 5-84] 온실가스배출원별 배출량

구분	2007	2008	2009	2010	2011	2012	2013	2014
총배출량 (100만 톤 $CO_2eq.$)	579.5	592.8	596.7	656.6	682.6	678.1	696.5	690.6
에너지	491.6	505.8	512.2	566.2	593.9	597.7	606.7	599.3
산업공정	50.8	50.0	47.0	54.0	51.7	51.7	52.0	54.6
농업	21.4	21.5	22.0	22.4	21.5	21.9	21.9	21.3
폐기물	15.7	15.5	15.5	15.1	15.5	15.8	16.0	15.4
GDP 대비 온실가스배출량 (톤 $CO_2eq.$/10억 원)	505.1	502.5	502.2	518.9	520.3	512.0	504.4	484.0
1인당 온실가스배출량 (톤 $CO_2eq.$/명)	11.9	12.1	12.1	13.3	13.7	13.7	13.8	13.6

(출처 : 온실가스종합정보센터, 「2016 국가온실가스 인벤토리 보고서」)

① 우리나라의 온실가스배출량은 2013년까지 꾸준히 증가하였다.
② 2011년 이후 GDP 대비 온실가스배출량이 줄어든 것은 GDP가 줄어든 결과이다.
③ 온실가스배출량은 에너지 부문에서 가장 많이 배출되고 있다.
④ 2014년 산업공정 부문의 온실가스배출량의 전체 배출량의 10%가 안 된다.
⑤ 온실가스배출량이 가장 적은 부분은 폐기물 부문이다.

5. 다음은 기상청에 근무하는 금나래 씨가 조사한 「최근 5년간 계절별 강수량 추이」를 나타낸 그래프이다. 그래프에 대한 설명 중 적절한 것은?

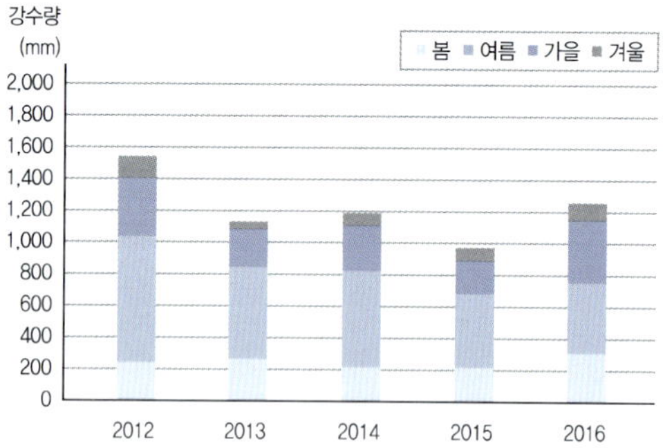

(출처 : 기상청 기상연보)

[그림 5-39] 최근 5년간 강수량

① 강수량이 가장 많은 계절은 여름이다.
② 강수량은 2012년 이후 감소하고 있다.
③ 강수량이 가장 적은 계절은 가을이다.
④ 봄철의 강수량은 항상 가을보다 많다.
⑤ 여름철 강수량은 항상 전체 강수량의 70% 이상을 차지한다.

6. 다음은 대학생 금나래 씨가 「사회적 고립도」에 대해 조사하여 발표할 내용 중 일부이다. 성, 연령집단 및 교육수준별 사회적 고립도에 대한 표와 관련 내용을 설명한 내용 중 적절하지 않은 것은?

> 사회적 고립도는 위기 상황에서 도움을 받을 곳이 없는 사람들의 비율을 나타내는 지표이다.
>
> 사회적 관계와 지지는 사회적 관계망이 얼마나 촘촘하며 효율적인지를 보여주는 지표이다. 사회적 관계와 지지의 유무는 사회적 유대가 얼마나 넓게 퍼져 있는지를 보여준다고 할 수 있다. 사회적 관계망 중에서도 특히 인적, 물적, 정신적 도움이 필요할 때 도움을 받을 수 있는 지원망이 있다는 것은 개인적으로 삶의 질을 높여주는 동시에 사회적으로는 사회의 질을 높여준다.
>
> 도움이 필요할 때 도움을 받을 수 있는 사람이 없는 사회적 고립의 상황은 정신적 도움이 필요할 때보다 물질적 도움이 필요할 때 더욱 심각하게 나타난다. 2015년 자료로 보면, 이야기할 상대가 없는 경우는 17.6%이고 급하게 돈을 빌릴 사람이 없는 경우는 49.9%이다. 이 비율은 과거와 비교해서 거의 변화가 없다. 한편 사회적 고립은 연령이 높아질수록 더욱 심해지는 것으로 나타난다.
>
> 한국인의 사회적 관계망은 다른 나라 국민들과 비교해 보아도 취약한 것으로 나타난다. OECD 주요 국가들은 응급 상황에서 도움을 받을 사람이 없는 경우가 10% 내외에 불과한 반면, 한국은 이 비율이 24%에 달한다.
>
> [표 5-85] 성, 연령집단 및 교육수준별 사회적 고립도

구분		갑자기 많은 돈을 빌릴 일이 생길 경우				낙심하거나 우울해서 이야기 상대가 필요한 경우			
		2009	2011	2013	2015	2009	2011	2013	2015
전체		51.4	51.4	53.0	49.9	18.7	19.0	18.9	17.6
성	남자	50.0	50.5	51.9	49.6	20.2	20.2	20.8	19.5
	여자	52.7	52.2	54.1	50.2	17.2	17.9	17.1	15.8
연령집단	13~18세	49.8	41.4	42.2	36.2	12.6	15.4	12.0	11.0
	19~29세	40.7	40.8	40.9	38.5	11.1	11.6	12.0	11.2
	30~39세	43.8	42.4	44.8	40.9	14.3	13.3	13.8	13.5
	40~49세	51.0	52.3	52.6	49.6	18.4	18.7	18.1	16.8
	50~59세	55.5	59.0	60.8	58.5	21.9	22.8	22.8	20.5
	60세 이상	66.8	67.1	69.0	64.3	30.5	30.2	30.0	26.7
교육수준	초졸 이하	69.1	65.5	66.2	62.1	31.6	29.4	28.5	26.5
	중졸	59.0	55.4	59.9	55.1	21.2	20.7	22.3	20.0
	고졸	52.2	52.9	54.0	51.6	18.1	19.1	18.6	17.5
	대졸 이상	38.0	40.3	42.7	40.8	11.8	12.6	13.2	13.0

(출처 : 통계청)

① 사회적 고립도가 가장 높은 연령 집단은 60세 이상이다.

② 사회적 고립도는 교육수준이 높을수록 낮다.

③ 여성의 사회적 고립도는 남자보다 모든 경우에 더 낮다.

④ 금전 부분의 사회적 고립도가 대화 상대에 대한 사회적 고립도보다 높은 편이다.

⑤ 우리나라의 사회적 고립도는 OECD 평균보다 높은 편이다.

7. 다음 표는 환경부에서 근무하는 금나래 씨가 언론기관에 배포한 「OECD 주요국의 미세먼지(PM2.5) 농도」에 대한 자료이다. 이 자료에 대한 설명 중 적절한 것은?

[표 5-86] OECD 주요국의 미세먼지(PM2.5) 농도 (단위 : ㎍/㎥)

국가	2011	2012	2013	2014	2015
호주	4.89	5.44	5.05	5.15	5.24
영국	11.89	11.21	12.07	11.44	10.68
미국	10.41	9.75	9.64	9.58	10.87
독일	13.95	13.86	13.97	17.7	14.26
일본	11.96	11.21	14.71	14.77	15.47
이탈리아	17.11	16.53	18.47	33.54	19.99
한국	22.5	21.64	30.09	28.8	32.01
OECD 평균	13.49	13.09	14.07	15.12	14.48

(출처: 통계청)

① 미세먼지 농도가 가장 낮은 나라는 미국이다.
② 미세먼지 농도는 모든 나라에서 증가하고 있다.
③ 독일의 미세먼지 농도는 매년 개선되고 있다.
④ 영국의 미세먼저 농도는 OECD 평균보다 낮은 편이다.
⑤ 우리나라의 미세먼지 농도는 점점 낮아지는 추세이다.

8. 다음은 경제부처에서 근무하는 금나래 씨가 IMF에서 발표한 연도별 주요국의 「GDP 대비 정부 부채비율」을 표로 나타낸 것이다. 국가별 부채비율에 대한 그래프를 바르게 나타낸 것은?

[표 5-87] GDP 대비 정부 부채비율 (단위 : %)

	2001	2002	2003	2004	2005	2006	2007	2008
한국	17.7	17.6	20.4	23.3	27.0	29.3	28.7	28.2
중국	24.4	25.7	26.6	26.2	26.1	25.4	29.0	27.0
스웨덴	51.9	49.9	49.1	47.7	48.0	43.0	38.1	36.7
독일	57.7	59.4	63.1	64.8	67.0	66.5	63.7	65.1
영국	34.8	34.7	35.9	38.8	40.1	41.0	42.0	50.2
프랑스	58.1	60.0	64.1	65.7	67.4	64.4	64.3	68.0
미국	53.0	55.4	58.5	65.8	65.3	64.2	64.7	73.6
일본	148.0	157.8	163.7	173.8	184.9	184.3	183.3	191.3

	2009	2010	2011	2012	2013	2014	2015	2016
한국	31.4	30.8	31.5	32.1	33.8	35.9	37.8	38.6
중국	34.3	33.7	33.6	34.3	37.0	39.9	42.6	46.2
스웨덴	40.2	37.6	36.9	37.2	39.8	44.6	42.9	41.7
독일	72.6	81.0	78.7	79.9	77.5	74.9	71.2	67.6
영국	64.5	76.0	81.6	85.1	86.2	88.1	89.0	89.2
프랑스	78.9	81.6	85.2	89.5	92.3	95.2	96.2	96.6
미국	86.9	95.7	99.9	103.4	105.4	105.2	105.6	107.4
일본	208.6	215.9	230.6	236.6	240.5	242.1	238.0	239.2

(출처 : IMF, 「World Economic Outlook Databases」)

①

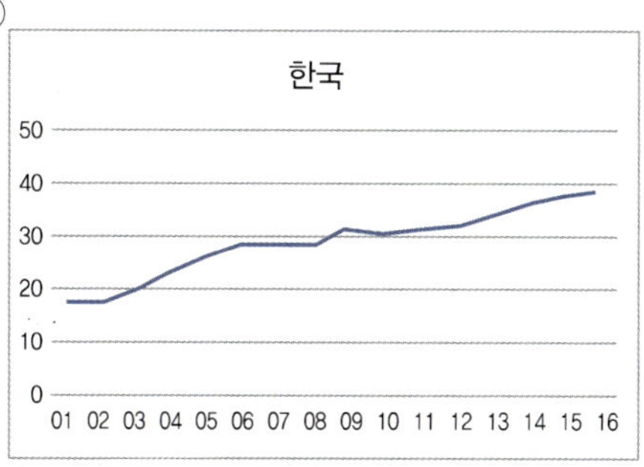

②

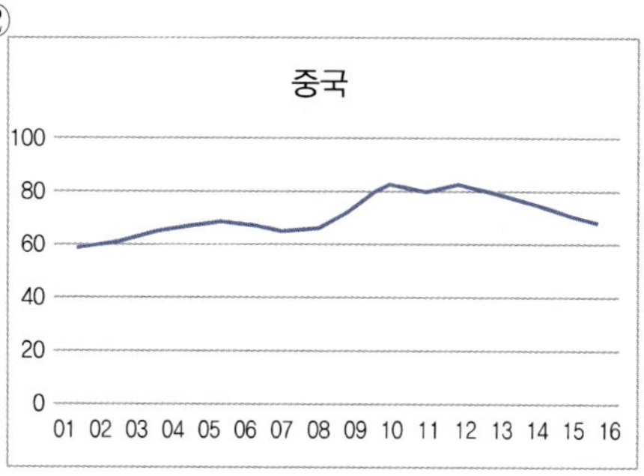

③

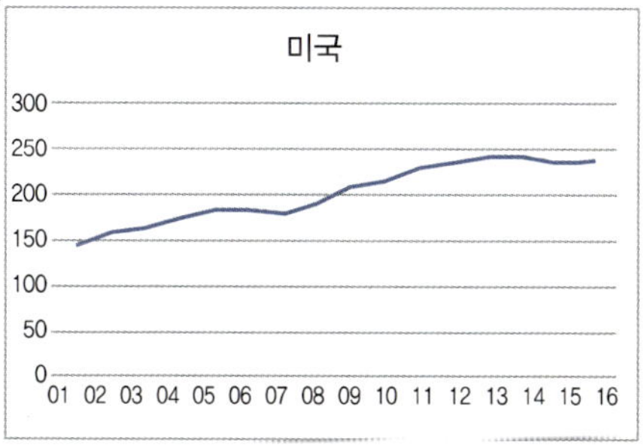

④

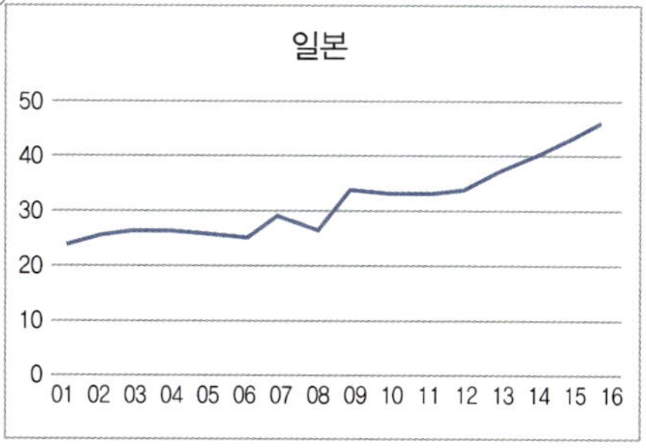

⑤

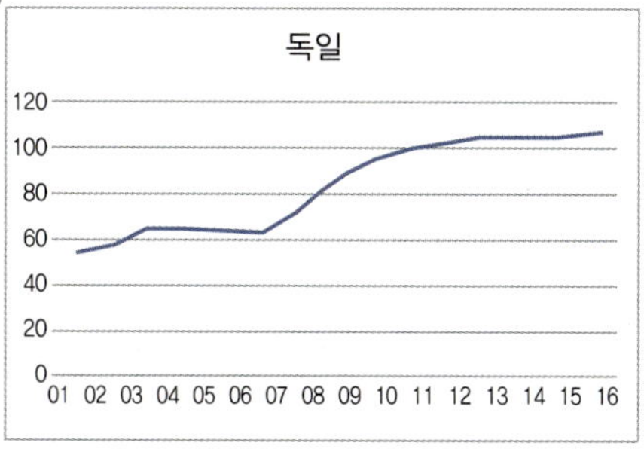

9. 기상청에 근무하는 금나래 씨는 「최근 10년간 강수량」에 대한 자료를 정리하여 다음 표로 나타내었다. 이 자료를 나타낸 다음 그래프 중 적절하지 않은 것은?

[표 5-88] 최근 10년간 강수량 (단위: mm)

구분	2007	2008	2009	2010	2011	2012	2013	2014	2015	2016
봄	256.5	204.1	231.3	302.9	256.9	256.5	264.3	215.9	223.2	312.8
여름	654.2	610.4	752.0	692.6	1053.6	770.6	567.5	599.8	387.1	446.2
가을	456.3	108.8	143.1	307.6	225.5	363.5	231.2	293.1	247.7	381.6
겨울	76.9	66.6	142.3	98.7	45.6	139.3	59.9	76.9	109.1	10.0
합계	1450.1	988.7	1204.9	1444.9	1622.6	1479.1	1162.9	1173.8	949.0	1272.5

(출처: 기상청 기상연보)

①
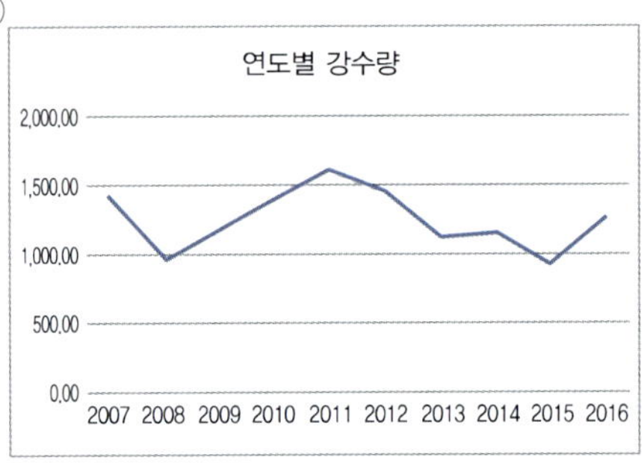

②
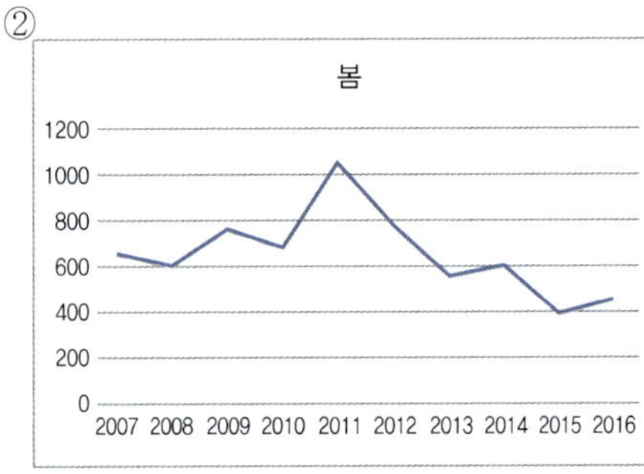

③
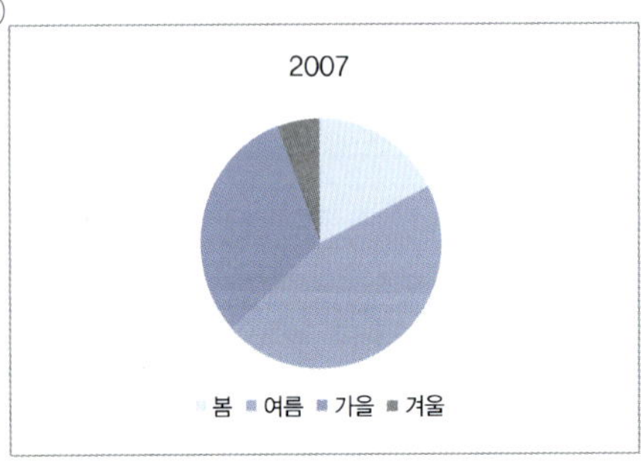

④
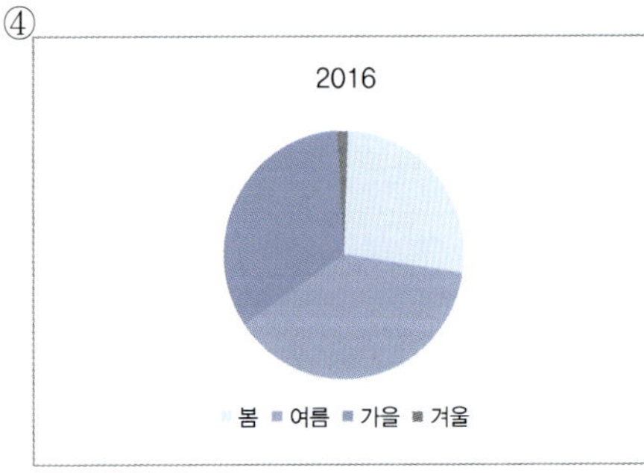

⑤
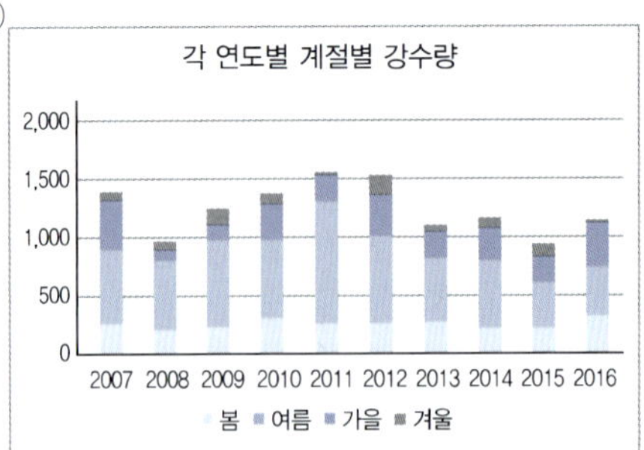

10. 다음 표는 금나래 씨가 주민등록인구통계 자료에서 「지역별 아동 인구 현황」을 조사한 내용이다. 이에 대한 설명으로 옳지 않은 것은?

[표 5-89] 지역별 아동 인구 현황 (단위 : 명)

	2012	2013	2014	2015
합계	9,691,876	9,431,699	9,186,841	8,961,805
서울	1,706,371	1,643,201	1,587,019	1,528,191
부산	576,050	557,009	539,436	526,093
대구	475,914	458,458	441,992	426,830
인천	552,663	541,461	529,721	518,542
광주	325,190	315,000	305,259	294,090
대전	317,184	309,484	299,342	285,984
울산	239,801	233,033	227,482	221,872
세종	22,213	24,164	33,488	49,240
경기	2,531,449	2,483,663	2,434,461	2,393,096
강원	279,546	270,744	262,025	253,556
충북	305,042	296,753	287,806	278,845
충남	394,611	388,503	380,830	374,044
전북	359,087	347,912	336,820	326,202
전남	348,993	337,216	326,307	317,374
경북	472,798	458,739	445,198	433,483
경남	659,198	641,986	626,181	611,250
제주	125,766	124,373	123,475	123,112

(출처 : 주민등록인구통계)

① 우리나라의 아동인구는 꾸준히 감소하고 있다.
② 우리나라의 아동인구는 전체 지역에서 모두 감소하고 있다.
③ 우리나라의 아동인구는 경기도가 가장 많고 세종시가 가장 적다.
④ 세종시를 제외한 아동인구 감소율이 가장 낮은 지역은 제주이다.
⑤ 서울시의 아동인구 감소율은 전국 감소율보다 높다.

11. 다음은 한국소비자원에서 근무하는 금나래 씨가 어떤 회사에서 제조된 커피 믹스 32개의 무게를 측정한 결과이다. 다음 줄기와 잎 그림 중에서 바르게 나타낸 것은?

[표 5-90] 커피 믹스 32개의 무게 (단위: g)

11.93	11.89	11.72	11.93	12.08	12.07	11.84	11.98
11.93	11.80	12.12	12.05	12.09	12.08	12.01	11.94
11.93	11.79	12.00	12.15	12.13	12.03	12.02	12.20
11.85	11.85	11.82	11.80	12.00	12.08	12.15	11.77

①

줄기	잎
11.	72 77 79
11.	80 80 82 84 85 85 89
11.	93 93 93 93 94 98
12.	00 00 01 02 03 05 07 08 08 08 09
12.	12 13 15 5
12.	20

②

줄기	잎
11	72 77 79
11	80 80 82 84 85 85 89
11	93 93 93 93 94 98
12	00 00 01 02 03 05 07 08 08 08 09
12	12 13 15 5
12	20

③

줄기	잎
11.7	2 7 9
11.8	0 0 2 4 5 5 9
11.9	3 3 3 3 4 8
12.0	0 0 1 2 3 5 7 8 8 8 9
12.1	2 3 5 5
12.2	0

④

줄기	잎
11.7	2 7 9
11.8	0 2 4 5 9
11.9	3 4 8
12.0	0 1 2 3 5 7 8 9
12.1	2 3 5
12.2	0

⑤

줄기	잎
11.7	2 7 9
11.8	0(2) 2 4 5(2) 9
11.9	3(4) 4 8
12.0	0(2) 1 2 3 5 7 8(3) 9
12.1	2 3 5(2)
12.2	0

12. [표 5-91]은 금나래 씨가 거래처로 출장을 가기 위해 알아본 고속버스 시간표(오전)를 줄기와 잎 그림으로 나타낸 것이다. 이에 대한 설명으로 적당하지 않은 것은?

① 배차간격은 15분이 가장 많다.
② 배차간격은 10분, 15분, 20분이다.
③ 배차가 가장 많은 시간 때는 10시와 12시이다.
④ 10분 간격 배차가 가장 많은 시간 때는 12시이다.
⑤ 매 시 45분에 출발하는 버스가 가장 많다.

[표 5-91] 버스시간표

줄기(시)	잎(분)				
6	00	20	45		
7	05	25	45		
8	05	35	55		
9	15	30	45		
10	00	15	30	45	55
11	05	15	30	45	
12	00	15	25	35	50

13. 금나래 씨는 자신이 근무하는 회사의 직원들에 대한 생활습관을 조사하여, 직원들의 하루 평균운동시간을 [표 5-92]의 도수분포표로 나타내었다. 이 도수분포표에서 직원의 하루 평균 운동시간의 평균을 구한 것은?

① 65.5　② 68.3　③ 70.0
④ 71.7　⑤ 72.0

[표 5-92] 직원 30명의 하루 평균 운동시간

계급(분)	도수(명)
0이상 ~ 30미만	5
30 ~ 60	7
60 ~ 90	8
90 ~ 120	6
120 ~ 150	4
합계	30

14. [그림 5-40]은 금나래 씨는 자신이 근무하는 회사의 직원들의 하루 평균 통화시간을 히스토그램으로 나타낸 것이다. 이에 대한 설명으로 적당하지 않은 것은?

① 계급의 개수는 6개이다.
② 하루 평균 통화시간이 9분 이상인 직원 수는 6명이다.
③ 전체 직원의 하루 평균 통화시간은 6.8분이다.
④ 전체 직원 수는 40명이다.
⑤ 하루 평균 통화시간이 10분 미만인 직원 수는 34명이다.

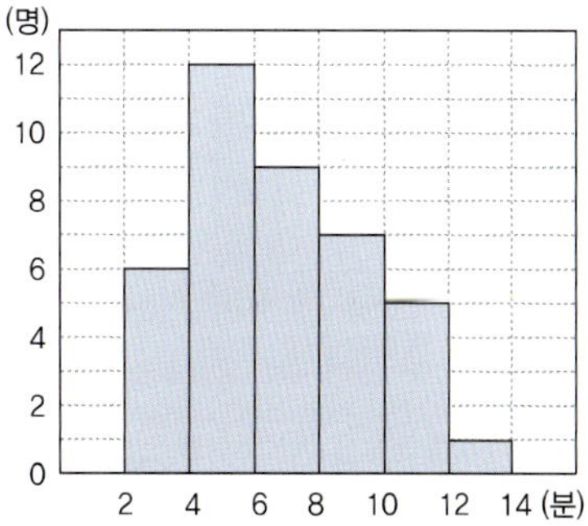

[그림 5-40] 하루 평균 통화 시간

15. [표 5-93]은 금나래 씨가 자신이 근무하는 회사 직원들의 월 평균 통화시간에 대한 상대도수를 나타낸 표이다. 이에 대한 〈보기〉의 설명 중에서 옳은 것을 모두 고른 것은?

보기

ㄱ. 계급의 크기는 30분이다.
ㄴ. A의 값은 0.22이다.
ㄷ. 도수가 가장 큰 계급은 90이상~ 120미만 구간이다.
ㄹ. 직원들의 월 평균 통화시간은 107.4분이다.

① ㄱ, ㄴ ② ㄱ, ㄷ ③ ㄴ, ㄷ, ㄹ
④ ㄱ, ㄴ, ㄹ ⑤ ㄱ, ㄴ, ㄷ, ㄹ

[표 5-93] 월 평균 통화시간

계급(분)	상대도수
0이상 ~ 30미만	0.04
30 ~ 60	0.16
60 ~ 90	0.20
90 ~ 120	A
120 ~ 150	0.16
150 ~ 180	0.12
180 ~ 210	0.08
210 ~ 240	0.02
합계	1

16. 다음은 여행사에 근무하는 금나래 씨가 여름휴가 여행상품을 개발하기 위해 주요 고객 100명을 대상으로 여행계획을 조사하여 여행일수에 대한 고객 수를 나타낸 그래프와 상대도수를 나타낸 표이다. A, B, C에 들어갈 값이 옳게 짝지어진 것은?

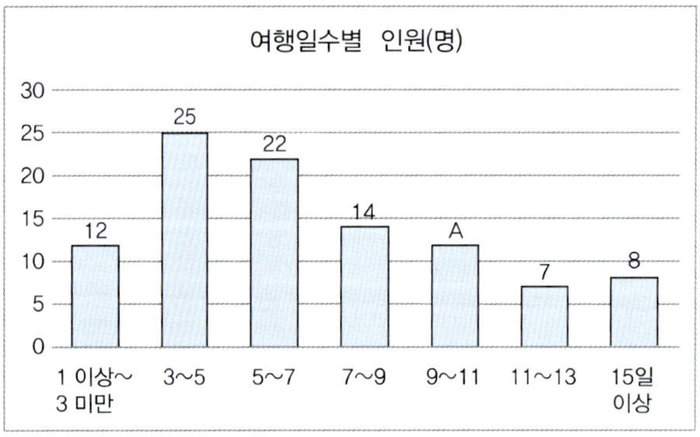

[그림 5-41] 여행일수별 인원

계급(일)	상대도수
1이상 ~ 3미만	0.12
3 ~ 5	B
5 ~ 7	0.22
7 ~ 9	0.14
9 ~ 11	0.12
11 ~ 13	0.07
15 이상	C
합계	1.00

	A	B	C
①	12	0.25	0.08
②	13	0.20	0.04
③	12	0.24	0.05
④	12	0.24	0.06
⑤	13	0.25	0.09

17. 다음 표는 금나래 씨가 회사 주위의 커피전문점 5개 업체에 대한 사원 만족도를 조사한 결과이다. 다음 그래프 중 D 사의 만족도를 나타낸 것은?

[표 5-94] 커피전문점 소비자만족도 (단위: 점, 5점 만점)

업체 \ 항목	직원 서비스	서비스 체험	맛/메뉴	매장이용 편리성	매장 접근성	가격 적정성	부가혜택	메뉴정보	종합 만족도
A 사	3.72	3.69	3.64	3.49	3.85	2.61	3.19	3.32	3.78
B 사	3.62	3.64	3.35	3.54	3.90	3.63	3.31	3.82	3.72
C 사	3.59	3.62	3.48	3.55	3.75	2.80	3.11	3.65	3.66
D 사	3.63	3.56	3.57	3.52	3.53	3.77	2.81	3.01	3.63
E 사	3.53	3.55	3.38	3.52	3.81	2.73	3.06	3.62	3.58
평균	3.62	3.61	3.48	3.52	3.77	3.11	3.10	3.48	3.67

(출처: 한국소비자원)

①
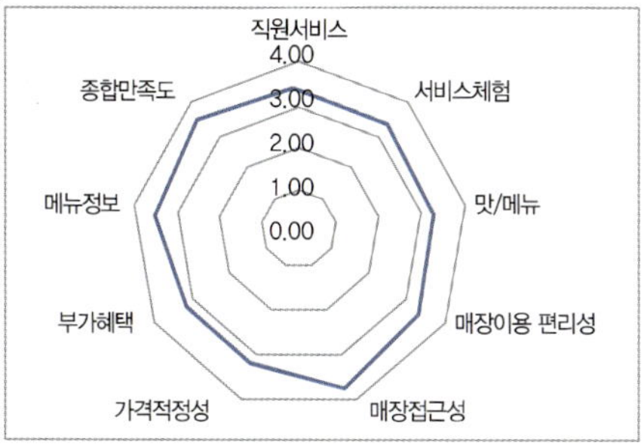

②
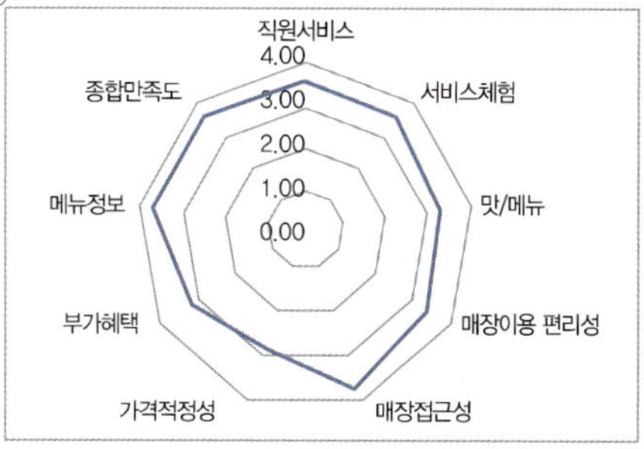

③
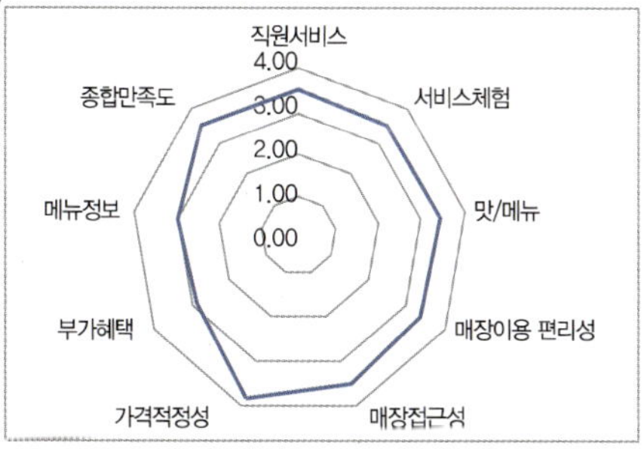

④
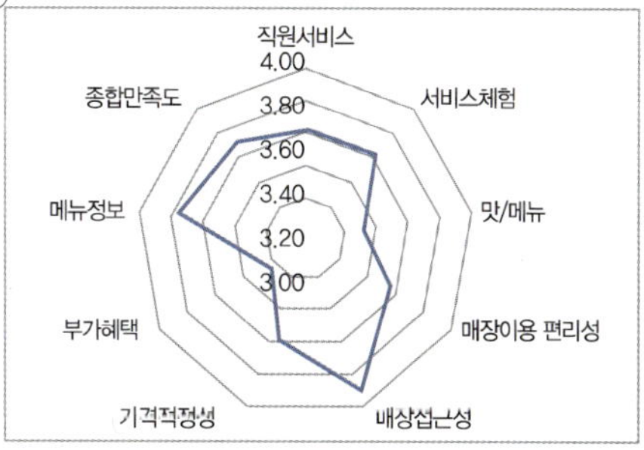

⑤
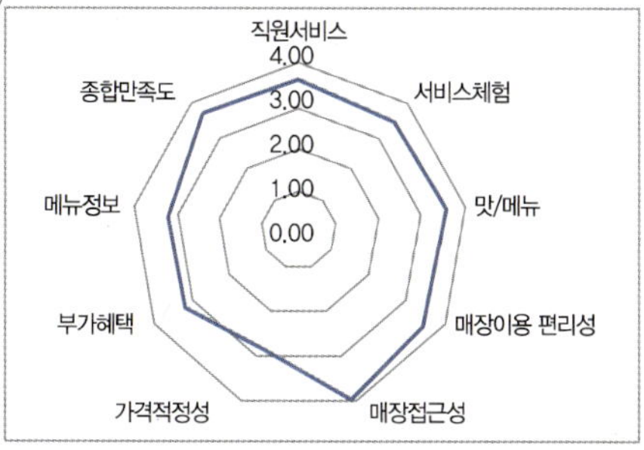

18. 다음 표는 보건복지부 직원 금나래 씨가 조사한 지난 3년간 「어린이 안전사고 현황」을 나타낸 자료이다. 이 자료를 나타낸 다음 그래프 중 가장 적절하지 않은 것은?

[표 5-95] 어린이 안전사고 현황 (단위 : 건, (%))

구분		2014	2015	2016	합계
어린이 안전 사고	남아	16,755 (61.2)	15,585 (62.0)	13,929 (61.8)	46,269 (61.6)
	여아	10,608 (38.7)	9,565 (38.0)	8,613 (38.2)	28,786 (38.3)
	미상	18 (0.1)	2 (0.0)	3 (0.0)	23 (0.0)
	합계	27,381 (100.0)	25,152 (100.0)	22,545 (100.0)	75,078 (100.0)
전체 안전사고		67,037	68,002	69,018	204,057

(출처 : 한국소비자원)

①
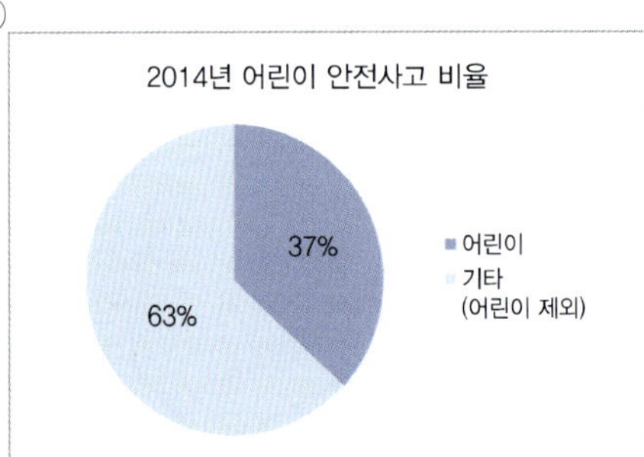

②
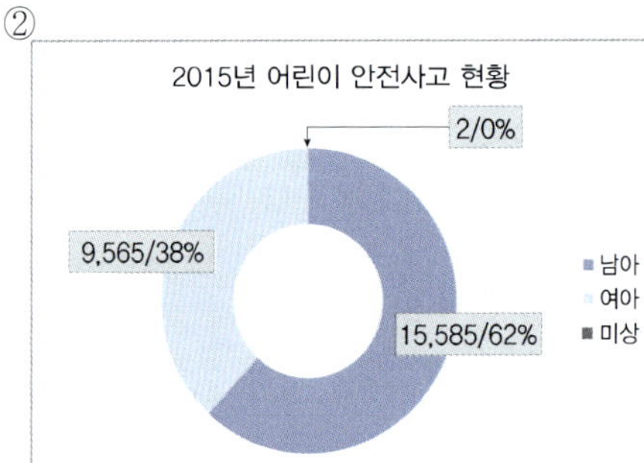

③
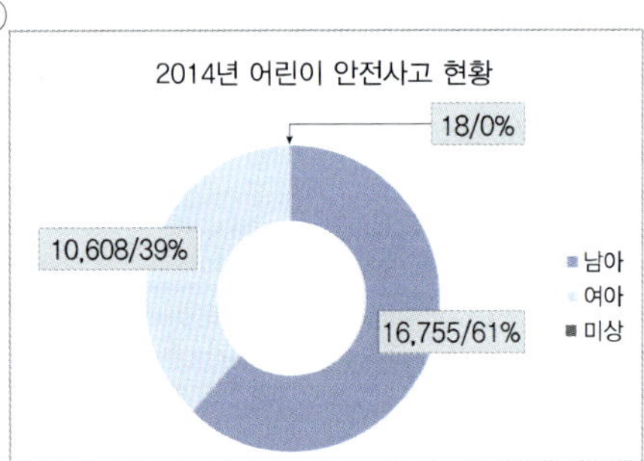

④
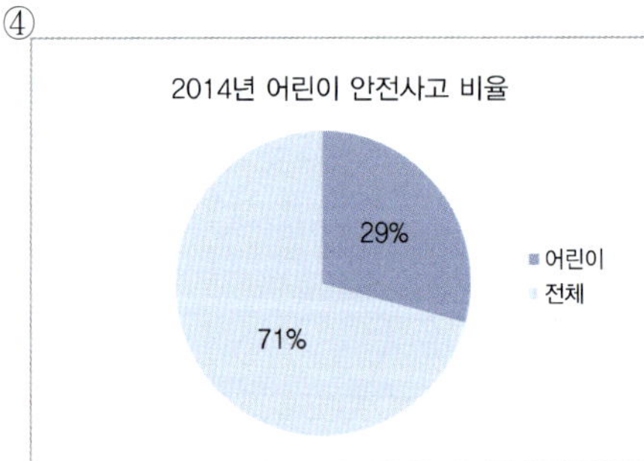

⑤
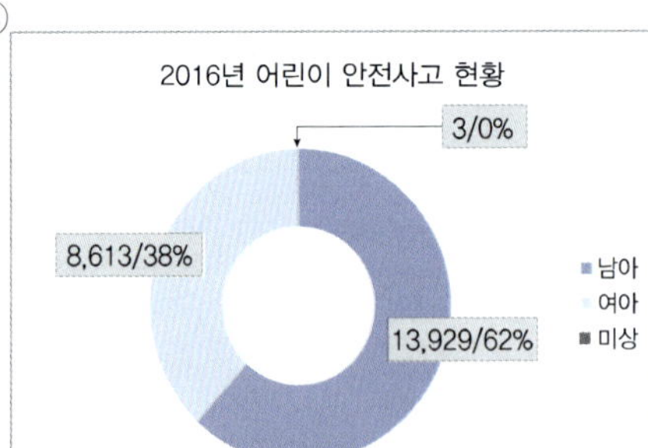

19. 다음은 「전기자전거의 제품별 부가기능」을 조사한 자료이다. 새벽에 신문배달 아르바이트를 하는 이루리 씨가 자전거를 구입하려고 할 때 적당한 자전거를 모두 고른 것은?

[표 5-96] 제품별 부가기능

제품명	부가기능									
	㉠	㉡	㉢	㉣	㉤	㉥	㉦	㉧	㉨	㉩
A	–	–	○	○	–	–	–	○	○	–
B	–	–	○	○	–	○	–	–	–	○
C	○	–	–	–	○	○	○	–	–	–
D	○	–	–	–	–	○	–	–	–	–
E	○	–	○	–	–	○	–	–	○	–
F	○	○	–	–	–	–	–	–	–	–
G	○	–	○	○	–	–	–	–	–	–

[기호 표시] ○ : 기능 있음 – : 기능 없음

㉠ 도보 지원 ㉡ 디스플레이 자동밝기 ㉢ 내장 전조등 ㉣ 내장 후미등 ㉤ 스로틀 정속주행
㉥ 짐받이 ㉦ 바구니 ㉧ 애플리케이션(App) 연동 ㉨ 스마트폰 충전 ㉩ 접이 가능

(출처 : 한국소비자원)

① A, B ② C, D, E ③ G ④ C ⑤ B

20. 영업사원인 금나래 씨가 차를 대여하여 거래업체에 출장을 가려 한다. 현재 대여할 수 있는 차량의 대여비와 연비는 다음과 같고, 총 운행거리가 360 km 라 할 때, 가장 저렴하게 다녀올 수 있는 차량은?

[표 5-97] 차량 대여비와 연비

구분(d는 경유차량임)	대여비(원/일)	연비(km/L)	연료 가격(원/L)
A	85,000	12.5	휘발유 : 1450.8 경유 : 1238.1
B	75,000	10.0	
C(d)	90,000	14.2	
D	120,000	15.5	
E(d)	105,000	13.0	

① A ② B ③ C ④ D ⑤ E

21. 다음은 금나래 씨가 조사한 A, B, C, D 4명의 신입사원의 직업기초능력을 측정한 자료이다. 이 4명의 신입사원을 4개 부서에 각 1명을 배치하려 한다. 4개 부서 중 기획팀은 정보능력이 가장 중요하고, 영업팀은 대인관계능력, 재무팀은 직업윤리와 수리능력, 연구개발팀은 문제해결능력이 가장 중요하다고 한다. 4명의 신입사원을 가장 적절하게 배치한 것은?

[표 5-98] 직업기초능력 측정 결과

	기획팀	영업팀	재무팀	연구개발팀
①	A	B	C	D
②	B	A	D	C
③	C	B	D	A
④	C	D	B	A
⑤	B	C	A	D

22. [그림 5-46]은 경제부처에 근무하는 금나래 씨가 10년간의 「수출·입 추이」를 그래프로 나타낸 자료이다. 이에 대한 설명으로 옳은 것은?

① 전년도 대비 수출 증가율이 가장 높은 해는 2014년이다.

② 무역수지 흑자(수출−수입)가 가장 큰 해는 2009년이다.

③ 2010년 이후 수출은 증가 추세이다.

④ 수입은 2010년 이후 증가하고 있다.

⑤ 2008년에는 수입이 수출보다 많았다.

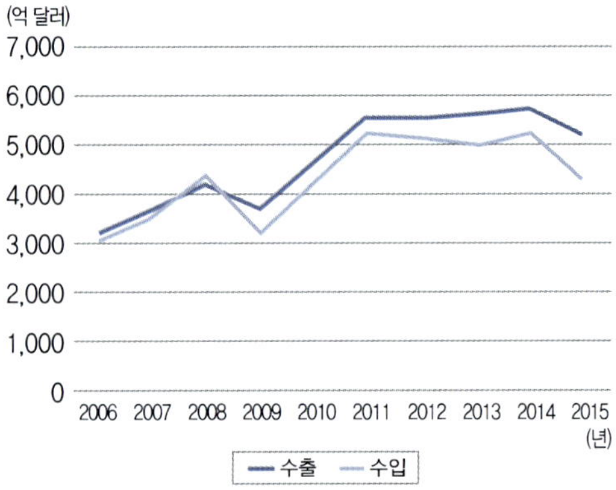

(출처 : 관세청)

[그림 5-42] 수출 · 입 추이

23. 다음은 국토교통부에서 근무하는 금나래 씨가 정리한 5년간의 항공 및 해운의 국제 여객·화물 수송량을 나타낸 표이다. 이에 대한 설명으로 잘못된 것은?

[표 5-99] 연도별 국제 여객 · 화물 수송량 (단위 : 천 명, 천 톤)

구분		2008년	2009년	2010년	2011년	2012년
여객	해운	2,534	2,089	2,761	2,660	2,881
	항공	35,341	33,514	40,061	42,649	47,703
	합계	37,875	35,603	42,822	45,309	50,584
화물	해운	894,693	848,299	966,193	1,069,556	1,108,538
	항공	2,997	2,872	3,327	3,238	3,209
	합계	897,690	851,171	969,520	1,072,794	1,111,747

① 2008년부터 2011년까지 해운의 여객수송량을 더하면 천만 명이 넘는다.

② 2012년의 항공 화물 수송량은 2010년보다 5% 이상 감소하였다.

③ 항공의 여객 수송량은 2009년부터 2012년까지 꾸준히 증가하였다.

④ 2010년 전체 화물 수송량 중 해운 수송량이 95% 이상을 차지하였다.

⑤ 2012년의 항공 여객 수송량은 2010년보다 10% 이상 증가하였다.

24. 다음은 한국소비자원에서 근무하는 금나래 대리가 조사한 세대별 1인가구 분포에 대한 자료이다. 이에 대한 설명으로 적절한 것은?

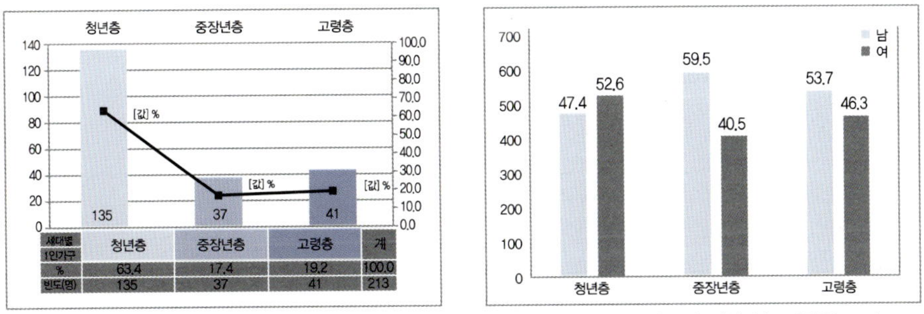

(a) 세대별 1인가구 분포　　(b) 세대별 1인가구의 성별 분포 (단위 : %)

(출처 : 2015 한국의 소비생활지표)

[그림 5-43] 세대별 1인가구

① 고령층의 1인가구는 남성보다 여성이 많다.

② 고령화 사회로 인해 중장년층과 고령층의 1인가구 비율이 청년층보다 크다.

③ 청년층의 1인가구는 여성보다 남성이 많다.

④ 전체 여성 1인가구 중 청년층의 비율은 50% 이상이다.

⑤ 전체 1인가구는 남성보다 여성이 많다.

25. 다음은 공정거래위원회 직원 금나래 씨가 발표한 최근 10년간 「기업결합 동향보고」의 수단별 기업결합 동향에 관한 그래프를 나타낸 자료이다. 이에 대한 설명으로 옳은 것은?

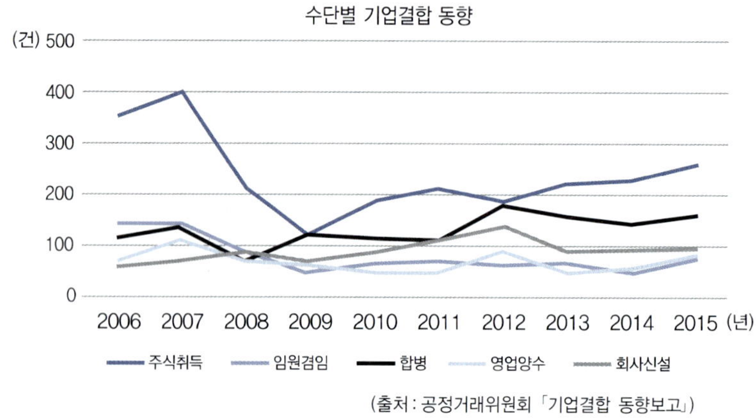

[그림 5-44] 기업결합 동향

① 10년간 기업결합의 수단은 주식취득이 가장 많았다.
② 기업결합은 계속 증가하고 있다.
③ 2015년 기업합병이 기업결합의 수단의 50%를 차지하고 있다.
④ 회사신설을 통한 기업결합은 2010년 이후 증가하고 있다.
⑤ 영업양수를 통한 기업결합은 2012년에 가장 많았다.

26. 다음은 한국은행 직원 금나래 씨가 외환보유액과 주가지수 등 경제관련 자료를 정리하여 도표로 나타낸 것이다. 이에 대한 설명으로 적절하지 않은 것은?

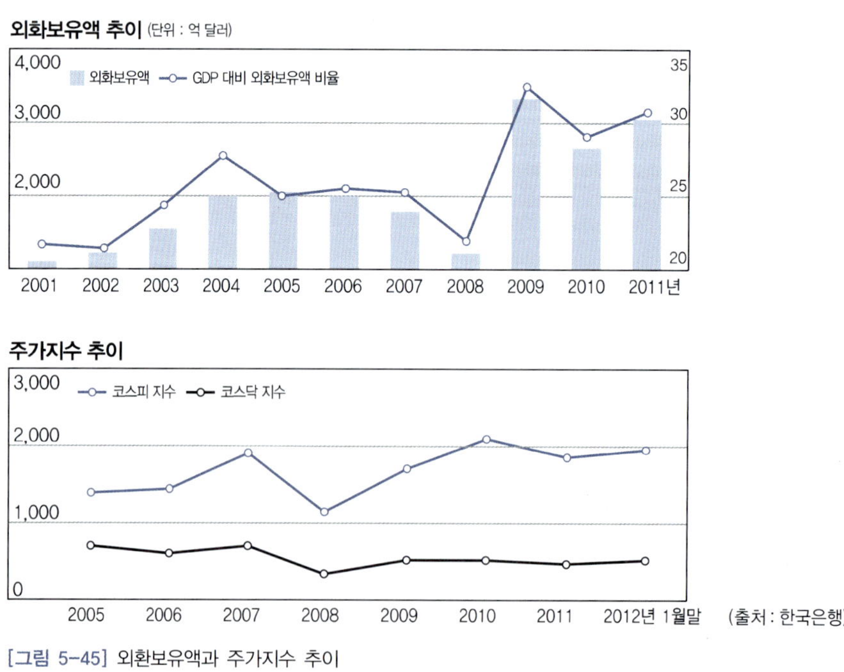

[그림 5-45] 외환보유액과 주가지수 추이

① 외환보유액이 가장 많았던 연도는 2009년이다.
② 전년도 대비 외환보유액이 가장 크게 증가한 연도는 2009년이다.
③ 코스피지수가 2,000포인트를 처음으로 돌파한 연도는 2010년이다.
④ 코스피지수가 가장 높았던 연도에 외환보유액도 가장 많았다.
⑤ GDP 대비 외환보유액 비율은 글로벌 금융위기가 있었던 2008년에도 20%는 넘어섰다.

27. 다음은 금나래 기자가 2010년 7월에 발표한 IT 산업과 관련된 기사 중 일부이다. 이에 대한 설명으로 적절한 것은?

> 2000년에는 기업 이름에 '닷컴'을 상징하는 단어만 들어가면 주가가 배 이상 뛰었다. 당시 상장한 지 1, 2개월 된 정보기술(IT) 종목들이 시가총액 상위 30개 종목의 3분의 2 이상을 차지했다. 해외에 있는 자녀와 얼굴을 보며 국제전화를 하고, 휴대전화로 인터넷과 TV를 보고 결제도 하는 등 IT를 기반으로 한 '신(新)세계'는 영원히 발전할 것 같았다. 올해는 IT 버블이 2000년 세계 증시를 부풀렸다가 터진 지 10년째 되는 해이다.

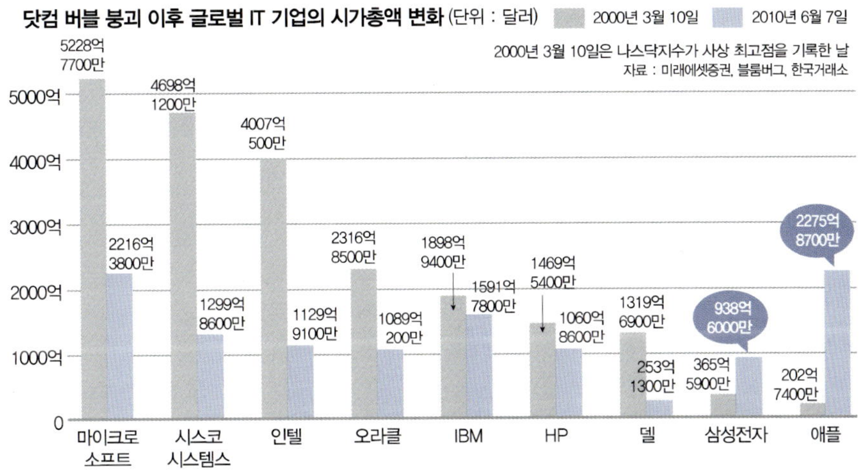

[그림 5-46] 닷컴 버블 붕괴 이후 글로벌 IT 기업의 시가총액 변화

(출처 : 동아일보)

① 2010년도 시가총액이 2000년도에 비해 가장 크게 증가한 IT 기업은 삼성전자이다.
② 2010년도 시가총액이 2000년도에 비해 가장 크게 감소한 IT 기업은 마이크로소프트이다.
③ 2010년도 시가총액이 2000년도에 비해 10배 이상 증가한 IT 기업은 애플뿐이다.
④ 2000년도 시가총액이 가장 많은 IT 기업은 IBM이다.
⑤ 2000년도에 비해 2010년도 시가총액이 50% 이상 감소한 IT 기업은 HP와 델이다.

28. 다음은 소비자협회에서 근무하는 금나래 씨가 「주요국의 반려동물 사료시장 규모」를 조사한 자료이다. 연도별 전체 사료시장 규모를 나타내는 가장 적절한 그래프는?

[표 5-100] 주요국의 반려동물 사료시장 규모 (단위 : USD Millions)

구분	시장 규모			
	2015년	2016년	2019년	2021년
일본	3598.00	3662.29	3862.14	4001.40
미국	23040.00	23782.54	26156.85	27870.00
독일	3434.65	3537.70	3865.76	4101.20
한국	255.95	265.78	317.45	365.23

(출처 : 한국소비자원 보고서)

①
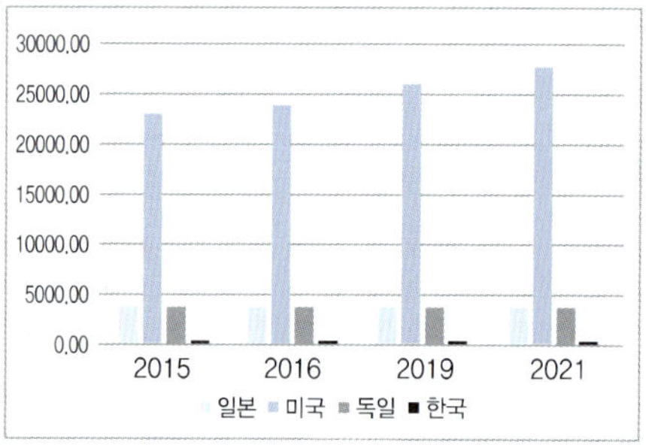

②
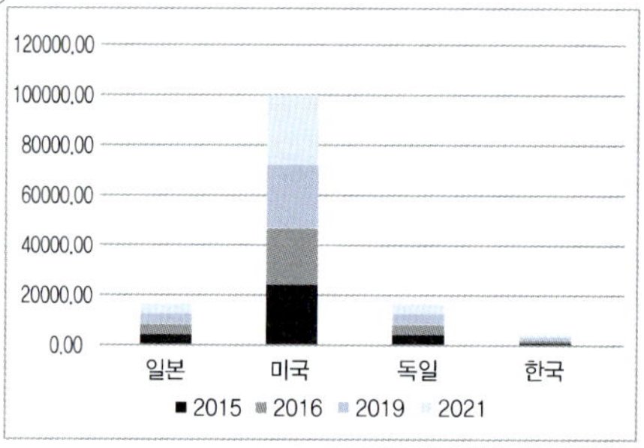

③
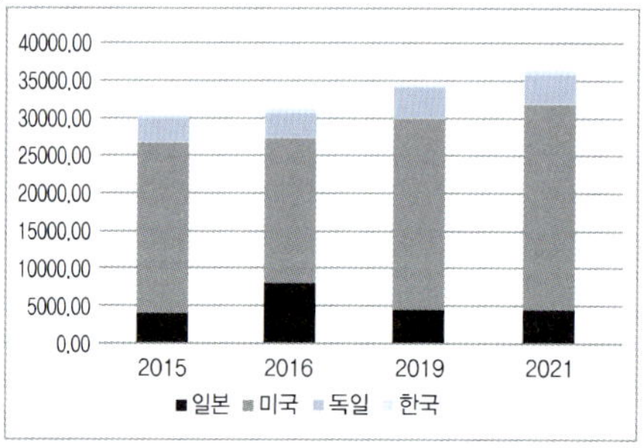

④
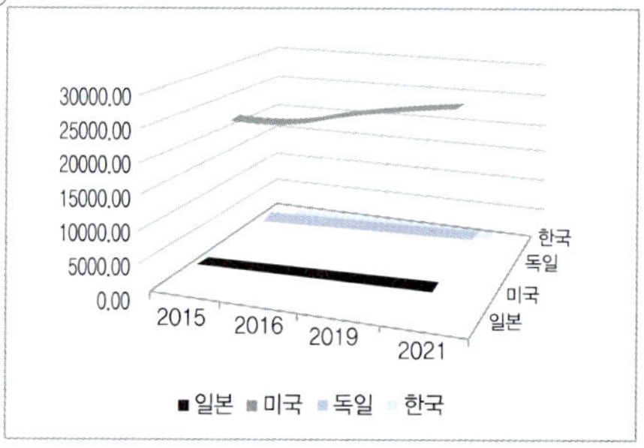

⑤
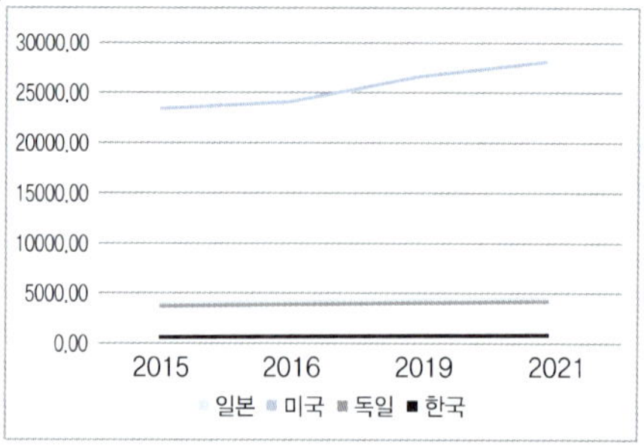

29. 다음은 방송통신위원회에 근무하는 금나래 씨가 조사한 지상파 방송 3사와 종편 4사의 방송사업자 시청점유율 현황을 나타낸 자료이다. 금나래 씨는 각 방송사의 연도별 시청점유율 추이를 그래프 형태로 보고하려고 한다. 이를 가장 잘 나타낸 그래프는?

①

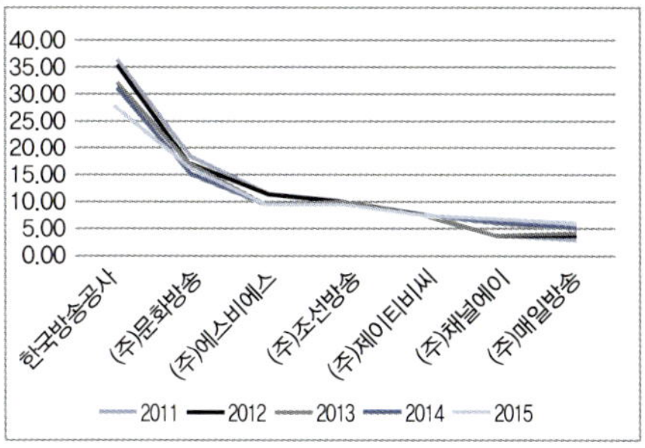

②

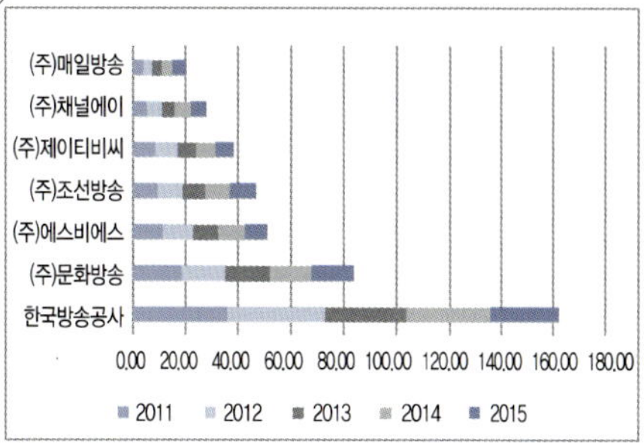

③

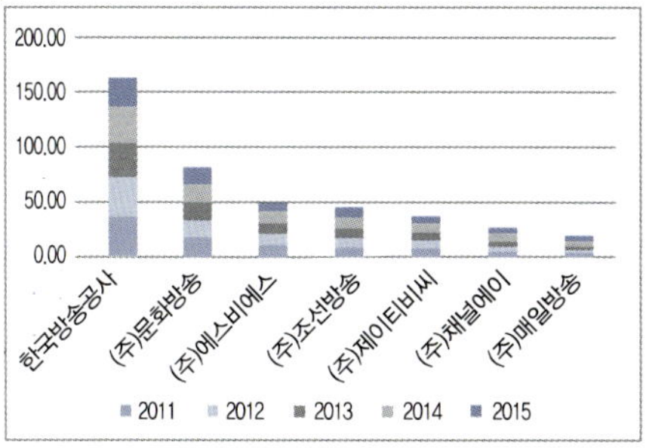

④

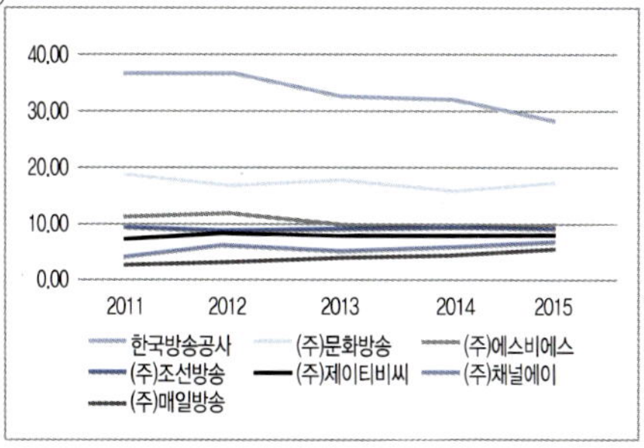

⑤

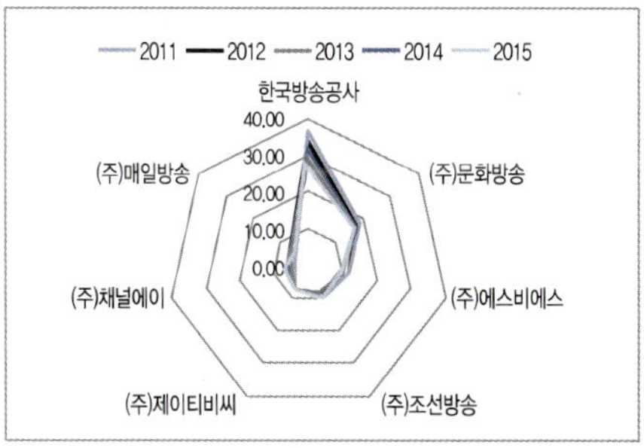

30. [표 5-101]은 주요 4개국에 대한 수출입 현황을 나타낸 자료이다. 무역수지는 수출액에서 수입액을 차감한 금액이고, 무역규모는 수출과 수입액을 합한 금액이라 한다. 아래 그래프 중 4개국의 무역수지와 무역규모를 바르게 나타낸 것은?

[표 5-101] 2016년 국가별 수출입 현황

(단위 : 천 불(USD 1,000))

국가	수출 금액	수입 금액
중국	124,432,941	86,980,159
미국	66,462,312	43,215,930
일본	24,355,036	47,466,592
독일	6,442,963	18,917,005

(출처 : 관세청)

①

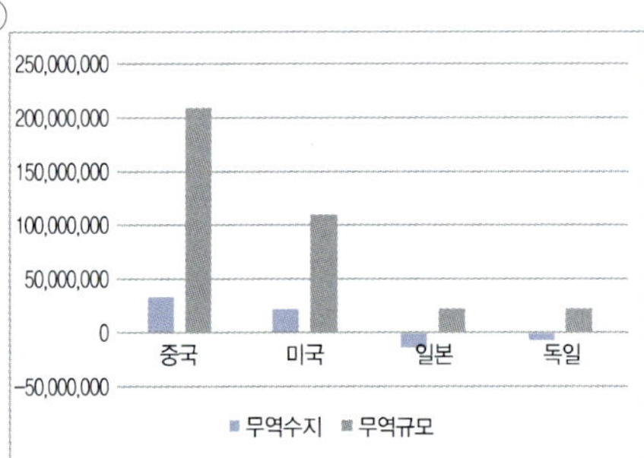

②

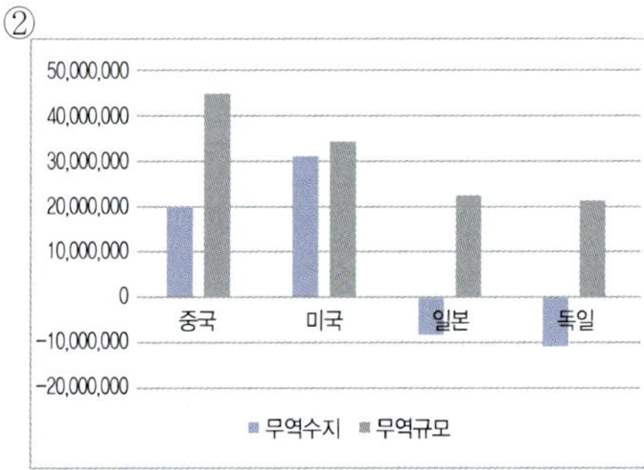

③

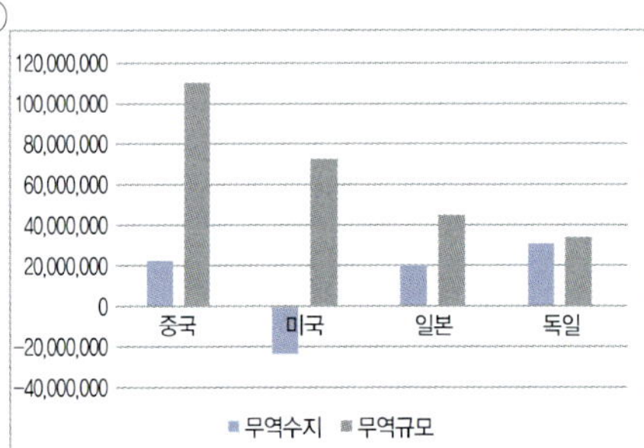

④

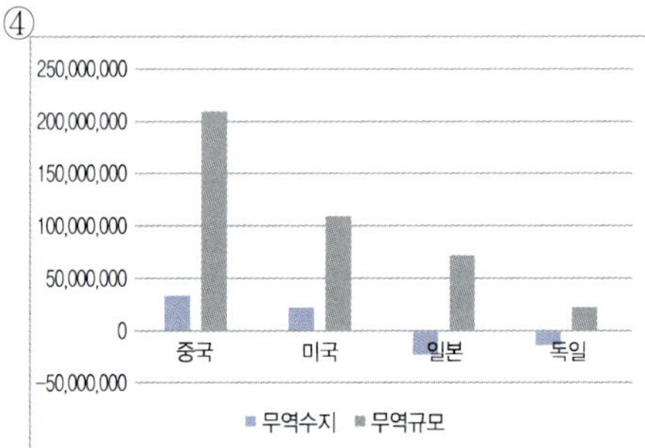

⑤

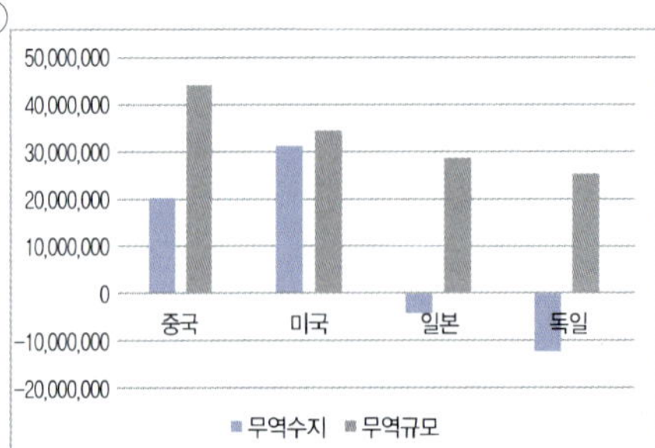

31. 다음은 2015년에 조사한 「상대적 소비 박탈감 인식율」에 대한 자료이다. 상대적 소비 박탈감 인식율이 낮다는 것은 소비수준이 주변에 비해 낮다고 인식한다는 뜻이고, 상대적 소비 박탈감 인식율이 높다는 것은 소비수준이 주변에 비해 높다고 인식한다는 뜻이다. 자료에 따르면 「상대적 소비 박탈감 인식율」은 전체 42.0%로, 소비자 10명 중 4명 정도는 현재 소비수준이 주변 및 지인에 비해 상대적으로 낮다고 인식하고 있고, 소비수준이 비슷하다는 인식율은 49.9%, 상대적으로 더 높다는 인식율은 8.1%에 그치는 것으로 나타났다. 이 자료에 대한 설명으로 적절하지 않은 것은?

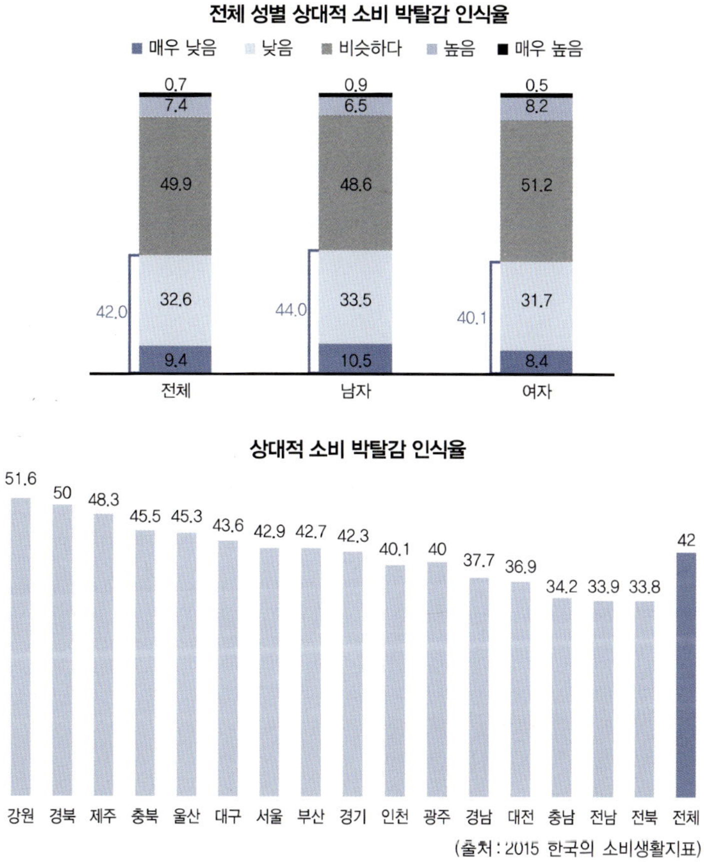

[그림 5-47] 2015년 상대적 소비 박탈감 인식율 (단위 : %)

① 자신의 소비수준이 주변에 비해 높다고 인식하는 여성이 남성보다 더 많게 나타났다.

② 자신의 소비수준이 주변과 비슷하다고 인식하는 소비자의 비율은 49.9%로 나타났다.

③ 자신의 소비수준이 주변에 비해 낮다고 인식하는 소비자의 비율은 대도시가 가장 높게 나타났다.

④ 자신의 소비수준이 주변에 비해 낮다고 인식하는 소비자의 비율이 가장 낮은 지역은 전북이다.

⑤ 자신의 소비수준이 주변에 비해 낮다고 인식하는 소비자의 비율이 가장 높은 지역은 강원이다.

32. 다음은 문화체육관광부의 「프로스포츠 경기단체 자료」에 따른 2015년 국내 3대 프로스포츠의 현황을 나타낸 자료이다. 이 자료에 따르면 2015년 주요 프로스포츠 경기당 평균관중은 야구 10,357명으로 전년대비 1,072명 감소, 축구 7,720명으로 전년대비 395명 감소, 농구(남) 3,953명으로 전년대비 505명 증가한 것으로 나타났다. 이 자료에 대한 설명으로 적절하지 않은 것은?

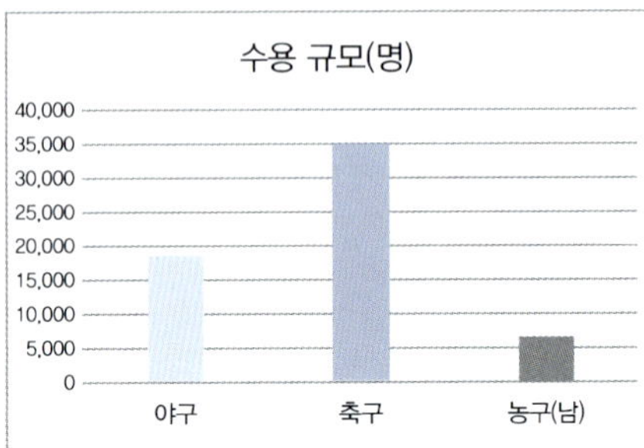

(a)

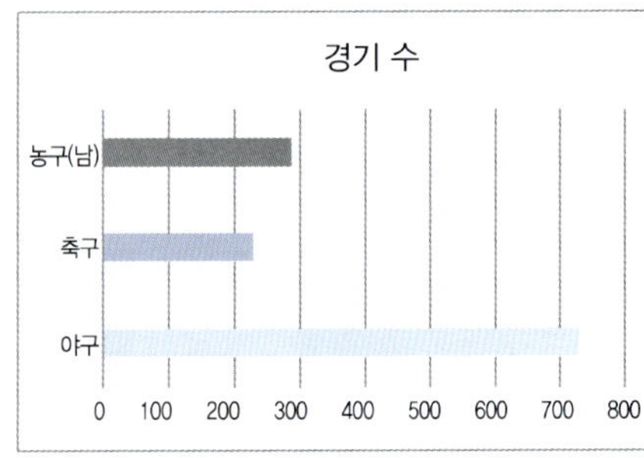

(b)

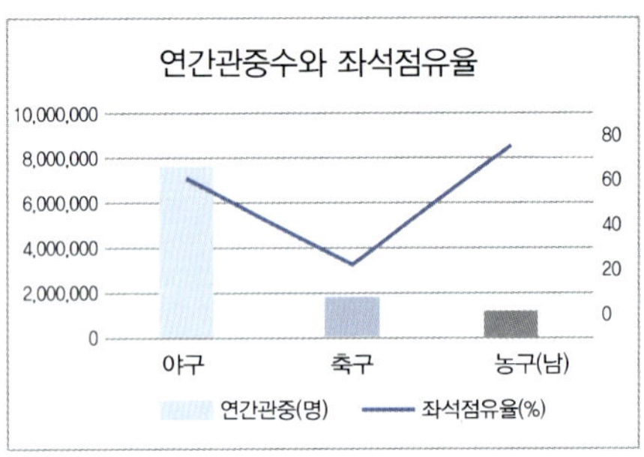

(출처 : 문화체육관광부(프로스포츠 경기단체 자료))

(c)

[그림 5-48] 연간관중 수 및 좌석 점유율

① 수용규모가 가장 적은 농구(남)의 좌석점유율이 가장 높다.

② 경기 수가 가장 많은 야구의 연간 관중이 가장 많았다.

③ 경기당 평균 관중 수가 가장 적은 종목은 축구이다.

④ 수용 규모가 가장 큰 종목의 좌석 점유율은 가장 낮다.

⑤ 야구의 경기 수는 축구와 농구의 경기 수를 합한 것보다 많다.

33. 다음은 식품의약품안전처의 「식품의 수입 현황」을 나타낸 자료이다. 이 자료에 대한 설명으로 적절한 것은?

[표 5-102] 식품의 수입 현황

구분	품목	2010년	2011년	2012년	2013년	2014년	2015년
금액(천 달러)	가공식품	4,636,615	5,848,314	6,520,129	6,259,692	6,078,093	5,954,679
	식품첨가물	653,994	755,702	748,945	748,297	799,076	819,467
	기구·용기포장	905,905	1,153,435	1,336,117	1,710,447	1,817,282	1,888,733
	농·임산물	3,935,568	5,099,771	5,449,885	5,619,572	5,512,511	5,328,759
	건강기능식품	225,667	337,855	315,029	352,738	418,565	440,636
	합계	10,357,749	13,195,077	14,370,105	14,690,746	14,625,527	14,432,274
물량(톤)	가공식품	4,709,928	4,930,061	4,971,411	5,112,820	5,276,314	5,405,961
	식품첨가물	237,730	253,054	258,121	279,254	291,205	311,970
	기구·용기포장	226,738	251,283	260,882	284,603	312,482	347,347
	농·임산물	7,724,125	8,028,414	8,258,018	7,959,070	8,295,970	8,665,633
	건강기능식품	6,949	8,495	8,614	9,390	8,755	9,555
	합계	12,905,470	13,471,307	13,757,046	13,645,137	14,184,726	14,740,466

(출처 : 식품의약품안전처)

① 수입식품 품목 중 물량 및 금액 비중이 가장 높은 품목은 가공식품이다.
② 2010년 대비 2015년의 수입 금액 증가율이 가장 큰 품목은 건강기능식품이다.
③ 농·임산물의 톤당 수입금액은 2013년 대비 2015년에 증가하였다.
④ 기구·용기포장의 경우 2010년 이후 수입량과 수입금액이 모두 증가하였다.
⑤ 가공식품의 수입량이 가장 많았던 2015년에 가공식품의 수입금액도 가장 컸다.

34. 금나래 씨는 사내 동아리의 야유회에서 입을 단체 티셔츠를 구입하기 위해 회원 12명의 사이즈를 조사하여 다음과 같이 나타냈다. 이 자료의 평균과 중앙값, 최빈값을 각각 구하면?

90 100 90 85 100 100 90 100 95 105 85 100

	평균	중앙값	최빈값
①	92	95	90
②	93	95	100
③	94.5	97.5	95
④	95	95	100
⑤	97.5	95	100

35. 오른쪽 도수분포표는 금나래 씨가 최근 50년 동안 태풍발생 횟수를 조사하여 나타낸 것이다. 태풍발생 횟수의 평균과 분산은? (단, 평균과 분산은 소수점 아래 첫째 자리에서 반올림한다.)

[표 5-103] 태풍발생횟수

계급(횟수)	도수(연도수)
14이상 ~ 18미만	2
18 ~ 22	6
22 ~ 26	16
26 ~ 30	17
30 ~ 34	7
34 ~ 38	2
합계	50

	평균	분산
①	24	9
②	25	15
③	26	20
④	27	23
⑤	28	24

36. 다음 산점도 중 양의 상관관계인 것을 모두 고른 것은?

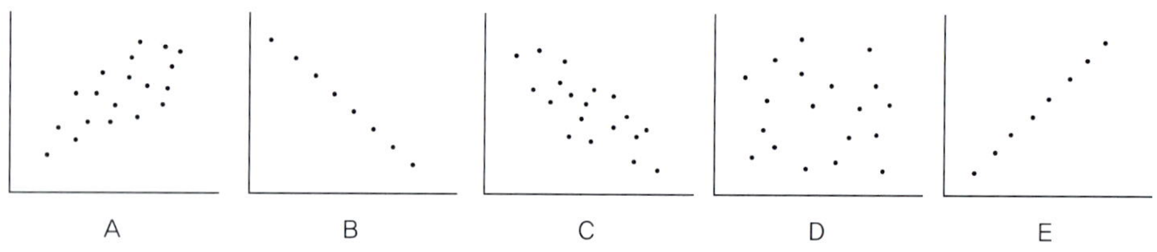

① A, C ② B, C ③ B, E ④ A, C, D ⑤ A, E

37. 농협에 근무하는 금나래 씨는 어떤 과수원에서 생산된 사과의 평균 당도를 추정하기 위하여 49개의 표본을 추출하여 조사한 결과 표본평균과 표본표준편차가 각각

$$\bar{x} = 13.9 \text{ (Brix)}, \quad s = 5.25$$

로 나타났다. 평균 당도에 대한 95% 신뢰구간은?

① (8.65, 19.15) ② (11.27, 16.53) ③ (11.94, 15.86)
④ (12.43, 15.37) ⑤ (13.19, 14.61)

38. 어떤 사격선수가 한 발을 쏠 때 만점인 10점을 쏠 확률은 $\frac{1}{5}$이라고 한다. 이 선수가 100발을 쏠 때 만점을 쏜 횟수의 평균과 분산은?

	평균	분산		평균	분산
①	25	4	②	25	8
③	20	12	④	20	16
⑤	20	20			

39. 대학에 근무하는 금나래 씨는 학생들의 흡연율을 조사하기 위해 400명을 무작위로 추출하여 조사한 결과 80명이 흡연하는 것으로 나타났다. 흡연율에 대한 추정값과 표준편차를 바르게 구한 것은?

	흡연율	표준편차		흡연율	표준편차
①	0.2	0.02	②	0.25	0.025
③	0.25	0.02	④	0.2	0.25
⑤	0.2	0.04			

40. 다음 표는 금나래 씨가 근무하는 식당의 매출을 1주일간 조사한 결과이다. 이 식당 하루 매출의 평균과 분산을 바르게 추정한 것은?

[표 5-104] 요일별 매출액 (단위: 만 원)

요일	월	화	수	목	금	토	일
매출액	120	135	130	125	200	190	150

	(평균, $\bar{x}$)	(분산, s^2)		(평균, $\bar{x}$)	(분산, s^2)
①	120	$\frac{5250}{6}$	②	125	$\frac{6250}{6}$
③	150	$\frac{5250}{7}$	④	150	$\frac{7500}{7}$
⑤	150	$\frac{6250}{7}$			

41. 주사위 10개를 던지는 시행을 할 때, 확률변수 X를 나온 눈의 수가 짝수인 주사위의 개수라고 하자. 다음은 확률변수 X의 확률밀도함수를 확률분포표로 나타낸 것이다. (가), (나), (다)에 들어갈 값을 바르게 나타낸 것은?

[표 5-105] 확률분포표

X	0	1	2	3	4	5	6	7	8	9	10	합계
확률	$\frac{{}_{10}C_0}{2^{10}}$	(가)	$\frac{{}_{10}C_2}{2^{10}}$	$\frac{15}{2^7}$	$\frac{105}{2^9}$	(나)	$\frac{{}_{10}C_4}{2^{10}}$	$\frac{{}_{10}C_7}{2^{10}}$	(다)	$\frac{{}_{10}C_1}{2^{10}}$	$\frac{1}{2^{10}}$	1

	(가)	(나)	(다)		(가)	(나)	(다)
①	$\frac{5}{2^9}$	$\frac{{}_{10}C_5}{2^{10}}$	$\frac{{}_{10}C_2}{2^{10}}$	②	$\frac{1}{2^{10}}$	$\frac{5}{2^{10}}$	$\frac{1}{2^7}$
③	$\frac{{}_{10}C_1}{2^{10}}$	$\frac{{}_{10}C_5}{2^{10}}$	$\frac{5}{2^7}$	④	$\frac{{}_{10}C_9}{2^{10}}$	$\frac{105}{2^8}$	$\frac{25}{2^7}$
⑤	$\frac{{}_{10}C_8}{2^{10}}$	$\frac{45}{2^7}$	$\frac{{}_{10}C_2}{2^{10}}$				

42. 빨간 공 6개, 파란 공 4개가 들어 있는 주머니에서 공을 1개 꺼내는 시행을 600번 할 때, 빨간 공이 나온 횟수가 342번 이상일 확률을 표준정규분포표를 이용하여 구하시오.

① 0.9332　② 0.9104
③ 0.8185　④ 0.5328
⑤ 0.4332

표준정규분포표

(단, $Z \sim N(0, 1)$)

z	$P(0 \le Z \le z)$
0.5	0.1915
1.0	0.3413
1.5	0.4332
2.0	0.4772

43. 금나래 씨가 근무하는 공장에서 생산되는 철근의 인장강도(N/mm^2)는 정규분포 N(600, 400)을 따른다고 한다. 철근은 인장강도에 따라 [표 5-102]와 같이 분류된다. 이 공장에서 생산된 철근을 임의로 선택할 때, 이 철근이 고강도 철근일 확률을 문제 26번의 표준정규분포표를 이용하여 구하시오.

[표 5-106] 철근의 분류

분류	인장강도 (N/mm^2)	기호
일반 철근	440 이상	SD300, SD350
고강도 철근	560 이상	SD400
초고강도 철근	620 이상	SD500, SD600, SD700

① 0.8185　② 0.9104　③ 0.9332　④ 0.9544　⑤ 0.9772

Chapter 05 실전문제

1. 다음은 교육기관에서 근무하는 금나래 씨가 조사한 우리나라의 「교육단계별 남녀 취학률」에 대한 내용이다. 「교육단계별 남녀 취학률 그래프」를 보고 증가율이 가장 높은 교육단계를 고르시오.

취학률은 취학적령인구 대비 취학자(학교교육을 받는 자)의 비율을 말한다. 각 학교급별 취학적령인구는 유치원 만 5세, 초등학교 만 6~11세, 중학교 만 12~14세, 고등학교 만 15~17세, 고등교육기관 만 18~21세의 인구이다.

교육단계별로 취학률을 살펴보면, 먼저 유치원의 경우 2000년 26.1%에서 지속적으로 상승하여 2016년에는 50.7%를 나타냈다. 초등학교 취학률은 2000년 97.2%로 완전 취학 상태에 근접하였고, 이후 증감을 반복하다가 2016년 98.1%가 되었다. 중학교 취학률은 2000년 95.0%에서 조금씩 상승하여 2015년에는 96.3%로 높아졌다. 2016년에는 94.9%를 나타냈다. 고등학교 취학률은 2000년 89.4%에서 2015년에는 94.2%로 상승하였다. 고등교육기관 취학률의 경우, 2000년 52.5%에서 2007년 70.2%까지 상승하였다가 이후 소폭 하락하기 시작하여 2016년에는 68.5%를 기록하고 있다.

한국의 취학률은 국제적으로 상당히 높은 수준에 도달해 있다. 2014년 기준 연령대별 취학률을 살펴보면, OECD 평균이 5~14세 97.1%, 15~19세 84.3%, 20~29세 27.6%인 반면, 한국은 5~14세 98.5%, 15~19세 87.2%, 20~29세 31.3%로 모든 연령대에서 OECD 평균을 상회하는 것으로 나타난다. OECD 주요국들과 비교할 때, 한국은 핀란드와 함께 전반적으로 높은 취학률을 보이고 있다.

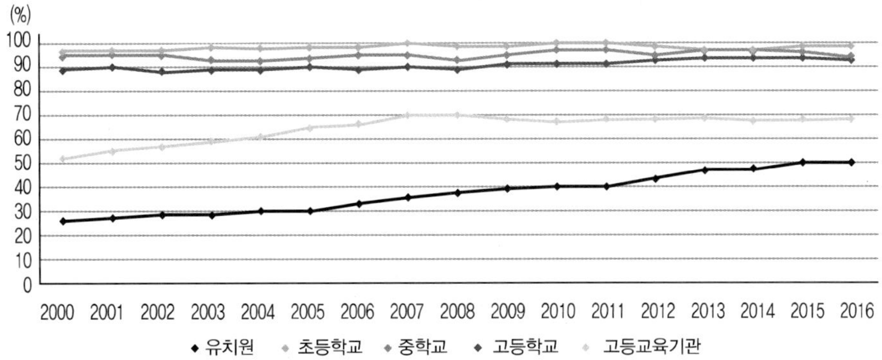

(출처 : 한국교육개발원, 「교육기본통계」, 통계청, 「장래인구추계」)

[그림 5-49] 교육단계별 남녀 취학률

① 유치원　② 초등학교　③ 중학교　④ 고등학교　⑤ 고등교육기관

2. 다음은 통계청에 근무하는 금나래 씨가 「연도별 OECD 주요국 1인당 전력 소비량 현황」에 대해 조사한 내용이다. 이에 대한 금나래 씨의 설명으로 옳은 것은?

[표 5-107] OECD 주요국 1인당 전력 소비량 현황 (단위 : kWh)

	2005	2006	2007	2008	2009	2010	2011	2012	2013	2014
이탈리아	5,676	5,762	5,718	5,656	5,271	5,384	5,393	5,277	5,124	5,002
영국	6,254	6,192	6,412	6,067	5,693	5,741	5,518	5,452	5,409	5,131
프랑스	7,707	7,585	7,573	7,703	7,494	7,756	7,318	7,367	7,382	6,955
독일	7,111	7,175	7,185	7,148	6,781	7,217	7,083	7,138	7,022	7,035
일본	8,233	8,220	8,475	8,072	7,833	8,399	7,847	7,753	7,836	7,829
OECD	8,365	8,381	8,477	8,486	8,012	8,315	8,226	8,089	8,072	8,028
호주	11,439	11,309	11,216	11,174	11,038	10,063	10,514	10,218	10,067	10,002
한국	7,779	8,063	8,502	8,853	8,980	9,851	10,162	10,346	10,428	10,564
미국	13,640	13,515	13,616	13,616	12,884	13,361	13,227	12,947	12,987	12,962
아이슬란드	28,057	31,306	36,920	36,920	51,179	51,447	52,376	53,156	54,759	53,896

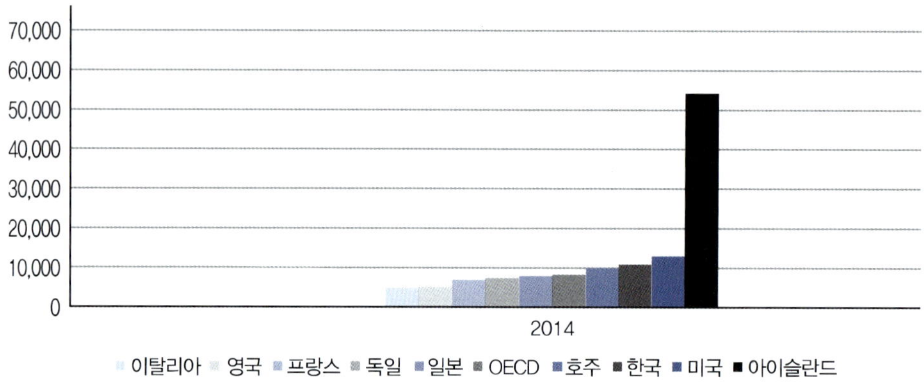

(출처 : 통계청)

[그림 5-50] OECD 주요국 1인당 전력 소비량

① 전력 소비를 가장 많이 하는 나라는 미국이다.
② 한국보다 일본의 전력 소비량이 많다.
③ 아이슬란드의 전력 소비량이 가장 적다.
④ 한국의 전력 소비량이 꾸준히 증가하고 있다.
⑤ OECD 주요국과 비교할 때 한국의 전력 소비량은 적은 편이다.

3. 다음 표는 여성가족부에서 근무하는 금나래 씨가 「성, 연령집단 및 교육수준별 삶의 만족도」와 관련 비교 지표인 「OECD 주요국의 자살률」을 조사한 것이다. 이에 대한 금나래 씨의 설명으로 옳지 않은 것은?

[표 5-108] (a) 성, 연령집단 및 교육수준별 삶의 만족도 (단위: %)

구분		2003	2009	2011	2012	2013	2015
전체		20.4	20.9	24.1	33.3	34.1	33.3
성	남자	21.0	22.3	24.4	33.6	34.6	34.0
	여자	19.9	19.5	23.9	33.0	33.6	32.7
연령 집단	20세 미만	25.5	23.8	36.1	47.8	48.0	49.4
	20~29세	22.9	23.0	26.1	36.1	38.9	35.7
	30~39세	23.1	24.1	26.1	36.4	39.6	36.2
	40~49세	18.8	22.5	25.7	34.2	36.0	36.9
	50~59세	16.4	19.4	21.1	28.5	27.5	28.8
	60세 이상	16.3	13.6	14.5	23.6	22.1	22.5
교육 수준	초졸 이하	14.6	10.7	16.2	25.8	24.7	24.8
	중졸	17.1	17.1	22.1	31.1	28.8	29.2
	고졸	19.0	17.7	20.8	30.4	29.9	29.4
	대졸 이상	29.6	31.6	33.0	41.5	45.4	42.7

(b) OECD 주요국의 자살률 (단위: 인구 10만 명당 자살자 수)

	2007	2008	2009	2010	2011	2012	2013
멕시코	4.5	4.7	5.0	4.8	5.2	5.0	5.2
영국	6.3	6.9	6.8	6.7	6.9	6.9	7.5
노르웨이	10.5	10.6	11.9	11.2	12.1	10.2	10.8
독일	10.2	10.3	10.3	10.8	10.8	10.5	10.8
호주	10.6	10.9	10.7	10.9	10.6	11.4	11.1
덴마크	10.3	10.7	10.8	9.8	10.2	11.3	11.3
OECD 평균	12.9	12.9	13.0	12.6	12.4	12.2	12.3
미국	11.7	12.0	12.2	12.5	12.8	13.0	13.1
체코	12.7	12.6	13.2	13.5	14.3	14.7	14.2
핀란드	18.2	19.0	18.9	17.3	16.4	15.6	15.8
일본	22.1	21.8	22.2	21.2	20.9	19.1	18.7
헝가리	23.3	23.4	23.3	23.4	22.8	22.0	19.4
한국	28.7	29.0	33.8	33.5	33.3	29.1	28.7

(출처: 통계청)

① 우리나라 삶의 만족도는 남성보다 여성이 더 높다.

② 고령자일수록 삶의 만족도가 낮다.

③ 학력이 높을수록 삶의 만족도가 높다.

④ 한국의 자살률은 OECD 평균보다 매우 높은 편이다.

⑤ OECD 주요국의 자살률과 비교할 때 한국의 삶의 만족도는 OECD 평균보다 낮을 것으로 생각된다.

4. 다음은 보건복지부에 근무하는 금나래 씨가 조사한 2012년부터의 우리나라의 「고령자 고용 동향」에 대한 내용이다. 이에 대한 설명으로 적절한 것은?

고령생산가능인구비중은 15세 이상 생산가능인구 중 고령생산가능인구(55세~64세)가 차지하는 비율을 의미하는 것임.

[표 5-109] 고령자 고용 동향 (단위 : 천명, %)

	2012	2013	2014	2015	2016	2016 10월	2016 11월	2016 12월	2017 1월	2017 2월	2017 3월
생산가능인구 (15~64세)	35,652	35,951	36,107	36,425	36,485	36,504	36,505	36,506	36,523	36,531	36,540
고령생산가능 인구비중	15.7	16.4	17.1	18.5	19.0	19.3	19.3	19.4	19.5	19.6	19.6
고령자경제활동 참가율	64.7	65.7	67.3	67.8	68.0	69.2	69.3	67.8	66.6	67.2	68.4
고령자 고용률	63.1	64.3	65.6	65.9	66.1	67.4	67.5	66.3	64.7	65.3	66.8
고령자 실업률	2.5	2.1	2.5	2.8	2.8	2.5	2.5	2.1	2.9	2.8	2.4

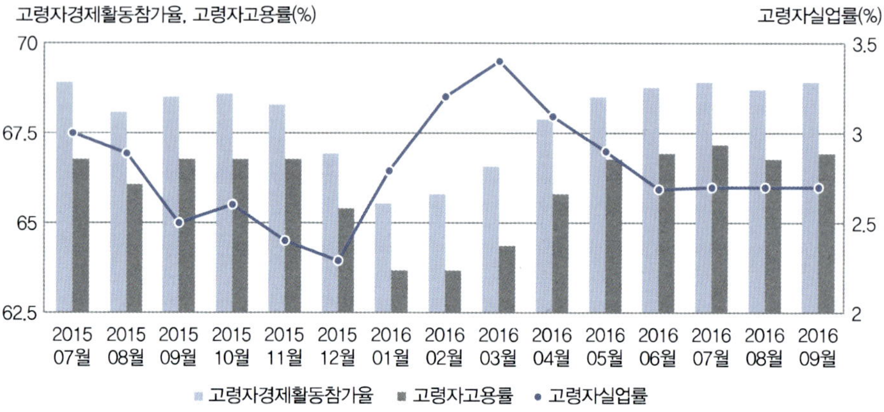

(출처 : 통계청 「경제활동 연구조사」)

[그림 5-51] 고령자 경제활동 동향

① 고령자 고용률은 50% 이하이다.

② 우리나라 전체 생산가능인구는 감소 추세이다.

③ 2012년 이후 고령자 실업률은 2% 이하이다.

④ 우리나라의 고령자경제활동 참가율은 OECD 평균보다 낮은 편이다.

⑤ 2012년 이후 고령생산가능인구비중은 증가 추세이다.

5. 다음 표는 환경부 직원 금나래 씨가 조사한 「자생생물종수 현황」과 「2016년 OECD 주요국 자생생물종수 현황」을 나타낸 것이다. 이에 대한 설명으로 옳은 것은?

[표 5-110] 자생생물종수 (단위: 종)

	2007	2008	2009	2010	2011	2012	2013	2014	2015	2016
전체	29,916	33,253	33,253	36,921	38,011	39,150	41,483	42,756	45,295	47,003
척추동물	1,528	1,898	1,898	1,930	1,884	1,889	1,899	1,933	1,961	1,971
곤충	11,853	12,982	12,982	13,384	13,734	14,142	15,651	16,121	16,447	16,993
무척추동물 (곤충 제외)	4,736	6,288	6,288	5,684	6,167	6,471	6,961	7,396	8,167	8,504
식물	4,662	4,130	4,130	5,230	5,241	5,281	5,308	5,328	5,349	5,379
균류/지의류	1,625	2,078	2,078	4,085	4,103	4,113	4,153	4,357	4,686	4,840
원생생물	736	842	842	1,374	1,374	1,573	1,573	1,573	1,591	1,750
조류 (남조류 제외)	3,609	3,816	3,816	4,350	4,415	4,435	4,640	4,640	5,382	5,509
원핵생물 (남조류, 박테리아)	1,167	1,219	1,219	884	1,093	1,246	1,298	1,408	1,712	2,057

(출처: 환경부)

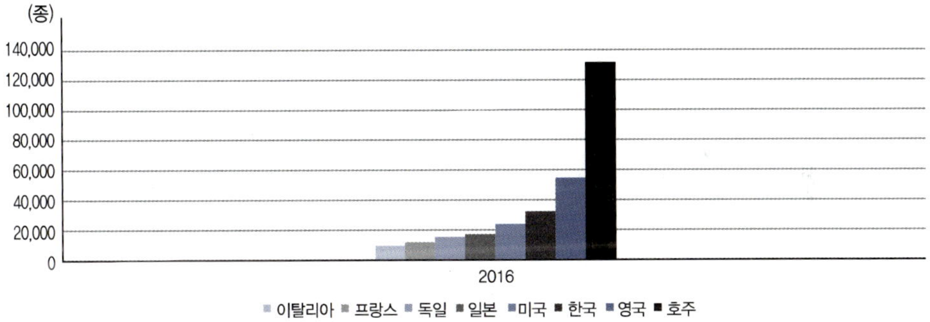

(출처: OECD, 「OECD Environmental Data」)

[그림 5-52] OECD 주요국의 자생생물종수

① 우리나라의 자생생물종수는 꾸준히 증가하고 있다.

② 우리나라의 자생생물종수 중 식물이 가장 많은 부분을 차지하고 있다.

③ OECD 주요국의 자생생물종수는 국토 면적에 비례한다.

④ 우리나라의 자생생물종수는 OECD 주요국보다 적은 편이다.

⑤ 우리나라의 자생생물종수 중 곤충 부분만이 감소하고 있다.

6. 다음은 통계청 직원 금나래 씨가 「국내인구 이동현황」을 정리하여 나타낸 표이다. 이 자료에 대한 설명 중 적절한 것은?

[표 5-111] 최근 10년간 국내인구 이동 현황 (단위: 천 명)

구분		2007	2008	2009	2010	2011	2012	2013	2014	2015	2016
전체	이동자 수	9,070	8,808	8,487	8,227	8,127	7,507	7,412	7,629	7,755	7,378
	이동률(%)	18.5	17.8	17.1	16.5	16.2	14.9	14.7	15	15.2	14.4
	전입신고 건수	5,446	5,250	5,099	4,944	4,843	4,577	4,505	4,657	4,761	4,636
	이동자 성비 (여자=100)	99.1	100.2	100.2	101.2	101.3	101.9	102.3	102.9	103.2	103.9
권역별 순이동자 수	수도권	83	52	44	31	−8	7	−4	−21	−33	−1
	중부권	12	18	11	22	35	33	28	39	49	41
	호남권	−32	−23	−9	−9	−2	−10	−7	−6	−8	−16
	영남권	−61	−45	−45	−44	−26	−35	−25	−23	−22	−40

(출처: 통계청)

① 인구 이동이 가장 많은 연도는 2015년이다.
② 영남권은 최근 10년간 인구 유입이 가장 많았다.
③ 수도권의 인구 유입은 최근 들어 증가 추세이다.
④ 최근 들어 인구 유입이 가장 많은 지역은 중부권이다.
⑤ 전입신고건수는 2010년 이후 증가 추세이다.

7. [그림 5-53]의 도수분포다각형은 영화관에 근무하는 금나래 씨가 지난주에 상영한 영화들의 상영시간을 조사하여 나타낸 것이다. 이에 대한 〈보기〉의 설명 중에서 옳은 것을 모두 고른 것은?

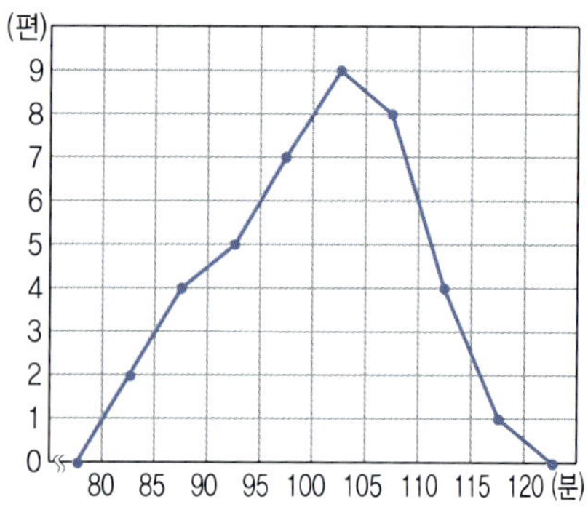

[그림 5-53]

보기

ㄱ. 전체 상영영화의 수는 40편이다.
ㄴ. 계급의 개수는 10개이다.
ㄷ. 상영시간이 100분 이상인 영화는 모두 22편이다.
ㄹ. 평균 상영시간은 102.5분이다.

① ㄱ, ㄴ, ㄷ ② ㄱ, ㄷ, ㄹ ③ ㄱ, ㄷ ④ ㄱ, ㄹ ⑤ ㄷ, ㄹ

8. 다음은 한국은행에서 근무하는 금나래 씨가 최근 10년간 우리나라의 「경상수지와 GDP 대비 경상수지비율」에 대해 발표할 내용이다. 이에 대한 설명으로 옳지 않은 것은?

> 경상수지비율은 국내총생산(GDP) 중 경상수지액이 차지하는 비율을 뜻한다.
>
> 경상수지액은 한 국가 내의 모든 경제주체들이 1년 동안 다른 국가의 경제주체들과 행한 모든 대외적인 경상거래 중 다른 국가들에서 해당 국가로 지급된 액수로부터 해당 국가에서 다른 국가들로 지출된 액수를 뺀 값을 의미한다.
>
> 경상수지는 대외거래의 유형에 따라 무역수지, 서비스수지, 본원소득수지, 이전수지 등으로 나누어진다.
>
> [표 5-112] 경상수지와 GDP 대비 경상수지비율

	2007	2008	2009	2010	2011	2012	2013	2014	2015	2016
국내총생산 (10억 달러)	1,123	1,002	902	1,094	1,203	1,222	1,305	1,411	1,382	1,411
경상수지액 (100만 달러)	11,795	3,190	33,593	28,850	18,656	50,835	81,148	84,373	105,940	98,677
상품수지	32,838	12,198	47,814	47,915	29,090	49,406	82,781	88,885	122,269	120,446
서비스수지	−13,247	−6,543	−9,590	−14,238	−12,279	−5,214	−6,499	−3,679	−14,917	−17,608
본원소득수지	−3,409	−1,198	−2,436	490	6,561	12,117	9,056	4,151	3,572	1,459
이전소득수지	−4,387	−1,267	−2,195	−5,317	−4,716	−5,474	−4,189	−4,985	−4,985	−5,620
GDP 대비 경상수지 비율(%)	1.1	0.3	3.7	2.6	1.6	4.2	6.2	6.0	7.7	7.0

(출처 : 한국은행, 「국제수지」, 「국민계정」)

① 국내총생산은 2009년도에 가장 작은 수치를 나타내고 있다.
② GDP 대비 경상수지비율은 2015년에 가장 높았다.
③ 서비스수지의 적자규모는 2014년 이후 증가하고 있다.
④ 본원소득수지는 2010년 흑자로 전환된 이후 지속적으로 증가하고 있다.
⑤ 2016년 경상수지액은 2008년 대비 약 30배 이상 증가하였다.

9. 다음은 ○○공사에서 근무하는 금나래 씨가 조사한 「채용형 인턴사원」 공개모집에 지원자 현황이다. 총지원자는 몇 명인가?

> **「채용형 인턴사원」 지원자 현황**
>
> • 총 지원자 중 여성 지원자 비율은 40%였다.
> • 총 지원자 중 면접시험에 합격한 인원은 150명이었다.
> • 면접에 합격한 지원자 중 여성의 비율은 50%였다.
> • 면접에 불합격한 지원자 중 남성의 비율은 70%였다.

① 250명 ② 280명 ③ 300명 ④ 350명 ⑤ 360명

10. 다음은 스마트폰회사 기획실 대리 금나래 씨가 신제품 개발을 위해 기존 제품에 대한 만족도 조사 결과이다. 이 자료를 바탕으로 신제품 개발은 불만족(불만족, 매우 불만족)에 가장 많이 응답한 두 가지 항목을 개선하는 데 주안점을 두려고 한다. 개선이 필요한 두 가지 항목은 무엇인가?

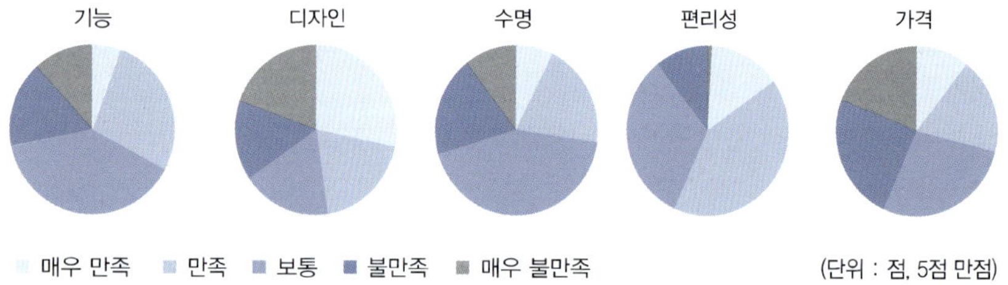

[그림 5-54] 기존 제품 만족도

① 가격, 디자인 ② 기능, 수명 ③ 수명, 편리성
④ 디자인, 편리성 ⑤ 가격, 기능

11. 다음은 교육청에 근무하는 금나래 연구원이 조사한 지난 3년간 「어린이 안전사고」에 대한 조사 결과 분석 자료이다. 이 자료에 대한 설명 중 가장 적절하지 않은 것은?

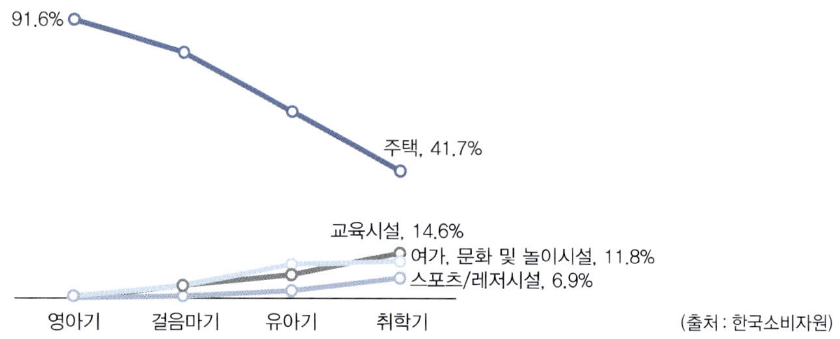

[그림 5-55] 발달단계별 주요 위해발생장소 비율

① 어린이 안전사고는 모든 발달단계에서 '주택'에서 가장 많이 발생한다.
② 유아기의 어린이 안전사고는 '주택' 다음으로 어린이집 등 '교육시설'에서 많이 발생한다.
③ 취학기의 어린이 안전사고는 '주택' 다음으로 학교 등 '교육시설'에서 많이 발생한다.
④ 연령대가 높아질수록 '주택'에서 발생한 어린이 안전사고 비율은 대폭 감소한다.
⑤ 연령대가 높아질수록 주택이 아닌 장소에서 발생한 안전사고 비율은 증가한다.

12. 다음은 어떤 화장품회사의 기획부서에 근무하는 금나래 씨가 상품별 판매 전략을 수립하기 위해 지난해 각 상품의 가격대별 판매 현황을 조사한 자료이다. 금나래 씨가 이 자료를 바탕으로 수립한 〈보기〉의 판매 전략 중 적절한 것을 모두 고른 것은?

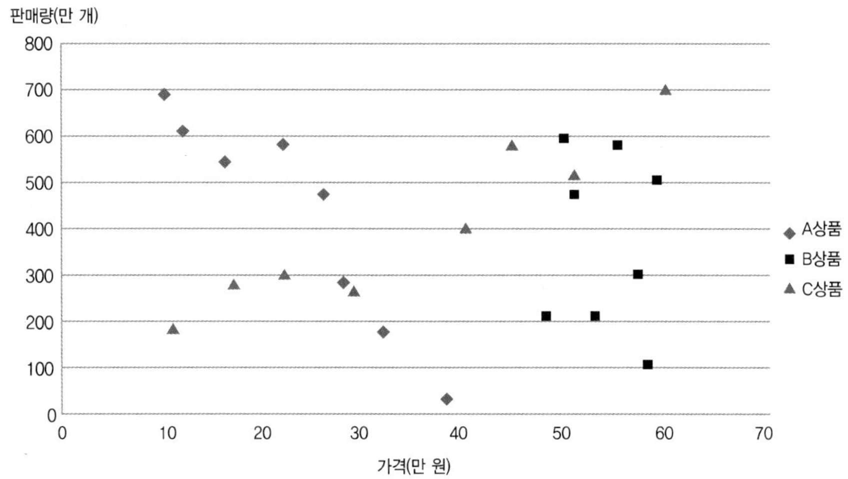

[그림 5-56] 3개 상품의 가격대별 판매 현황

보기

ㄱ. A 상품은 이윤이 최대가 되는 가격대의 상품 위주의 판매 전략이 필요하다.
ㄴ. C 상품은 고가의 프리미엄 상품을 개발하여 판매하는 전략이 바람직하다.
ㄷ. A, B, C 세 상품의 판매 전략으로 각 상품에 맞는 각기 다른 전략을 세운다.
ㄹ. A, B, C 세 상품 모두 주력 제품의 가격대는 저가이므로 저가 상품의 개발이 필요하다.

① ㄱ, ㄴ ② ㄴ, ㄷ ③ ㄱ, ㄴ, ㄷ ④ ㄱ, ㄷ, ㄹ ⑤ ㄱ, ㄴ, ㄷ, ㄹ

13. 다음은 가전제품회사인 A 사에 근무하는 금나래 씨가 조사한 4개 주력제품에 대한 지난해 영업이익과 올해의 예상 매출액에 대한 자료이다. 4개 제품을 영업이익 증가율이 높은 제품부터 차례로 늘어놓을 때, 바르게 늘어놓은 것은? (단, 「매출액영업이익률」은 영업이익을 매출액으로 나누어 계산한다.)

[표 5-113] A 사의 제품별 예상 매출액과 매출영업이익률

구분	지난해 영업이익(억 원)	올해 예상 매출액(억 원)	매출영업이익률(%)
에어컨	1,307	5,500	25.5
TV	2,015	10,600	22.6
냉장고	1,002	4,500	32.0
컴퓨터	3,566	55,000	12.5

① 에어컨, TV, 컴퓨터, 냉장고
② 냉장고, 컴퓨터, 에어컨, TV
③ TV, 냉장고, 에어컨, 컴퓨터
④ 컴퓨터, 냉장고, TV, 에어컨
⑤ 냉장고, TV, 컴퓨터, 에어컨

14. 다음 표는 우리나라의 국가별 수출입 현황을 나타낸 자료이다. [그림 5-57]의 그래프는 표에 나타난 10개국 중 3개국에 대한 수출입 현황을 나타내었다. 이 3개국 A, B, C의 국가명을 바르게 짝지은 것은?

[표 5-114] 2016년 국가별수출입 현황 (단위 : 천 불(USD 1,000))

국가명	수출금액	수입금액	무역수지	무역규모
중국	124,432,941	86,980,159	37,452,782	211,413,100
미국	66,462,312	43,125,930	23,246,382	109,678,242
일본	24,355,036	47,466,592	−23,111,555	71,821,628
베트남	32,630,457	12,495,154	20,135,303	45,125,611
홍콩	32,782,449	1,614,845	31,167,604	34,397,294
대만	12,220,455	16,403,201	−4,182,746	28,623,656
독일	6,442,963	18,917,005	−12,474,042	25,359,968
호주	7,500,743	15,175,870	−7,675,127	22,676,613
사우디아라비아	5,643,867	15,741,673	−10,097,806	21,385,540
싱가포르	12,458,894	6,806,348	5,652,546	19,265,242
총계 (기타 나라 포함)	495,425,940	406,192,887	89,233,053	901,618,827

(출처 : 관세청)

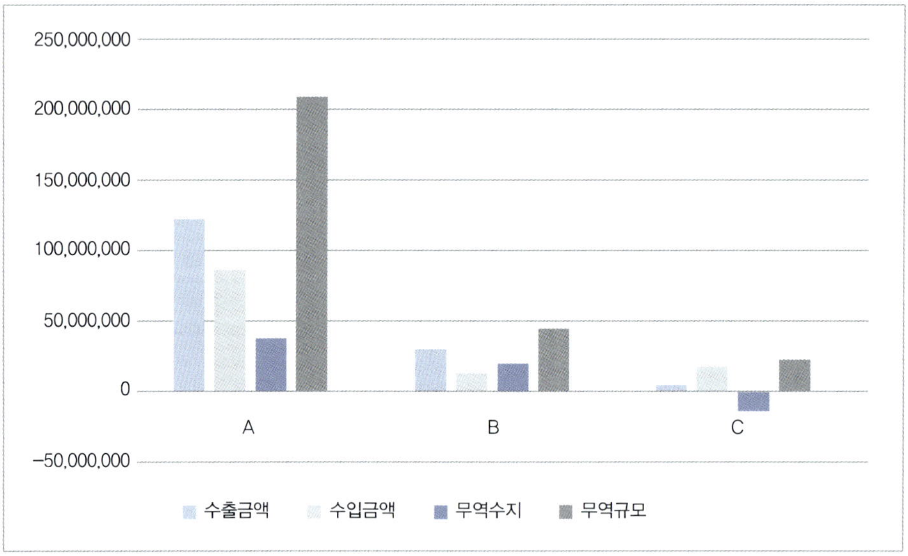

[그림 5-57] 3개국 수출입현황

	A	B	C
①	중국	홍콩	사우디아라비아
②	미국	베트남	호주
③	일본	홍콩	독일
④	중국	베트남	독일
⑤	미국	일본	사우디아라비아

15. 다음은 통계청 『어가경제통계』에 나타난 어가소득 현황을 나타낸 자료이다. 이 자료에 따르면 2016년 도시근로자 가구 소득 대비 어가소득의 비중은 80%로 전년보다 4%p 증가하여 도시와 어촌의 소득격차 감소한 것으로 나타났다. 이 자료에 대한 설명으로 적절하지 않은 것은?

[표 5-115] 어가소득 현황

구분	2007	2008	2009	2010	2011	2012	2013	2014	2015	2016
어업소득	11,975	13,801	16,220	16,607	20,432	19,539	18,538	20,987	23,086	26,598
어가소득	30,668	31,176	33,945	35,696	38,623	37,381	38,586	41,015	43,895	47,077

※ 어가소득은 어가가 일년(1.1~12.31) 동안 벌어들인 어업 및 어업 외 소득 합한 총소득임.

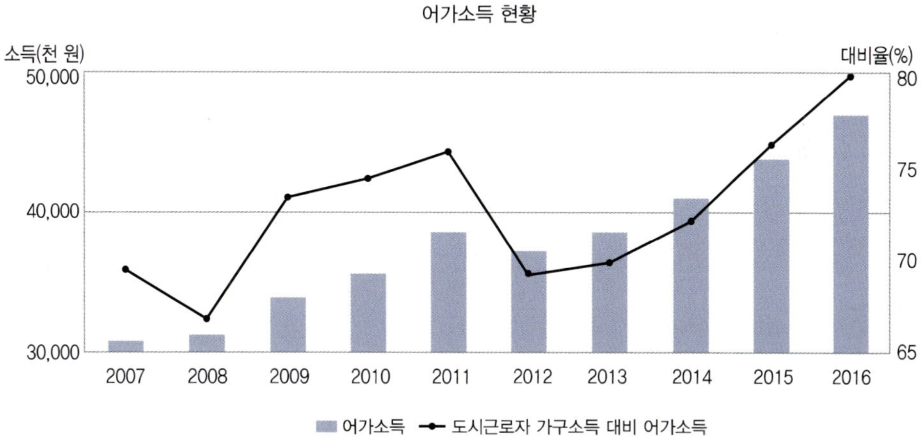

(출처 : 통계청 『어가경제통계』)

[그림 5-58] 어가소득 현황 및 도시근로자 소득 대비 어가소득 비율

① 2007년 대비 2016년의 어가의 어업소득은 50% 이상 증가하였다.

② 2010년 이전에는 어가소득 중 어업소득이 차지하는 비중은 50% 이하로 나타났다.

③ 2016년의 어가소득은 2007년 대비 50% 이상 증가하였다.

④ 도시근로자 가구소득 대비 어가소득이 가장 많이 차이가 난 연도는 2008년이다.

⑤ 2012년의 어가소득은 도시근로자 가구소득보다 많은 것으로 나타났다.

16. 다음은 축산 농가에서 사육하는 가축에 대한 전년도 대비 현황과 관련된 자료이다.

- 송아지 생산 감소 등에 기인하여 한·육우 사육 마릿수는 265만 8천 마리로 전년 동기 대비 15만 2천 마리(−5.4%) 감소
- 원유감산정책시행에 따라 젖소 사육 마릿수는 42만 5천 마리로 전년 동기 대비 3천 마리(−0.8%) 감소
- 가격 상승에 따라 돼지 사육 마릿수는 997만 1천 마리로 전년 동기 대비 27만 4천 마리(2.8%) 증가
- 산지 계란 및 육계 가격 호조에 따라 산란계 사육 마릿수는 6,887만 8천 마리로 전년 동기 대비 430만 6천 마리(6.7%) 증가, 육계는 8,274만 9천 마리로 전년 동기 대비 487만 마리(6.3%) 증가
- AI 피해 이후 입식 증가 등에 기인하여 오리 사육 마릿수는 7688만 1천 마리로 전년 등기 대비 110만 3천 마리(16.8%) 증가

금나래 씨는 팀장으로부터 위의 자료를 정리하여 회의발표 자료를 작성 것을 지시받았다. 팀장은 현재 가축별 마릿수가 전년 동기와 비교하여 증가 또는 감소된 내용이 구별되고 동향을 파악할 수 있도록 간단한 표로 작성할 것을 지시하였다. 다음 중 금나래 씨가 작성할 표로 가장 적절한 것은?

① (단위 : 천 마리)

구분	사육 마릿수	전년 동기대비 동향
한·육우	2,658	▼ 152
돼지	9,971	▲ 274
젖소	425	▼ 3
산란계	68,878	▲ 4,306
육계	82,749	▲ 4,870
오리	7,681	▲ 1,103

② (단위 : 천 마리)

구분		전년 동기대비 동향
전년 동기 대비 증가	돼지	▲ 274(2.8%)
	산란계	▲ 4,306(6.7%)
	육계	▲ 4,870(6.3%)
	오리	▲ 1,103(16.8%)
전년 동기 대비 감소	한·육우	▼ 152(−5.4%)
	젖소	▼ 3(−0.8%)

③ (단위 : 천 마리)

구분		사육 마릿수	전년 동기대비 동향
전년 동기 대비 증가	돼지	9,971	▲ 274(2.8%)
	산란계	68,878	▲ 4,306(6.7%)
	육계	82,749	▲ 4,870(6.3%)
	오리	7,681	▲ 1,103(16.8%)
전년 동기 대비 감소	한·육우	2,658	▼ 152(−5.4%)
	젖소	425	▼ 3(−0.8%)

④

전년 동기 대비 증가	돼지(2.8%), 산란계(6.7%) 육계(6.3%), 오리(16.8%)
전년 동기 대비 감소	한·육우(−5.4%), 젖소(−0.8%)

⑤ (단위 : 천 마리)

전년 동기 대비 증가	돼지(274), 산란계(4,306) 육계(4,870), 오리(1,103)
전년 동기 대비 감소	한·육우(−152), 젖소(−3)

※ **(문제 17~18)** 다음은 통계청에서 발표한 '2017년 5월 경제활동 인구 청년층 부가조사결과' 중 우리나라 청년(만 15~29세)들의 취업관련 특성을 지난해와 비교하여 나타낸 자료이다.

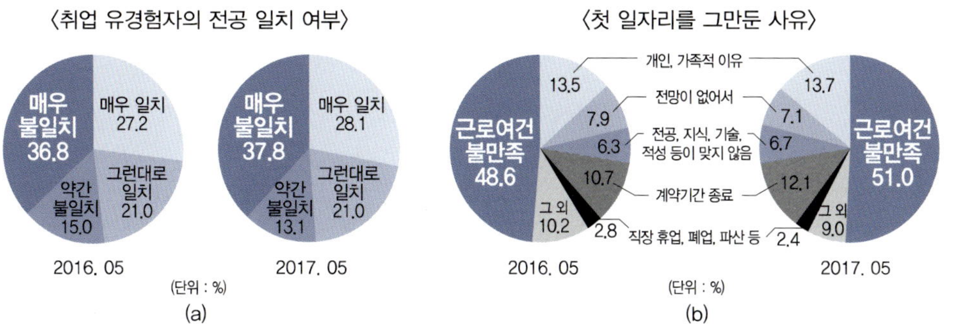

[그림 5-59] 청년층 취업특성

17. 2017년 5월 <취업 유경험자의 전공 일치 여부>의 항목 중 2016년 5월에 비해 가장 크게 증가한 항목과 증가한 %를 바르게 나타낸 것은?

① 매우 일치 0.9%
② 그런대로 일치 2.2%
③ 약간 불일치 1.9%
④ 매우 불일치 1.0%
⑤ 약간 불일치 1.5%

18. 2017년 5월 〈첫 일자리를 그만둔 사유〉의 항목 중 비율이 가장 큰 항목(㉠)과 가장 작은 항목(㉡)을 바르게 짝지은 것은?

	㉠	㉡
①	근로여건 불만족	전망이 없어서
②	전망이 없어서	직장 휴업, 폐업, 파산
③	계약기간 종료	개인, 가족적 이유
④	개인, 가족적 이유	근로여건 불만족
⑤	근로여건 불만족	직장 휴업, 폐업, 파산

19. 여가시설 이용에 관한 조사에 따르면 2015년의 여가시설별 이용률은 공원과 문화관광시설 각각 66.0%와 65.3%로 가장 높고, 안전사고 경험률은 체력단련시설과 야영시설이 각각 9.1%와 8.4%로 가장 높게 나타났다. 다음은 2013년과 2015년의 여가시설 이용과 안전사고 경험에 관련된 자료이다. 이에 대한 설명으로 적절한 것은?

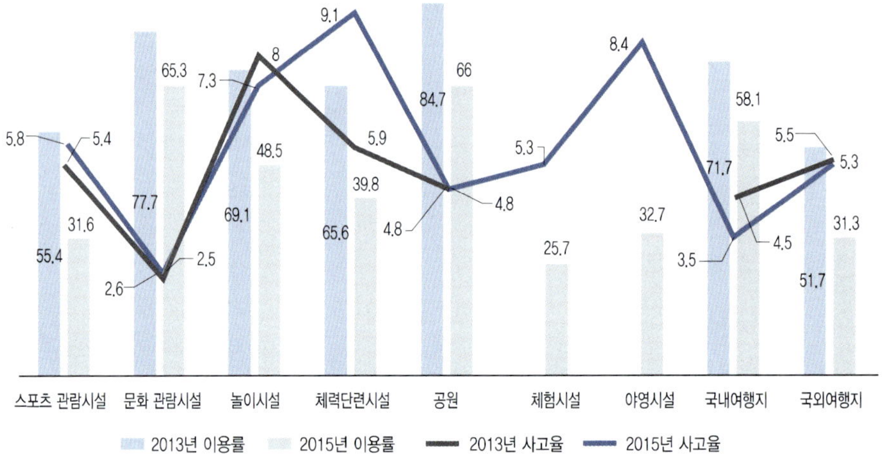

(출처 : 2015 한국의 소비생활지표)

[그림 5-60] 여가시설별 이용률 및 안전사고 경험률 (단위 : %)

① 여가시설 이용률이 높을수록 안전사고 경험률도 높게 나타났다.

② 2013년 안전사고 경험률이 가장 높게 나타난 시설은 놀이시설이다.

③ 2015년 안전사고 경험률이 가장 높게 나타난 시설은 야영시설이다.

④ 문화관람시설 이용률은 2013년에 비해 2015년에 증가하였다.

⑤ 2015년 스포츠 관람시설 이용률이 야영시설 이용률보다 높게 나타났다.

20. 다음은 회사 구내식당에서 영양사로 근무하는 금나래 씨가 직원 50명을 대상으로 구내식당 만족도를 5점 만점 척도로 조사한 결과이다. 이 자료의 평균과 중앙값, 최빈값을 각각 바르게 구한 것은?

[표 5-116] 구내식당 만족도 현황

만족도	1	2	3	4	5
응답자수	2	11	13	19	5

	평균	중앙값	최빈값
①	3.02	3	3
②	3.21	4	4
③	3.24	3	4
④	3.28	3	4
⑤	3.32	4	4

21. 한국소비자원에서 근무하는 금나래 대리는 소비자의 소비생활 만족도와 소비자피해와 관련된 자료를 분석하여 다음과 같이 도표로 나타내었다. 이에 대한 해석으로 적절한 것은?

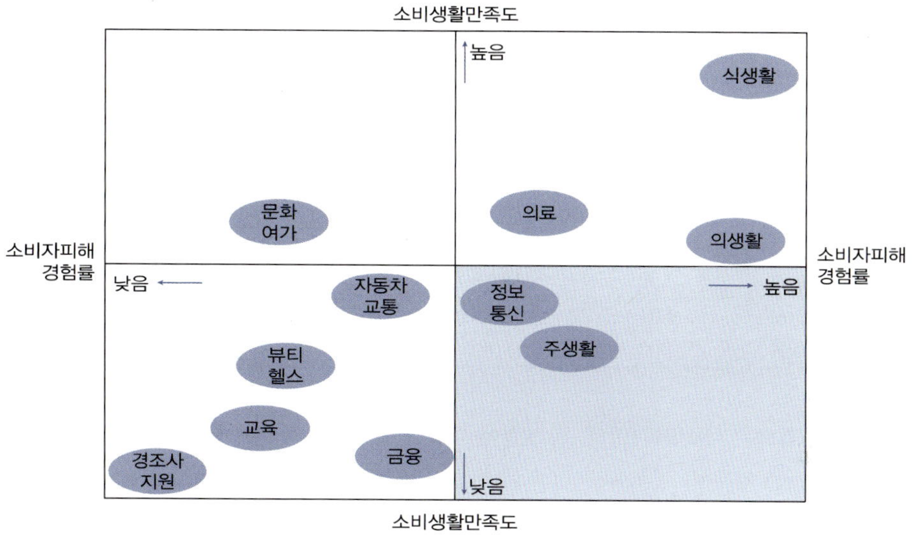

(출처 : 2015 한국의 소비생활지표)

[그림 5-61] 소비생활 만족도와 소비자피해 경험률

① 소비자피해 경험률은 높은 반면 소비생활 만족도가 낮은 분야는 주생활과 정보통신이다.
② 소비생활 만족도가 낮을수록 소비자피해 경험률이 높다.
③ 교육 분야의 소비생활 만족도는 낮지만 소비자피해 경험률은 높다.
④ 소비자피해 경험률이 높은 의료분야의 소비생활 만족도는 낮다.
⑤ 소비자피해경험이 가장 적은 분야는 소비생활만족도가 높은 식생활 분야이다.

22. 다음은 한국수입자동차협회에서 근무하는 금나래 씨가 조사한 A, B, C, D, E의 5개 브랜드에 대한 2018년도 3개월간의 차량 등록현황을 나타낸 것이다. 5개 브랜드 중 가장 안정적인 판매 현황을 보이는 브랜드, 즉 분산이 가장 작은 브랜드는?

[표 5-117] 5개 수입차 브랜드 월별 등록현황

월	A	B	C	D	E
3	7052	1060	1422	1177	7932
4	6573	1054	911	872	7349
5	5222	923	1066	1022	5839
평균	6282.3	1012.3	1133.0	1023.7	7040.0

(출처 : 한국수입자동차협회)

① A　② B　③ C　④ D　⑤ E

23. [표 5-118]은 서울시의 연도별 초등학교 현황을 나타낸 자료이다.

[표 5-118] 서울시 연도별 초등학교 현황

연도	학교수	학급수	학생수	교원수
2008	578	20,973	633,486	28,391
2009	586	20,682	598,514	29,004
2010	587	20,351	566,149	29,335
2011	591	19,993	535,948	29,639
2012	594	19,648	502,000	29,762
2013	597	19,149	469,392	29,751
2014	599	18,854	457,517	29,613
2015	599	18,780	450,675	29,627
2016	601	18,621	436,121	29,448
2017	603	18,625	428,333	29,191

(출처: 서울 열린데이터광장)

다음 그래프는 [표 5-118]의 두 변량에 대한 상관관계를 나타낸 상관도이다. 이 중 상관계수가 가장 큰 것은?

①
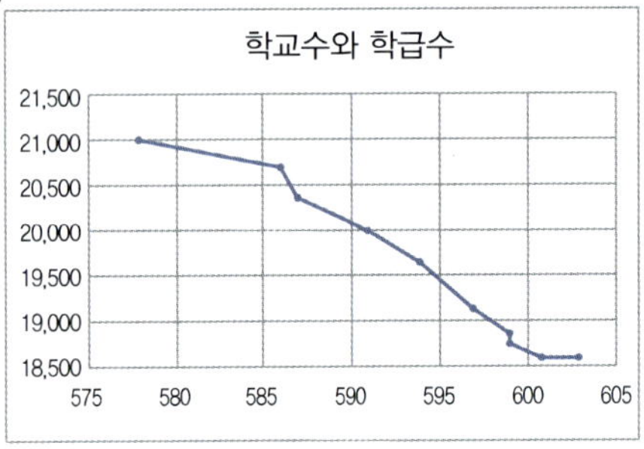

②
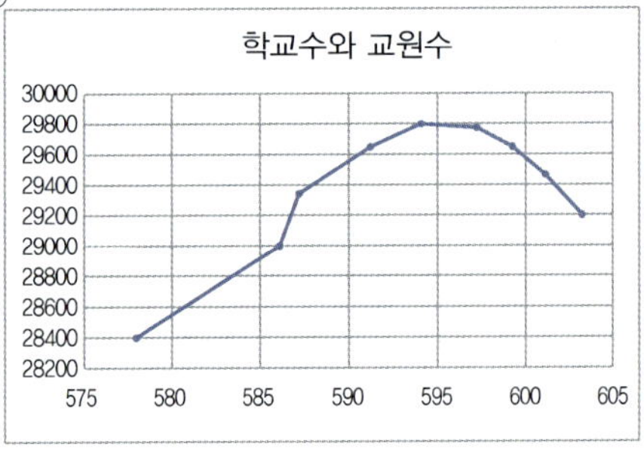

③
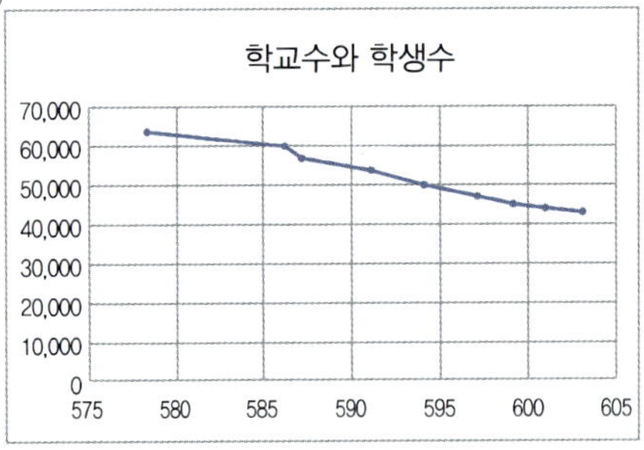

④
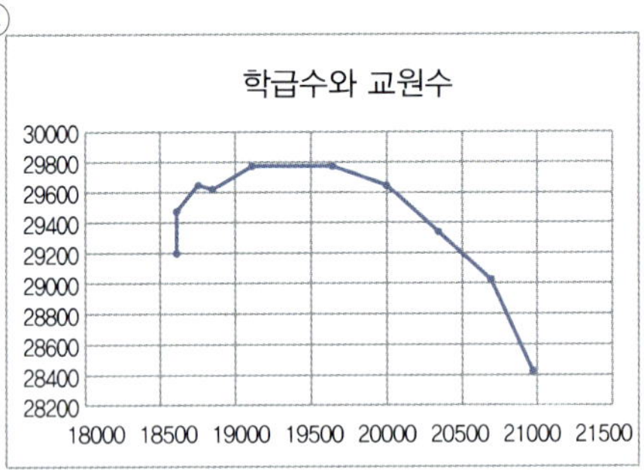

⑤
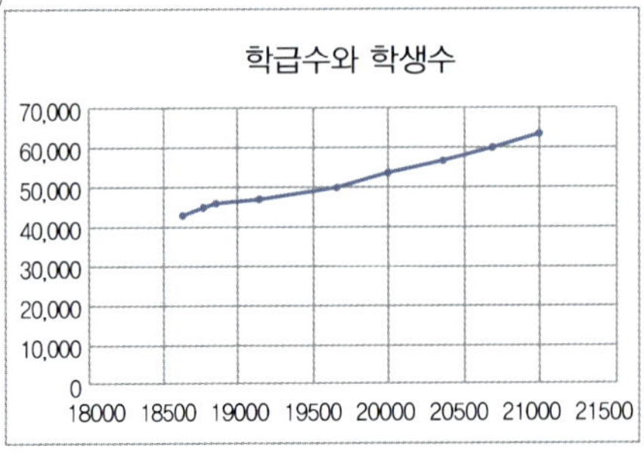

24. [표 5-119]는 한국소비자원에서 근무하는 금나래 씨가 어떤 회사에서 제조된 커피 믹스 무게(g)를 측정한 결과를 줄기와 잎 그림으로 나타낸 것이다. 이를 도수분포표로 바르게 나타낸 것은?

[표 5-119] 커피 믹스 무게(g)의 줄기-잎 그림

줄기	잎
11.7	2 7 9
11.8	0 0 2 4 5 5 9
11.9	3 3 3 3 4 8
12.0	0 0 1 2 3 5 7 8 8 8 9
12.1	2 3 5 5 6

①

계급(g)	도수(개)
11.70이상 ~ 11.80미만	5
11.80 ~ 11.90	5
11.90 ~ 12.00	8
12.00 ~ 12.10	9
12.10 ~ 12.20	5
합계	32

②

계급(g)	도수(개)
11.70이상 ~ 11.80미만	3
11.80 ~ 11.90	7
11.90 ~ 12.00	6
12.00 ~ 12.10	11
12.10 ~ 12.20	5
합계	32

③

계급(g)	도수(개)
11.70이상 ~ 11.80미만	4
11.80 ~ 11.90	5
11.90 ~ 12.00	4
12.00 ~ 12.10	7
12.10 ~ 12.20	4
합계	24

④

계급(g)	도수(개)
11.70이상 ~ 11.80미만	3
11.80 ~ 11.90	6
11.90 ~ 12.00	3
12.00 ~ 12.10	8
12.10 ~ 12.20	4
합계	24

⑤

계급(g)	도수(개)
11.70이상 ~ 11.80미만	5
11.80 ~ 11.90	6
11.90 ~ 12.00	8
12.00 ~ 12.10	10
12.10 ~ 12.20	5
합계	34

25. 국민건강통계에 의하면 2013년도 우리나라 30대 이상 남성의 B형간염 유병률은 5.0%라고 한다. 그 해에 어떤 지방의 보건소에 근무하는 금나래 씨가 지역에서 임의 추출한 30대 남성 1900명을 대상으로 B형간염 유병자 수를 조사하였다. 그 결과 B형간염 유병자 수가 95명 이상일 확률은?

① 0.75 ② 0.60 ③ 0.50 ④ 0.25 ⑤ 0.05

A.1 표준정규분포표

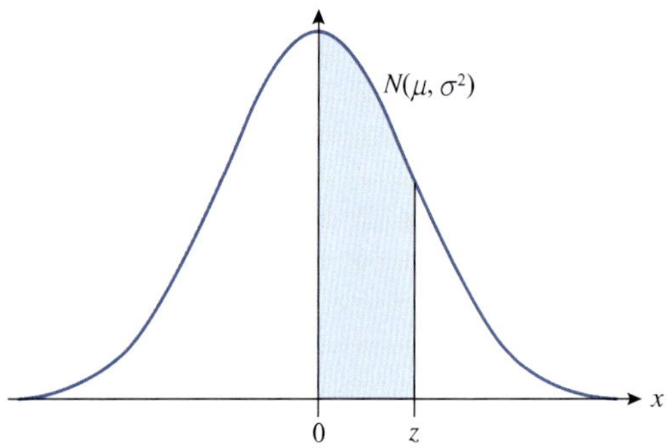

$$P(0 \leq Z \leq x) = \int_0^z \frac{1}{2\pi} e^{-\frac{x^2}{2}} dx$$

z	0.00	0.01	0.02	0.03	0.04	0.05	0.06	0.07	0.08	0.09
0.0	0.0000	0.0040	0.0080	0.0120	0.0160	0.0199	0.0239	0.0279	0.0319	0.0359
0.1	0.0398	0.0438	0.0478	0.0517	0.0557	0.0596	0.0636	0.0675	0.0714	0.0753
0.2	0.0793	0.0832	0.0871	0.0910	0.0948	0.0987	0.1026	0.1064	0.1103	0.1141
0.3	0.1179	0.1217	0.1255	0.1293	0.1331	0.1368	0.1406	0.1443	0.1480	0.1517
0.4	0.1554	0.1591	0.1628	0.1664	0.1700	0.1736	0.1772	0.1808	0.1844	0.1879
0.5	0.1915	0.1950	0.1985	0.2019	0.2054	0.2088	0.2123	0.2157	0.2190	0.2224
0.6	0.2257	0.2291	0.2324	0.2357	0.2389	0.2422	0.2454	0.2486	0.2518	0.2549
0.7	0.2580	0.2611	0.2642	0.2673	0.2704	0.2734	0.2764	0.2794	0.2823	0.2852
0.8	0.2881	0.2910	0.2939	0.2967	0.2995	0.3023	0.3051	0.3078	0.3106	0.3133
0.9	0.3159	0.3186	0.3212	0.3238	0.3264	0.3289	0.3315	0.3340	0.3365	0.3389
1.0	0.3413	0.3438	0.3461	0.3485	0.3508	0.3531	0.3554	0.3577	0.3599	0.3621
1.1	0.3643	0.3665	0.3686	0.3708	0.3729	0.3749	0.3770	0.3790	0.3810	0.3830
1.2	0.3849	0.3869	0.3888	0.3907	0.3925	0.3944	0.3962	0.3980	0.3997	0.4015
1.3	0.4032	0.4049	0.4066	0.4082	0.4099	0.4115	0.4131	0.4147	0.4162	0.4177
1.4	0.4192	0.4207	0.4222	0.4236	0.4251	0.4265	0.4279	0.4292	0.4306	0.4319
1.5	0.4332	0.4345	0.4357	0.4370	0.4382	0.4394	0.4406	0.4418	0.4429	0.4441
1.6	0.4452	0.4463	0.4474	0.4484	0.4495	0.4505	0.4515	0.4525	0.4535	0.4545
1.7	0.4554	0.4564	0.4573	0.4582	0.4591	0.4599	0.4608	0.4616	0.4625	0.4633
1.8	0.4641	0.4649	0.4656	0.4664	0.4671	0.4678	0.4686	0.4693	0.4699	0.4706
1.9	0.4713	0.4719	0.4726	0.4732	0.4738	0.4744	0.4750	0.4756	0.4761	0.4767
2.0	0.4772	0.4778	0.4783	0.4788	0.4793	0.4798	0.4803	0.4808	0.4812	0.4817
2.1	0.4821	0.4826	0.4830	0.4834	0.4838	0.4842	0.4846	0.4850	0.4854	0.4857
2.2	0.4861	0.4864	0.4868	0.4871	0.4875	0.4878	0.4881	0.4884	0.4887	0.4890
2.3	0.4893	0.4896	0.4898	0.4901	0.4904	0.4906	0.4909	0.4911	0.4913	0.4916
2.4	0.4918	0.4920	0.4922	0.4925	0.4927	0.4929	0.4931	0.4932	0.4934	0.4936
2.5	0.4938	0.4940	0.4941	0.4943	0.4945	0.4946	0.4948	0.4949	0.4951	0.4952
2.6	0.4953	0.4955	0.4956	0.4957	0.4959	0.4960	0.4961	0.4962	0.4963	0.4964
2.7	0.4965	0.4966	0.4967	0.4968	0.4969	0.4970	0.4971	0.4972	0.4973	0.4974
2.8	0.4974	0.4975	0.4976	0.4977	0.4977	0.4978	0.4979	0.4980	0.4980	0.4981
2.9	0.4981	0.4982	0.4983	0.4983	0.4984	0.4984	0.4985	0.4985	0.4986	0.4986
3.0	0.4987	0.4987	0.4987	0.4988	0.4988	0.4989	0.4989	0.4989	0.4990	0.4990
3.1	0.4990	0.4990	0.4991	0.4991	0.4991	0.4991	0.4991	0.4991	0.4991	0.4991
3.2	0.4993	0.4993	0.4993	0.4993	0.4994	0.4994	0.4994	0.4994	0.4994	0.4994
3.3	0.4995	0.4995	0.4995	0.4995	0.4995	0.4995	0.4996	0.4996	0.4996	0.4996
3.4	0.4997	0.4997	0.4997	0.4997	0.4997	0.4997	0.4997	0.4997	0.4997	0.4997
3.5	0.4998	0.4998	0.4998	0.4998	0.4998	0.4998	0.4998	0.4998	0.4998	0.4998

A.2 참고 문헌 및 웹사이트

- 권태은 역, 수학선생님도 몰래 보는 수학책, 아르고나인, 2014
- 김우철 외 4명, 현대통계학, 영지문화사, 2006
- 김우철 외 4명, 일반통계학, 영지문화사, 2006
- 대한상공회의소, 직업기초능력평가 문항해설서 〈수리활용〉, 대한상공회의소, 2017
- 대한상공회의소, 직업기초능력 향상을 위한 교사지도안 수학, 대한상공회의소, 2018
- 류성임 외 2인, 논리퍼즐, 경문사, 2011
- 류성림 외 2인, 도형퍼즐, 경문사, 2011
- 류성림 외 2인, 숫자퍼즐, 경문사, 2011
- 박민제, 송윤경, NCS 수리능력 완전정복, 박문각, 2017
- 신항균 외 11명, 고등학교 확률과 통계, 지학사, 2013
- 신항균 외 11명, 고등학교 수학I, 지학사, 2013
- 신항균 외 11명, 고등학교 수학II, 지학사, 2013
- 신항균 외 6명, 중학교 수학 1, 2, 3, 지학사, 2013
- 이기한, 묘한 생각 묘한 풀이, 전원문화사, 1992
- 이시한, NCS 직업기초능력평가 문제풀이, 이패스코리아, 2017
- 이흥천 역, 집합론, 경문사, 2000
- 전대호 역, 당신이 모르는 줄도 모르는 100가지 수학이야기, 마젤란, 2010
- 정봉화 외 2인, 공통수학, 형설출판사, 1996
- 조경희 외 11명, 고등학교 상업수학, 멘토르스쿨, 2016
- 조윤동 역, 마술 같은 수학, 경문사, 2002
- 한국고시회 NCS연구소, NCS 고졸채용, 한국고시회, 2017
- NCS 채용 시험 연구회, NCS 기반 직무분야별 직무능력평가-기계, 씨마스, 2016
- SD적성검사연구소, 2016 수리능력, 시대고시기획, 2017
- L. Bain, Introduction to Probability and Mathematical Statistics, PWS-KENT, 1987
- R. Hogg, Introduction to Mathematical Statistics, Macmillan, 1970
- P. Hoel, Introduction to Mathematical Statistics, Wiley, 1984

- 직업기초능력평가(teenup.or.kr/main.do)
- 통계청(www.nso.go.kr)
- 한국교육개발원(www.kedi.re.kr)
- OECD(www.stats.oecd.org)
- 환경부(www.me.go.kr)
- 주민등록인구통계(www.mois.go.kr)
- 한국은행(www.bok.or.kr)
- IMF(www.imf.org)
- 기상청(www.kma.go.kr)
- 외교부(www.mofa.go.kr)
- 한국소비자원(www.kca.go.kr)
- 방송통신위원회(www.kcc.go.kr)
- 공정거래위원회(www.ftc.go.kr)
- 한국거래소(www.krx.co.kr)
- 동아일보(www.donga.com)
- 온실가스종합정보센터(www.gir.go.kr)
- 정보통신기술진흥센터(www.iitp.kr)
- 관세청(www.customs.go.kr)
- 소비생활지표(www.kca.go.kr)
- 고용노동부(www.moel.go.kr)
- 보건복지부(www.mohw.go.kr)
- e-나라지표(www.index.go.kr)
- 문화체육관광부(www.mcst.go.kr)
- 식품의약품안전처(www.mfds.go.kr)
- Opinet (www.opinet.co.kr)
- 한국환경공단(www.keco.or.kr/kr)
- 대륙스치로폴(blog.naver.com/daeryukeps1)

찾아보기

찾아보기